S7－400PLC GONGCHENG YINGYONG JISHU

S7－400PLC 工程应用技术

刘红平 著

西北工業大學出版社

【内容简介】 本书内容包括 S7－400PLC 的硬件，编程基础，结构化编程、用户程序的组织结构，模拟量处理与闭环控制的工程应用，通信网络，包括工业以太网，组态软件 WINCC 的使用方法，与变频器的工程应用方法，在工业控制系统中的典型实例，故障分析方法，等等。本书可供有关人员学习与参考。

图书在版编目(CIP)数据

S7－400PLC 工程应用技术/刘红平著. —西安 ：西北工业大学出版社，2016.6
ISBN 978－7－5612－4920－8

Ⅰ ①S… Ⅱ. ①刘… Ⅲ. ①plc 技术 Ⅳ. ①TM571.6

中国版本图书馆 CIP 数据核字(2016)第 152944 号

出版发行：西北工业大学出版社
通信地址：西安市友谊西路 127 号 **邮编**：710072
电 话：(029)88493844 88491757
网 址：www.nwpup.com
印 刷 者：兴平市博闻印务有限公司
开 本：787 mm×1 092 mm 1/16
印 张：22.375
字 数：546 千字
版 次：2016 年 6 月第 1 版 2016 年 6 月第 1 次印刷
定 价：60.00 元

前　言

S7－400PLC 系列可编程控制器（PLC）是西门子公司全集成自动化系统中的控制核心，是其集成性和开放性的重要体现。它将先进控制思想、现代通信技术和 IT 技术的最新发展集于一身；在 CPU 运算速度、程序执行效率、故障自诊断、联网通信、面向控制工艺和运动对象的功能集成，以及实现故障安全的容错与冗余技术等方面都取得了公认的成就。特别是 PROFIBUS 已成为全球公用的工业现场总线标准的主导者，同时新一代工业以太网标准 PROFINET 的提出，为以太网在工业领域更大范围的应用提供了技术保障。依赖集成统一的通信，S7－400PLC 在实现车间级、工厂级、企业级乃至全球企业链的生产控制与协同管理中起到中坚作用。

本书以 S7－400PLC 为主线，以 STEP7 编程系统为平台，结合西门子 WinCC 组态软件，系统地介绍 PLC 的基础理论、编程方法以及在工业上的应用等知识。新颖、实用、易读易学是本书的编写宗旨，全书注重基础理论与工程实践相结合，把 PLC 控制系统设计新思想、新方法及其工程实例融合其中，便于读者在学习过程中更好地掌握 PLC 理论基础知识和工程应用技术。同时为便于读者理解，本书还精心编写了大量的例题及其实现程序，而且每个程序都在 PLC 上做了验证或仿真实验。

本书内容共 9 章。第 1，2 章 讲述西门子 400 系列 PLC 的硬件组成及编程基础。第 3 章重点介绍 S7－400 PLC 的结构化编程、用户程序的组织结构，并通过众多示例和大型案例给出了程序设计方法方法，具有极高的实用价值。第 4 章介绍 S7－400 PLC 的模拟量处理与闭环控制的工程应用。第 5 章介绍 S7－300/400 PLC 的通信网络的过程应用，包括工业以太网、PROFIBUS－DP 总线以及 AS－I 网络，通过实例说明 PLC 的组网方法。第 6 章介绍组态软件工程应用。第 7 章介绍 S7－400 PLC 与变频器的工程应用。第 8 章重点解析 S7－400 PLC 在工业控制系统中的工程应用。第 9 章讲述 S7－400 PLC 的故障分析。

本书重点突出，层次分明，注重知识的系统性、针对性和先进性；注重理论与实践联系，培养工程应用能力，内容较多取自生产一线，兼有普遍性和具体性；写作上力求精练，言简意赅。

编写本书曾参阅了相关文献资料，在此，谨向其作者深表谢枕。

由于笔者水平有限，书中存在错误或不妥之处，热情欢迎广大读者批评指正，将不胜感谢。

作　者

2016 年 5 月

序

可编程序控制器(简称 PLC)经过 40 多年的发展,已经集数据处理、程序控制、参数调节和数据通信等功能为一体,可以满足对工业生产进行监视和控制的绝大多数应用场合的需要。在单机或多机控制、生产自动线控制以及对传统控制系统的技术改造等方面,PLC 都被大量采用。近年来 PLC 联网通信能力不断增强,适应了信息化带动工业化,实现基础信息化,方便企业信息集成和自动化系统联网通信的要求,PLC 及其网络已成为构成 CIMS 的重要基础。

西门子 S7－400PLC 具有控制功能强、可靠性高、使用灵活方便、易于扩展、通用性强等一系列优点,不仅可以取代继电器控制系统,还可以进行复杂的生产过程控制和应用于工厂自动化网络,被誉为现代工业生产自动化的三大支柱之一。长沙师范学院刘红平老师编写的这本书,系统地论述了 S7－400PLC 的组成和维护技术、组网和通信技术,符合现代工业自动化技术发展的需要。条理清楚、全面,介绍翔实,内容兼有普遍性和具体性。全书特别注重工程应用性,选择有价值的典型实例,介绍 PLC 的应用维护技术,使读者触类旁通、举一反三。同时全书突出实用性,内容较多取自生产一线,面向广大工程技术人员。例如书中介绍的 PLC 输入输出端的硬件保护电路等,是作者自己设计,已在多个控制系统中得到了应用,极大地提高了系统的可靠性。写作上力求精练,言简意赅,便于读者理解。

全书重点介绍了 S7－400PLC 的硬件组态与指令系统、程序结构,以及 PLC 控制系统维护方法,详细阐述了通信系统的组态与编程方法。为从事 S7－400PLC 控制系统的维护、调试和设计工作打下基础。

吴新开

2016 年 3 月 16 日

吴新开,教授,主要研究控制系统的故障诊断技术和智能网络化教学实验设备,先后主持和参与国家和湖南省自然科学基金项目。

目　录

第1章　S7－400 PLC硬件入门

德国西门子公司是世界上较早研制和生产PLC产品的主要厂家之一，其产品具有多种型号，以适应各种不同的应用场合，有适合于起重机械或各种气候条件的坚固型，也有适用于狭小空间具有高处理性能的密集型，有的运行速度极快且具有优异的扩展能力。它包括从简单的小型控制器到具有过程计算机功能的大型控制器，可以配置各种I/O模块、编程器、过程通信和显示部件等。西门子公司的PLC发展到现在已有很多系列产品，如S5，S7，C7，M7系列等，其中S7系列PLC是在S5系列基础上研制出来的，它由S7－200，S7－300/400，S7－1200 PLC等组成。

1.1　S7－400 PLC简介

S7－400PLC是功能强大的PLC，它具有功能分级的CPU，以及种类齐全、综合性能强的模块，具有强大的扩展通信能力，可实现分布式系统，因此广泛应用于中高性能的控制领域。S7－400 PLC同样采用模块化设计，如图1－1所示。

图1－1　使用CR2机架的S7－400 PLC

1—电源模块；　2—后备电池；　3—模式开关(钥匙操作)；　4—状态和故障LED；　5—存储器卡；
6—有标签区的前连接器；　7—CPU 1；　8—CPU 2；　10—I/O模块；　11—IM接口模块

一个系统除包含电源模块(PS)、中央处理单元(CPU)、信号模块(SM)、通信处理器(CP)、功能模块(FM)外，S7－400还提供以下部件以满足用户的需要。

(1)接口模块(IM)。用于连接中央控制单元和扩展单元，S7－400PLC中央控制器最多能连接21个扩展单元。

(2)SIMATIC M7自动化计算机。M7是AT兼容的计算机，用于解决高速计算机的技术问题。它既可用作CPU，也可用作功能模块(FM456－4应用模块)。

(3)SIMATIC S5模块。S5－115U，135U，155U的所有I/O模块都可和相应的S5扩展单元一起使用。

S7－400系列PLC在编程、启动和服务方面性能优越，还有以下许多与众不同的特点。

(1)高速执行指令。这种指令的执行时间缩短到只需80ns，开创了中、高档性能应用领域的新天地。

(2)友好的用户参数设置。STEP 7软件为所有模块的参数设置提供了统一的参数化屏蔽格式。

(3)人机界面(HMI)。方便的HMI服务已集成在SIMATIC的操作系统中，对这些功能不需要专门编程。SIMATIC HMI系统向S7－400申请过程数据，而S7－400在用户规定的刷新时间内提供这些数据。SIMATIC的操作系统自动地处理数据传送并使用一致的符号和数据库。

(4)诊断功能。S7－400 PLC的CPU智能诊断系统连续地监视系统功能，并记录错误和系统的特殊事件(如超时、模块更换、冷启动、停机等)。所有事件均标记上时间并储存在环形存储器中，以便进一步查找故障。

(5)口令保护。口令保护使用户能有效地保护信息，避免非法复制和修改。

(6)模式选择开关。模式选择开关可像钥匙那样取下，当"钥匙"取下时，可避免非法删除或改写程序。

此外，S7－400 PLC还有多种通信方式，如MPI(多点接口)，它集成在所有CPU内；可同时连接编程器和个人计算机、HMI系统、S7－300系统。M7系统和其他S7－400系统；S7－400还可通过通信处理器连接到PROFIBUS和工业以太网，用于功能强大的点对点连接。

目前，西门子公司还推出了用于需要高可靠性场合，有冗余设计的容错自动化系统S7－400H。

1.1.1 产品分类

按PLC用途与功能，S7－400 PLC可以分为标准型(S7－400)、冗余型(S7－400H)、故障安全型(S7－400F/FH) 3种基本类型，适用于不同场合的控制。

1. 标准型PLC

标准型PLC是S7－400系列中的常用产品，它可以适用于绝大多数对安全性能无特别严格要求的一般控制场合。标准型PLC可以实现除特殊安全要求外的全部功能，产品涵盖S7－400的全部系列，其品种最多、规格最全。

与S7－300系列一样，标准型S7－400 PLC的性能通过CPU模块的不同型号(CPU412，CPU414，CPU416，CPU417)进行区分，性能差别主要体现在其运算速度与存储器容量上。

2. 冗余型PLC

冗余型PLC(S7－400H系列)用于对控制系统可靠性要求极高、不允许控制系统出现停机的控制场合。

所谓"冗余"系统，实际上是通过一套在系统正常工作时并不需要的、完整的"多余"系统作为备件(称为备用系统或待机系统)。而且，备用系统始终处于待机状态(也称"热待机")，只要工作控制系统(亦称工作系统)发生故障，"备用系统"可以立即投入正常工作，并成为工作控制系统，以保证整个控制系统的连续、不间断运行。

在备用系统投入工作期间，可以对故障系统进行整机维修、更换等处理，维修结束后再装入系统，并成为新的“备用系统”。

“冗余”系统在结构上可以采用两套完整的 PLC 控制系统，也可以是将一个机架分割为两个区域，并安装两套模块(包括 CPU，I/O 等)，两个 CPU 间采用“跟踪电缆”(一般为光缆)进行连接，并通过 PLC 的切换指令实现工作系统与备用系统间的切换(见图 1 - 2)。

图 1 - 2　一个机架安装两个 CPU 的冗余系统

“冗余”的设计规模可大可小，对于现场控制 PLC 可以是整机“冗余”(包括电源、CPU、基板、全部安装模块，如图 1 - 3 所示)，也可以是仅仅对重要模块(如 CPU、电源模块等)采用“冗余”(见图 1 - 4)。对于大型、复杂控制系统，为了提高可靠性，可以在系统中多层次、重复使用“冗余”设计的方式，如同时对系统中的网络通信 PLC、现场控制 PLC、现场控制 PLC 中的关键模块(如 CPU 模块、电源模块)等进行冗余设计。

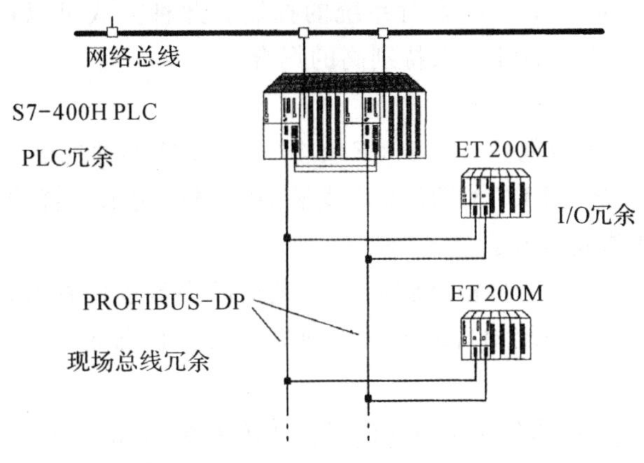

图 1 - 3　PLC 整机冗余

“冗余”系统必须使用 S7 - 400H 系列冗余 CPU 模块，PLC 冗余系统的组成应包括如下基本组件：① 2 个 S7 - 400H 系列 CPU 模块；② 2 套安装 CPU 模块的机架，或者是一个可以分割为 2 个相同区域的机架；③ 根据“冗余”的需要，配置、选择需要的其他模块(如 I/O 模块、扩展单元与扩展模块、分布式 I/O 模块、通信接口模块与通信线路等)。

PLC 系统中的 I/O 模块(或功能模块、通信模块等)，根据冗余系统的要求可以选择“单通道配置(也称单边配置或常规配置)”与“双通道切换配置”两种不同的形式。

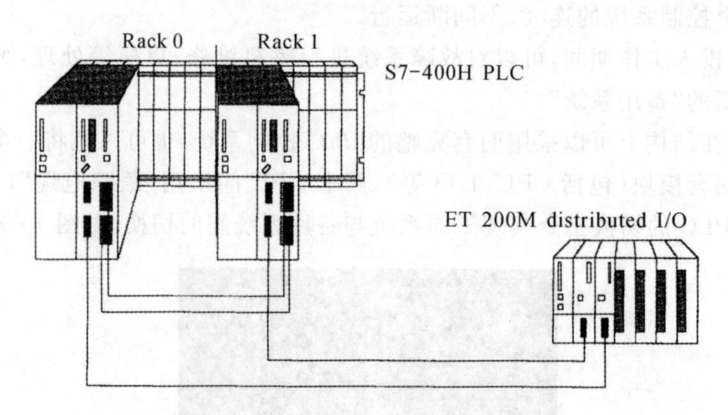

图 1－4　CPU 模块、电源模块冗余

所谓单通道配置是指 PLC 系统中只安装有一套 I/O 模块，在 2 个 CPU 模块中定义同样的 I/O 地址，I/O 信号通过“跟踪电缆”同时传送到 2 个 CPU 模块上。2 个 CPU 模块同时同步运行用户程序，但 I/O 只受其中一个 CPU 模块控制（工作 CPU），另一个 CPU 处于“热待机”状态（备用 CPU）。一旦工作 CPU 发生故障，即退出运行，同时由备用 CPU 接管 I/O 控制权。此种方式可以用于系统 CPU 需要不间断工作，但 I/O 模块可以满足系统安全、可靠性要求的场合。

所谓双通道切换配置，是指 PLC 系统中同时安装有 2 套 I/O 模块，I/O 信号同时连接到 2 套 PLC 中，2 个 CPU 模块同时同步运行用户程序。但是，实际输出只受其中一个 CPU（工作 CPU）模块控制，另一个 CPU（备用 CPU）处于“热待机”状态。一旦工作系统发生故障，全部模块均退出运行，同时由备用系统接管对系统的控制。此种方式可以用于系统 CPU 需要不间断工作，而且对 I/O 模块可靠性要求特别高的场合。

3. 故障安全型 PLC

S7－400 系列故障安全型包括 S7－400F 与 S7－400FH 两种规格。

S7－400F 为故障安全型 PLC，CPU 模块安装有经德国技术监督委员会认可的基本功能块与安全型 I/O 模块参数化工具。

故障安全型 CPU 可以通过自检、结构检查、逻辑顺序流程检查等措施，进行运行过程的故障诊断与检测。它可以在系统出现故障时立即进入安全状态或安全模式，以确保人身与设备的安全。

S7－400FH 为故障安全冗余型 PLC，它兼有故障安全与冗余两方面的功能，可以在系统出现故障时立即切换 PLC，在确保人身与设备安全的基础上使设备保持连续、不间断地运行。

S7－400FH 系列安全型 PLC 可以用于具有如下安全要求的场合。

· 安全要求达到 DIN V 19250/DIN V VDE0801 AK1～AK6 标准；
· 安全要求达到 IEC61508 SIL1～SIL3 标准；
· 安全要求达到 EN954－1 标准。

安全型 PLC 程序的设计需要“S7－F 系统”编程工具软件，并且在如下软件版本下才能运行。

· STEP 7 V5.1 或更高版本；

- CFC V5.0+Service Pack3 或更高版本；
- S7 - SCL V5.0 或更高版本；
- S7H V5.1 或更高版本。

图 1 - 5 所示为 S7 - 400 F/FH 安全型自动化系统实例。

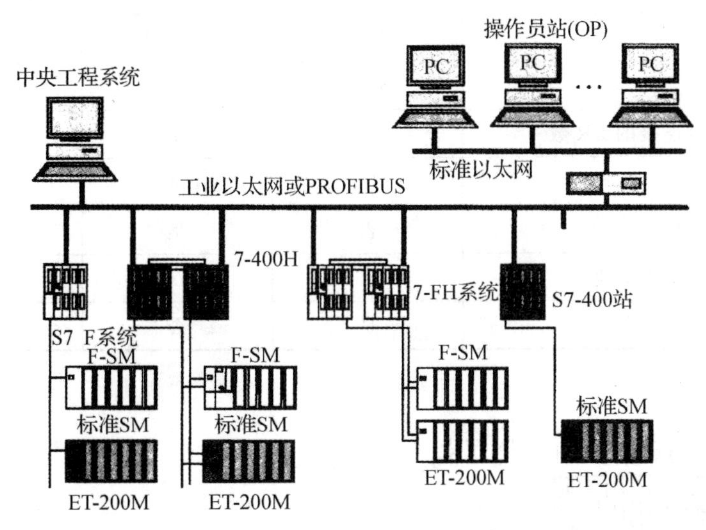

图 1 - 5　安全型自动化系统

1.1.2　S7 - 400 PLC 的基本结构

一个 S7 - 400PLC 由一个主基板(CR)和一个或多个扩展基板(ER)组成，基板数量根据需要确定。在实际应用中，若主基板上的插槽不够或用户希望将信号模块与 CR 分开(如信号模块尽量靠近现场的情况)，需要使用 CR。在使用 ER 时，还需要使用接口模块(IM)和附加的基板，必要时，还需要附加电源模块，为了使接口模块能工作，必须在 CR 中插入一个发送 IM，而在每个 ER 中各插一个接收 IM。

1 主基板(CR)与扩展基板(ER)

S7 - 400PLC 的基板构成一个用以安插各功能模块的基本框架，各模块之间的数据和信号交换及电源供电是通过背板总线来实现的，图 1 - 6 所示为一个 18 个插槽的主基板的结构。

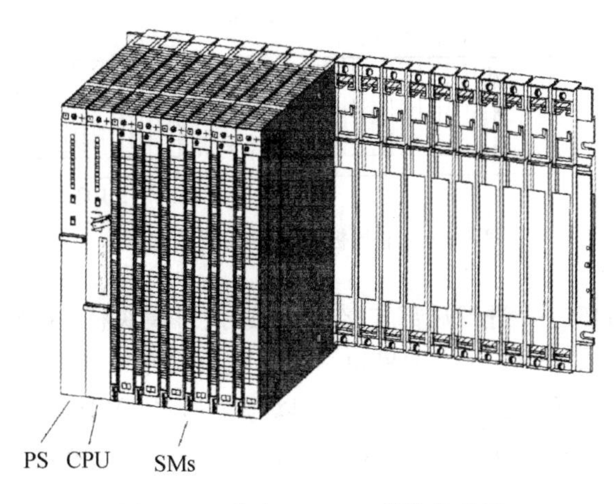

图 1 - 6　装有 S7 - 400 模块的基板

CR 与 ER 的连接方式有局部连接和远程连接两种，其连接如图 1－7 所示，两种连接方式的特点见表 1－1。

表 1－1 两种连接方式的特点

	局部连接		远程连接
发送/M	460－0	460－1	460－3
接收/M	461－0	461－1	461－3
每链最多可连接的 ER 数	4	1	4
最大距离	3m	1.5m	102.25m
传送 5V 电源	否	是	否
每个接口的最大电流	—	5A	—
通信总线发送	是	否	是

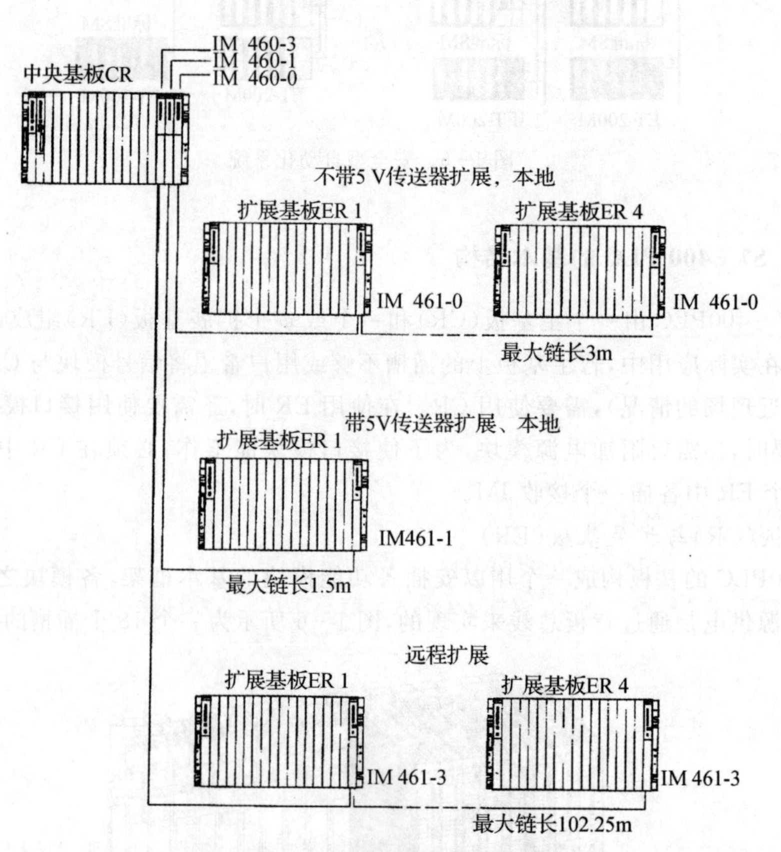

图 1－7 主基板与扩展基板的连接

用 IM460－1 和 IM461－1 进行局部连接时，通过接口模块将 5V 电源传送出去，因此插在 ER 中的具有 IM460－1 和 IM461－1 的模块一定不能再自带电源。由于 IM460－1 上两个接口的每一个接口传送的电源电流最大为 5A，所以每个通过 IM460－1/IM461－1 连接的 ER 的最大功耗为 5V 时 5A。在连接 ER 和 CR 时，必须遵循下述规则。

(1)在 S7 - 400 系列中,每个 CR 最多可接 21 个 ER。

(2)每个 ER 需分配一个用以识别它的号码,并用接收 IM 上的编码开关设定。号码的范围是 1～21,且各 ER 的号码不能重复。

(3)在一个 CR 中最多可插 6 个发送 IM,且其中带 5V 电源传送的 IM 不能超过 2 个。

(4)在连接到一个发送 IM 的链路中最多只能有 4 个不带 5V 电源发送的 ER,或 1 个带 5V 电源发送的 ER。

(5)连接电缆的长度不能超过相应的连接方式所规定的长度,见表 1 - 2。

表 1 - 2　连接 CR 与 ER 的电缆的最大长度

连接方式	最大电缆总长度
通过 IM 460 - 1 和 IM 461 - 1 作局部连接(带 5V 电源)	1.5m
通过 IM 460 - 0 和 IM 461 - 0 作局部连接(无 5V 电源)	3m
通过 IM 460 - 3 和 IM 461 - 3 作远程连接	102.25m

(6)通过通信总线作数据交换的范围限定在 7 个基板之内,即主基板与 1～6 号 ER 之间。

2. UR1/UR2 基板

S7 - 400PLC 的模块是用基板上的总线连接起来的,基板上的 P 总线(I/O 总线)用于 I/O 信号的高速交换和对信号模块数据的高速访问,C 总线(通信总线或称 K 总线)用于 C 总线各站之间的高速数据交换。基板与总线的结构如图 1 - 8 所示。

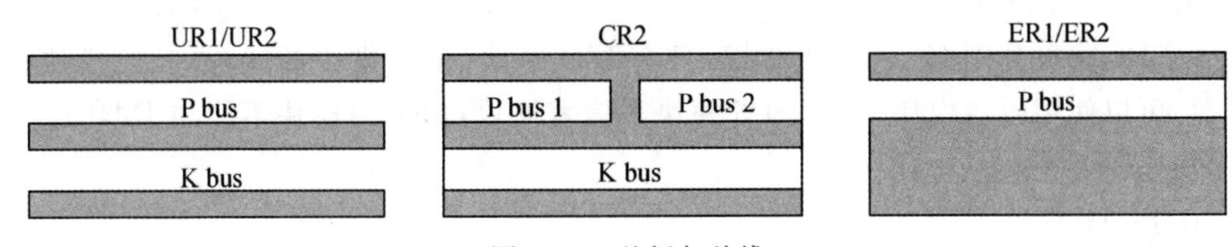

图 1 - 8　基板与总线

UR1 和 UR2 基板均有 P 总线和 C 总线,用于安装 CR 和 ER 基板,当 UR1 和 UR2 基板用作主基板,可安装除接收 IM 外的所有 S7 - 400 模块;当 UR1 和 UR2 用作扩展基板时,可安装除 CPU 和发送 IM 外的所有 S7 - 400 模块,特殊情况下,电源模块不可与 IM461 - 1 接收 IM 一起使用。

3. CR2/CR3 基板

CR2 基板用于安装分段的 CR,它带有一个 P 总线和 C 总线,P 总线分为两个本地总线段,分别带有 10 个和 8 个插槽。其结构如图 1 - 9 所示,在 CR2 基板上可以安装除接收 IM 外的所有 S7 - 400 模块。

分段与 CR 的组态有关,在非分段 CR 中,P 总线将所有 18 个(或 9 个)插槽连续地连接在一起,在分段 CR 中,P 总线被分割成两个 P 总线段。一个分段的 CR 具有以下主要特性。

(1)C 总线总是全局连续的,而 P 总线被分割成两个分别连接 10 个和 8 个插槽的 I/O 总线段。

(2)每个局域总线段上可以插一个 CPU。

(3)在一个分段 CR 中的二个 CPU 可以有不同的工作方式(即独立工作)。

(4)这二个 CU 可通过 C 总线彼此作通信。

(5)插在一个分段 CR 中的所有模块都是由插在 1# 槽中的电源模块供电。

(6)两段都有公共的后备电池。

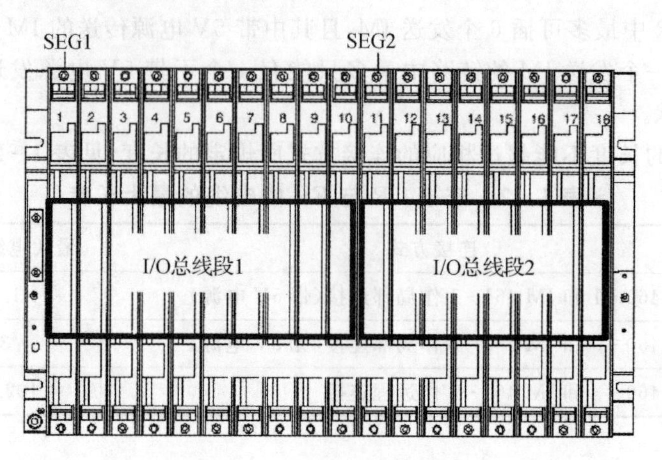

图 1－9　CR2 基板的结构

CR3 基板用于在标准系统(非故障容错系统)的 CR 的安装,它有一个 P 总线和一个 C 总线,在 CR3 基板上可以使用除接收 IM 外的所有 S7－400PLC 模块,但在单独运行时只能使用 CPU414－4H 和 CPU417－4H。

4. ER1/ER2 基板

ER1/ER2 基板分别有 18 槽和 9 槽,只有 I/O 总线,未提供中断线,没有给模块供电的 24V 电源,可以使用电源模块。接收 IM 模块和信号模块,但电源模块不能与 IM461－1 接收 IM 一起使用。

5. UR2－H 基板

UR2－H 基板用于在一个基板上配置一个完整的 S7－400H 冗余系统,也可以用于配置两个具有电气隔离的独立运行的 S7－400 CPU,每个均有自己的 I/O。UR2－H 需要两个电源模块和两个冗余 CPU 模块。

1.2　电源模块及 CPU 模块

1.2.1　电源模块的特性

电源模块通过背板总线向 S7－400 提供 DC5V 和 DC24V 电源,输出电流额定值有 4A,10A 和 20A。它们不为信号模块提供负载电压。PS405 的输入为直流电压,PS407 的输入为直流电压或交流电压。

如果使用两个型号为 PS407 10AR 或 PS405 10AR 的电源模块,可以在安装基板上安装冗余电源,对于可靠性要求较高的系统,建议进行冗余设计。冗余设计时,电源模块插入到基板(UR,CR 或 ER)上从左开始相邻的插槽内,例如从插槽 1 到 4 无间隔地插入。S7－400 的冗余电源具有下述特性。

(1)当一个电源模块发生故障时,其他每个电源模块均能向整个基板供电,PLC不会停止工作。

(2)整个系统工作时可以更换每个电源模块,当插拔模块时不会影响系统工作。

(3)每个电源模块均有监视功能,当发生故障时发送故障信息。

(4)一个电源模块的故障不会影响其他正常工作的电源模块的电压输出。

(5)当每个电源模块有两个电池时,其中一个必须是冗余电池;如果每个电源模块只有一个电池,则不能进行冗余,因为冗余需要两个电池都工作。

(6)通过插拔中断登记电源模块的故障(缺省值为STOP),如果系统只在CR2的第二个段中使用,当电源模块发生故障时,不发送任何报文。

(7)如果插入两个电源模块但只有一个上电,则上电时将发生1 min的启动延时。

S7-400PLC可以选用的直流输入型电源模块型号与主要技术参数见表1-3,交流输入型电源模块型号与主要技术参数见表1-4所示。

表1-3　直流输入型电源模块技术参数

项　目	电源规格			
	4A	10A	10A冗余型	20A
DC5V额定输出电流	4A	10A	10A	20A
DC24V额定输出电流	0.5A	1A	1A	1A
额定输入电压	DC24V	DC24/48/60V	DC24/48/60V	DC24/48/60V
输入电压范围	DC19.2～30V	DC19.2～72V	DC19.2～72V	DC192.～72V
额定输入电流	2A	4.5/2.1/1.7A	4.5/2.1/1.7A	7.3/3.45/2.75A
额定输入功率	48W	104W	104W	175W
模块功耗	16W	29W	29W	51W
占用槽位	1	2	2	1

表1-4　交流输入型电源模块技术参数

项　目	电源规格			
	4A	10A	10A冗余型	20A
DC5V额定输出电流	4A	10A	10A	20A
DC24V额定输出电流	0.5A	1A	1A	1A
额定AC输入电压	AC120/230V	AC120/230V	AC120/230V	AC120/230V
AC输入电压范围	AC85～132V/ AC170～264V	AC85～264V	AC85～264V	AC85～264V
额定AC输入电流	0.55/0.31A	1.2/0.6A	1.2/0.6A	1.5/0.8A
额定输入频率	60/50Hz	60/50Hz	60/50Hz	60/50Hz
输入频率范围	47～63Hz	47～63Hz	47～63Hz	47～63Hz

续表

项　目	电源规格			
	4A	10A	10A 冗余型	20A
额定 DC 输入电压范围	—	DC110/230V	DC110/230V	DC110/230V
DC 输入电压范围	—	DC88～300V	DC88～300V	DC88～300V
额定 DC 输入电流	—	1.2/0.6A	1.2/0.6A	1.5/0.8A
额定输入功率	46.5W	105W	97.5W	168W
模块功耗	13.9W	29.7W	22.4W	44W
占用槽位	1	2	2	3

1.2.2　CPU 模块

1. CPU 模块的特性

S7-400PLC 有 7 种 CPU，S7-400H 有两种 CPU。CPU412-1 和 CPU412-2 用于中等性能的经济型中小型系统，集成的 MPI 接口允许 PROFIBUS-DP 总线操作。CPU412-2 有两个 PROFIBUS－DP 接口。CPU414-2 和 CPU414-3 具有中等性能，适用于对程序规模、指令处理速度及通信要求较高的场合。CPU417-4DP 适用于最高性能要求的复杂场合，有两个插槽供 IF 接口模块(串口)使用。CPU417H 用于 S7-400H 容错控制 PLC。

通过 IF964DP 接口子模块，CPU414-3 和 CPU416-3 可以扩展一个 PROFIBUS-DP 接口，CPU417-4 可以扩展两个 PROFIBUS-DP 接口。除了 CPU412-1 之外，集成的 DP 接口使 CPU 可作 PROFIBUS-DP 的主站。

S7-400 CPU 模块主要有下述特性。

(1) S7-400PLC 有 1 个中央机架，可扩展 21 个扩展机架。使用 URl 或 UR2 基板的多 CPU 处理最多安装 4 个 CPU。每个中央机架最多使用 6 个 IM(接口模块)，通过适配器在中央机架上可以连接 6 块 S5 模块。

(2) FM(功能模块)和 CP(通信处理器)的块数只受槽的数量和通信的连接数量的限制。S7-400 可以与编程器和 OP(操作员面板)通信，有全局数据通信功能。在 S7 通信中，可以作服务器和客户机，分别为 PG(编程器)和 OP 保留了一个连接。

(3) S7-400PLC 都有 IEC 定时器对数器(SFB 类型)，每一优先级嵌套深度 24 级，在错误 OB 中附加 2 级。S7 指令功能可以处理诊断报文。

(4) 测试功能：可以测试 I/O，位操作，DB(数据块)，分布式 I/O，定时器和计数器；可以强制 I/O，位操作和分布式 I/O。有状态块和单步执行功能，调试程序时可以设置断点。

(5) 实时钟功能：CPU 有后备时钟和 8 个小时计数器，8 个时钟存储器位，有日期时间同步功能，同步时在 PLC 内和 MPI 上可以作为主站和从站。

(6) CPU 模块内置的第一个通信接口的功能。第一个通信接口作 MPI 接口时，可以与编程器和 OP 通信，可以作路由器。全局数据通信的 GD 包最大 64KB。S7 标准通信每个作业的用户数据最大 76B，S7 通信每个作业的用户数据最大 64KB，S5 兼容通信每个作业的用户数据最大 8KB,通过 CP 和可装载的 FC 可以进行标准通信。内置的各通信接口最大传输速率为 l2Mbit/s。

第一个通信接口作 DP 主站时,可以与编程器和 OP 通信,支持内部节点通信,有等时线和 SYNC/FREEZE 功能,除 S7-412 外,有全局数据通信、S7 基本通信和 S7 通信功能。最多 32 个 DP 从站,可以作路由器,插槽数最多 512 个。最大地址区 2KB,每个 DP 从站的最大可用数据为 244B 输入/244B 输出。

(7) CPU 模块内置的第二个通信接口的功能。第二个通信接口可以作 DP 主站(默认设置)和点对点连接,有光电隔离。作 DP 主站时,可以与编程器和 OP 通信,支持内部节点通信,有等时线和 SYNC/FREEZE 功能。每个 DP 从站的最大可用数据为 244B 输入/244B 输出。

CPU412-1～CPU414-3 的技术参数见表 1-5。

表 1-5　CPU412-1～CPU414-3 的技术参数

型　号	CPU 412-1	CPU 412-2	CPU 414-2	CPU 414-3
集成式 RAM 用于程序/用于数据	72KB/72KB	128KB/128KB	256KB/256KB	700KB/700KB
最小位操作指令执行时间 浮点数加法指令执行时间	0.1μs 0.3μs	0.1μs 0.3μs	0.06μs 0.18μs	0.06μs 0.18μs
位存储器	4KB	4KB	8KB	8KB
定时罪/计数器	2048/2048	2048/2048	2048/2048	2048/2048
OB 最大容量 FR 最大块数/最大容量 FC 最大块数/最大容量 DB 最大块数(DBO 保留)	受工作存储器限制 256/受工作存储器限制 256/受工作存储器限制 512/受工作存储器限制	64KB 256/64KB 256/64KB 512/64KB	64KB 2048/04KB 2048/64KB 4095/64KB	64KB 2048/641KB 2048/64KB 4095/64KB
最大局部数据字节数	8KB	8KB	16KB	16KB
看门狗中断/过程报警 日期时间中断/延时中断	2/2 2/2	2/2 2/2	4/4 4/4	4/4 4/4
最大 I/O 地址区 最大分布式 I/O 地址区 MPI/DP 接口最大 I/O 地址区 第 1 个 DP 接口模块最大 I/O 地址区 第 2 个 DP 接口模块最大 I/O 地址区	4KB/4KB 2KB/2KB — — —	4KB/4KB 2KB/2KB — — —	8KB/8KB — 2KB/2KB 6KB/6KB —	8KB/8KB — 2KB/2KB 6KB/6KB 6KB/6KB
I/O 过程映像(可修改) 默认值 子过程最大模拟量 I/O 通道	4KB/4KB 128B/128B 15	4KB/4KB 128B/128B 15	8KB/8KB 256B/256B 15	8KB/9KB 256B/256B 15
最大摸拟量 I/O 通道 中央区员大模拟量 I/O 通道	2 048/2 048 2 048/2 048	2 048/2 948 2 048/2 048	4 096/4 096 4 096/4 096	4 096/4 096 4 096/4 096
集成式 DP 个数/接口子模块主站个数 使用 IM 467 块数/CP 的 DP 主站数量	1/— 4/10	2/— 4/10	2/— 4/10	2/1 4/10
S7 报文功能:报文功能所登录的站数	8	8	8	8
诊断缓冲区条目数(町设置)	200	400	400	3200
连接总数滞报文处理连接数	16/8	16/8	32/8	32/8

续表

型　号	CPU 412－1	CPU 412－2	CPU 414－2	CPU 414－3
第一个通信接口 MPI 连接数 发送和接收方最大 GD 包数量 DP 主站连接数量	16 8/16 16	16 8/16 16	16 8/16 16	16 8/16 16
第二个通信接口 DP 主站连接数 DP 从站个数 最大槽数/地址区	— — —	16 64 1 024/2KB	32 96 1 536/6KB	32 96 1 536/6KB
第三通信接口 适合的接口子模块	— —	— —	— —	技术数据见第二接口 IF964－DP 作 DP 主站

CPU416，CPU 417 的技术参数见表 1－6。

表 1－6　CPU416，CPU 417 的技术参数

型　号	CPU 416－2	CPU 416－3	CPU 417－4
集成工作存储器，用于程序/用于数据 集成装载存储器/Flash 存储卡/RAM 存储卡	1.4GB/1.4GB 64MB/64MB/64MB	2.8MB/2.8MB 64MB/64MB/64MB	10MB/10MB 64MB/64MB64MB
最小位操作指令执行时间 浮点数加法指令执行时间	0.04μs 0.12μs	0.04μs 0.12μs	0.03μs 0.09μs
位存储器	16KB	16KB	16KB
定时器/计数器	2 048/2 048	2 048/2 048	2 048/2 048
FB 最大块数/最大容量 FC 最大块数/最大容量 DB 最大块数(DBO 保留)	2 048/64KB 2 048/64KB 4 096/64KB	2 048/64KB 2 048/64KB 4 096/64KB	6 144/64KB 2 048/64KB 8 192/64KB
局部最大数据	32KB	32KB	32KB
看门狗中断/过程报警 日期时间中断/延时中断	9/8 8/4	9/8 8/4	9/8 8/4
最大 I/O 地址区 最大分布式 I/O 地址区 MPI/DP 接口最大 I/O 地址区 第 1 个 DP 接口模块最大 I/O 地址区 第 2 个 DP 接口模块最大 I/O 地址区	16KB/16KB 2KB/2KB 8KB/8KB — —	16KB/16KB 2KB/2KB 8KB/8KB 8KB/8KB —	16KB/16KB 2KB/2KB 8KB/8KB 8KB/8KB 8KB/8KB
I/O 过程映像(可修改) 默认值 子过程最大映像数	16KB/16KB 512B/512B 15	16KB/16KB 512B/512B 15	16KB/16KB 1024B/1024B 15
最大数字量通道 中央区最大数字量通道	131 072/131 072 131 072/131 072	131 072/131 072 131 072/131 072	131 072/131 072 131 072/131 072
最大模拟量 I/O 通道 中央区最大模拟量 I/O 通道	8 192/8 192 8 192/8 192	8 192/8 192 8 192/8 192	8 192/8 192 8 192/8 192

续 表

型　号	CPU 416－2	CPU 416－3	CPU 417－4
集成式 DP 主站数量/使用接口子模块 使用 IM467/使用 CP 的 DP 主站数量	2/— 4/10	2/1 4/10	2/2 4/10
S7 报文功能：报文功能所登录的站数	12	12	16
诊断缓冲区条目数(可设置)	3 200	3 200	3 200
连接总数/带报文处理连接数	64/12	64/12	64/16
第一个通信接口 MPI 连接数 发送和接收方最大 GD 包数量 GD 包大小/DP 主站连接数量 最大 DP 从站数/最大插槽数/最大地址区	 44 16/32 64B/32 32/512/2KB	 44 16/32 64B/32 32/512/2KB	 44 16/32 64B/32 32/512/2KB
第二个通信接口 最大 DP 从站数/最大插槽数 最大地址区	 96/1 536 6KB	 125/2 048 8KB	 125/2 048 8KB
第三通信接口 适合的接口子模块	技术数据见第二接口 —	技术数据见第二接口 IF964－DP 模块作 DP 主站	技术数据见第二个接口 IF964－DP 模块作 DP 主站
第四个通信接口 适合的接口子模块	— —	— —	技术数据见第二接口 IF964－DP 作 DP 主站

2. 冗余与故障安全型 CPU

S7－400H/F/FH 系列冗余与故障安全型 PLC 所使用的 CPU 型号相同，均为 S7－400H 系列冗余型 CPU 模块。本系列 CPU 模块均带有 2 个插槽，在安装上同步模块后，即可以构成 S7－400H 冗余型 PLC 系统；CPU 模块在安装 F 运行许可证后，即可以运行面向故障安全的 F 用户程序，构成 S7－400F 故障安全型 PLC 系统；当同时选用同步模块、安装 F 运行许可证后则成为 S7－400FH 故障安全冗余型 PLC 系统。

S7－400H 冗余与故障安全型 CPU 目前只有 CPU414－4H 与 CPU417－4H 两种规格，CPU417－4H 是用于 SIMATIC S7－400H 的高性能 CPU，其集成的 PROFIBUS－DP 能作为主站直接连接到 PROFIBUS－DP 现场总线。

CPU417－4H 是强有力的处理器，它处理指令的时间极快，只需要 0.1μs，具有 4M 字节的 RAM，而且可扩展到 20M 字节；这种 CPU 具有灵活的扩展能力，最大可达 128K 字节数字量输入/输出和 8K 字节模拟量输入/输出。它使用 MPI 能建立简单的网络，最多 32 个站，数据传输速率为 187.5K 字节波特率，它能建立最多 64 个连接到 K 总线的站和 MPI 站；具有 PROFIBUS－DP 主接口的 CPU417－4H 能构成高速和简化操作的分布式自动化系统。

CPU414－4H 与 CPU417－4H 的技术参数见表 1－7。

表 1－7　CPU414－4H 与 CPU417－4H 的技术参数

主要参数	414－4H	417－4H
最大开关量 I/O 点数	65 536	131 072
最多安装的 CPU 模块数	4	

续 表

主要参数	414－4H	417－4H
最大扩展机架数	20	
用户程序存储容量(RAM)	700KB	10MB
用户数据存储容量(RAM)	700KB	10MB
逻辑指令执行时间	0.06μs	0.03μs
数据运算执行时间	0.18μs	0.09μs
标志寄存器数量	65 536(MB0～MB8191)	131 072(MB0～MB16383)
定时器数量	2048	2048
计数器数量	2048	2048
可编程的最大 FC 块	2048	6144
可编程的最大 FB 块	2048	6144
可编程的最大 DB 块	4 096(DB0 保留)	8 192(DB0 保留)
第 1 串行通信接口	RS485	
第 1 接口通信功能	MPI/DP 主站	
第 1 接口 MPI/DP 从站连接数量	32/32	44/32
第 1 接口最高数据传输速率	12Mb/s	
第 2 串行通信接口	PROFIBUS－DP	
第 2 接口通信功能	DP 主站	
第 2 接口 DP 从站连接数量	96	125

3. CPU 电源规格

S7－400PLC 的 CPU 模块需要外部提供 DC24V 电源，可以通过选用 SIEMENS 配套的标准电源模块(PS405，PS407 等)进行供电。不同型号的 CPU 模块，对电源的容量要求有所不同，但电压要求相同，对于常用的紧凑型与标准型 CPU，模块对电源的要求见表 1－8。

表 1－8 CPU 模块对电源的要求

项 目	标准型							冗余型	
	412－1	412－2	414－2	414－3	416－2	416－3	417－4	414－4H	417－4H
功耗/V	3	4.5	4.5	4.5	4.5	5	6	4.5	6
额定输入电压	DC24V								
允许输入电压范围	DC20.4～28.8V								
DC5V 电源消耗/A	0.6	1.0	1.0	1.0	1.0	1.2	1.5	1.0	1.5
DC4V 电源消耗/A	0.15	0.15	0.15	0.15	0.15	0.15	0.3	0.15	0.3

1.3　输入/输出及功能模块

1.3.1 数字量输入/输出模块

数字量输入/输出模块将二进制过程信号连接到 S7 - 400，通过这些模块，能将数字传感器和执行器连接到 SIMATIC S7 - 400，使用数字量输入/输出模块时，能得到优化的适配性能，模块能任意组合，因此能根据控制任务恰如其分地适配输入/输出模块的数量，以避免多余的投资。模板上有绿色 LED 指示输出信号状态；有一个红色 LED 指示内部和外部故障或出错；有内装的诊断能力；指示的故障有：保险丝熔断和负载电压掉电等，数字量输入/输出模块的接线非常方便，模块通过插入前连接器来接线。初次插入前连接器时，应嵌入一个编码元件，这样前连接器只能插入到有相同电压范围的模块中。更换模块时，前连接器能保持完整的接线状态，因此能用于相同类型的新模块。

SM421 共有 10 多种规格可供选择，单个模块最大输出点数为 32 点。数字量输入模块的型号与规格见表 1 - 9，其不同电压下输入的规格参数见表 1 - 10。

表 1 - 9　SM421 数字量输入模块的型号与规格

订货号	主要参数	分组数	DC5V 消耗	功　耗
6ES7 42 - 7BH00 - 0AB0	6 点，DC24V 输入，带诊断功能	独立输入	130mA	5W
6ES7 421 - 7BH01 - 0ABO				
6ES7 421 - 1BL00 - 0AA0	32 点，DC24V 转换器输入	1	20mA	6W
6ES7 421 - 1BL01 - 0AA0	32 点，DC24V 光耦输入			
6ES7 421 - 1EL00 - 0AA0	32 点，DC，AC 通用 120V 输入	4	200mA	16W
6ES7 421 - 1FH00 - 0AA0	16 点，DC，AC 通用 120/230V 输入	4	80mA	12W
6ES7 421 - 1FH20 - 0AA0				
6ES7 421 - 7DH00 - 0AB0	16 点，DC，AC 通用 24～60V 输入，带诊断功能	独立输入	150mA	3.5～8W
6ES7 421 - 5EH00 - 0AA0	16 点，AC 120V 输入	独立输入	100mA	20W

表 1 - 10　输入模块的规格参数

项　目	输入电压类型			
	DC24V	DC/AC24～60V	DC/AC120V	DC/AC230V
“1”信号输入电压范围/V	11～30	DC15～72/AC15～60	DC0～132/AC79～132	DC80～264/AC79～264
“0”信号输入电压范围/V	-30～5	DC - 6～6/AC0～5	0～20	0～40
信号输入频率范围/Hz	—	47～63	47～63	47～63

续 表

项　目	输入电压类型			
	DC24V	DC/AC24～60V	DC/AC120V	DC/AC230V
“1”信号典型输入电流/mA	7	4～10	2～5	DC1.8～2/AC10～14
允许最大输入漏电流/mA	1.3	2	1	DC2/AC6
输入延时/(标准模块,ms)	0.1～3	0.5～20	10/20	25
输入隔离电路	光电耦合,转换器			
输入显示	输入 ON 时,指示灯(LED)亮			

数字量输入模块 SM421 的外部连接方式,不同型号的模块有所不同,主要区别在于公共端与电源。数字量输出模块 SM422 有 7 种规格可供选择,输出可以是 DC24V 晶体管驱动、AC120/230V 双向晶闸管驱动、继电器触点输出等,单个模块最大输出点数为 32 点。

SM422 输出模块的型号与规格见表 1-11,不同驱动下输出的规格参数见表 1-12～表1-14。

表 1-11　输出模块一览表

订货号	主要参数	分组数	DC5V 消耗	功　耗
6ES7 422-1FH00-0AA0	16 点,AC120V/230V,2A 双向晶闸管驱动	4	400mA	16W
5ES7 422-1HH00-0AB0	16 点,DC50V/AC230V,5A 继电器触点输出	8	1A	25W
6ES7 422-5EH00-0AB0	16 点,AC20V/120V,2A 双向晶闸管驱动	2	600mA	16W
6ES7 422-5EH10-0AB0	16 点,DC20V～125V,1.5A 晶体管驱动(带诊断功能)	2	700mA	10W
6ES7 422-1BH10-0AA0 6ES7 422-1BH11-0AA0	16 点,DC24V,2A 晶体管驱动	2	160mA	7W
6ES7 422-1BL00-0AA0	32 点,DC24V,0.5A 晶体管驱动	4	200mA	4W
6ES7 422-7BL00-0AB0	32 点,DC24V,0.5A 晶体管驱动(带诊断功能)	4	200mA	8W
6ES7 422-1FF00-0AA0	8 点,AC120V/230V,2A 双向晶闸管驱动	独立输出	250mA	16W

表 1-12　晶体管驱动模块技术参数

项　目	驱动型式		
	DC24V/0.5A	DC24V/2A	DC20～125V/1.5A
额定发负载电压	DC24V		DC20～125V
负载电压允许范围	DC20.4～28.8V		DC20～138V
“1”信号输出电压	L+端电源电压值-0.5～0.8V		L+端电源电压值-1V

续 表

项　目		驱动型式		
		DC24V/0.5A	DC24V/2A	DC20～125V/1.5A
最大输出电流/A		0.5	2	1.5
公共端最大允许电流/A		2	2	8
"1"信号最小负载电流/mA		5	5	5
最高工作频率/Hz	电阻负载	100	100	100
	感性负载	0.5～2	0.1	0.1
输出隔离电路		光电耦合隔离		
输出显示		光电耦合 ON 时，指示灯(LED)亮		

表 1－13　双向晶闸管驱动模块技术参数

项　目		驱动型式		
		AC20～120V/2A	AC120/230V，2A	AC120/230V，5A
额定发负载电压		AC20/120V	AC120/230V	AC120/230V
负载电压允许范围		AC20～132V	AC79～264V	AC79～264V
"1"信号输出电压		AC20～132V	L＋端电源电压值－1.8V	L－端电源电压值－1.5V
最大输出电流/A		2	2	5
公共端最大允许电流/A		7	2	5
"1"信号最小负载电流/mA		—	10	10
最高工作频率/Hz	电阻负载	—	10	10
	感性负载	—	0.5	0.5
	灯负载	—	1	1
输出隔离电路		光电耦合隔离		
输出显示		光电耦合 ON 时，指示灯(LED)亮		

表 1－14　继电器触点驱动模块技术参数

项　目		驱动形式
		5A
允许负载电压/V	DC	1～60
	AC	5～264
最大输出电流/A	感性负载	(AC240V/DC30V)
	电阻负载	12(DC60V)
公共端最大允许电流/A		4
"1"信号最小负载电流/mA		5
最高工作频率/Hz	电阻负载	2
	感性负载	0.5
	灯负载	2
输出隔离电路		光电耦合隔离
输出显示		光电耦合 ON 时，指示灯(LED)亮

1.3.2 模拟量量输入/输出模块

模拟量输入模块 SM431 将从控制现场采集来的模拟量信号转换成 S7 - 400PLC 内部处理用的数字量信号，可组态的分辨率从 13 位到 16 位，其性能特性见表 1 - 15。

表 1 - 15 SM431 模拟量输入模块

6ES7 431 -	0HH00 - 0AB0	1KF00 - 0AB0	1KF10 - 0AB0	1KF20 - 0AB0	7QH00 - 0AB0	7KF00 - 0AB0	7KF10 - 0AB0
输入点数 用于电阻测量	16 —	8 4	8 4	8 4	16 8	8 —	8 8
极限值中断 诊断中断	— —	— —	— —	— —	可组态 可组态	可以 可以	可以 可以
额定输入电压 反极性保护	DC 24V 有	— —	DC 24V 有	DC 24V 有	DC 24V 有	— —	— —
输入量程 输入阻抗	±1V/10MΩ ±10V/100kΩ 1～5V/100KΩ ±20mA/50Ω 4～20mA/50Ω	±1V/20kΩ ±10V/100kΩ 1～5V/200kΩ ±20mA/80Ω 4～20mA/80Ω 0～600	±80mV/1MΩ ±250mV/1MΩ ±500mV/1MΩ ±1V/1MΩ ±2.5V/1MΩ ±5V/1MΩ 1～5V/MΩ ±10V/1MΩ 0～20mA/50Ω 4～20mA/50Ω 0～48 0～150 0～300 0～600 0～6000 热电偶 B,R, S,T,E,J,K, N,U,L Pt100,Pt200 Pt500,Pt1000 Ni100,Ni1000	±1V/10MΩ ±10V/10MΩ 1～5V/10MΩ ±5V/10MΩ ±20mA/50Ω 4～20mA/50Ω 0～600	±25mV/1MΩ ±50mV/1MΩ ±80mV/1MΩ ±250mV/1MΩ ±500mV/1MΩ ±1V/1MΩ ±2.5V/1MΩ ±5V/1MΩ 1～5V/1MΩ ±10V/100kΩ 0～20mA/50Ω ±5mA/50Ω ±10mA/50Ω ±20mA/50Ω 4～20mA/50Ω 0～48.0～150Ω 0～300 0～600 0～6000 热电偶 B,R,S, T,E,J,K, N,U,L Pt100,Pt200 Pt500,Pt1000 Ni100,Ni1000	±25mV/1MΩ ±50mV/2MΩ ±80mV/2MΩ ±100mV/2MΩ ±250mV/2MΩ ±500mV/2MΩ ±1V/2MΩ ±2.5V/2MΩ ±5V/2MΩ ±10V/2MΩ 1～5V/2MΩ ±5mA/50Ω ±10mA/50Ω ±20mA/50Ω ±3.2mA/50Ω 0.20mA/50Ω 4～20mA/50Ω 热电偶 B,R, S,T,E,J,K, N,U,L	Pt100,Pt200 Pt500, Pt1000 Ni100 Ni1000
2 线电流变送器 4 线电流变送器	可以 可以	带外部变送器 可以	可以 可以	可以 可以	可以 可以	— 可以	— —
内部外部隔离 通过通道隔离	无 无	有 无	有 无	有 无	有 无	有 有	有 无
基本转换时间	55ms,56ms	23ms,25ms	20.1ms/ 23.5ms	52μs	6ms/21.1ms/ 23.5ms	—	—

续 表

6ES7 431－	0HH00－0AB0	1KF00－0AB0	1KF10－0AB0	1KF20－0AB0	7QH00－0AB0	7KF00－0AB0	7KF10－0AB0
分辨率	12 位＋符号位/13 位	13 位	14 位	14 位	16 位	15 位＋符号位/16 位	15 位＋符号位/16 位
干扰抑制频率	60/50Hz	60/50Hz	60/50Hz	400/60/50Hz	400/60/50Hz	400/60/50Hz	60/50Hz
运行误差极限对应输入范围	±0.65% 1.0%（1～5V）	±1.25%	±0.5%	±0.9%	±0.4%	根据需要	±1℃
基本误差，25℃对应输入范围	±0.25% 0.5%（1～5V）	±0.8%	±0.3%	±0.75%	±0.3%	根据需要	±2℃

模拟量输出模块 SM432 只有一个型号，输出点数为 8 点，额定负载电压 DC24V，输出电压范围为±10V，0～10V 和 1～5V；输出电流范围为±20mA，0～20mA 和 4～20mA。

顺便说明 S7－400 信号模块的编址，S7－400PLC 信号模块的地址是在 STEP7 中用硬件组态工具将模块配置到基板（机架）时自动生成的。系统根据同类模块所在的基板号和在基板中的插槽号按从小到大的顺序自动连续分配地址，用户可以修改模块的起始地址。每个 8 点、16 点和 32 点数字量模块分别占用 1 个、2 个和 4 个字节地址。例如假设 32 点数字量输入模块各输入点的地址为 I44.0～I47.7，模块内各点的地址从上到下顺序排列。其中 I44.0 对应的接线端子在最上面，I47.7 对应的接线端子在最下面。

S7－400PLC 的模拟量模块默认的起始地址从 512 开始，每个模拟量输入，输出占 2B（1 个字），同类模块的地址按顺序连续排列。模块内最上面的通道使用模块的起始地址。例如某 8 通道模拟量输出模块的起始地址为 832，从上到下各通道的地址分别为 QW832，QW834，……，QW846。表 1－16 为一个 S7－400PLC 信号模块默认地址的实例。

表 1－16　S7－400PLC 信号模块默认地址的实例

0 号机架			1 号机架		
槽　号	模块种类	地　址	槽　号	模块种类	地　址
1	PS 417 10A 电源模块		1	32 点 DI	IB4－IB7
2			2	16DP	QB2，QB3
4	16 点 DO	QB0，QB1	4	8 点 AO	QW528～QW542
5	16 点 DI	IB0，IB1	5	8 点 AI	IW54－IW558
6	8 点 AO	QW512～QW526	6	16 点 DO	QB6，QB7
7	16 点 AI	IW512～IW542	7	8 点 AI	IW560～IW574
8	16 点 DI	IB2，IB3	8	32 点 DI	IB8～IB11
9	IM460－1	4093	9	IM461－0	4092

1.3.3 功能模块

与 S7－300 PLC 一样，S7－400PLC 也有许多功能模块，最常用的主要有下述几种。

1. FM450－1 计数器模块

FM450－1 是智能的、单通道计数器模块，它检测从增量型编码器传输来的脉冲（最大频率 500KHz），作为直接可用的门信号函数，它有两种可选择的过程响应输出：

（1）数字量输出，这种输出基于共享的寄存器，组态用户定义的最小脉冲或基于电平的切换，这些数字量输出均可组态。

（2）背板总线，它通过集成的背板总线，将中断信号发送给 CPU。

2. FM453 定位模块

FM453 是智能的三通道模块，用于宽范的定位任务。它可以控制 3 个独立的伺服电动机或步进电机，以高时钟频率控制机械运动，用于简单的点到点定位到对响应、精度和速度有极高要求的复杂运动控制。从增量式或绝对式编码器输入位置信号，步进电动机作执行器时可以不用编码器。控制伺服电动机时输出－10～＋10V 模拟信号，控制步进电动机时输出的是脉冲和方向信号。每个通道有 6 点数字量输入，4 点数字量输出。

FM453 有使用按钮的点动模式和增量模式，有手动数据输入功能，自动/单段控制用于运行复杂的定位路径。FM453 具有下列特殊功能：长度测量、变化率限制、运行中设置实际值、通过高速输入使定位运动启动或停止。图 1－10 所示为 FM453 的一个应用实例结构图。

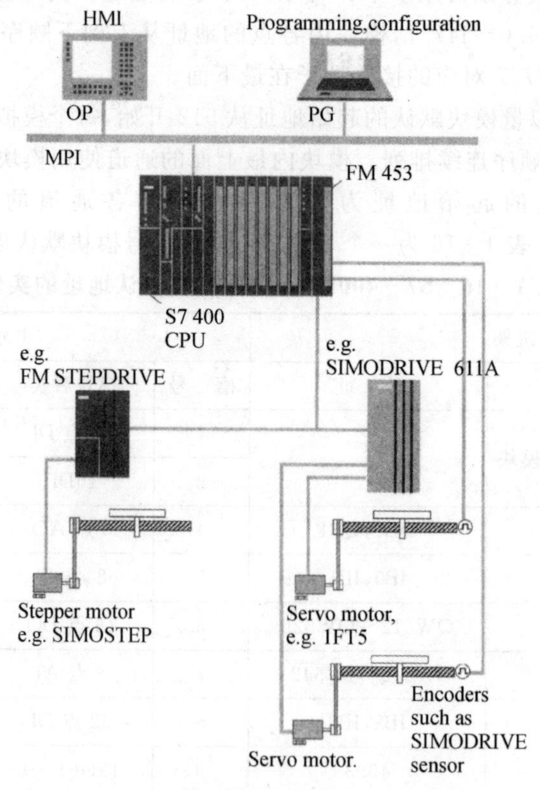

图 1－10 FM453 的一个应用实例结构图

3. FM455 闭环控制模块

12 位分辨率时的采样时间为 20～180ms，14 位时为 100～1700ms，与实际使用的模拟量输入的数量有关，有 16 点数字量输入。

4. FM458 - lDP 应用模块

FM458 - lDP 是为自由组态闭环控制设计的，它有包含 300 个功能块的库函数和 CFC 连续功能图图形化组态软件，带有 PROFIBUS－DP 接口。FM458 - lDP 的基本模块可以执行计算、开环和闭环控制，通过扩展模块可以对 I/O 和通信进行扩展。

EXM438－1 I/O 扩展模块是 FM458 - lDP 的可选插入式扩展模块，用于读取和输出有时间要求的信号。它分为数字量/模拟量输入/输出模块，可连接增量式和绝对式编码器，有 4 个 12 位模拟量输出。

EXM448 通信扩展模块是 FM458 - lDP 的可选插入式扩展模块。它可以使用 PROFIBUS－ DP 或 SIMOLINK 进行高速通信，带有一个备用插槽，可以插入 MASTERRIVES 可选模块，用于建立 SIMOLINK 光纤通信。

5. S5 智能 I/O 模块

S5 智能 I/O 模块配置专门设计的适配器后，可以直接插入 SIMATIC S7 - 400PLC。这些智能模块包括：IP242B 计数器模块，IP244 温度控制模块，WF705 位置解码器模块，WF706 定位、位置测量和计数器模块，WF707 凸轮控制器模块，WF721 和 WF723A/B/C 定位模块。

智能 I/O 模块的主要优点是能完全独立地执行实时任务，减轻了 CPU 的负担，能适应更高级的开环或闭环控制。

1.4　通信及接口模块

1.4.1　通信模块

S7 - 400PLC 具有很强的通信功能，CPU 模块集成有 MPI 和 DP 通信接口，有 PROFIBUS - DP 和工业以太网的通信模块，以及点对点通信模块。通过 PROFIBUS - DP 或 AS - I 现场总线，可以周期性自动交换 I/O 模块的数据(过程映像数据交换)。在自动化系统之间、PLC 与计算机和 HMI(人机界面)站之间，均可以交换数据。数据通信可以周期性地自动进行或基于事件驱动，由用户程序块调用。S7 - 400PLC 的点对点通信处理器功能块见表 1 - 17。

表 1 - 17　S7 - 400PLC 的点对点通信处理器功能块

FB	意　义	协　议	CP
FB 9“RECV_440”	接收通信伙伴的数据，并将它存储在数据块中	ASII driver 3964(R)	CP 440
FB 10“SEND_440”	将数据块中的全部或部分数据发送给通信伙伴	ASCII driver 3964(R)	CP 440
FB 11“RES_RECV”	复位 CP 440 的接收缓冲区	ASCII driver 3964(R)	CP 440
SFB_12“BSEND”	从 S7 数据区将数据发送到固定的通信伙伴目的区	ASCII driver 3964(R)	CP 441
SFB_13“BRCV”	从通信伙伴接收数据，并发送到 S7 数据区	ASCII driver 3964(R)	CP 441

续表

FB	意义	协议	CP
SFB_14“GET”	从通信伙伴读取数据	RK 512	CP 441
SFB_15“PUT”	用动态可变的目的区将数据发送到通信伙伴	RK 512	CP 441
SFB_16“PRINT”	将最多包含4个变量的报文文本输出到打印机	PRINT Driver	CP 441
SFB_22“STATUS”	查询通信伙伴的设备状态		CP 441

S7-400PLC 主要通信模块简介：

(1)CP441-1 和 CP441-2。CP441-1 和 CP441-2 通过点对点链接，进行高速大容量串行数据交换，其中 CP441-1 有一个可变接口，用于简单的点对点链接；CP441-2 有两个可变接口，用于高性能的点对点链接，用户可通过集成在 STEP7 中的通信组态工具来规定处理器的特性，也可通过 CPU 对参数赋值，由于组态数据以数据块的形式存储在 CPU 的存储器卡中，这样更换模块时，新的通信模块可立即投入运行。

(2)CP443-5。CP443-5 基本型是用于 PROFIBUS-FMS 现场总线系统的 SIMATIC S7-400 通信处理模块，它通过背板总线与邻近的 S7-400 相链接，当使用 SEND/RECIVE 或 S7 功能时，不存在槽位规则，CP443-5 基本型提供以下 S7 通信服务：与 S7-300 和 S7-400 PLC 通信；和编程器(PG 功能)通信；和 PC 机，例如 CP5412(A2)和 S7-5412 软件包，CP5511/5611 和 SOFTNET 软件包通信；以及与人机接口设备(OP)通信。CP443-5 扩展型是成本优化的 SIMATIC S7-400 通信处理器，用于 PROFIBUS 总线系统，它提供 PROFIBUS-DP、S7 通信和 SEND/RECEIVE 服务，它作为 DP 主站运行，符合 EN50170，它完全独立地处理数传输，而且允许连接从站，如 CP342—5 作为 DP 从站，ET200 作为分布式 I/O 系统的 DP 从站等。CP443-5 扩展型使 S7-400 能连接到 PROFIBUS-DP。

(3)CP443-1 TCP 和 CP443-1IT。CP443-1 TCP 是用于 TCP/IP 标准工业以太网总线系统的 SIMATIC S7-400 通信处理器，它通过工业以太网独立地处理数据，支持 TCP/IP 国际标准，CP443-1IT 将 SIMATIC S7-400 连接到工业以太网，具有：PG/OP 通信、S7 通信、通过 ISO 和 TCP/IP 与 S5 兼容通信、IT 通信；它具有用 Web 浏览器访问过程数据的 Web 功能；也可通过 S7-400 发送电子信息的 E—mail 功能。目前西门子公司推出了依据 MAP3.0 通信标准提供 MMS(制造业信息规范)服务的 CP444 通信处理器。

1.4.2 接口模块

IM460-x 是用于中央机架 URl，UR2 和 CR2 的发送接口模块；IM461-x 是用于扩展机架 URl，UR2 和 ERl，ER2 的接收接口模块。S7-400PLC 各种接口模块的使用范围与主要参数见表 1-18。

表 1－18　接口模块的使用范围与主要参数

扩展类型		集中式控制		分布式扩展		
		简易扩展	标准扩展	简易扩展	标准扩展	S5 扩展
发送接口模块（中央控制单元）	模块型号	IM460－1	IM460－0	IM460－4	IM460－3	IM463－2
	DC5V 消耗	85mA	140mA	1550mA	1550mA	1320mA
	模块功耗	0.425W	0.7W	7.75W	7.75W	6.6W
接收接口模块（扩展单元）	模块型号	IM461－1	IM461－0	IM461－4	IM461－3	IM314
	DC5V 消耗	120mA	290mA	620mA	620mA	
	模块功耗	0.6W	1.45W	3.1W	3.1W	
I/O 总线（P 总线）连接		有	有	有	有	有
通信总线（C 总线）连接		无	有	无	有	有
配套连接电缆		1	4	4	4	4
终端连接器型号		6ES7 461－1BA00－7AA0	6ES7 461－0AA00－7AA0	6ES7 461－4AA00－7AA0	6ES7 461－3AA00－7AA0	6ESS 760－1AA11
最大连接距离		1.5m	3m	605m	102.25m	600m
DC5V 电源供给		5V/5A	—	—	—	—

(1) IM460－0 和 IM461－0 分别是配合使用的发送接口模块和接收接口模块，属于集中式扩展，最大距离 3m。IM460－0 有两个接口，每个接口最多扩展 4 个机架，模块最多可扩展 8 个机架，中央机架可以插 6 块 IM461－3。IM460－0 接口模块将 P 总线和 K 总线传输到扩展单元，它有 3 个 LED，用于故障指示，它有 2 个接口，通过 468—1 连接电缆连接扩展线路。

(2) IM460－1 和 IM461－1 分别是配合使用的发送接口模块和接收接口模块，属于集中式扩展，最大距离 1.5m。中央控制器通过接口模块给扩展机架提供 5V 电源（最大 5A），最多能连接两个扩展机架，每个接口 1 个扩展单元，中央控制器最多使用两块 IM460－1，只传输 P 总线。它有 3 个发光二极管用于故障指示，它有 2 个接口，通过 468—3 连接电缆连接扩展线路。

(3) IM460－3 和 IM461－3 分别是配合使用的发送接口模块和接收接口模块，属于分布式扩展，最大距离 100m，传输 K 总线和 P 总线。IM460－3 有两个接口，通过 468—1 连接电缆连接到扩展线路，每个接口最多扩展 4 个机架，模块最多扩展 8 个机架，中央机架可以插 6 块 IM460－3 接口模块。

(4) IM460－4 和 IM461－4 分别是发送接口模块和接收接口模块，它们必须配合使用，属于分布式扩展，最大距离 605m，通过 P 总线传输数据。IM460－4 有两个接口，每个接口最多扩展 4 个机架，模块最多可扩展 8 个机架，中央机架可以插 6 块 IM461－4。

(5) IM463－2 是发送接口模块，用于 SIMATIC S5 扩展机架的分布式链接，最大距离 600m，可以插入到 UR1，UR2 和 CR2 中央机架，它有两个接口，通过 721 连接电缆连接 S5 扩展单元，最多可扩展 8 个 S5 扩展机架，每个接口最多扩展 4 个机架，只能与 IM314 配合使用。

在一个 S7－400 中央机架中，最多插 4 块 IM463－2，因此最多允许连接 32 个 S5 扩展单元。

(6) IM467/467 FO 将 S7－400 作为主站接入 PROFIBUS－DP 网络，可以将多达 10 条 DP 线连接到 S7－400，其中 IM467 FO 集成了光纤接口，它总是用于要求使用光缆的场合。这两种模块提供 PROFIBUS－DP 通信服务和 PG/OP 通信，以及通过 PROFIBUS－DP 的编程和组态。支持 SYNC/FREEZE、等距离和站点间通信功能。

1.5 S7－400H 容错系统简介

在自动化领域中，要求容错和高可靠性自动化系统的应用越来越多。例如某些工厂，停机将带来巨大的经济损失，只有冗余结构的系统才能满足容错的要求。容错型 SIMATIC S7－400H 能充分满足这些要求，它能连续运行，即使控制器的某些部件由于一个或几个故障而失效也不受影响。因此 S7－400H 具有很高的可用性，它特别适合以下应用领域。

(1) 停机将会造成重大的经济损失；

(2) 过程控制系统发生故障后再启动的费用十分昂贵；

(3) 某些使用贵重的原材料的过程控制（例如制药工业）会因突发的停机而产生废品；

(4) 无人管理的场合或需要减少维修人员的场合。

S7－400H 是按冗余方式设计的，主要器件都是双重的，可以在事件发生后继续使用备用的器件。设计成双重器件的有中央处理器 CPU、电源模块以及连接两个中央处理器的硬件。用户可以自行决定系统中是否需要更多的双重器件，以增强设备的冗余性。

1. S7－400H 的结构

S7－400H 包括以下主要部件。

(1)2 个中央机架，即 2 个分力的中央机架 UR1/UR2 或 1 个分割为 2 个区的中央机架(UR2－H)。

(2)每个中央机架有 2 个同步模块，通过光纤电缆连接 2 个单元。

(3)每个中央机架 1 个 CPU417－4H。

(4)每个中央控制器上有 S7 I/O 模块，中央控制器也可以有扩展机架或 ET2OOM 分布式 I/O。中央功能总是冗余配置的，I/O 模块可以是常规配置、切换型配置或冗余配置。

若要提高供电的冗余能力，每个子系统可以采用冗余供电的方式。在这种情况下需使用

PS407 10AR 电源模块，其额定电压为 ACl20/230V，输出电流为 10A。

SIMATIC S7 系统所有的 I/O 模块都可以在 S7－400H 中使用。I/O 模块可以插入到中央控制器、扩展机架或分布式 I/O 站。I/O 模块可按下列方式配置。

(1)单边结构。两个子系统中只有一个有一套 I/O 模块（单通道），它们可以在一个中央控制器中，或者是分布式的 I/O 站。I/O 模块只能被该子系统访问，读出的 I/O 信息同时提供给两个中央控制器。如果出现故障，属于故障控制器的 I/O 模块退出运行。

(2)切换结构。在切换结构中，I/O 模块虽然是单通道设计，但是两个中央控制器都可以通过冗余的 PROFIBUS－DP 网络访问 I/O 模块，。切换式 I/O 模块只能在 ET－2OOM 远程 I/O 站中。

(3)双通道 I/O 模块容错冗余配置。系统中有两套相同的容错冗余配置的 I/O 模块，每一个子系统都可以访问这两套 I/O 模块

(4)FM和CP的冗余。功能模块(FM)和通信处理器(CP)有两种冗余配置方法,可切换的冗余配置:FM和CP分别插到可切换的ET200中。双通道冗余配置:FM和CP分别插入两个子单元或两个子单元的扩展设备中。

2. S7-400H的工作原理

S7-400H是“热备”模式,在发生故障时,无扰动地自动切换,即无故障时,两个子单元都处于运行状态,发生故障时,正常工作的子单元能独立接替过程的控制,为了保证无扰动切换,必须实现中央控制器链路之间的快速、可靠的数据交换。两个控制器必须使用相同的用户程序,自动地接收相同的数据块、过程映像和相同的内部数据,例如定时器、计数器、位存储器等。这样可以确保两个子控制器同步地更新内容,在任意一个子系统有故障时用一个可以承担全部控制任务。

S7-400H采用“事件驱动同步”,当两个子单元的内部状态不同时,例如在直接I/O访问、中断、报警和修改实时钟时,就会进行同步操作。通过通信功能修改数据,由操作系统自动执行同步功能,不需要用户编程。

S7-400H可以使用系统总线(例如工业以太网)或点对点通信,从简单的线性网络结构到冗余式双光缆环路。S7的通信功能完全支持PROFIBUS或工业以太网的容错通信。出现通信故障时,通过最多4个冗余连接,使通信继续下去。切换过程不需要用户编程,冗余功能在参数设置时建立,用户的通信程序与标准通信程序一样。S7-400H和PC支持冗余通信,PC冗余需要有连接程序软件包。由于对冗余的要求不同,网络可以配置为冗余的或非冗余的总线,可以是总线型或环形结构。

3. S7-400H的编程参数化

S7-400H的编程与S7-400相同,可使用SIMATIC S7的编程语言。S7-400H用STEP7进行组态和编程,完成配置后可以把S7-400H看成一般的S7-400系统。冗余单元的工作由操作系统来监视,出现故障后可以独立地执行切换工作,用STEP7组态时已经将所需信息组态进去,并通知系统。组态和编程需要可选的H软件包,能在S7-400系统上使用的所有的标准软件工具、工程用软件工具和运行软件工具都可以在S7-400H上使用。适合标准S7-400系统设计和编程的规则同样适用于S7-400H,用户程序以相同的形式存储在两个中央处理器中,并且被同时执行。除了那些既可以在S7-400上使用,也可以在S7-400H上使用的功能块外,S7-400H系列还提供了一些与冗余功能有关的组织块,例如OB70(I/O冗余故障)和OB72(CPU冗余故障)。使用系统功能SFC90"H_CTRL",用户可以禁用或重新启用容错CPU的链接和刷新。

除S7-400H外,SIEMENS公司还提供安全型自动化系统S7-400F/FH。

1.6　S7-400PLC的扩展

1.6.1　扩展配置要求

S7-400PLC不同的扩展类型,需要配置不同的接口模块、连接电缆与扩展机架,采用相应的连接形式。扩展配置的具体要求见表1-19。

表 1－19　S7－400PLC 的扩展配置

分类	连接形式	中央控制单元				扩展单元			连接电缆	最大扩展距离
		机架型号	接口模块型号	扩展连接数量	接口模块安装	机架	接口模块	串联扩展		
集中式	简易扩展	UR1 或 UR2/CR2	IM460－1	2（注 1）	最大 2 个	ER1 或：ER2(注 2)	IM461－1	1 级（注 4）	468－3	1.5m
	标准扩展	UR1 或 UR2/CR2	IM460－0	8（注 1）	最大 6 个	UR1 或：UR2(注 3)	IM461－0	4 级（注 4）	468－1	3m
分布式	简易扩展	UR1 或 UR2/CR2	IM460－4	8（注 1）	最大 6 个	ER1 或：ER2(注 2)	IM461－4	4 级（注 4）	468－1	605m
	标准扩展	UR1 或 UR2/CR2	IM460－3	8（注 1）	最大 6 个	UR1 或：UR2(注 3)	IM461－3	4 级（注 4）	468－1	102.25m
	S5 扩展	UR1 或 UR2/CR2	IM460－2	8（注 1）	最大 4 个	S5 扩展机架	IM314	4 级（注 4）	721	600m

注 1：指中央控制器上每安装 1 个接口模块（如 IM460－0）可以连接的扩展单元总数量；当采用多个接口模块时，PLC 允许的最大扩展单元连接的总数不能超过 21 个；

注 2：也可以使用 UR1，UR2 通用机架，但 C 总线不能使用；

注 3：也可以使用 ER1，ER2 扩展机架，但功能受限制；

注 4：指由中央单元连接到扩展单元后，再由扩展单元连接到下一扩展单元的“串联”连接的总级数。

1.6.2　扩展形式

单个 PLC 机架的安装模块总数受到机架尺寸的限制，机架的安装模块数（插槽位置）最大为 18 个。在控制系统较为复杂、I/O 点数多的场合，需要通过扩展接口模块、扩展电缆、扩展机架等增加模块的安装位置进行 PLC 的扩展。

在分布式 PLC 控制系统中，为了实现 PLC 对远程 I/O 点的控制，同样需要通过远程 I/O 扩展接口、扩展电缆、扩展机架等连接远程 I/O 点。

S7－400PLC 根据不同的情况可以选用如下不同的扩展类型。

1. 集中控制式 PLC 扩展

集中控制式 PLC 控制系统用于控制复杂、I/O 模块与功能模块众多，但控制对象相对集中，PLC 系统可以统一安装于控制柜（或控制室），各 PLC 模块间的安装距离小于 1.5～3m 的场合。集中控制式 PLC 可以采用以下两种扩展形式。

(1)简易 I/O 扩展。这种扩展方式仅用于 PLC 基本 I/O 的连接，扩展单元与中央单元间只连接 PLC 的并行 I/O 连接总线（Parallel backplane bus，简称 P 总线），扩展单元上可以安装的模块功能受到局限。

采用简易 I/O 扩展的 PLC，系统最大的扩展单元连接数为 4 个，最大连接距离为 1.5m。为了降低系统的成本，简易 I/O 扩展时应选择 ER 型扩展机架与相应的扩展接口模块。

S7－400PLC 的集中式简易扩展连接如图 1－11 所示。

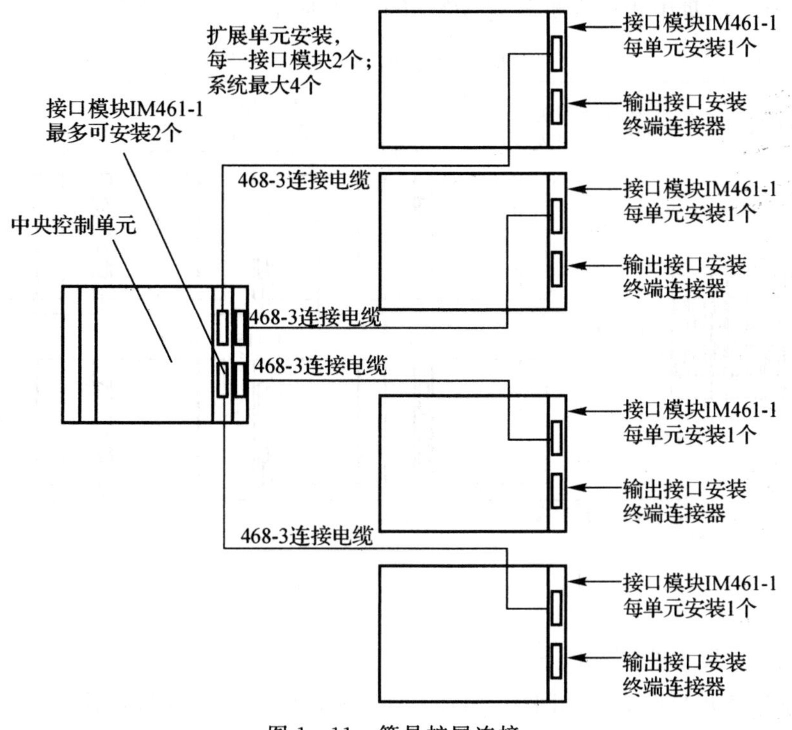

图 1－11　简易扩展连接

集中式简易扩展方式具有以下特点。

1)中央控制单元与扩展单元间用 IM460－l/IM461－1 扩展接口模块连接；

2)扩展接口模块 IM460－l/IM461－1 间只连接 PLC 的并行 I/O 连接总线(P 总线)，不连接通信总线(C 总线)；

3)中央控制单元最大只能安装 2 个 IM460－1 模块；

4)每个 IM460－1 模块带有 2 个相同的扩展接口，2 个接口均可通过 468—3 连接电缆与扩展单元的接口模块 IM461－1 连接；

5)扩展单元接口模块 IM461－1 具有输入与输出 2 个接口，输入接口通过 468—3 连接电缆与中央单元的接口模块 IM460－1 连接；输出接口上安装 461—1“终端连接器”；

6)扩展单元上的接口模块 IM461－1 不可以再向下作串联式连接，因此，1 个 IM460－1 接口模块最多可连接的扩展单元数为 2 个，整个 PLC 最大可以连接的扩展单元数量为 4 个；

7)扩展单元的 DC5V 电源由接口模块提供（每 1 单元为 DC5V/5A)，扩展单元本身不安装电源模块；

8)扩展单元与中央控制单元的距离不能超过 1.5m。

(2)标准扩展。这是一种用于集中控制式 PLC 扩展的标准连接形式，扩展单元与中央单元间有完整的并行 I/O 连接总线（P 总线)与通信总线（Communication bus，简称 C 总线)，总线连接的功能不受任何限制，因此，扩展单元上可以安装任何 S7－400 系列的 I/O 模块与功能模块。

采用标准扩展的 PLC，系统最大扩展单元实际连接数不能超过 21 个（理论上可以为 48 个)，最大连接距离为 3m。扩展时应选择 UR 型扩展机架与相应的扩展接口模块。

S7－400PLC 的集中式标准扩展连接如图 1－12 所示。

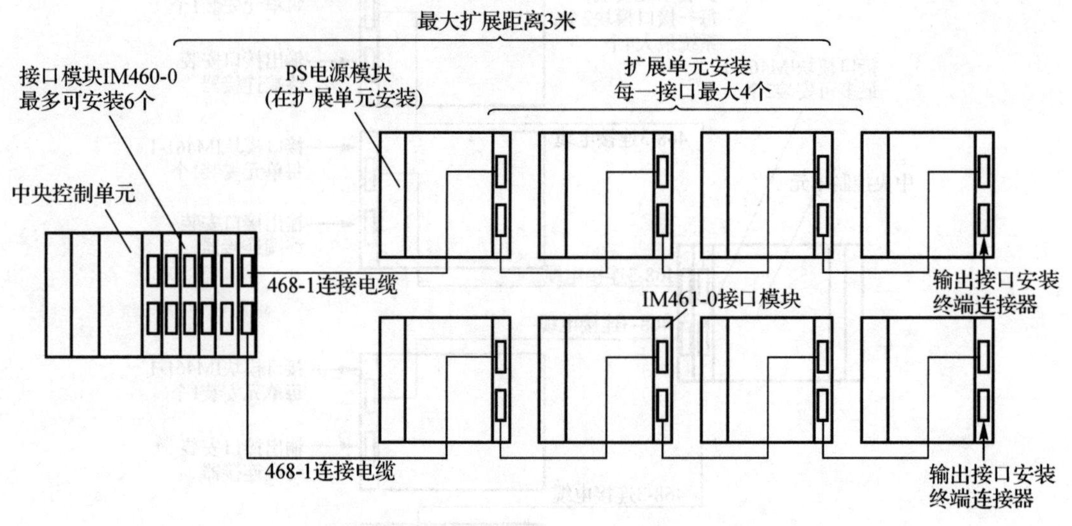

图 1－12　S7－400PLC 的标准扩展连接

集中式标准扩展方式具有以下特点。

1)中央控制单元与扩展单元间用 IM460－0/IM461－0 接口模块连接；

2)扩展接口模块 IM460－0/IM461－0 间同时连接 PLC 的并行 I/O 连接总线（P 总线)与通信总线(C 总线)；

3)中央控制单元最大能安装 6 个 IM460－0 模块；

4)每个 IM460－0 模块带有 2 个相同的扩展接口,2 个接口均可通过 468－1 连接电缆与扩展单元的接口模块 IM461－0 连接；

5)扩展单元的接口模块 IM461－0 具有输入与输出 2 个接口,第 1 扩展单元的输入接口通过 468－1 连接电缆与中央单元的接口模块 IM460－0 连接;输出接口可以与其他扩展单元接口模块 IM461－0 的输入接口进行"串联"式连接；

6)扩展单元的最大"串联"扩展级数为 4 级,最后一个 IM461－0 模块的输出接口上应安装 461－0"终端连接器"；

7)采用 1 个 IM460－0 接口模块的最多扩展单元连接数为 8 个;但整个 PLC 最大可以连接的扩展单元数量为 21 个；

8)扩展单元安装模块的功能不受限制；

9)IM460－0 接口模块不提供 DC5V 电源,扩展单元必须单独安装 PS 电源模块;扩展单元与中央控制单元的距离不能超过 3m。

2. 分布式 PLC 扩展

分布式 PLC 控制扩展系统用于系统规模较大、控制对象分散、PLC 的中央控制器与控制对象的 I/O 距离较远、需要 PLC 对远程 I/0 进行控制的场合。这种情况下,PLC 的中央控制器与相应的操作、显示面板,I/O 模块等统一安装于控制柜（或控制室)内;分散的 I/O 点按照相对集中的原则,连接到各个远程扩展单元上,从而组成分布式（或远程 I/O 控制)PLC 扩展系统。

分布式 PLC 控制扩展系统可以用于模块间安装距离大于 3m 的场合，可采用下述 3 种扩展形式。

(1)简易 I/O 扩展。与集中式扩展一样，这是一种仅用于 PLC 基本 I/0 扩展的连接形式，扩展单元与中央单元间只连接并行 I/O 连接总线 (P 总线)，扩展单元上可以安装的模块功能受到局限。

采用简易 I/0 扩展的 PLC，中央单元上每安装一个接口模块，可最多连接 8 个扩展单元；中央单元最大可以安装 6 个接口模块，但是，系统最大扩展单元连接数不能超过 21 个；最大连接距离为 605m。为了降低系统的成本，扩展时应选择 ER 型简易扩展机架与相应的扩展接口模块。

(2)标准扩展。与集中式扩展一样，这是一种用于 PLC 扩展的标准连接形式，扩展单元与中央单元间有完整的并行 I/O 连接总线 (P 总线)与通信总线 (C 总线)，总线连接的功能不受任何限制，因此，扩展机架可以安装任何 S7－400 系列的 I/O 模块与功能模块。

采用标准扩展的 PLC，中央单元上每安装一个接口模块，可最多连接 8 个扩展单元；中央单元最大可以安装 6 个接口模块，但是，系统最大扩展单元连接数不能超过 21 个；最大连接距离为 102.25m。扩展时应选择 UR 扩展机架与相应的扩展接口模块。

(3)S5 系列扩展。这是一种用于 S7－400PLC 与早期的 S5 系列 PLC 扩展单元连接的扩展形式，S5 扩展单元与 S7 中央单元间有完整的并行 I/O 连接总线 (P 总线)与通信总线 (C 总线)转换接口模块，扩展机架可以选择 S5 系列机架并安装 S5 系列的 I/O 模块与功能模块。

采用 S5 系列扩展的 PLC，中央单元上每安装一个接口模块，可最多连接 8 个扩展单元，中央单元最大可以安装 4 个接口模块，系统最大 S5 扩展单元连接数为 32 个，最大连接距离为 600m。扩展时应选择后述的 UR 型扩展机架与相应的扩展接口模块。

(4)分布式扩展连接要点。分布式扩展的连接形式与图 1－12 相似，其主要区别在于所使用的接口模块型号、中央控制单元上接口的安装数量、连接电缆的型号、连接功能(连接总线)、扩展单元的型号与连接距离等方面。

分布式扩展连接时应重点注意以下几点。

1)当中央控制单元与扩展单元间进行分布式简易扩展连接时(用 IM460－4/IM461－4 接口模块，接口模块间只连接 PLC 的并行 I/O 连接总线 (P 总线)，而不连接通信总线 (C 总线)，因此，扩展单元安装模块的功能受到限制；

2)当连接 S5 系列扩展单元时，中央控制单元最大可以安装的接口模块(IM463－2 模块)数为 4 个，其余情况均为 6 个；

3)扩展单元均可以采用“串联”式扩展(包括简易扩展连接)，最大“串联”扩展级数部为 4 级，最后一一个接口模块的输出接口上应安装“终端连接器”；

4)整个 PLC 最大可以连接的 S7 系列扩展单元的数量为 21 个，但连接 S5 系列扩展单元为 32 个。

5)分布式扩展的接口模块均不提供 DC5V 电源，扩展单元必须单独安装 PS 电源模块。

1.7　S7－400PLC 硬件组态实例

打开 STEP7 编程软件，点击左上方的“文件”图标，在出现的界面中，文件名输入“Test”，点击“确定”，右击“Test”菜单，选择“SIMATIC 400 站点”，此时界面如图 1－13 所示。

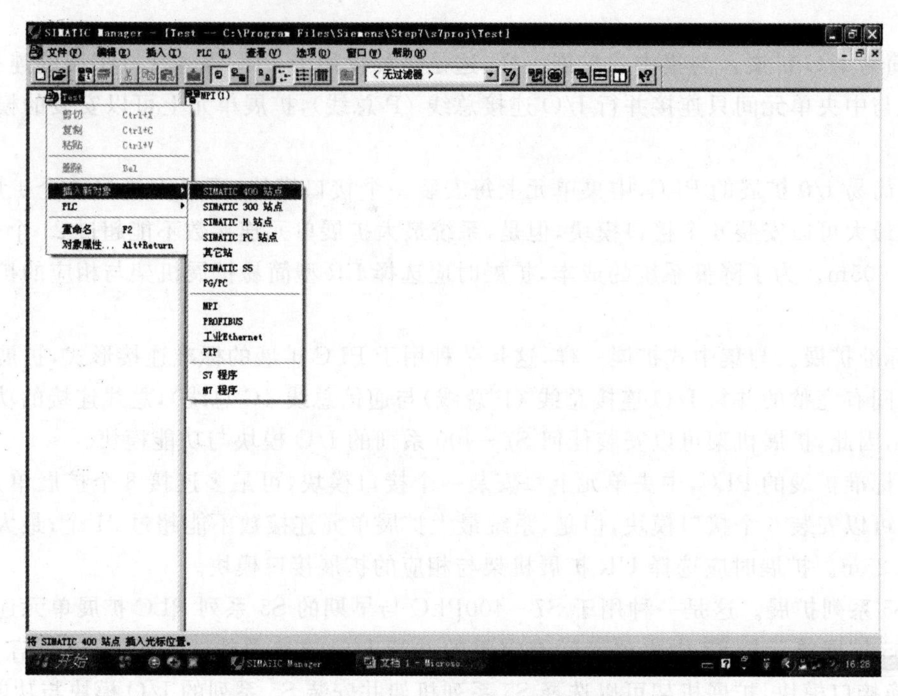

图 1－13　新建 S7－400PLC 硬件组态界面

右击“SIMATIC 400(1)”，双击“硬件”，在右边的资源管理器中，选择“SIMATIC 400”，选中其中的“RACK－400”，此时界面如图 1－14 所示。

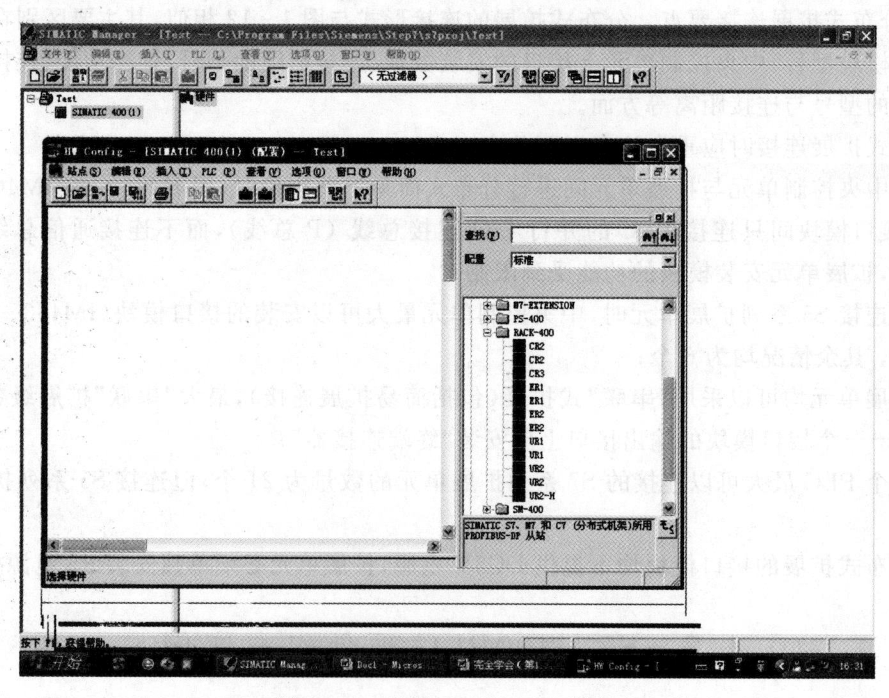

图 1－14　选择 S7－400PLC 基板

在“RACK - 400”中，选择 CR2 机架，拖入左边窗口中，就可以开始硬件组态了，如图 1 - 15 所示。

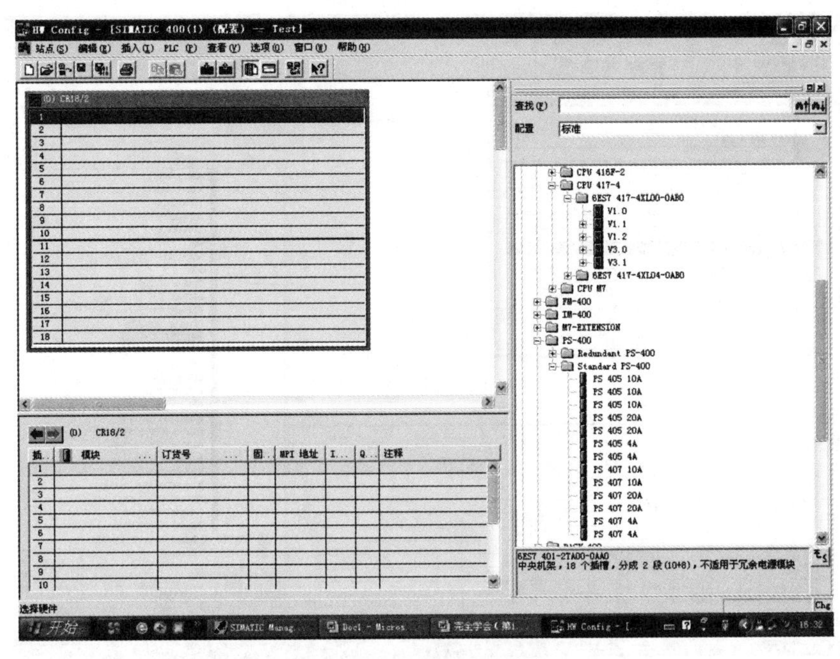

图 1 - 15　选择 PLC 机架

在机架第 1,2 槽中，插入 PS 407 10A 电源模块(该模块占 2 个槽)，在第 3 槽插入 CPU 模块，此时系统提示是否建立 PROFIBUS 网络，如图 1 - 16 所示。

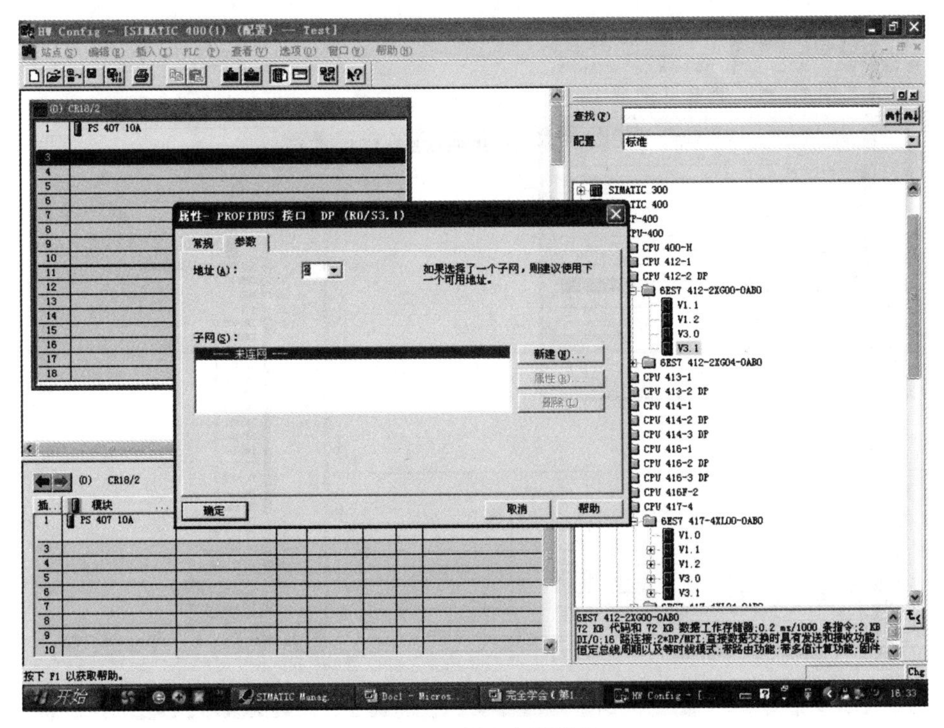

图 1 - 16　插入电源模块

选择 CPU 412－2DP 模块插入第 3 槽，第 4 槽、第 5 槽等插入相应的输入、输出信号模块，系统将根据同类模块自动分配 I/O 地址，如图 1－17 所示。

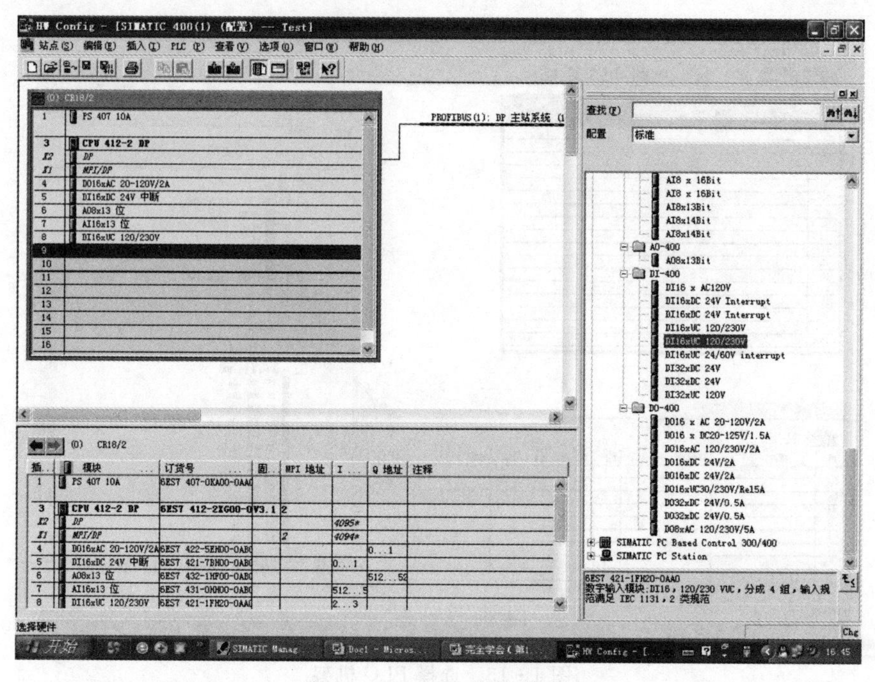

图 1－17　插入信号模块

信号模块插入完后，如果需要扩展机架，在信号模块的后面一槽，插入发送模块，如 IM460－1，如图 1－18 所示。

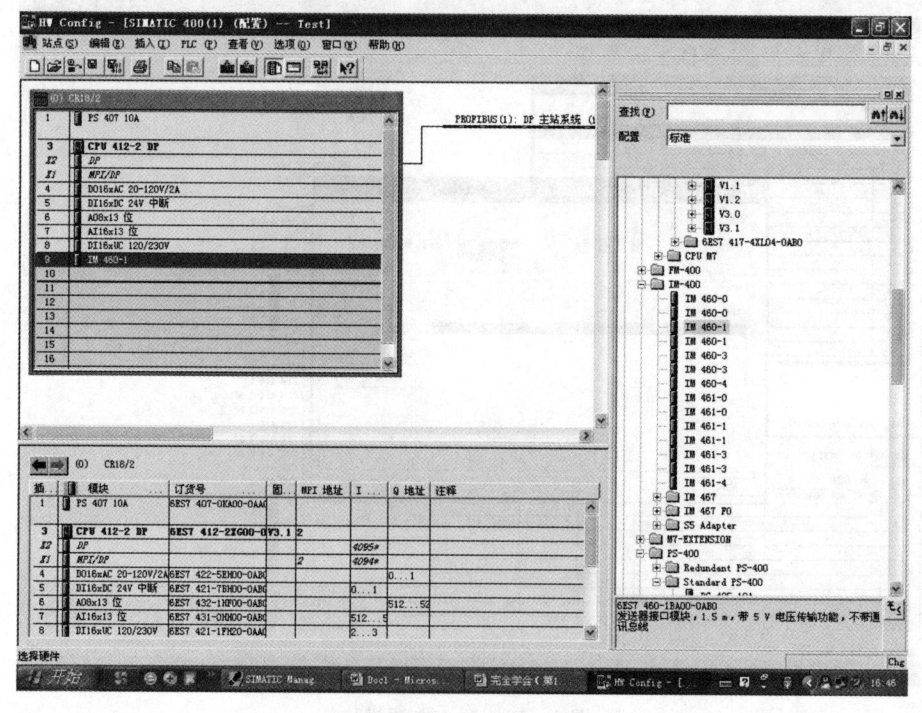

图 1－18　插入发送模块

在 CR2 机架的下面，建立扩展机架，选择 ER1 机架，如图 1－19 所示。

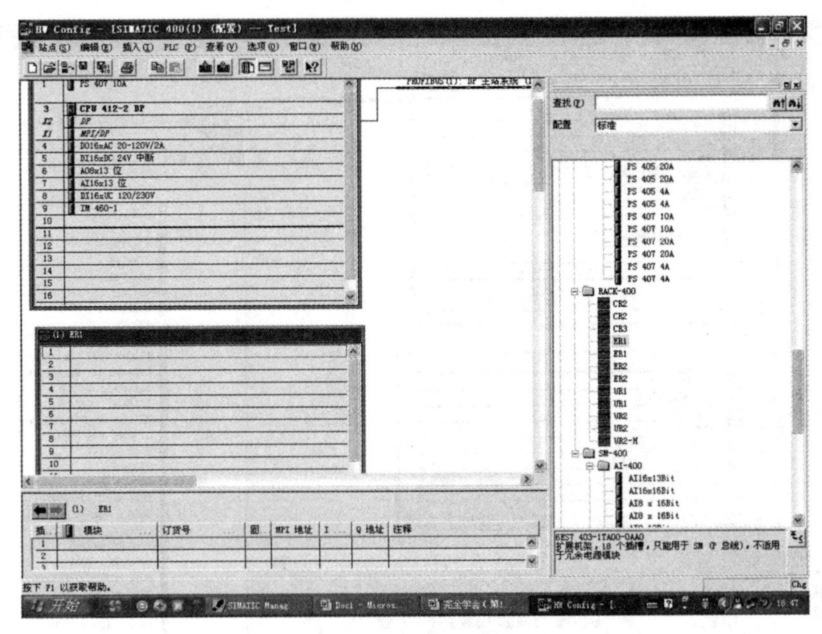

图 1－19　建立扩展机架

在 ER1 机架的第 18 槽，插入接收模块 IM461－0，点击 CR1 机架的 IM460－0 模块，完成连接，如图 1－20 所示。

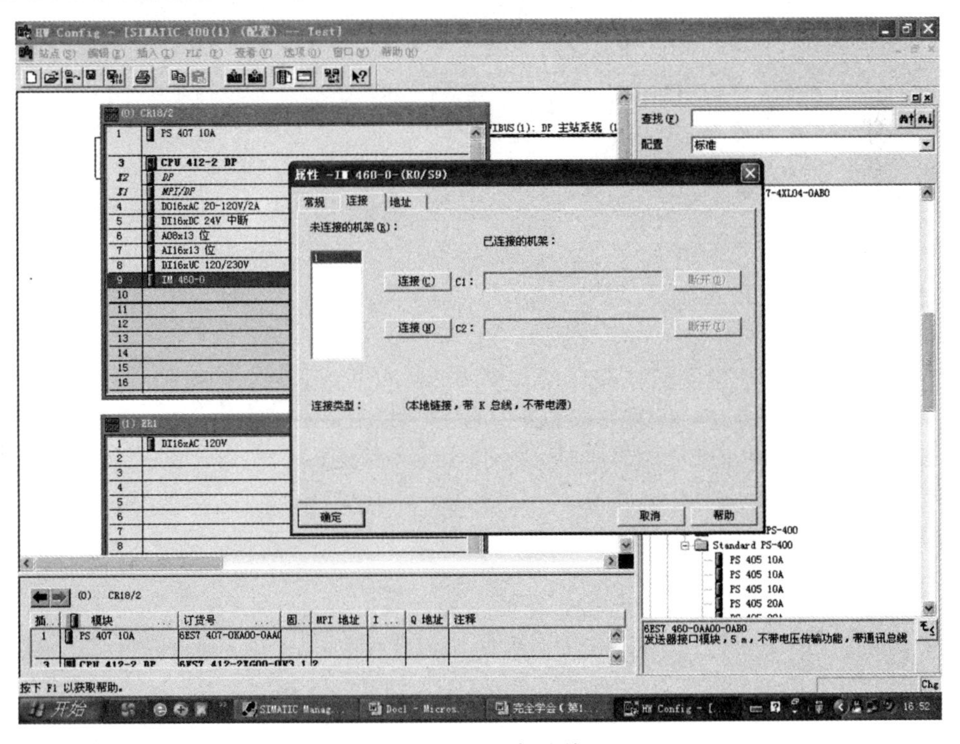

图 1－20　机架连接

在 ER1 机架中插入相应的信号模块，如图 1-21 所示，至此硬件组态完成。

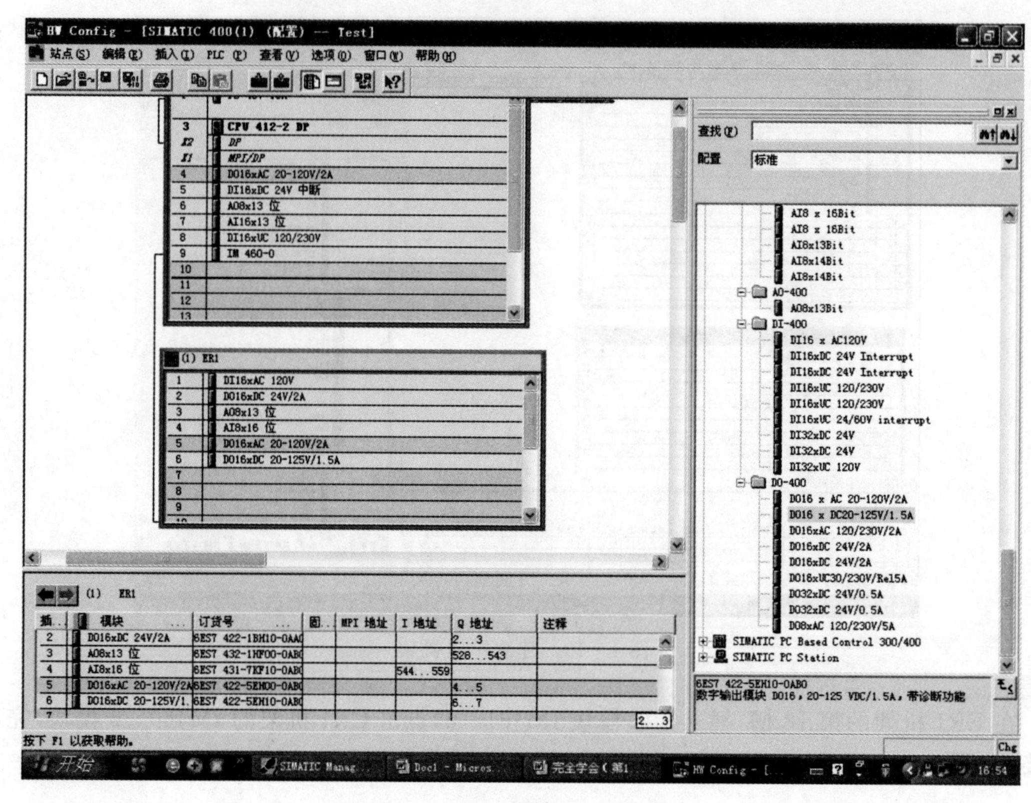

图 1-21　ER1 机架插入信号模块

第2章　S7－400 PLC编程基础

2.1　S7－400PLC的资源概述

2.1.1　数据类型和格式标记

STEP 7有以下3种数据类型。

(1)基本数据类型；

(2)用户通过组合基本数据类型生成的复合数据类型；

(3)可用来定义传送FB(功能块)和FC(功能)参数的参数类型。

1.基本数据类型

现在介绍STEP 7的基本数据类型。

(1)位(bit)。位数据的数据类型为BOOL(布尔)型，在编程软件中BOOL变量的值1和0常用英语单词TURE(真)和FALSE(假)来表示。

位存储单元的地址由字节地址和位地址组成，例如I3.2中的区域标示符“I”表示输入(Input)，字节地址为3，位地址为2，如图2－1所示。这种存取方式称为“字节.位”寻址方式。输入字节IB3(B是Byte的缩写)由I3.0～I3.7这8位组成。

例如，对于图2－2中的第1个输入模块(2字节、16点输入)的第14个(第2字节的第6点)输入点，其输入地址为I1.5等。

MSB　　　　LSB

	7	6	5	4	3	2	1	0
IB0								
IB1								
IB2								
IB3								
IB4								
IB5								

图2－1　位数据的表示

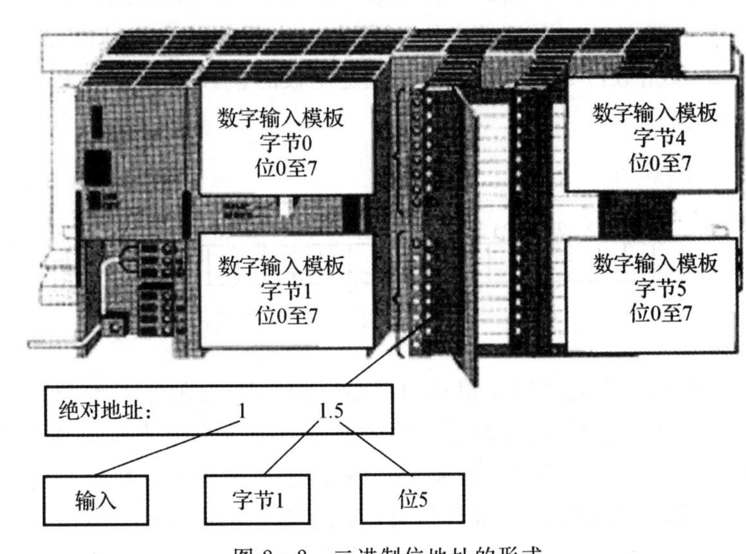

图2－2　二进制位地址的形式

(2)字节(Byte)。8位二进制数组成1个字节(Byte)，如图2－3所示，其中的第0位为最低位(LSB),第 7 位为最高位(MSB)。

(3)字(Word)。相邻两个字节组成一个字,字用来表示无符号数。MW100 是由 MB100 和 MB101 组成的 1 个字,如图 2－3 所示,MB00 为高位字节。MW100 中的 M 为区域标示符,W 表示字,100 为字的起始字节 MB100 的地址。字的取值范围为 W＃16＃0000～W＃16＃FFFF。

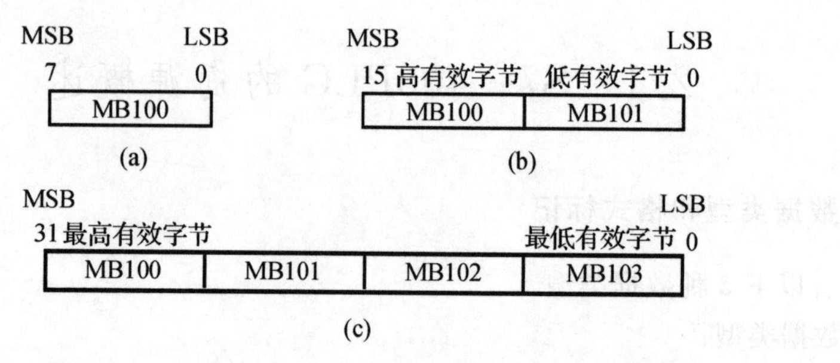

图 2－3　字节、字和双字

(4)双字(Double Word).两个字组成 1 个双字,双字用来表示无符号数。MD100 是由 MB100～MB103 组成的 1 个双字。如图 2－3 所示,MB100 为高位字节,D 表示双字,100 为双字的起始字节 MB100 的地址。双字的取值范围为 DW＃16＃0000_0000～DW＃16＃FFFF_FFFF。

(5)16 位整数(INT,Integer).整数是有符号数,整数的最高位为符号位,最高位为 0 时为正数,为 1 时为负数,取值范围为-32768～32767。整数用补码来表示,正数的补码就是它的本身,将一个正数对应的二进制数的各位求反后加 1,可以得到绝对值与它相同的负数的补码。

(6)32 位整数(DINT,DoubleInteger).32 位整数的最高位为符号位,取值范围为－2147483648～2147483647。

(7)32 位浮点数.浮点数又称实数(REAL),ANSI/IEEE 标准浮点数格式如图 2－4 所示,共占用一个双字(32 位)。最高位(第 31 位)为浮点数的符号位,最高位为 0 时为正数,为 1 时为负数;8 位指数占 23～30 位;因为规定尾数的整数部分总是为 1,只保留了尾数的小数部分 m(0～22 位)。

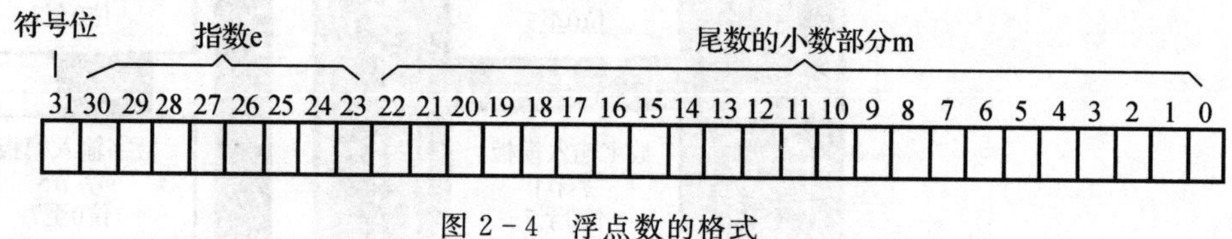

图 2－4　浮点数的格式

浮点数的优点是可以用很小的存储空间(4B)表示非常大和非常小的数。PLC 输入和输出的数值大多是整数(例如模拟量输入值和模拟量输出值),用浮点数来处理这些数据需要进行整数和浮点数之间的相互转换,浮点数的运算速度比整数运算慢得多。

(8)常数的表示方法。常数值可以是字节、字或双字,CPU 以二进制方式存储常数,常数也可以用十进制、十六进制、ASCII 码或浮点数形式来表示,见表 2－1。

表 2－1　常数的表示方法

符　号	说　明
B#16#,W#16#,DW#16#	十六进制字节,字和双字常数
D#	IEC 日期常数
L#	32 位整数常数
P#	地址指针常数
S5T#	S5 时间常数(16 位)
T#	IEC 时间常数
TOD#	实时时间常数(16 位/32 位)
C#	计数器常数(BCD 编码)
2#	二进制常数
B(b1,b2)B(b1,b2,b3,b4)	常数,2B 或 4B

B#16#,W#16#,DW#16#分别用来表示十六进制字节、字和双字常数。2#用来表示二进制常数,如 2#1101_1010。

L#为 32 位双整数常数,如 L# +5。

P#为地址指针常数,如 P#M2.0 是 M2.0 的地址。

S5T#是 16 位 S5 时间常数,格式为 S5T# aD_bH_cM_dS_eMS。其中 a,b,c,d,e 分别是日、小时、分、秒和毫秒的数值。输入时可以省掉下画线,例如 S5T#4S30MS=4s30ms,S5T#2H15M30S=2h15min30s。

T#为带符号的 32 位 IEC 时间常数,例如 T#1D_12H_30M_0S_250MS,时间增量为 1ms。

DATE 是 IEC 日期常数,例如 D#2004－1－15。

TOD#是 32 位实时时间(Time of day)常数,时间增量为 1ms,例如 TOD#23:50:45.300。

C#为计数器常数(BCD 码),例如 C#250。

数据类型规定了数据的特性、允许的范围,归纳起来见表 2－2。

表 2－2　基本数据类型

类型(关键词)	位	表示形式	数据与范围	示　例
布尔(BOOL)	1	布尔量	True/False	触点的闭合/断开
字节(BYTE)	8	十六进制	B#16#0～B#16#FF	LB#16#20
字(WORD)	16	二进制	2#0～2#1111_1111_1111_1111	L2#0000_0011_1000_0000
		十六进制	W#16#0～W#16#FFFF	LW#16#0380
		BCD 码	C#0～C#999	LC#896
		无符号十进制	B#(0,0)～B#(255,255)	LB#(10,10)

续表

类型(关键词)	位	表示形式	数据与范围	示　例
双字(DWORD)	32	十六进制	DW#16#0000_0000～DW#16#FFFF_FFFF	LDW # 16 # 0123_ABCD
		无符号数	B#(0,0,0,0)～B#(255,255,255,255)	LB#(1,23,45,67)
字符(CHAR)	8	ASCⅡ字符	可打印 ASCⅡ字符	'A'、'0'、','
整数(INT)	16	有符号十进制数	－32768～＋32767	L－23
长整数(DINT)	32	有符号十进制数	L#－214 783 648～L#214 783 647	L#23
实数(REAL)	32	IEEE 浮点数	±1.175 495e－38～±3.402 823e＋38	L2.345 67e＋2
时间(TIME)	32	带符号 IEC 时间，分辨率为 1ms	T#－24D_20H_31M_23S_648MS～T#24D_20H_31M_23S_647MS	LT#8D_7H_6M_5S_0MS
日期(DATE)	32	IEC 日期，分辨率为 1 天	D#1990_1_1～D#2168_12_31	LD#2005_9_27
实时时间(Time_Of_Daytod)	32	实时时间，分辨率为 1ms	TOD#0:0:0.0～TOD#23:59:59.999	LTOD # 8:30:45.12
S5 系统时间(S5TIME)	32	S5 时间，以 10ms 为时基	S5T#0H_0M_10MS～S5T#2H_46M_30S_0MS	LS5T#1H_1M_2S_10MS

2.复合数据类型与参数类型

(1)复合数据类型。通过组合基本数据类型和已存在的复合数据类型可以生成复合数据类型，STEP 7 中的复合数据类型见表 2－3。

表 2－3　复合数据类型说明

数据类型	说　明
日期_时间：DT(Day_and_time)	定义 8 字节，用于存储年(字节 0)、月(字节 1)、日(字节 2)、时(字节 3)、分(字节 4)、秒(字节 5)、毫秒(字节 6 和字节 7 的一半)和星期(字节 7 的另一半)，用 BCD 格式保存。星期天的代码为 1，星期一～星期六的代码为 2～7。如 DT#2004－07－15－12:30:15.200 为 2004 年 7 月 15 日 12 时 30 分 15.2 秒
字符串：STRING	可定义多达 254 个字符(CHAR)，组成一维数组。字符串的默认大小为 256 字节，存放 256 个字符，外加两个字节字头。可定义字符实际数目来减少预留空间，如 STRING[7]'Siemens'
数组：ARRAY	将一组同一类型的数据组合在一起，形成一个单元
结构：STRUCT	将一组不同类型的数据组合在一起，形成一个单元

此外，用户可以自定义复合数据类型，称为用户数据类型 UDT(User－Defined Data

Types)，利用 STEP 7 程序编辑器(Program Editor)产生的可命名结构，通过将大量数据组织到 UDT 中，在生成数据块或在变量声明表中声明变量时，利用 UDT 数据类型输入更加方便。

(2)参数类型。参数类型是为在逻辑块之间传递参数的形参(Formal Parameter，形式参数)定义的数据类型。

1)TIMER(定时器)和 COUNTER(计数器)：指定执行逻辑块时要使用的定时器和计数器，对应的实参(Actual Parameter，实际参数)应为定时器或计数器的编号，例如 T3，C21。

2)BLOCK(块)：指定一个块用作输入和输出，参数声明决定了使用的块的类型，例如 FB，FC，DB 等。块参数类型的实参应为同类型的块的绝对地址编号(例如 FB2)或符号名(例如"Motor")。

3)POINTER(指针)：指针指向一个变量的地址，即用地址作为实参。例如 P＃M50.0 是指向 M50.0 的双字地址指针。

4)ANY：用于实参的数据类型未知或实参可以使用任意数据类型的情况，占 10B。参数类型见表 2 - 4。

表 2 - 4　参数类型说明

参　数	字节长度/B	说　明
定时器：TIMER	2	在被调用的逻辑块内定义一个特殊定时器格式：T1
计数器：OUNTER	2	在被调用的逻辑块内定义一个特殊计数器格式：C1
块：BLOCK Block_FB Block_FC Block_DB Block_SDB	2	指定一个块用作输入和输出格式： FB2 FC101 DB42 SDB210
指针：POINTER	6	定义内存单元格式：P＃M50.0
ANY	10	当实参的数据类型未知格式： P＃M50.0 byte 10 P＃M50.0 word 5

3. 数据的格式标记

在程序设计中，各指令涉及的数据类型格式是以其标记体现的，大多数标记对应于特定的数据类型或参数类型，有些标记可表示多种数据类型。STEP 7 提供下列数据格式的标记。

(1)时间/日期标记。时间/日期标记见表 2 - 5，这些时间/日期标记不仅用来为 CPU 输入日期和时间，也可为定时器赋值。

表 2 - 5　时间/日期标记

标　记	数据类型	说　明	示　例
T＃(Time＃)	时间(Time)	T＃天 D_小时 H_分钟 M 秒_S_毫秒 MS(输入时可省去下画线)	T＃0D_1H_10M_22S_ _0MS
D＃(Date＃)	日期(Date)	D＃年一月一日	D＃1995—3—15

续表

标　记	数据类型	说　明	示　例
TOD #(Time_of_day#)	当天时间(Time_of_day)	TOD#小时:分钟:秒.毫秒	TOD#13:24:33.555
S5T #(S5Time#)	S5时间(S5Time)	S5T#天 D_小时 H_分钟 M_秒 S_毫秒 MS(输入时可省去下画线)	S5T#12M_22S_100MS
DT#(Date_and_time#)	日期和时间(Date_and_time)	DT#年—月—日—小时:分钟:秒.毫秒	DT#1995—3—15—17:10:3.335

(2)数值标记。数值标记见表 2-6,STEP 7 提供了数值的不同格式,这些标记用来输入常数或监测数据。它包括二进制格式、布尔格式(真或假)、字节格式(输入字或双字时每个字节中的值)、计数器常数格式、十六进数、带符号的整数格式(含 16 位和 32 位)、实数格式(浮点数)。

表 2-6　数值标记

标　记	数据类型	说　明	示　例
2#	WORD DWORD	二进制:16 位(字) 32 位(双字)	2#0001_0000_1101_1100 2#0001_0000_1101_1100_10 01_1100_1001_1111
True/False	BOOL	布尔值(真=1,假=0)	TRUE
B#(..)或 Byte#(..)	WORD DWORD	字节:16 位(字) 32 位(双字)	B#(10,20) B#(1,14,19,123)
B#16#或 Byte#16#	BYTE	十六进制:8 位(字节)	B#16#4F
W#16#或 Word#16#	WORD	十六进制:16 位(字)	W#16#4F12
DW#16#或 DWord#16#	DWORD	十六进制:32 位(双字)	DW#16#09A2_FF12
Integer	INT	IEC 整数格式:16 位(其中,最高位为符号位,补码存储)	612 —2270
L#	DINT	"长"整数格式:32 位(其中,最高位为符号位,补码存储)	L#44520 L#338245
Real number	REAL	IEC 实数(浮点数)格式:32 位	3.14 1.234e+13
C#	WORD	计数器常数:16 位,0～999(BCD 码)	C#500

(3)字符/文字标记。STEP 7 允许输入字符/文字信息,字符/文字标记见表 2-7。

表 2 - 7　字符/文字标记

标　记	数据类型	说　明	示　例
‘Character’	CHAR	ASCII 字符:8 位	‘A’
‘String’	STRING	IEC 字符串格式:可达 254 个字符	‘Siemens’

(4)参数类型标记。参数类型标记见表 2 - 8。

表 2 - 8　参数类型标记

标　记	说　明	示　例
定时器	Tnn(nn 为定时器号)	T10
计数器	Cnn(nn 为计数器号)	C25
FB 块	FBnn(nn 为 FB 块号)	FB100
FC 块	FCnn(nn 为 FC 块号)	FC20
DB 块	DBnn(nn 为 DB 块号)	DB101
SDB 块	SDBnn(nn 为 SDB 块号)	SDB210
指针	P#存储区地址	P#M50.0
任意参数	P#存储区地址_数据类型_长度	P#M10.0word5

2.1.2　操作数

1. 标识符及标识参数

一般情况下，指令的操作数位于 PLC 的存储器中，此时操作数由操作数标识符和标识参数组成。操作数标识符说明 CPU 操作数放在存储器的哪个区域及操作数的位数，标识参数则进一步说明操作数在该存储区域内的具体位置。

操作数的标识符由主标识符和辅助标识符组成。主标识符表示操作数所在的存储区，辅助标识符进一步说明操作数的位数长度。若没有辅助标识符则指操作数的位数是 1 位。主标识符有 I(输入过程映像存储区)，Q(输出过程映像存储区)，M(位存储区)，PI(外部输入)，PQ(外部输出)，T(定时器)，C(计数器)，DB(数据块)，L(本地数据)；辅助标识符有 X(位)，B(字节)，W(字，2 个字节)，D(双字，4 个字节)。

PLC 的物理存储器是以字节为单位的，所以存储单元规定为字节单元。位地址参数用一个点与字节地址分开，如 M10.1。

当操作数是字或双字时，标识符后给出的标识参数是字或双字内的最低字节单元号。图 2 - 5 给出了以字节单元为基准标记存储器的存储单元。当使用宽度为字或双字的地址时，应保证没有生成任何重叠的字节分配，以免造成数据读/写错误。

2. 操作数的表示法

在 STEP 7 中，操作数有两种表示方法：物理地址(绝对地址)表示法和符号地址表示法。

(1)物理地址(绝对地址)表示法。用物理地址表示操作数时，要明确指出操作数所在的存储区、该操作数位数和具体位置。例如，Q4.0 是用物理地址表示的操作数，其中 Q 表示这是一个在输出过程映像区中的输出位，具体位置是第 4 个字节的第 0 位。

(2)符号地址表示法。STEP 7 允许用符号地址表示操作数。例如，Q4.0 可用符号名

MOTOR_ON 来替代表示。

符号名必须先定义后使用，而且符号名必须是唯一的，不能重名。定义符号时，需要指明操作存储区、操作数的位数、具体位置及数据类型。

采用符号地址表示法可使程序的可读性增强，并可降低编程时由于笔误造成的程序错误。

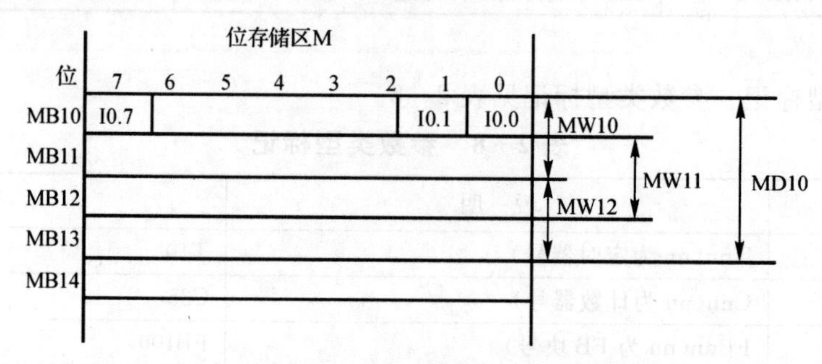

图 2-5　以字节单元为基准标记存储器存储单元

2.1.3　寻址方式

所谓寻址方式是指指令得到操作数的方式，可以直接或间接给出操作数的地址。STEP 7 有 4 种寻址方式：立即寻址、存储器直接寻址、存储器间接寻址和寄存器间接寻址。

1. 立即寻址

立即寻址是对常数或常量的寻址方式，其特点是操作数直接包含在指令中，或者指令的操作数是唯一的。例如：

```
SET                // 将 RLO 置 1
AW    W#16#117     //将常数 W#16#117 与累加器 1 进行“与”逻辑运算
L  43              //将整数 43 装入累加器 1 中
```

2. 存储器直接寻址

存储器直接寻址的特点是直接给出操作数的存储单元地址。例如：

```
O   I0.2           //对输入位 I0.2 进行“或”逻辑运算
R   Q4.0           //将输出位 Q4.0 置“0”
=   M1.1           //使 M1.1 的内容等于 RLO 的内容
L   C1             //将计数器 C1 中的计数值装入累加器 1
T   MW6            //将累加器 1 中的内容传送给 MW6
```

3. 存储器间接寻址

存储器间接寻址的特点是用指针进行寻址。操作数存储在由指针给出的存储单元中，根据要描述的地址复杂程度，地址指针可以是字或双字的，存储指针的存储器也应是字或双字的。对于 T,C,FB,FC,DB，由于其地址范围为 0～65535，可使用字指针；对于 I,Q,M 等，可能要使用双字指针，使用双字指针时，必须保证指针中的位编号为“0”。存储器间接寻址的指针格式如图 2-6 所示。

4. 寄存器间接寻址

寄存器间接寻址的特点是通过地址寄存器寻址。S7-300/400 PLC 中有两个地址寄存器：AR1 和 AR2，地址寄存器的内容加上偏移量形成地址指针，指向操作数所在的存储单元。

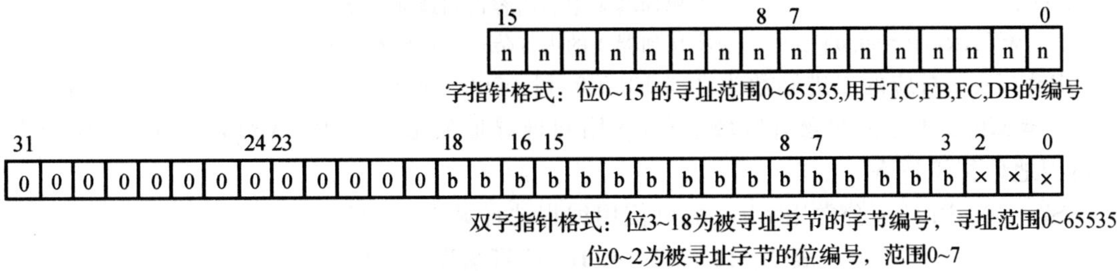

15							8	7							0
n	n	n	n	n	n	n	n	n	n	n	n	n	n	n	n

字指针格式：位0~15 的寻址范围0~65535,用于T,C,FB,FC,DB的编号

31							24	23					18		16	15						8	7				3	2		0
0	0	0	0	0	0	0	0	0	0	0	0	0	b	b	b	b	b	b	b	b	b	b	b	b	b	b	b	×	×	×

双字指针格式：位3~18为被寻址字节的字节编号，寻址范围0~65535

位0~2为被寻址字节的位编号，范围0~7

图 2-6　存储器间接寻址的指针格式

寄存器间接寻址有两种形式：区域内寄存器间接寻址和区域外寄存器间接寻址。寄存器间接寻址的指针格式如图 2-7 所示。

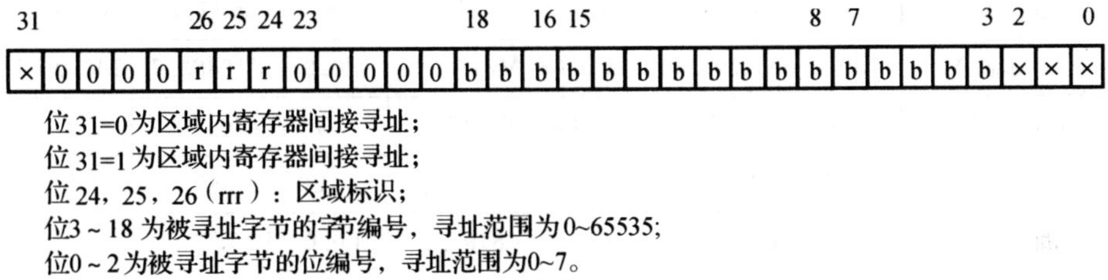

31					26	25	24	23					18		16	15						8	7				3	2		0
×	0	0	0	0	r	r	r	0	0	0	0	0	b	b	b	b	b	b	b	b	b	b	b	b	b	b	b	×	×	×

位 31=0 为区域内寄存器间接寻址；

位 31=1 为区域内寄存器间接寻址；

位 24，25，26（rrr）：区域标识；

位3～18 为被寻址字节的字节编号，寻址范围为0~65535;

位0～2为被寻址字节的位编号，寻址范围为0~7。

图 2-7　寄存器间接寻址的指针格式

地址指针区域标识位的含义见表 2-9。

表 2-9　地址指针区域标识位的含义

位 24,25,26 的二进制数	存 储 区	区域标识符
000	外设 I/O 存储区	P
001	输入寄存器存储区	I
010	输出寄存器存储区	Q
011	位存储区	M
100	共享数据块存储区	DBX
101	背景数据块存储区	DBI
111	临时本地数据	L

使用寄器指针格式访问一个字节、字或双字时，必须保证指针中位地址的编号为 0。

指针常数 #P5.0 对应的二进制数为 2#0000 0000 0000 0000 0000 0000 0100 1000。下面是区间间接寻址的例子。

```
L   P#5.0                  //将间接寻址的指针装入累加器 1
LAR1                       //将累加器 1 中的内容送到地址寄存器 1
A   M[AR1,P#2.3]           //AR1 中的 P#5.0 加偏移量 P#2.3,实际上是对 M7.3 进行操作
=    Q[AR1,P#0.2]          //逻辑运算结果送 Q5.2
L   DBW[AR1,P#18.0]        //将 DBW23 装入累加器 1
```

下面是区域间接寻址的例子。

```
L   P#M6.0                 //将存储器位 M6.0 的双字指针装入累加器 1
```

```
LAR1                    //将累加器 1 中的内容送到地址寄存器 1
T    W[AR1,P#50.0]      //将累加器 1 的内容传送到存储器字 MW56
```

P#M6.0 对应的二进制数为 2 #1000 0011 0000 0000 0000 0000 0011 0000。因为地址指针 P#M6.0 中已经包含有区域信息,使用间址寻址的指令 T W[AR1,P#50.0]中没有必要再用地址标识符 M。

S7-400 PLC 部分常用 CPU 的可使用编程地址见表 2-10。

表 2-10　S7-400PLC 可编程的地址范围

信号形式	信号类别	地址范围			
		CPU412	CPU414	CPU416	CPU417
二进制位	输入 I	I0.0～I127.7	I0.0～I255.7	I0.0～I511.7	I0.0～I1023.7
	输出 Q	Q0.0～Q127.7	Q0.0～Q255.7	Q0.0～Q511.7	Q0.0～Q1023.7
	内部标志 M	M0.0～M4095.7	M0.0～M8191.7	M0.0～M16383.7	M0.0～M16383.7
	定时器 T	T0～T2047	T0～T2047	T0～T2047	T0～T2047
	计数器 C	C0～C2047	C0～C2047	C0～C2047	C0～C2047
	局部变量 L	L0.0～L4095.7	L0.0～L8191.7	L0.0～L16383.7	L0.0～L32767.7
	数据块 DBX	DBX0.0～DBX65533.7	DBX0.0～DBX65533.7	DBX0.0～DBX65533.7	DBX0.0～DBX65533.7
	数据块 DIX	DIX0.0～DIX65533.7	DIX0.0～DIX65533.7	DIX0.0～DIX65533.7	DIX0.0～DIX65533.7
字节	输入 IB	IB0～IB127	IB0～IB255	IB0～IB512	IB0～IB1023
	输出 QB	QB0～QB127	QB0～QB255	QB0～QB512	QB0～QB1023
	内部标志 MB	MB0～MB4095	MB0～MB8191	MB0～MB16383	MB0～MB16383
	局部变量 LB	LB0～LB4095	LB0～LB8191	LB0～LB16383	LB0～LB32767
	累加器 AC	AC0～AC3			
	数据块 DBB	DBB0～DBB65533			
	数据块 DIB	DIB0～DIB65533			
字	输入 IW	IW0～IW126	IW0～IW254	IW0～IW510	IW0～IW1022
	输出 QW	QW0～QW126	QW0～QW254	QW0～QW510	QW0～QW1022
	内部标志 MW	MW0～MW4094	MW0～MW8190	MW0～MW16382	MW0～MW16382
	局部变量 LW	LW0～LW4094	LW0～LW8190	LW0～LW16382	LW0～LW32766
	定时器 T	T0～T2047	T0～T2047	T0～T2047	T0～T2047
	计数器 C	C0～C2047	C0～C2047	C0～C2047	C0～C2047
	累加器 AC	AC0～AC3			
	数据块 DBW	DBW0～DBW65532			
	数据块 DIW	DIW0～DIW65532			

续 表

信号形式	信号类别	地址范围			
		CPU412	CPU414	CPU416	CPU417
双字	输入 ID	ID0～ID124	ID0～ID252	ID0～ID508	ID0～ID1020
	输出 QD	QD0～QD124	QD0～QD252	QD0～QD508	QD0～QD1020
	内部标志 MD	MD0～MD4092	MD0～MD8188	MD0～MD16380	MD0～MD1630
	局部变量 LD	LD0～LD4092	LD0～LD8188	LD0～LD16380	LD0～LD72764
	累加器 AC	AC0～AC3			
	数据块 DBD	DBD0～DBD65530			
	数据块 DID	DID0～DID65530			

2.2　位逻辑指令

S7 - 400 PLC 的位逻辑指令见表 2 - 11。

表 2 - 11　位逻辑指令

指　令	说　明
A	AND,逻辑与,电路或触点串联
AN	AND NOT,逻辑与非,常闭触点串联
O	OR,逻辑或,电路或触点并联
ON	OR NOT,逻辑或非,常闭触点并联
X	XOR,逻辑异或
XN	XOR NOT,逻辑异或非
A(	逻辑与加左括号
AN(	逻辑与非加左括号
O(	逻辑或加左括号
ON(	逻辑或非加左括号
X(	逻辑异或加左括号
XN(	逻辑异或非加左括号
)	右括号
=	赋值
R	RESET,复位指定的位或定时器、计数器
S	SET,置位指定的位或设置计数器的预置值
NOT	将 RLO 取反
SET	将 RLO 置位为 1
CLR	将 RLO 清 0
SAVE	将状态字中的 RLO 保存到 BR 位
FN	下降沿检测
FP	上升沿检测

2.2.1 触点指令

1.“与”(A)、“与非”(AN)

A:“与”指令适用于单个常开触点串联,完成逻辑“与”运算。

AN:“与非”指令适用于单个常闭触点串联,完成逻辑“与非”运算。

如图2－8所示,触点串联指令也用于串联逻辑行的开始。CPU对逻辑行开始第1条语句如I1.0的扫描称为首次扫描。首次扫描的结果(I1.0的状态)被直接保存在RLO(逻辑操作结果位)中;在下一条语句,扫描触点Q5.3的状态,并将这次扫描的结果和RLO中保存的上一次结果相“与”产生的结果,再存入RLO中,如此依次进行。在逻辑串结束处的RLO可作进一步处理。如赋值给Q4.2(＝Q4.2)。

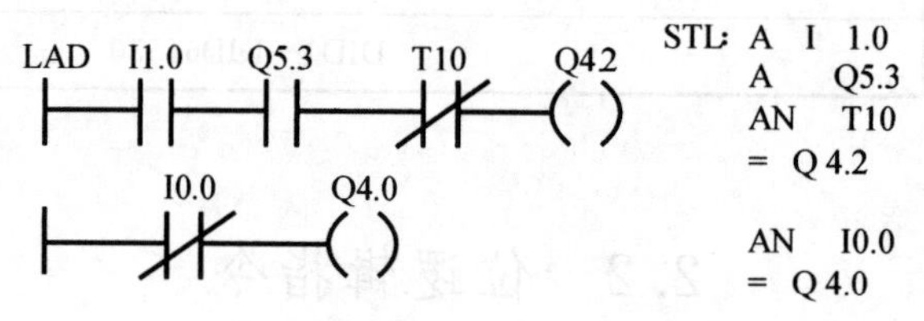

图2－8 “与”(A)、“与非”(AN)指令

2.“或”(O)、“或非”(ON)

O:“或”指令适用于单个常开触点并联,完成逻辑“或”的运算。

ON:“或非”指令适用于单个常闭触点并联,完成逻辑“或非”运算。

如图2－9所示,触点并联指令也用于一个并联逻辑行的开始。CPU对逻辑行开始第1条语句如I4.0的扫描称为首次扫描。首次扫描的结果(I4.0的状态)被直接保存在RLO(逻辑操作结果位)中,并和下一条语句的扫描结果相“或”,产生新的结果再存入RLO中,如此依次进行。在逻辑串结束处的RLO可用作进一步处理,如赋值给Q8.0(＝Q8.0)。

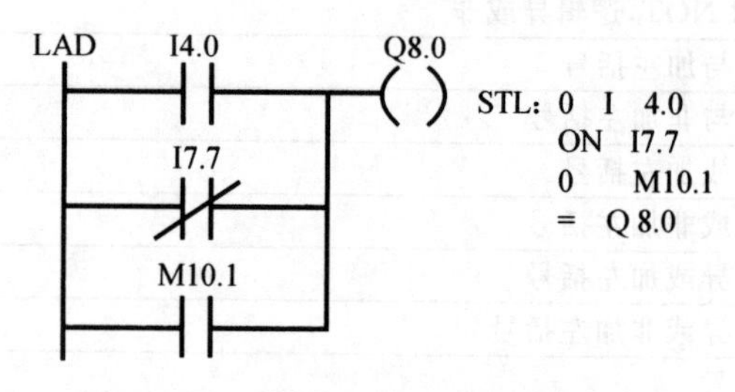

图2－9 “或”(O)、“或非”(ON)指令

此外,还有“异或”(X)、“异或非”(XN)、嵌套指令等。

3.电路块的串联与并联

电路块的串、并联电路如图2－10、图2－11所示。触点的串、并联指令只能将单个触点与其他触点电路串、并联。逻辑运算时采用先“与”(串联)后“或”(并联)的规则,例如(I0.0＋M3.3)·(M0.0＋I0.2)。要想将图2－10中由I0.5和I0.2的触点组成的串联电路与它上面的电路并联,需要在两个串联电路块对应的指令之间使用没有地址的O指令。

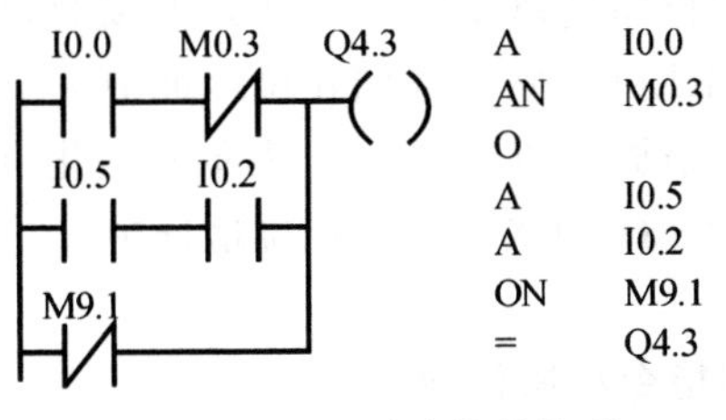

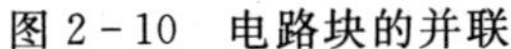
图 2－10　电路块的并联

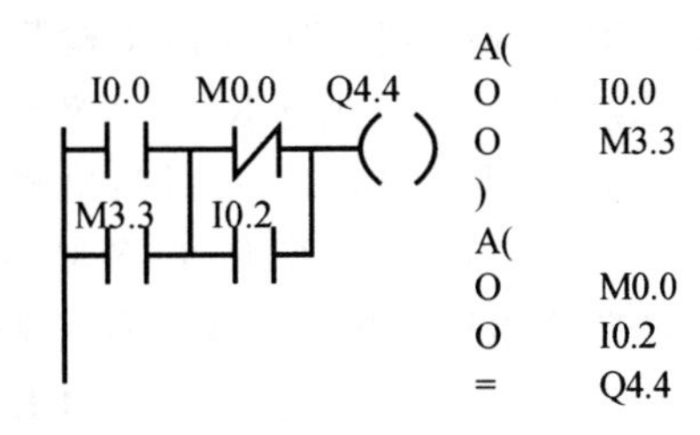

图 2－11　电路块的串联

将电路块串联时，应将需要串联的两个电路块用括号括起来，并在左括号之前使用 A 指令，就像对单独的触点使用 A 指令一样。

电路块用括号括起来后，在括号之前还可以使用 AN，O，ON、X 和 XN 指令。

4. 异或指令与同或指令

异或指令的助记符为 X，图 2－12 所示为异或指令的等效电路。图 2－12 中的 I0.0 和 I0.2 的状态不同时，运算结果 RLO 为 1，反之为 0。

同或指令的助记符为 XN，图 2－13 是同或指令的等效电路。图 2－13 中的 I0.0 和 I0.2 的状态相同时，运算结果 RLO 为 1，反之为 0。

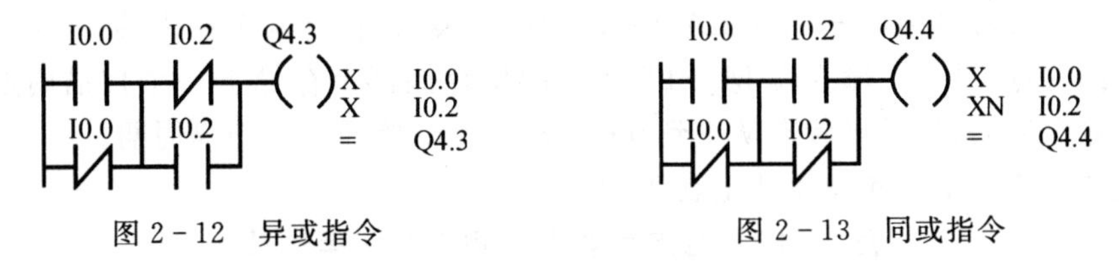

图 2－12　异或指令　　　图 2－13　同或指令

5. 取反触点

取反触点的中间标有“NOT”，用来将它左边电路的逻辑运算结果 RLO 取反（见图 2－14），该运算结果若为 1 则变为 0，为 0 则变为 1，该指令没有操作数。换句话说，能流到达该触点时即停止流动；若能流未到达该触点，该触点给右侧供给能流。图 2－14 中左边的两个触点均闭合时，Q4.5 的线圈断电。

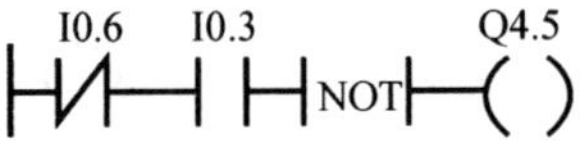

图 2－14　取反触点

6. 边沿检测指令

当信号状态变化时就产生跳变沿：从 0 变到 1 时，产生一个上升沿（也称正跳沿）；从 1 变到 0 时，产生一个下降沿（也称负跳变）。跳变沿检测的方法是在每个扫描周期（OB1 循环扫描一周），把当前信号状态和它在前一个扫描周期的状态相比较，若不同，则表明有一个跳变沿。因此，前一个周期里的信号状态必须被存储，以便能和新的信号状态相比较。

S7－400 PLC 有两种边沿检测指令：一种是对逻辑串操作结果 RLO 跳变沿检测的指令；另一种是对单个触点跳变沿检测的指令。

（1）RLO 跳变沿检测指令。RLO 跳变沿检测可分别检测正跳沿和负跳沿。

1)当 RLO 从 0 到 1 时,正跳沿检测指令在当前扫描周期以 RLO=0 表示其变化,而在其他扫描周期均为 0。在执行 RLO 正跳沿检测指令前,RLO 的状态存储在位地址中。

2)当 RLO 从 1 到 0 时,负跳沿检测指令在当前扫描周期以 RLO=1 表示其变化,而在其他扫描周期均为 0。在执行 RLO 负跳沿检测指令前,RLO 的状态存储在位地址中。

RLO 跳变沿检测指令和操作数见表 2-12。

表 2-12　RLO 跳变沿检测指令和操作数

指令名称	LAD 指令	STL 指令	操作数	数据类型	存储区
RLO 正跳沿检测	位地址 ——(P)——	FP ＜位地址＞	位地址	BOOL	Q,M,D
RLO 负跳沿检测	位地址 ——(N)——	FN ＜位地址＞			

(2)触点跳变沿检测指令。触点跳变沿检测可分别检测正跳沿和负跳沿。

1)触点正跳沿检测指令 FP:在 LAD 中以功能框表示,它有两个输入端,一个输入端直接连接要检测的触点,另一个输入端 M_BIT 所接的位存储器上存储上一个扫描周期触点的状态。有一个输出端 Q,当触点状态从 0 到 1 时,输出端 Q 接通一个扫描周期。

2)触点负跳沿检测指令 FN:在 LAD 中以功能框表示,它有两个输入端,一个输入端直接连接要检测的触点,另一个输入端 M_BIT 所接的位存储器上存储上一个扫描周期触点的状态。有一个输出端 Q,当触点状态从 1 到 0 时,输出端 Q 接通一个扫描周期。

触点跳变沿检测指令和操作数见表 2-13。

表 2-13　触点跳变沿检测指令和操作数

指令名称	LAD 指令	操 作 数	数据类型	存 储 区	说　明
触点正跳沿检测	POS 位地址1 — Q — 位地址2 — M_BIT	位地址 1:被检测的触点地址	BOOL	I,Q,M,D,L	Q 只接通一个扫描周期
		位地址 2(M_BIT):存储被检测触点上一个扫描周期的状态		Q,M,D	
触点负跳沿检测	NEG 位地址1 — Q — 位地址2 — M_BIT	Q:单稳输出		I,Q,M,D,L	

图 2-15 是 RLO 跳变沿检测指令的应用及时序图。

LAD(a)程序行要检测的是逻辑串 I1.0 和 I1.1 的运算结果的跳变边沿,即图中①点处的

RLO 的边沿变化情况，同时用 M1.0 来存储 RLO[①] 的状态。程序的工作过程如时序图：当程序运行到图中 a 点时，当前 RLO 值是 1，而上次 RLO 值(存放在 M1.0 中)是 0，于是 FP 指令判断到一个 RLO 的正跳沿，就将②点处的 M1.0 置 1，并且输出给 M8.0；当程序经过 1 个扫描周期，运行到波形图中 b 点时，当前 RLO 值和前一个 RLO 值均为 1，相同(RLO 在相邻两个扫描周期中相同，可全为 1 或 0)，那么 FP 指令将②点处 M8.0 清 0，这样 M8.0 为 1 的时间仅一个周期。图中虚线箭头指的是两个相邻扫描周期 RLO 的比较。

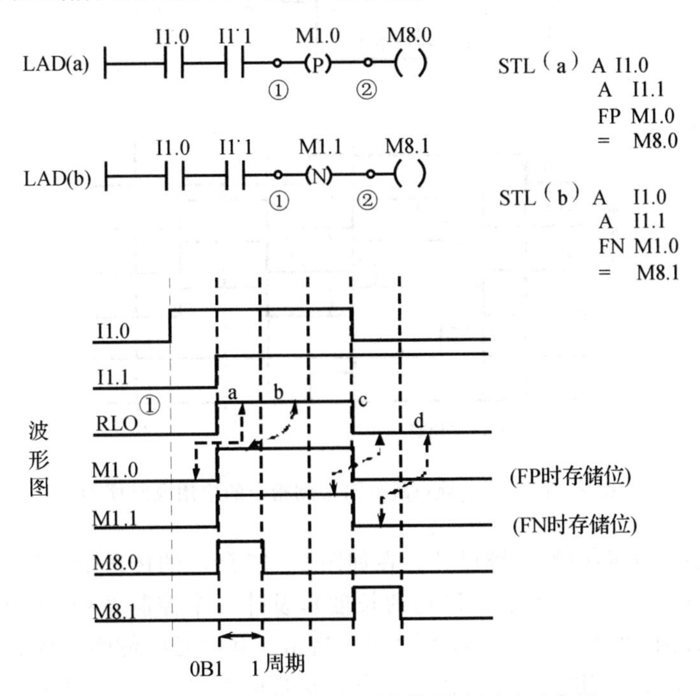

图 2－15　RLO 跳变沿检测指令的应用及时序图

图 2－16 所示为单个触点跳变沿检测指令的应用及时序图。

LAD(a)为正跳沿检测指令(POS 方块)的使用。被检测触点放在位地址 1 即图中 I1.1，被检测触点状态存放在位地址 2 即 M1.0。当允许端 I1.0 为 1，即允许检测时，CPU 将 I1.1 当前状态与存在 M1.0 中上次 I1.1 状态相比较，对于正跳沿检测，若当前为 1，上次为 0，表明有正跳沿产生，则输出 Q 和 M8.0 被置 1，其他情况下，输出 Q 与 M8.0 被清 0。

对于负跳沿检测(NEG 方块)指令的使用，读者可按上述方法同样分析。

由于不可能在相邻的两个扫描周期中连续检测到正跳沿(或负跳沿)，所以输出 Q 只可能在一个扫描周期中保持为 1，被称为单稳输出。由于输出 M8.0，M8.1 也只是一个脉冲(宽度为一个扫描周期)，也可将其视为脉冲输出。

在梯形图中，跳变沿检测方块和 RS 触发方块均可被看做是一个特殊触点。方块的 Q 为 1 即触点闭合，Q 为 0 即触点断开。

---

① 对 RLO 下降沿的检测，读者可自行分析 c 点、d 点时的情况，FN 指令检测到一个 RLO①的负跳沿时将 M8.1 置 1，M8.1 为 1 的时间也是一个周期。

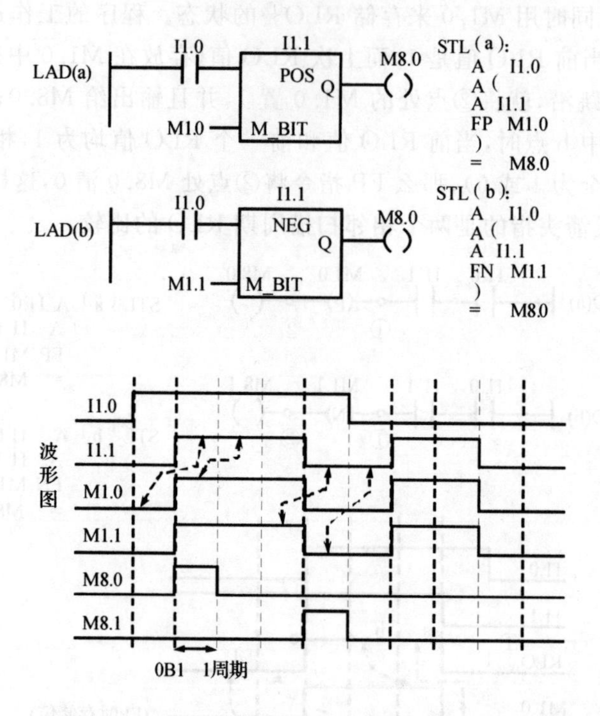

图 2－16 单个触点跳变沿检测指令的应用及时序图

例 2－1 传送带方向检测系统设计。在如图 2－17 所示的传送带一侧装配有两个光电传感器(PEBl 和 PEB2)(安装距离小于包裹的长度)，设计一个控制系统，用该系统检测包裹在传送带上的移动方向，并用方向指示灯 Ll 私 L2 指示。其中光电传感器触点为常开触点，当检测到物体时动作(闭合)。用 3 个常开按钮控制传送带的左启、右启和停车。

PLC 的 I/O 分配表见表 2－14。外部接线如图 2－18 所示。PLC 控制程序如图 2－19 所示。当 I0.0 有上升沿，且 I0.1 为"0"，则表示传送带右行；当 I0.1 有上升沿且 I0.0 为"0"，则表示传送带左行。

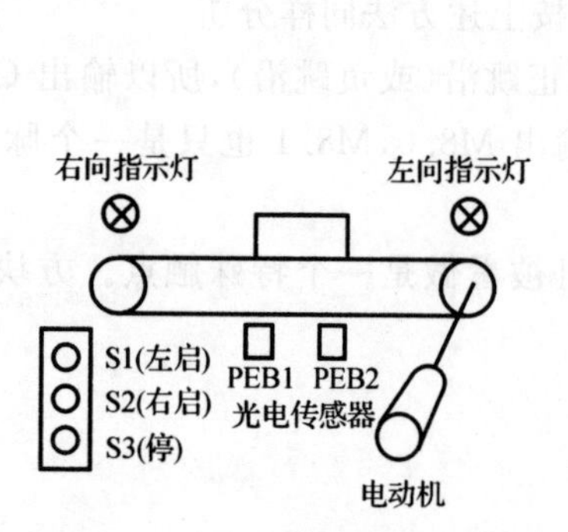

图 2－17 传送带方向检测系统

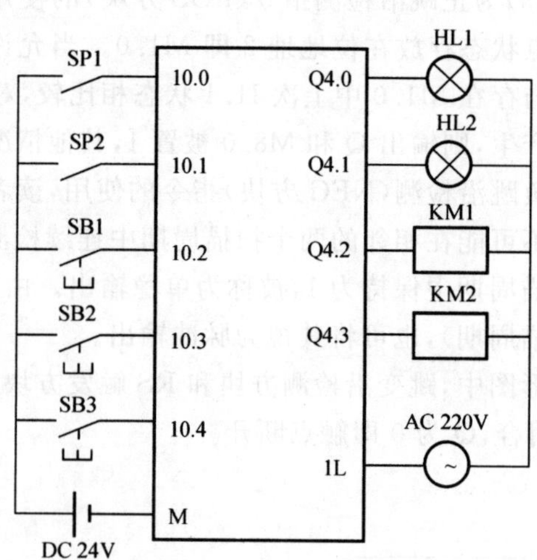

图 2－18 PLC 外部接线图

表 2－14　PLC I/O 地址分配表

模　块	地　址	符　号	传感器/执行器	说　明
数字量输入 32×24VDC	I0.0	SP1	常开触点	传感器 1
	I0.1	SP2	常开触点	传感器 2
	I0.2	SB1	常开按钮	传送带右启
	I0.3	SB2	常开按钮	传送带左启
	I0.4	SB3	常开按钮	传送带停止
数字量输出 8×220V/AC	Q4.0	HL1	信号灯	右行指示
	Q4.1	HL2	信号灯	左行指示
	Q4.2	KM1	接触器	电动机右启
	Q4.3	KM2	接触器	电动机左启

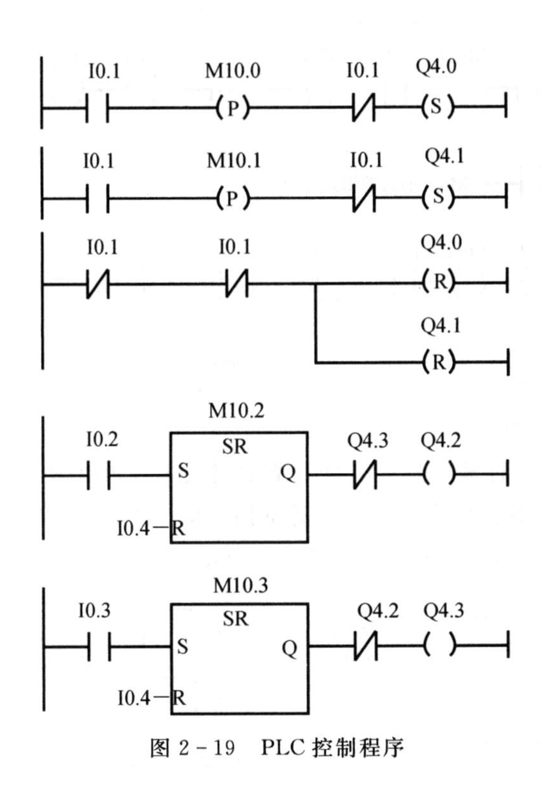

图 2－19　PLC 控制程序

2.2.2　线圈指令

1. 输出线圈

输出线圈指令即逻辑串输出指令，又称赋值指令，该指令把 RLO 中的值赋给指定的位地址，当 RLO 变化时，相应位地址信号状态也变化。输出指令通过把首次检测位($\overline{FC}$)置 0，来结束一个逻辑串。当$\overline{FC}$位为 0 时，表明程序中的下一条指令是一个新逻辑串的第一条指令，CPU 对其进行首次扫描操作，这一点在梯形图中显示得更清楚。在 LAD 中，只能将输出指令放在触点电路的最右端，不能将输出指令单独放在一个空网络中。图 2-20 是两个应用举例。

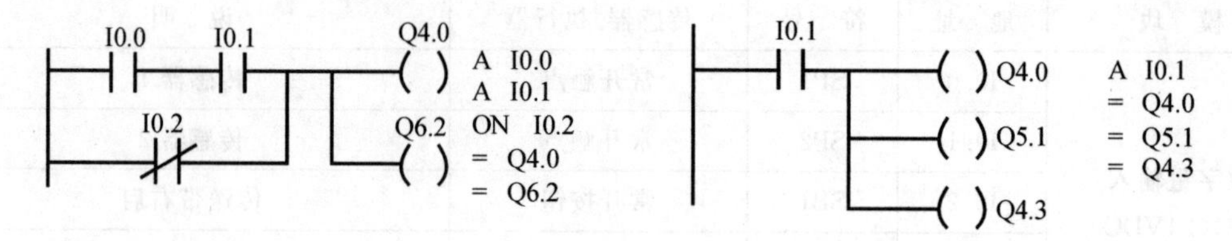

图 2-20　输出指令的应用

2. 中间输出

如图 2-21 所示，中间输出指令被安置在逻辑串中间，用于将其前面的位逻辑操作结果（即本位置的 RLO 值）保存到指定地址，所以有时也称为“连接器”或“中间赋值元件”。它和其他元件串联时，“连接器”指令和触点一样插入。连接器不能直接连接母线，也不能放在逻辑串的结尾或分支结尾处。

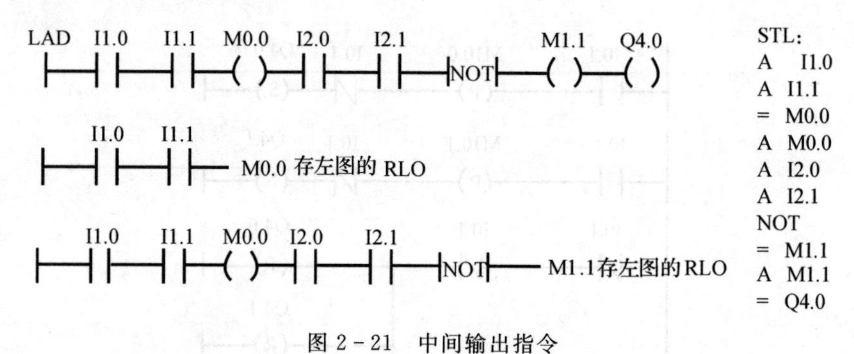

图 2-21　中间输出指令

3. 置位指令、复位指令

置位/复位指令也是一种输出指令。使用置位指令时，如果 RLO=1，则指定的地址被置为 1，而且一直保持，直到被复位为 0。使用复位指令时，如果 RLO=1，则指定的地址被复位为 0，而且一直保持，直到被置位为 1，如图 2-22 所示。

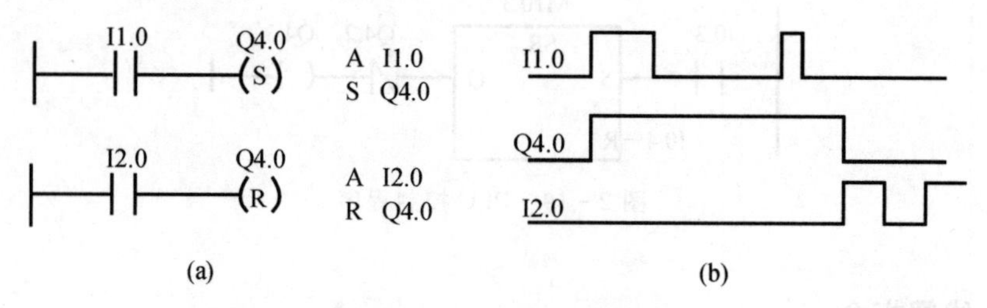

图 2-22　置位/复位指令

图 2-22(a)中，一旦 I1.0 闭合，即使它又断开，线圈 Q4.0 一直保持接通状态；只有当 I2.0 闭合（即使它又断开），才能使线圈 Q4.0 断开。波形图如图 2-22(b)所示。

例 2-2　传送带控制系统设计。如图 2-23 所示，在传送带的起点有两个按钮：用于启动的 Sl 和用于停止的 S2。在传送带的尾端也有两个按钮：用于启动的 S3 和用于停止的 S4。要求能从任一端启动或停止传送带。另外,当传送带上的物件到达末端时,传感器 S5 使传送带停止。

PLC 的地址分配见表 2 - 15,外部接线如图 2 - 24 所示。PLC 控制程序如图 2 - 25 所示。

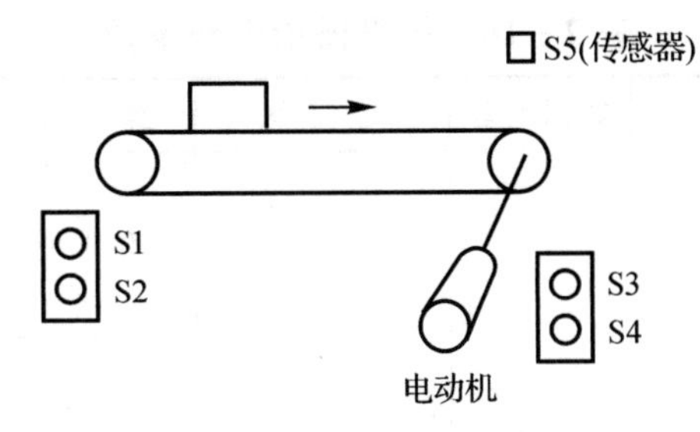

图 2 - 23　传送带控制系统

表 2 - 15　I/O 地址分配表

模　块	地　址	符　号	传感器执行器	说　明
数字量输入 32×24VDC	I0.1	SB1	常开按钮	传送带启动
	I0.1	SB2	常开按钮	传送带停止
	I0.2	SB3	常开按钮	传送带启动
	I0.3	SB4	常开按钮	传送带停止
	I0.4	SP5	常闭触点	传感器
数字量出 8×220VAC	Q4.0	KM	接触器	电动机启停

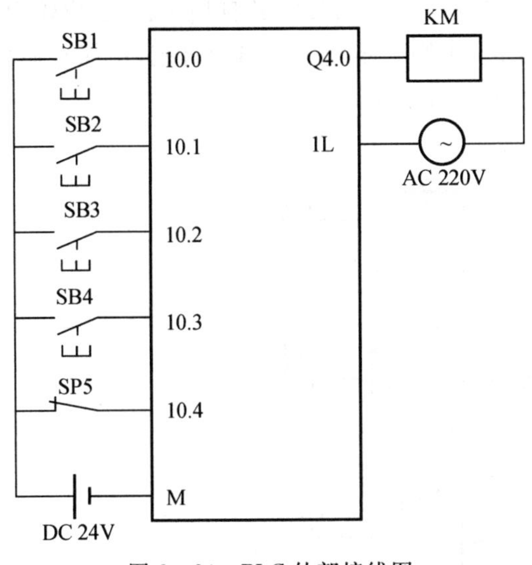

图 2 - 24　PLC 外部接线图

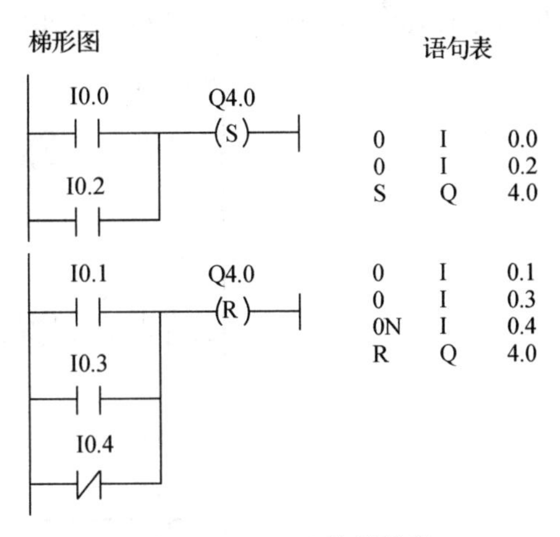

图 2 - 25　PLC 控制程序

4. 触发器指令

触发器有置位复位触发器(SR 触发器)和复位置位触发器(RS 触发器)两种,其说明见表

2-16。这两种触发器指令均可实现对指定位地址的置位或复位。触发器可以用在逻辑串最右端，结束一个逻辑串；也可用在逻辑串中，当做一个特殊触点，影响右边的逻辑操作结果。触发器的工作原理较简单，表 2-16 做了详细的描述。

表 2-16　触发器指令和参数

指令名称	LAD指令	数据类型	存储区	操作数	说明
SR 触发器	位地址 SR S　Q R	BOOL	I,Q,M,D,L	位地址	位地址表示要置位/复位的位
				S	置位输入端
RS 触发器	位地址 SR R　Q S			R	复位输入端
				Q	与位地址对应的存储单元的状态

例 2-3　抢答器程序的设计：抢答器有 3 个输入，分别为 I0.0，I0.1 和 I0.2，输出分别为 Q4.0，Q4.1 和 Q4.2，复位输入为 I0.4，要求 3 人任意抢答，谁先按按钮，谁的指示灯先亮，且只能亮一盏灯，进行下一问题时，主持人按复位按钮，抢答重新开始。

抢答器的控制程序如图 2-26 所示。

图 2-26 中用 I0.0，I0.1 和 I0.2 分别置位 Q4.0，Q4.1 和 Q4.2，并且用 I0.4 复位输出。程序中必须有 3 个输出 Q4.0，Q4.1 和 Q4.2 的互锁，否则就不止一盏指示灯亮，中间存储位为 M0.0，M0.1 和 M0.2，存储位各不相同，保证程序正确执行。

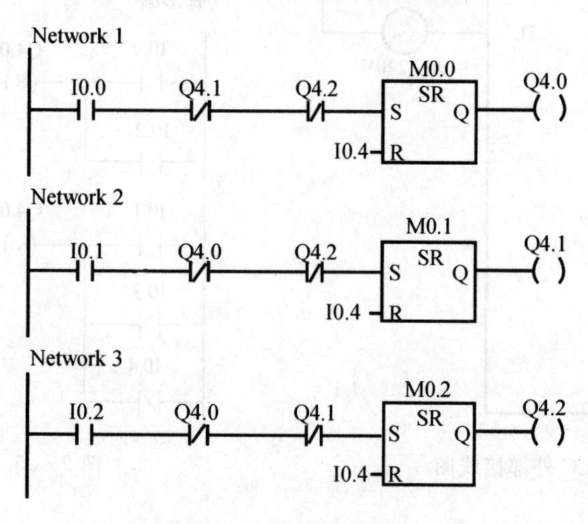

图 2-26　抢答器的控制程序

2.2.3　RLO 操作指令

可用表 2－17 中的指令来直接改变逻辑操作结果位 RLO 的状态。

表 2－17　对 RLO 的直接操作指令

指令名称	LAD 指令	STL 指令	说　明
取反指令	—|NOT|—	NOT	取 RLO 的非值
置 0 指令	无	CLR	将 RLO 清 0
置 1 指令	无	SET	将 RLO 置 1
保存指令	——(SAVE)	SAVE	将 RLO 保存到 BR
A　BR 指令	BR 位地址 |—||——()	A　BR	再次检查存储的 RLO

如图 2－27 中 LAD(1)，设 I0.0 与 I0.1 均为闭合，则 RLO 中应为 1，但经 NOT 指令后，RLO 中变为 0，所以 Q8.0 为 0(断电)。

又如 LAD(2)，SAVE 指令将当前 RLO 状态存入，然后通过检测 BR 位来检查保存的 RLO。

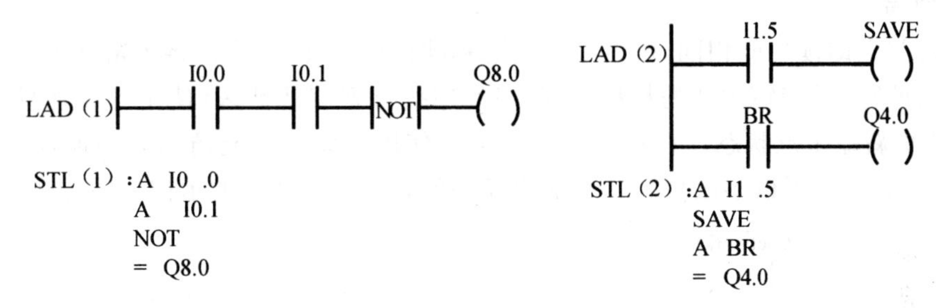

图 2－27　对 RLO 的直接操作指令

2.2.4　立即读与立即写

1. *立即读*

立即读可以不经过过程映像区的处理，直接读出外设输入地址的信息，例如 16 点的输入模块设定的地址为 10，地址位于过程映像输入区，通常情况下使用输入地址标识符“I”查询输入模块信息，如果 CPU 的扫描时间为 40ms，输入信号的状态需要 40ms 更新一次，使用立即读的方法，不依赖 CPU 的扫描时间，当程序执行到该地址区(使用外设地址区 PI 替代 I)时，立即更新输入点信号进行逻辑处理。立即读不考虑输入信号的一致性，着重于输入信号的立即采集，适合有严格时间要求的应用，在程序中可以多次使用立即读访问同一地址区，这样在一个程序执行周期中(一个 CPU 扫描)可以多次更新一个输入模块的状态(使用过程映像区，一个扫描周期只更新一次)。立即读有固定的编程格式，示例程序如图 2－28 所示。

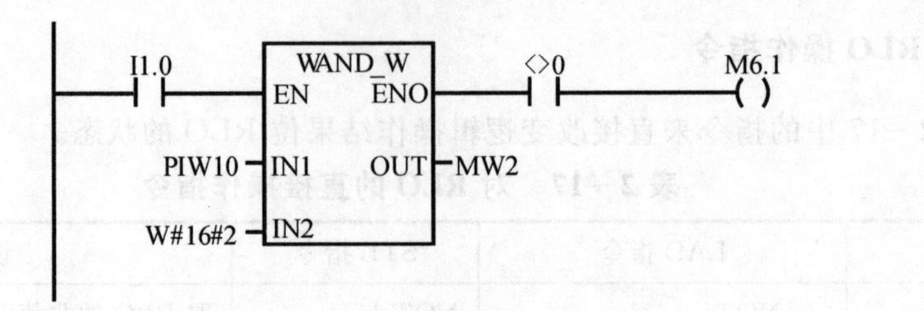

图 2－28　立即读的编程模式

当程序执行 PIW10 时，将输入地址为 10 的 16 点输入模块的信号状态立即读出(外设输入区只能使用字节、字、双字读出)，通过 WAND_W(两个字相“与”)指令过滤其他位信号，指令处理如下：

PIW10　　　　　0000000000101010

W＃16＃2　　　0000000000000010

MW2　　　　　　0000000000000010

只对 PIW10 中第二个位信号进行处理，如果 I1.0，第二个位信号为 1，字相“与”的结果不为 0，< >0 导通，赋值 M6.1 为 1。示例为 LAD 程序，可以转换为 STL 程序，在 STL 程序中使用 BR 位判断字逻辑结果。

2. 立即写

立即写与立即读功能相同，可以不经过过程映像区的处理，直接将逻辑结果写到输出地址区。使用立即写不依赖 CPU 的扫描时间，当程序执行到该地址区(使用外设地址区 PQ 替代 Q)时，立即更新输出点状态。在程序中可以多次使用立即写功能访问同一地址区，这样在一个程序执行周期中，可以多次更新一个输出模块的状态。立即写的示例程序如图 2－29 所示。

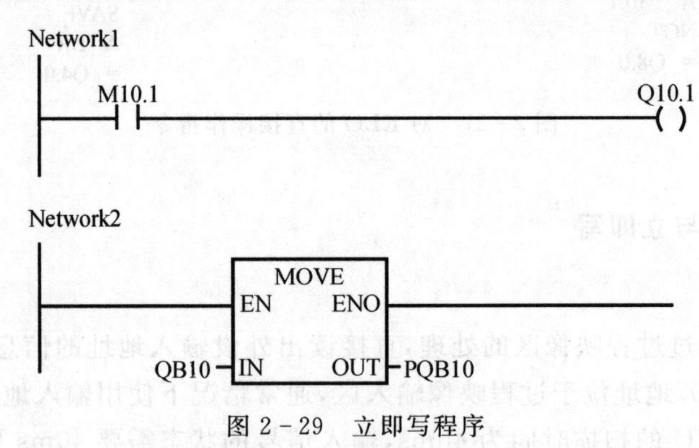

图 2－29　立即写程序

在程序段 1 中，M10.1 为 1 时，只有经过输出过程映像区更新时才能触发 Q10.1 输出(等待一个扫描周期)，在程序段 2 中，将 QB10 传送到 PQB10 中，当程序扫描到 PQB10 时立即输出，更新输出模块的状态。

2.3　定时器与计数器指令

2.3.1　定时器指令

S7 - 400 PLC 提供了多种型式的定时器，定时器的语句表指令见表 2 - 18，梯形图指令与操作数见表 2 - 19。不同类型定时器的编号是统一的，究竟它属于哪种定时器类型由对它所用的指令决定。

表 2 - 18　定时器的语句表指令

指　令	说　明
FR	允许定时器再启动
L	将定时器的时间值(整数)装入累加器 1 中
LC	将定时器的时间值(BCD)装入累加器 1 中
R	复位定时器
SD	接通延时定时器
SE	扩展脉冲定时器
SF	断开延时定时器
SP	脉冲定时器
SS	保持型接通延时定时器

表 2 - 19　定时器的梯形图指令与操作数

脉冲定时器	扩展定时器	接通延时定时器	保持型接通延时定时器	关断延时定时器
T no S_RULSE S　Q TV　BI R　BCD	T no S_PEXT S　Q TV　BI R　BCD	T no S_ODT S　Q TV　BI R　BCD	T no S_ODTS S　Q TV　BI R　BCD	T no S_OFFDT S　Q TV　BI R　BCD

操 作 数	数据类型	存 储 区	说　明
no	TIMER	—	定时器编号
S	BOOL	I,Q,M,D,L	启动输入
TV	S5TIME	I,Q,M,D,L	设置定时时间
R	BOOL	I,Q,M,D,L	复位输入
Q	BOOL	I,Q,M,D,L	定时器状态输出
BI	WORD	I,Q,M,D,L	剩余时间输出(二进制码格式)
BCD	WORD	I,Q,M,D,L	剩余时间输出(BCD 码格式)

所有定时器都可以用简单的位指令启动，这时定时器就像时间继电器一样，有线圈、有按时间动作的触点及时间设定值。下面介绍各种定时器的功能及使用方法。

1. 脉冲定时器(SP)

这是一种产生一个"长度脉冲"，即接通一定时间的定时器，其工作过程如图 2-30 所示。

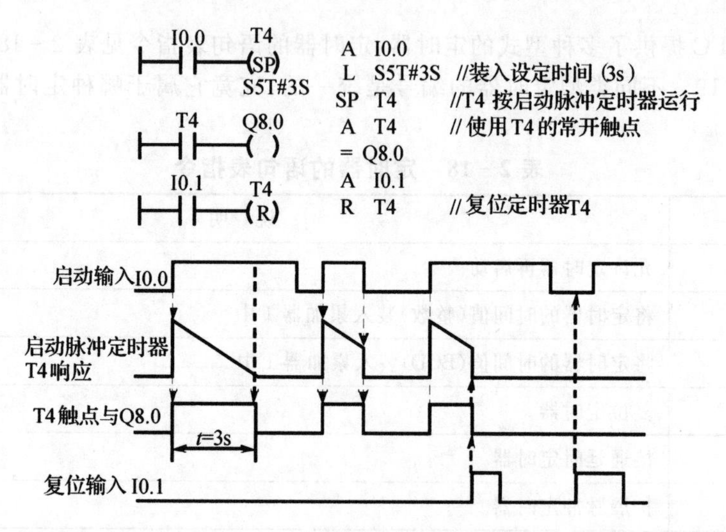

图 2-30 启动脉冲定时器的使用

图 2-30 中，当 I0.0 闭合(RLO 有正跳沿)，SP 定时器 T4 启动并运行，T4 触点立即动作，T4 常开触点闭合，只要 I0.0 保持闭合，T4 继续运行，T4 常开触点保持闭合。当定时时间到(图中为 3s)，T4 常开触点断开。所以只要 I0.0 维持足够长的时间(超过设定时间)及无复位信号(I0.1 未接通)两个条件成立，定时器就能接通一固定时间(所设定时间)。

例 2-4 用脉冲定时器设计一个周期振荡电路，振荡周期为 5s，占空比为 2:5，程序如图 2-31 所示。

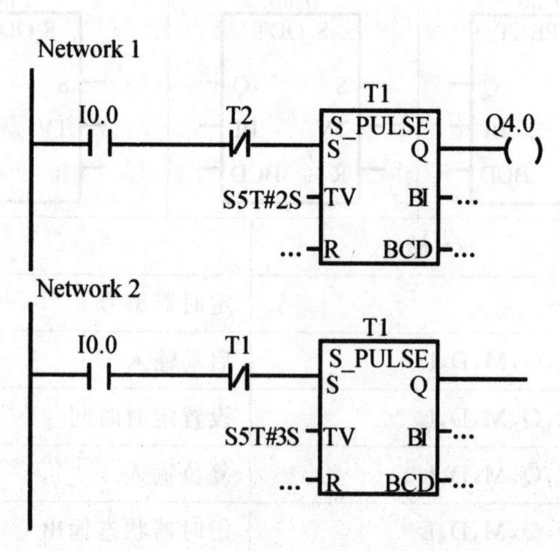

图 2-31 振荡电路的梯形图程序

图 2-31 中，用 T1 和 T2 分别定时 3s 和 2s，用 I0.0 启动振荡电路，由于是周期振荡电路，所以 T1 和 T2 必须相互启动，在程序的 Network1 中，T2 需用常闭触点，否则 T1 无法启动；

在 Network2 中，T1 工作期间，T2 不能启动工作，所以 T1 需用常闭触点来启动 T2。即当 T1 定时时间到时，T1 的常闭触点断开，从而产生 RLO 上升沿，启动 T2 定时器，如此循环，在 Q4.0 端形成振荡电路。

2. 延时脉冲定时器(SE)

延时脉冲定时器的工作原理如图 2－32 所示。

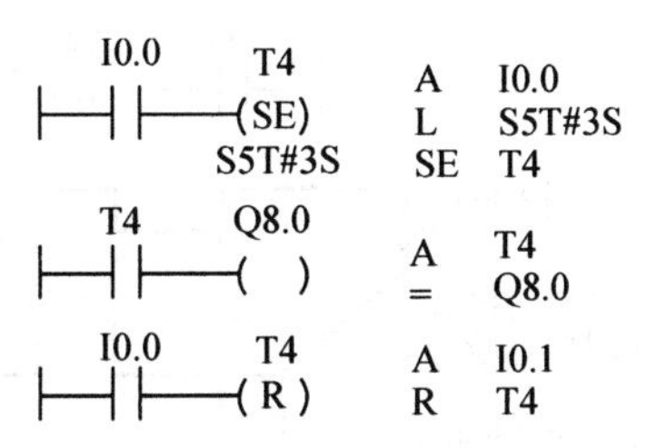

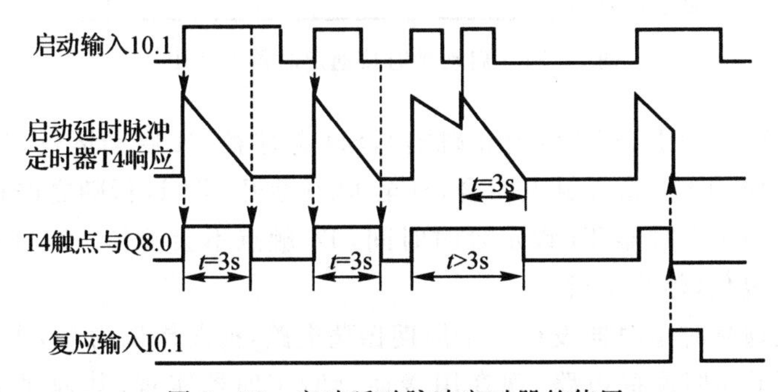

图 2－32　启动延时脉冲定时器的使用

图 2－32 中，当 I0.0 闭合(RLO 有正跳沿)，SE 定时器 T4 启动运行，T4 触点立即动作，其常开触点闭合，此时即使 I0.0 断开，T4 仍将继续运行，T4 常开触点也一直保持闭合直至所设定的时间。只要 I0.0 不在设定时间内反复短时通断，T4 均可设定长时间的接通。如果出现 I0.0 短时反复通断，导致 T4 的反复响应，会使总接通时间大于设定时间(图中 $t>3s$ 处)。I0.1 闭合，启动复位信号，定时器 T4 立即复位(停止运行)。

例 2－5　设计频率监视器，频率低于下限，指示灯 Q4.0 亮，“确认”按钮 I0.1 使指示灯复位，监控频率为 0.5Hz，由 M10.0 提供。其程序如图 2－33 所示。

在设计中，由于扩展脉冲定时器的特点：时间未到时，若输入 S 端反复正跳变，则定时器反复启动，输出始终为 1，直至定时时间到为止，在这里使用非常合适；若监控频率为 0.5Hz，则使用定时时间为 2s 的定时器。在频率正常的情况下，0.5Hz 的频率反复启动 2s 的定时器，使其输出始终为高电平。当频率变低，脉冲时间间隔变大时，2s 的定时器可以计时完毕，此时输出变为低电平，监控指示灯 Q4.0 亮。

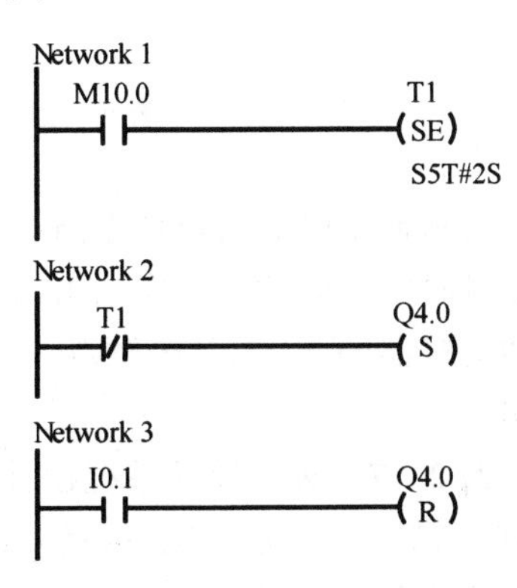

图 2－33　频率监控电路的梯形图程序

3. 启动延时接通定时器(SD)

控制中，有些控制动作要比输入信号滞后一段时间开始，但和输入信号一起停止，为了满足这样的要求，可采用启动延时接通定时器，其工作过程如图 2－34 所示。

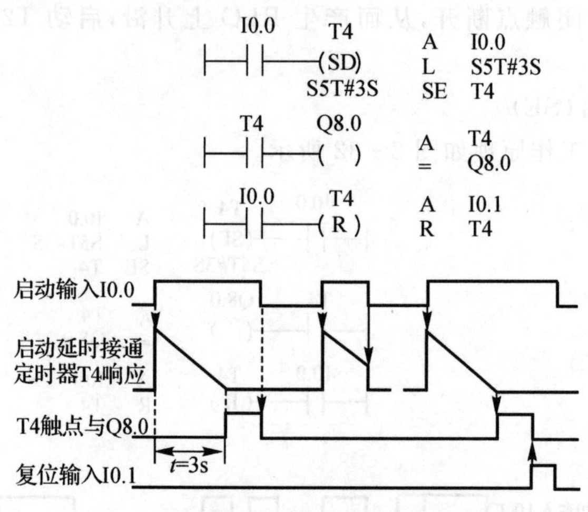

图 2－34　启动延时接通定时器的使用

图 2－34 中，当 I0.0 闭合(RLO 有正跳沿)，SD 定时器 T4 启动运行，当设定的延时时间 3s 到后，T4 触点动作，T4 的常开触点闭合，直至 I0.0 断开，T4 运行随之停止，T4 常开触点断开。I0.0 闭合时间小于定时器 T4 设定延时时间，T4 触点不会动作。I0.1 闭合，启动复位信号，定时器 T4 立即复位(停止运行)。

例 2－6　用接通延时定时器设计一个周期振荡电路，振荡周期为 5s，占空比为 2:5。前面用脉冲定时器设计了周期振荡电路，现在用接通延时定时器实现，其程序梯形图如图 2－35 所示。

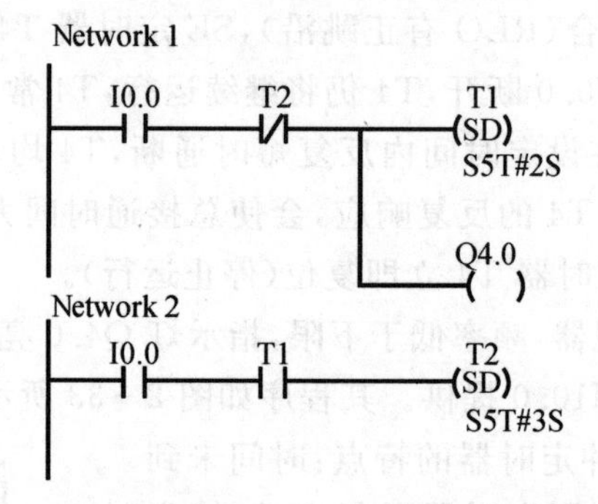

图 2－35　用接通延时定时器设计周期振荡电路程序

与脉冲定时器的设计电路相比，在程序的 Network2 中，T1 是常开触点，在接通延时定时器定时时间到时，T1 工作结束，其上升沿启动定时器 T2，这样 T1 和 T2 就可以相互起振。而脉冲定时器的 T1 是常闭触点，在 T1 不工作期间，输出为低电平，常闭触点接通，此时 T2 开始工作。

例 2－7　风扇监控系统设计。用 PLC 程序对 1 台设备中的 3 个风扇（I0.0，I0.1 和 I0.2）进行监控。正常情况下，只要设备运行（I0.3 ＝ 1），其中两个风扇就转，另一个备用。对它们的监控要求如下：

(1)如果一个风扇坏了，而备用风扇在 5s 内还未接通，显示故障信号(Q4.0＝1)；

(2)如果 3 个风扇都坏了,故障信号立即显示;

(3) 如果 3 个风扇都接通,故障信号 5s 后显示;

(4) 当设备恢复正常运行时,用 I0.7 清除故障信息(Q4.0 =0)。

PLC 控制程序如图 2－36 所示,由逻辑指令设计故障输拙信号,使用通延时定时器 SD 计时。

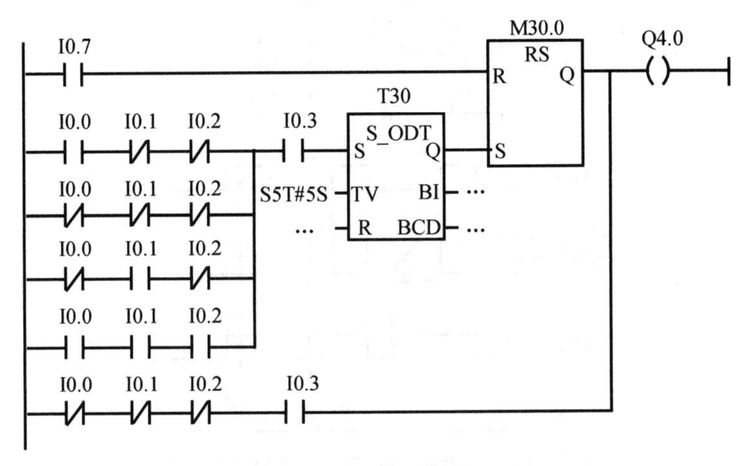

图 2－36　PLC 控制程序

4. 启动保持型延时接通定时器(SS)

如果希望输入信号接通后(接通短时即断开,或持续接通),在设定延迟时间后才有输出,就需要用启动保持型延时接通定时器。其工作过程如图 2—37 所示。

图 2－37 中,当 I0.0 闭合一下或闭合较长时间(RLO 有正跳沿),SS 定时器 T4 启动运行,当设定的延时时间 3s 到后,T4 线圈得电,T4 常开触点就闭合,此后一直闭合,直至 I0.1 闭合,复位指令使 T4 复位。只有复位指令才能令动作了的 SS 定时器复位,因此使用 SS 定时器必须编写复位指令(R),其他定时方式可根据需要而定。

在设定延时时间内,如果 I0.0 反复通断,会影响定时器触点延迟接通时间。

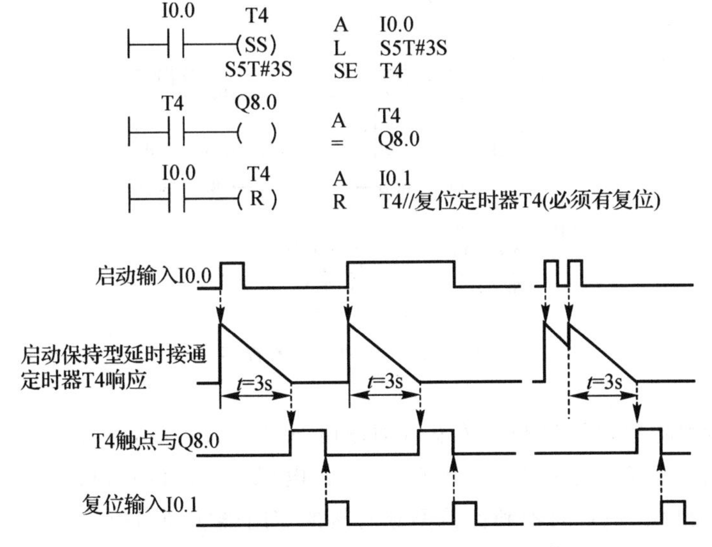

图 2－37　启动保持型延时接通定时器的使用

5. 启动延时断开定时器(SF)

启动延时断开定时器是为了满足输入信号断开，而控制动作要滞后一定时间才停止的操作要求而设计的。其工作过程如图 2－38 所示。

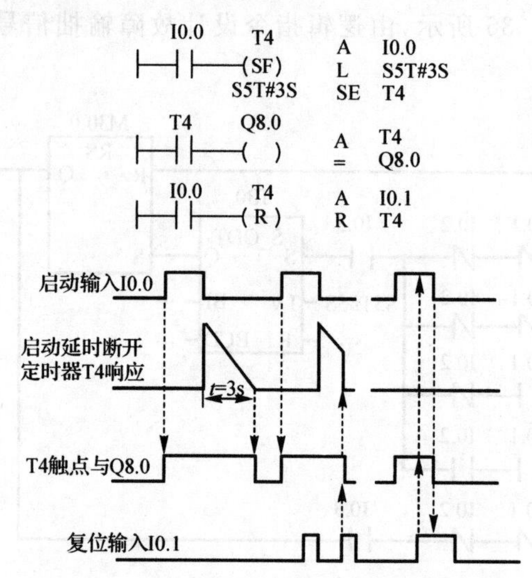

图 2－38 启动延时断开定时器的工作过程

图 2－38 中，I0.0 闭合，SF 定时器 T4 启动，其触点立即动作，常开触点 T4 立即闭合。当 I0.0 断开(RLO 有负跳沿)时开始计时，在定时的延时时间未到之前，其触点不会动作，常开触点 T4 不会断开。当延时时间到，常开触点 T4 才会断开。在延时时间内 I0.1 闭合，复位信号可令 T4 立即复位，常开触点立即断开。不在定时延时时间内，复位(R)信号对 SF 定时器不起作用。

在 I0.0 断开的时刻，如果存在复位信号，则 SF 定时器立即复位。

例 2－8 用定时器方块构建占空比可调的脉冲发生器，如图 2－39 所示。

用 I0.0 启动脉冲发生器工作，Q4.0 为脉冲输出。定时器 T21(S_OFFDT 方块)设置 Q4.0 为 1 的时间(3s)，定时器 T22(S_ODT 方块)设置 Q4.0 为 0 的时间(2s)。

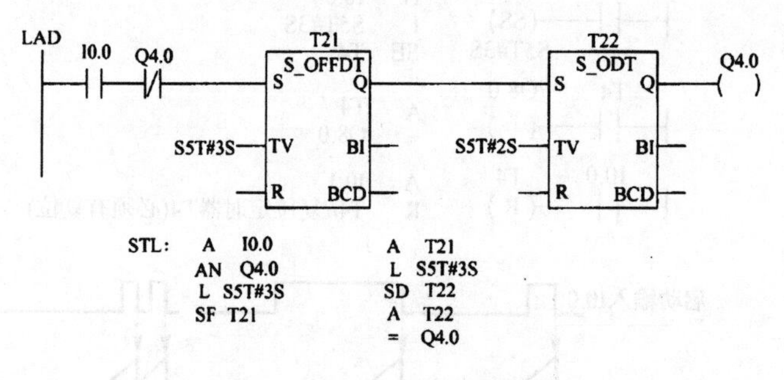

图 2－39 脉冲发生器程序

例 2－9 两台电机启停控制。按下启动按钮 SB1(I0.1)后，电机 1(Q4.1)立即启动，5s 后电机 2(Q4.2)启动；按下停止按钮 SB2(I0.2)后，电机 2 立即停止，10s 后电机 1 停止。如图 2－40 所示，采用延时接通定时器和保持型延时接通定时器实现启停延时。

例 2-10 两台电机启停控制。按下启动按钮 I0.0 后,电机 1(Q4.0)、电机 2(Q4.1)同时接通;按下停止按钮 I0.1 后,电机 1 立即停,10s 后电机 2 停止。其实现如图 2-41 所示。

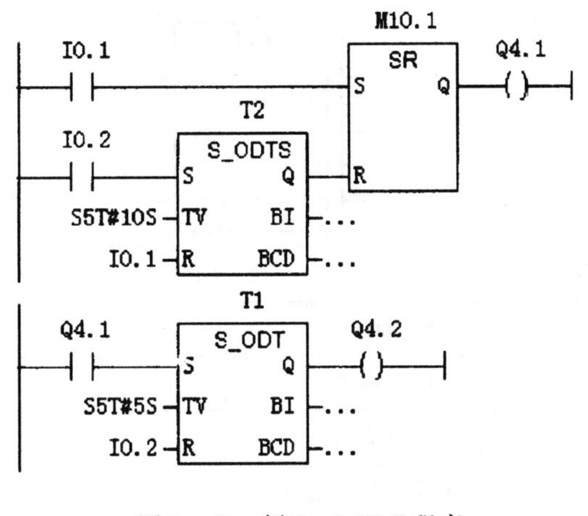

图 2-40 例 2-9 PLC 程序

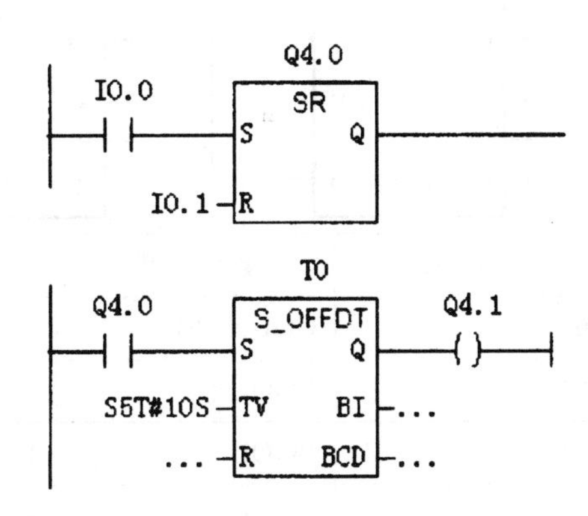

图 2-41 例 2-10 PLC 程序

2.3.2 计数器指令

1. 计数器指令的表示

在生产过程中常常要对现场事物发生的次数进行记录并据此发出控制命令,计数器就是为了完成这一功能而开发的,计数器指令、梯形图及指令参数见表 2-20、表 2-21。

现在用减计数器为例说明计数器梯形图指令的用法。

如图 2-42 所示,当输入 I0.1 从 0 跳变为 1 时,CPU 将装入累加器 1 中的计数初值(此处 BCD 数值为 127)置入指定的计数器 C20 中。计数器一般是正跳沿计数。当输入 I0.3 由 0 跳变到 1,每一个正跳沿使计数器 C20 的计数值减 1(减计数),若 I0.3 没有正跳沿,计数器 C20 的计数值保持不变。当 I0.3 正跳变 127 次,计数器 C20 中的计数值减为 0。计数值为 0 后,I0.3 再有正跳沿,计数值 0 也不会再变。计数器 C20 的计数值若不等于 0,则 C20 输出状态为 1,Q4.0 也为 1;当计数值等于 0 时,C20 输出状态亦为 0,Q4.0 为 0。输入 I0.4 若为 1,计数器立即被复位,计数值复位为 0,C20 输出状态为 0。

表 2-20 用线圈表示的计数器指令

功 能	LAD 指令	操作数	数据类型	存储区	说 明
设定计数值	Con ——(SC) 预置值	预置值	WORD	I,Q,M,D,L	0~999,BCD 码
加计数器线圈	Con ——(CU)	计数器号 no	COUNTER	C	计数器总数与 CPU 模板有关
减计数器线圈	Con ——(CD)				

表 2-21　用功能块表示的计数器指令及操作数

加计数器	减计数器	加减计数器
C no S_CU CU　Q S　CV PV R　CV_BCD	C no S_CD CD　Q S　CV PV R　CV_BCD	C no S_CUD CU　Q CD S　CV PV R　CV_BCD

操 作 数	数据类型	存 储 区	说　明
no	COUNTER	C	计数器标号
CU	BOOL	I,Q,M,D,L	加计数输入
CD	BOOL	I,Q,M,D,L	减计数输入
S	BOOL	I,Q,M,D,L	计数器预置输入
PV	BOOL	I,Q,M,D,L	计数器初始值输入
R	BOOL	I,Q,M,D,L	计数器复位输入
Q	BOOL	I,Q,M,D,L	计数器状态输出
CV	WORD	I,Q,M,D,L	当前计数值输出(整数格式)
CV_BCD	WORD	I,Q,M,D,L	当前计数值输出(BCD 格式)

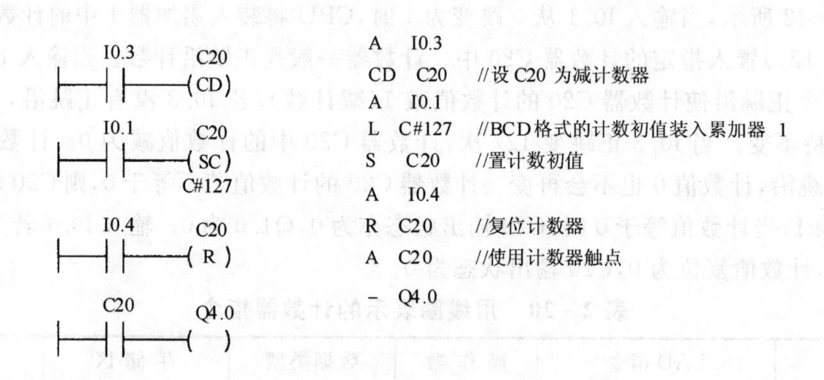
I0.3
C20
(CD)
I0.1
C20
(SC)
C#127
I0.4
C20
(R)
C20
Q4.0
( )
A　I0.3
CD　C20　//设 C20 为减计数器
A　I0.1
L　C#127　//BCD 格式的计数初值装入累加器 1
S　C20　//置计数初值
A　I0.4
R　C20　//复位计数器
A　C20　//使用计数器触点
=　Q4.0

图 2-42　减计数器的使用

可逆计数器的方块图指令使用如图 2-43 所示。图 2-43 中,当 S(置位)输入端的 I0.1 从 0 跳变到 1 时,计数器就设定为 PV 端输入的值,PV 输入端可用 BCD 码指定设定值,也可用存储 BCD 数的单元指定设定值,图 2-43 中指定 BCD 数为 5。当 CU(加计数)输入端 I0.2 从 0 变到 1 时,计数器的当前值加 1(最大 999)。当 CD(减计数)输入端 I0.3 从 0 变到 1 时,计数器的当前值减 1(最小为 0)。如果两个计数输入端都有正跳沿,则加、减操作都执行,计数保持不变。当计数值大于 0 时输出 Q 上的信号状态为 1;当计数值等于 0 时,Q 上的信号为

0,图 2 - 43 中 Q4.0 也相应为 1 或 0。输出端 CV 和 CV_BCD 分别输出计数器当前的二进制计数值和 BCD 计数值,图 2 - 43 中,MW10 存当前二进制计数值,MW12 存当前 BCD 计数值。当 R(复位)输入端的 I0.4 为 1,计数器的值置为 0,计数器不能计数,也不能置位。

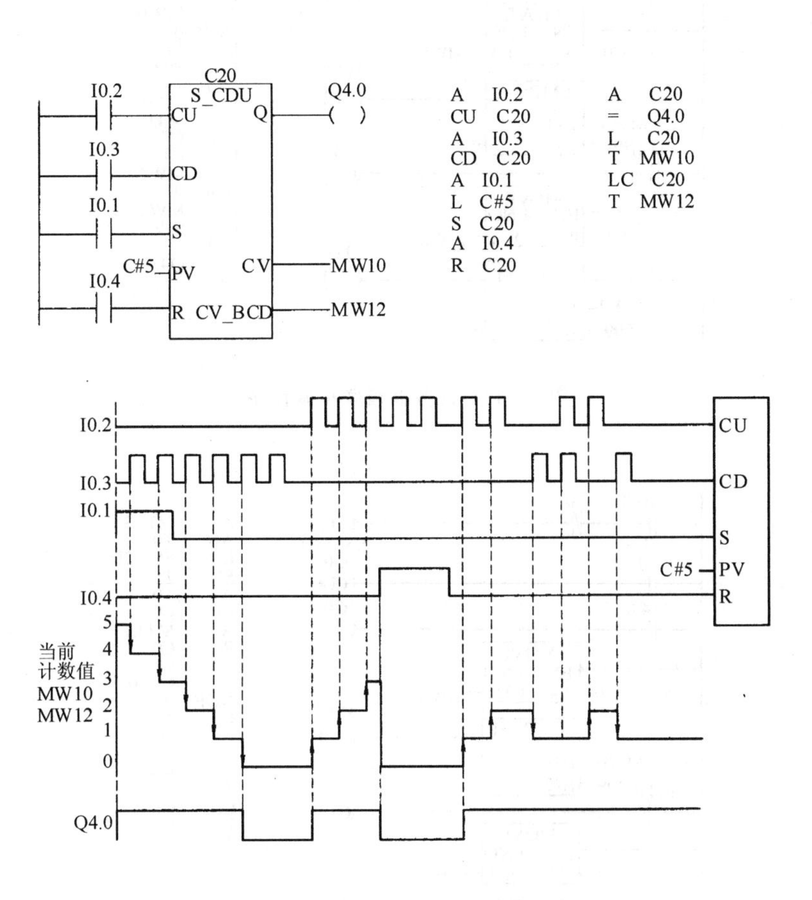

图 2 - 43　可逆计数器的使用

2. 计数器指令应用举例

例 2 - 11　计数器扩展。在 S7 - 300 PLC 中,单个计数器的最大计数值是 999,如果要求大于 999 的计数,就要进行扩展。结合应用传送指令和比较指令,将 2 个计数器级联,最大计数值可达 999^2,n 个计数器级联,最大计数值可达 999^n。两个计数器级联扩展的程序如图 2 - 44所示。

例 2 - 12　定时器扩展。用计数器和定时器进行级联,可以使计时范围几乎可以无限地进行扩展。2 个计数器和 1 个定时器进行级联,如图 2 - 45 所示。假定 T1 的延时时间为 2h,C0 的计数值为 999,则 C1 动作一次的时间为 999×2=1998h(约 83d)。如果再考虑计数器 C1 与 C0 进行级联,设 C1 的计数值为 900,则 C1 动作一次需要 83×90=74700d,约 204a。

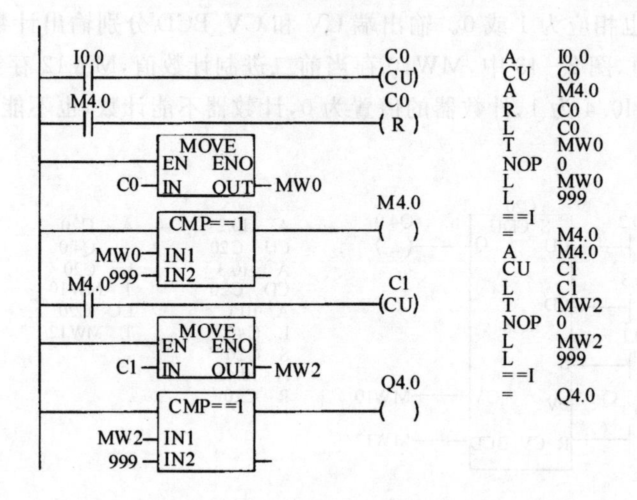

图 2-44 计数器级联扩展程序

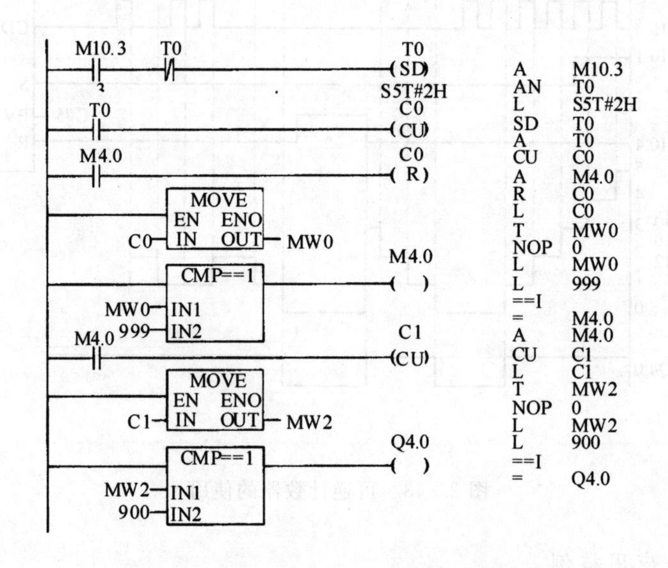

图 2-45 2 个计数器与 1 个定时器的级联

2.4 数据处理指令

2.4.1 装入与传送指令

装入(L,Load)指令和传送(T,Transfer)指令用于在存储区之间或存储区与过程输入、过程输出之间交换数据。

装入(L)指令将源操作数装入累加器 1,而累加器 1 原有的数据移入累加器 2。

装入指令可以对字节(8 位)、字(16 位)、双字(32 位)数据进行操作,数据长度小于 32 位时，数据在累加器中右对齐，即被操作的数据放在累加器的低端，其余的高位字节填 0。

传送(T)指令将累加器 1 中的内容写入目的存储区中，累加器 1 的内容不变。被复制的累加器中的字节数取决于目的地址中表示的数据长度。数据从累加器 1 传送到 I/O 区(外设输出区 PQ)的同时，也被传送到相应的过程映像输出区(Q)。

装入指令与传送指令见表 2 - 22。

表 2 - 22　装入指令与传送指令

指　令	说　明
L<地址>	装入指令，将数据装入累加器 1，累加器 1 原有的数据装入累加器 2
LSTW	将状态字装入累加器 1
LAR1 AR2	将地址寄存器 2 的内容装入地址寄存器 1
LAR1<D>	将 32 位双字指针<D>装入地址寄存器 1
LAR2<D>	将 32 位双字指针<D>装入地址寄存器 2
LAR1	将累加器 1 的内容(32 位指针常数)装入地址寄存器 1
LAR2	将累加器 1 的内容(32 位指针常数)装入地址寄存器 2
T<地址>	传送指令，将累加器 1 的内容写入目的存储区，累加器 1 的内容不变
T STW	将累加器 1 中的内容传送到状态字
TAR1 AR2	将地址寄存器 1 的内容传送到地址寄存器 2
TAR1<D>	将地址寄存器 1 的内容传送到 32 位指针
TAR2<D>	将地址寄存器 2 的内容传送到 32 位指针
TAR1	将地址寄存器 1 的内容传送到累加器 1，累加器 1 中的内容保存到累加器 2
TAR2	将地址寄存器 2 的内容传送到累加器 1，累加器 1 中的内容保存到累加器 2
CAR	交换地址寄存器 1 和地址寄存器 2 中的数据

L，T 指令的执行与状态位无关，也不会影响到状态位。

可以不经过累加器 1，直接将操作数装入或传送出地址寄存器，或将两个地址寄存器的内容直接交换，指令 TAR1< D >和 TAR2 < D >可能的目的区为双字 MD，LD，DBD 和 DID。

1. L(装载)指令与 T(传送)指令

指令使用的示例程序如下：

```
L     IB 10      // 将 IB10 装载到累加器 1 中
T     QB 1       // 将累加器 1 中的值(IB10)传送到 QB1

L     MB 120     // 将 MB120 装载到累加器 1 中
T     DBB 100    // 将累加器 1 中的值(MB120)传送到 DBB100

L     DIW16      // 将 DIW16 装载到累加器 1 中
T     DIW80      // 将累加器 1 中的值(DIW16)传送到 DIW80
```

```
L       LD 252          // 将临时变量 LD 252 装载到累加器 1 中
T       MD 40           // 将累加器 1 中的值(LD252)传送到 MD 40
L       P # I 8.7       // 将指针 P # I8.7 装载到累加器 1 中
T       MD80            // 将累加器 1 中的值(指针 P # I8.7)传送到 MD80
```

装载指令 L 与传送指令 T 配合使用，装载指令也可以将累加器 1 中的值堆栈到累加器 2 中，例如程序：

```
L       MB l0           // 将 MB10 装载到累加器 1 中
L       MB11            // 将 MB11 装载到累加器 1 中，MBl0 自动进入累加器 2
T       DBBl00          // 将累加器 1 中的值(MBll)传送到 DBBl00
```

传送指令 T 只能将累加器 1 中值传送到变量中。

2. L STW 与 T STW 指令

L STW 指令装载状态字到累加器 l 中，T STW 指令将累加器 1 中的值传送到状态字中，指令使用的示例程序如下：

```
L       STW             // 将当前的状态字装载到累加器 1 中
T       MW l40          // 将累加器 1 中的值(状态字)传送到 MWl40 进行分析判断
L       2#111111111     // 将 2#111111111 装载到累加器 1 中
T       STW             // 将状态字中所有状态位置 l
```

L STW 指令与 T STW 指令在程序中对状态字进行监控，在实际的编程应用中很少使用。

3. LAR1 与 TAR1 指令

LAR1 指令将累加器 1 中的值装载到地址寄存器 1 中；TARl 指令将地址寄存器 1 中的值传送到累加器 1 中，指令使用的示例程序如下：

```
L       P # l20.0       // 将指针 P # I20.0 装载到累加器 1 中
LAR1                    // 将累加器 l 中的值(指针 P# I20.0)装载到地址寄存器 1
TAR1                    // 将地址寄存器 1 中的地址(指针 P # I20.0)传送到累加器 l 中
T       MD80            //将累加器 1 中的值(指针 P# I20.0)传送 MD80
```

上面的示例程序实现对地址寄存器 1 的读写操作，程序实际将指针 P#I20.0 传送到变量 MD80 中。

4. LAR2 与 TAR2 指令

与指令 LAR1，TAR1 使用方式相同，实现对地址寄存器 2 的读写操作。

5. LAR1< D >与 TAR1< D >指令

与 LAR1 相比，LAR1< D >指令直接将地址指针装载到地址寄存器 1 中，同样 TAR1< D >直接将地址寄存器 1 中的地址指针传送到变量中。指令中的< D >表示存储地址指针的双整型变量或指针常数，指令使用的示例程序如下：

```
LAR1    DBD 24          // 将数据块变量 DBD 24 存储的地址指针直接装载到地址寄存器 ARl 中
LARl    LD l00          // 将区域变量 LD l00 存储的地址指针直接装载到地址寄存器 ARl 中
LARl    MD 40           // 将变量 MD 40 存储的地址指针直接装载到地址寄存器 ARl 中
LARl    P # Ml00.0      // 将地址指针常数 P # Ml00.0 直接装载到地址寄存器 ARl 中
TARl    DBD 20          // 将地址寄存器 ARl 中的值，直接传送到变量 DBD 20 中
TARl    DID 30          // 将地址寄存器 ARl 中的值，直接传送到变量 DID 30 中
```

```
TARl    LD l80      // 将地址寄存器 ARl 中的值,直接传送到区域变量 LD 180 中
TARl    MD 24       // 将地址寄存器 ARl 中的值,直接传送到变量 MD 24 中
```

6. LAR2 < D >与 TAR2 < D >指令

与指令 LAR1 <D>,TAR1 <D>使用方式相同,实现对地址寄存器 2 的直接读写操作。

7. LAR1 AR2 与 TAR1 AR2 指令

LAR1 AR2 指令将地址寄存器 AR2 中的值,直接装载到地址寄存器 AR1 中;TAR1 AR2 指令将地址寄存器 AR1 中的值,直接传送到地址寄存器 AR2 中,指令使用的示例程序如下:

```
LARl    P#l0.0          // 将地址指针常数 P#l0.0,直接装载到地址寄存器 ARl 中
TARl    AR2             // 将地址寄存器 ARl 中的值,直接传送到地址寄存器 AR2 中
LARl    AR2             // 将地址寄存器 AR2 存储的地址直接装载到地址寄存器 ARl 中
TARl    MD   l00        // 将地址寄存器 ARl 中的值,直接传送到变量 MDl00 中
A       I [MD 100]
=       Q               l.1// 如果 I10.0 为 1,则 Ql.1 输出为 l
```

8. CAR 指令

CAR 指令将地址寄存器 1 与地址寄存器 2 中存储的地址指针相互交换,指令使用的示例程序如下:

```
LARl    P#l0.0      // 将地址指针常数 P#l0.0 直接装载到地址寄存器 ARl 中
LAR2    P#l1.0      // 将地址指针常数 P#11.0 直接装载到地址寄存器 AR2 中
CAR/                / ARl 与 AR2 地址指针交换,ARl 中装载地址指针 P#11.0,AR2 中装载
                      地址指针 P# l0.0
TARl    MD 100      //将地址寄存器 AR1 中的值直接传送到变量 MD100 中,MDl00 中存储地
                      址指针 P# 11.0
CAR                 //ARl 与 AR2 地址指针交换,ARl 中装载地址指针 P#10.0,AR2 中装载
                      地址指针 P# 11.0
TARl    MD 104      // 将地址寄存器 ARl 中的值直接传送到变量 MDl04 中,MD104 中存储地
                      址指针 P#10.0
A       M [MD100]
=       M[MD104]    // 如果 M11.0 为 1,则 M10.0 输出为 1
```

9. 装载和传输指令的使用

传输指令(MOVE 方块)在梯形图和功能块图中的具体应用如图 2 - 46 所示。

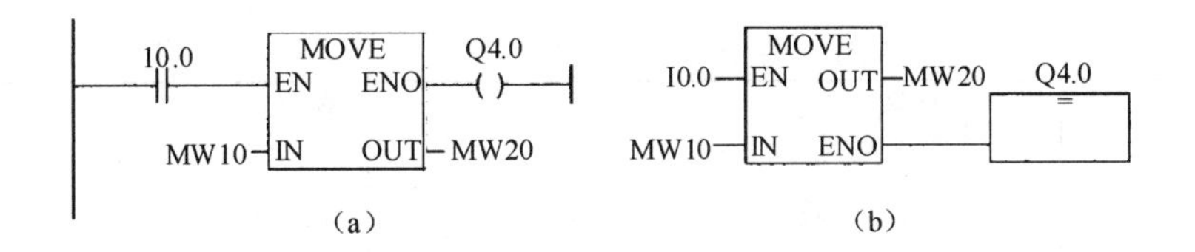

图 2 - 46　传输指令的应用

图 2 - 46 中,传输指令 EN 端为允许输入端;ENO 端为允许输出端。当输入 I0.0 为“1”时,传输指令将 MW10 中的字传输给 MW20。如果指令正确执行,则输出 Q4.0 为“1”。否则,如果输入 I0.0 为“0”,则数据不传输。如果希望 MW10 无条件传输给 MW20,则 EN 端直接连接至母线即可。

实现上述相同功能的语句表指令：

```
A       I0.0
JNB     _001        // 若 RLO 为“0”,则跳转到_001 处
L       MW10        // 若 RLO 为“1”,则执行装载指令
T       MW20        // 将 MW10 的内容送到 MW20 中
SET                 // 置位 RLO
SAVE                // 保存 RLO
CLR                 // 清除 RLO
_001:   A  BR       // 状态字
=       4.0
```

MOVE 方块指令能传输数据长度为字节、字和双字的基本数据类型(包括常数)。如果传输的数据类型是数组或结构等,则必须用系统功能块移指令(SFC20)来实现传输。

注意:在为变量赋初始值时,为了保证传输只执行一次,一般 MOVE 方块指令和边缘触发指令联合使用。

2.4.2 比较指令

LAD 的比较指令对两个输入参数 IN1 和 IN2 的值进行比较,比较的内容可以是相等、不等、大于、小于、大于等于和小于等于。如果比较结果为真,则逻辑结果为“1”。比较指令有三类,分别用于整数、双整数和浮点数。STL 分别将两个值装载到累加器 1 和 2 中,然后将两个累加器进行比较,比较的内容和指令类别与 LAD 相同,但 STL 编程更灵活,可以将字节间、字节与字、字与双字相比较,使用 LAD 编程时,参数 IN1 和 IN2 的数据类型必须相同,比较指令见表 2－23。

表 2－23　比较指令

	LAD	说　明	STL	说　明
比较指令	CMP ＞＝D	双整数比较 ＝＝:等于 ＜＞:不等于 ＞:大于 ＜:小于 ＞＝:大于等于 ＜＝:小于等于	＞＝D	双整数比较(32 位) ＝＝:等于 ＜＞:不等于 ＞:大于 ＜:小于 ＞＝:大于等于 ＜＝:小于等于
	CMP ＞＝I	整数比较(＝＝,＜＞,＞,＜,＞＝,＜＝)	＞＝I	整数比较(16 位),＞,＜,＞＝,＜＝,＝＝,＜＞
	CMP ＞＝R	浮点比较(＝＝,＜＞,＞,＜,＞＝,＜＝)	＞＝R	浮点比较,＞,＜,＞＝,＜＝,＝＝,＜＞

1. 整数比较指令的使用

整数比较指令的梯形图如图 2－47 所示。其中比较方块中的 I(Integer)表示整数的意思。比较指令在梯形图和功能块图中的具体应用如图 2－48 所示。

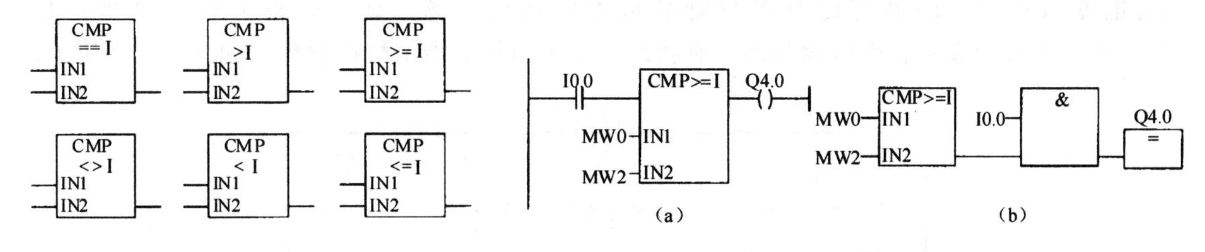

图 2－47　整数比较指令的梯形图　　　　图 2－48　比较指令的应用

图 2－48 中，输入信号 I0.0 的 RLO 为“1”时，比较整数 MW0 的值是否大于等于 MW2 的值，如果是，则输出 Q4.0 为“1”。

实现上述相同功能的语句表程序：

```
A       I0.0
A(
L       MW0        //MW0 装入累加器 1 中
L       MW2        //MW2 装入累加器 1 中，MW0 移入累加器 2 中
>=I                //比较累加器 1 中的值是否大于等于累加器 2 中的值
)
=       Q40        //满足大于等于关系，则输出为 1
```

2. 双整数和浮点数比较指令的使用

在梯形图和功能图指令中，用 D(DoubleInteger)表示双整数比较，用 R(Real)表示浮点数比较。双整数比较指令的梯形图如图 2－49(a)所示，浮点数比较指令的梯形图如图 2－49(b)所示。比较指令的梯形图和功能块图的形式一致。

双整数比较指令在梯形图和功能块图中的具体应用如 2－50 所示。

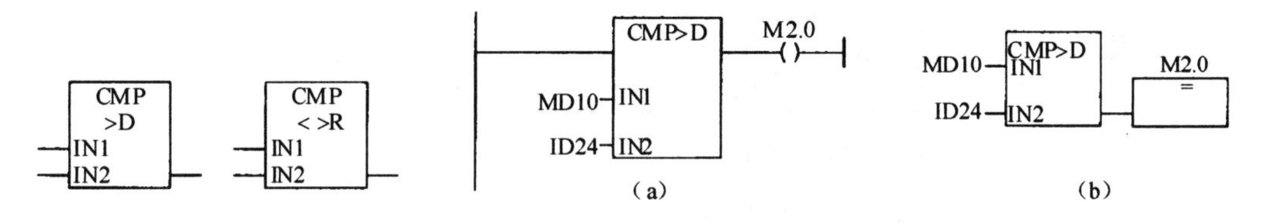

图 2－49　双整数比较与浮点数比较指令　　　　图 2－50　双整数比较的应用

图 2－50 中，MD10 的内容大于 ID24 的内容时，输出 M2.0 为“1”。

实现上述相同功能的语句表程序如下：

```
L     MDl0     // 将 MDl0 双整数装入累加器 1 中
L     ID24     // 将 ID24 双整数装入累加器 1 中，MDl0 双整数移入累加器 2 中
>D             // 累加器 2 中的值是否大于累加器 1 中的值
=     M2.0     // 如果 MDl0>ID24，则 RLO=1，M2.0 为 1
```

注意：双整数和浮点数的操作数为双字。

例 2－13　图 2－51 所示为某仓库区及其显示面板，在两个传送带之间有一个装 100 件物品的仓库，传送带 1 将物品送至临时仓库。传送带 1 靠近仓库一端的光电传感器(I0.0)确定有多少物品运送至仓库区，传送带 2 将仓库区中的物品运送至货场，传送带 2 靠近仓库区一端

的光电传感器(I0.1)确定已有多少物品从库区送至货场。显示面板上有 5 个指示灯(Q12.0～Q12.4)显示仓库区物品的占有程度。显示面板上指示灯控制程序如图 2-52 所示。

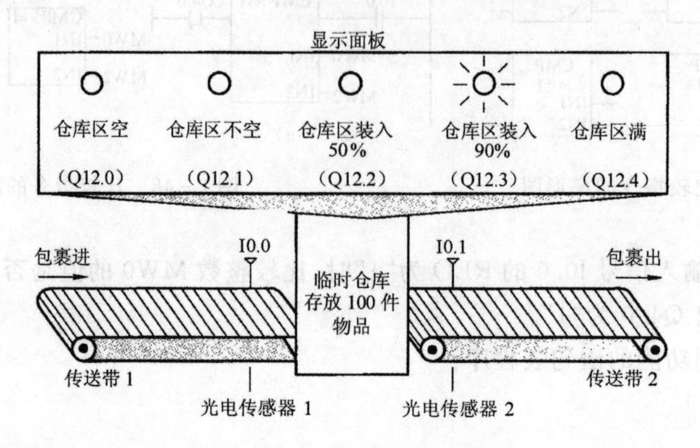

图 2-51　仓库区及其显示面板

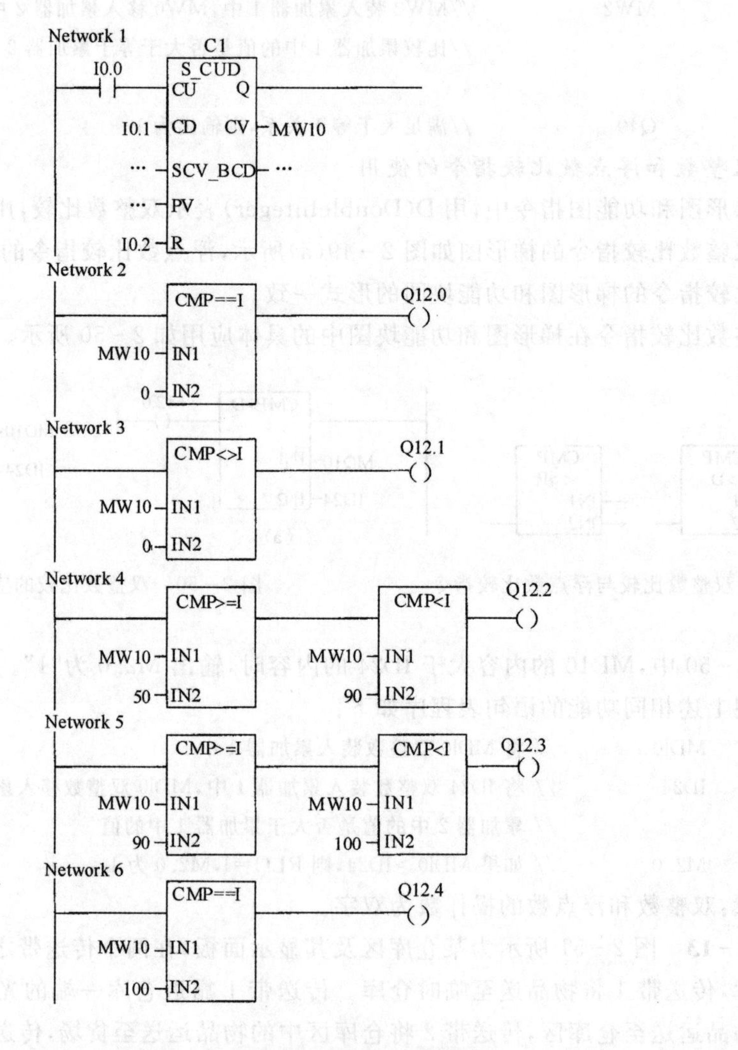

图 2-52　显示面板上指示灯控制程序

图 2－52 中,输入 I0.0 信号每次从“0”变到“1”时,计数器加 1,表示光电传感器检测到物品进入仓库;当输入 I0.1 信号每次从“0”变到“1”时,计数器减 1,表示光电传感器检测到物品送出仓库。其中显示 50%的指示时,是物品数在 50%～90%范围时的显示,所以运用大于等于比较器和小于比较器的并联。同样物品数在 90%～100%范围时,也运用两个比较器实现范围的限定。

在程序 Network1 中,通过光电传感器 I0.0 的上升沿脉冲触发加计数器,光电传感器I0.1 的上升沿脉冲触发减计数器,当前计数值在 MW10 中显示;在 Network2 和 Network3 中,通过与 0 的比较指令可知,仓库区的状态为空还是非空,分别用指示灯 Q12.0 和 Q12.1 表示;在 Network4 和 Network5 中分别通过两个比较器的并联可知仓库区的状态在 50%～90%之间,或是在 90%～100%之间,两种状态用指示灯 Q12.2 和 Q12.3 表示;在 Network6 中显示仓库满载,这一状态用 Q12.4 表示。计数器复位用 I0.2 实现。

2.4.3　转换指令

转换指令可以将一个输入参数的数据类型转换为一个需要的数据类型,在大多数的逻辑运算时,数据类型有可能不相同,例如数据类型可能为整数、双整数、浮点数等,这样需要转换为统一的数据类型进行运算(字与整数类型不需要转换,在符号表或在数据块中可以定义变量的数据类型,如果没有定义变量的数据类型,例如 MW100,在编程时既可作为一个字类型,也可作为一个整数类型,数据类型根据指令自动转换)。

转换指令见表 2－24。使用转换指令的示例程序见表 2－25。

表 2－24　转换指令

	LAD	说　明	STL	说　明
转换指令	BCD_I	BCD 码转换为整数	BTI	BCD 转成单字整数(16 位)
	I_BCD	整数转换为 BCD 码	ITB	16 位整数转换为 BCD 数
	I_DI	整数转换为双整数	ITD	单字(16 位)转换为双字整数(32 位)
	BCD_DI	BCD 码转换为双整数	BTD	BCD 转成双字整数(32 位)
	DI_BCD	双整数转换为 BCD 码	DTB	双字整数(32 位)转换为 BCD 数
	DI_R	双整数转换为实数	DTR	双字整数(32 位)转换为浮点(32 位 IEEE 浮点数)
	INV_I	整数的二进制反码	INVI	单字整数反码(16 位)
	INV_DI	双整数的二进制反码	INVD	双字整数反码(32 位)
	NEG_DI	双整数的二进制补码	NEGD	双字整数补码(32 位)
	NEG_I	整数的二进制补码	NEGI	单字整数补码(16 位)
	NEG_R	浮点数求反	NEGR	浮点求反(32 位 IEEE FP)
	ROUND	取整	RND	取整
	TRUNC	舍去小数,取整为双整数	TRUNC	截尾取整
	CEIL	上取整	RND＋	取整为较大的双字整数
	FLOOR	下取整	RND－	取整为较小的双字整数
			CAD	改变 ACCU1 字节的顺序(32 位)
			CAW	改变 ACCU1 字中字节的顺序(16 位)

表 2-25 转换指令的示例程序

LAD	STL	程序说明
BCD 码与整数的转换指令		
Network1 M1.1 I_BCD EN ENO C1 (SC) MW200 234 IN OUT MW200 BCD_I EN ENO W#16#123 IN OUT MW202	Network 1 A M 1.1 JNB _001 L W#16#123 BTI T MW 202 L 234 ITB T MW 200 AN OV SAVE CLR _001:A BR L MW 200 S C 1	在程序段 1 中，M1.1 为 1 时，将整数 234 转换为 BCD 码 W#16#234 存入变量 MW200 中，将 BCD 码 W#16#123 转换为整数 123，存入变量 MW202 中，同时设置计数器 C1 的预置值为 MW200（计数器的值必须为 BCD 码）；使用 STL 编程时，使用 OV 状态位判断整数转换 BCD 码是否超限，如果转换错误不会将故障值放入计数器 C1 中（执行 JNB 跳转指令，将 RLO 信息复制到 BR 位，只有 M1.1 从 0 到 1 跳变时，才能将 MW200 中存储的 BCD 码数值载入计数器 C1 中）
整数转换指令		
Network2 M1.4 I_DI EN ENO MW20 IN OUT MD24 DI_R EN ENO L#456 IN OUT MD28	Network2 A M 1.4 JNB _007 LMW 20 ITD T MD 24 L L#456 DTR T MD 28 _007:NOP O	在程序段 2 中，M1.4 为 1 时，将整数变量 MW20 转换为双整数变量 MD24（使用 MOVE 指令将 MW20 传送到 MW26 中也可以实现同样的功能），将双整数常数 L#456 转换为浮点值 456.0 存入变量 MD28 中
码制转换指令		
Network3 M1.5 INV_I EN ENO 1234 IN OUT MW120 MEG_I EN ENO 1234 IN OUT MW122	Network3 A M 1.5 JNB _003 L1234 INVI T MW 120 L 1234 NEGI T MW 122 _003:NOP O	在程序段 3 中，M1.5 为 1 时，执行 INV_I 指令，将输入参数 1234 与字 W#16#FFFF 的位进行“异或”操作（实际上将输入参数中所有的位信号取反）并将结果存入 MW120 中，执行 NEG_I 指令，将输入参数 1234 的值取反转换为 -1234 并将结果存入 MW122 中

续 表

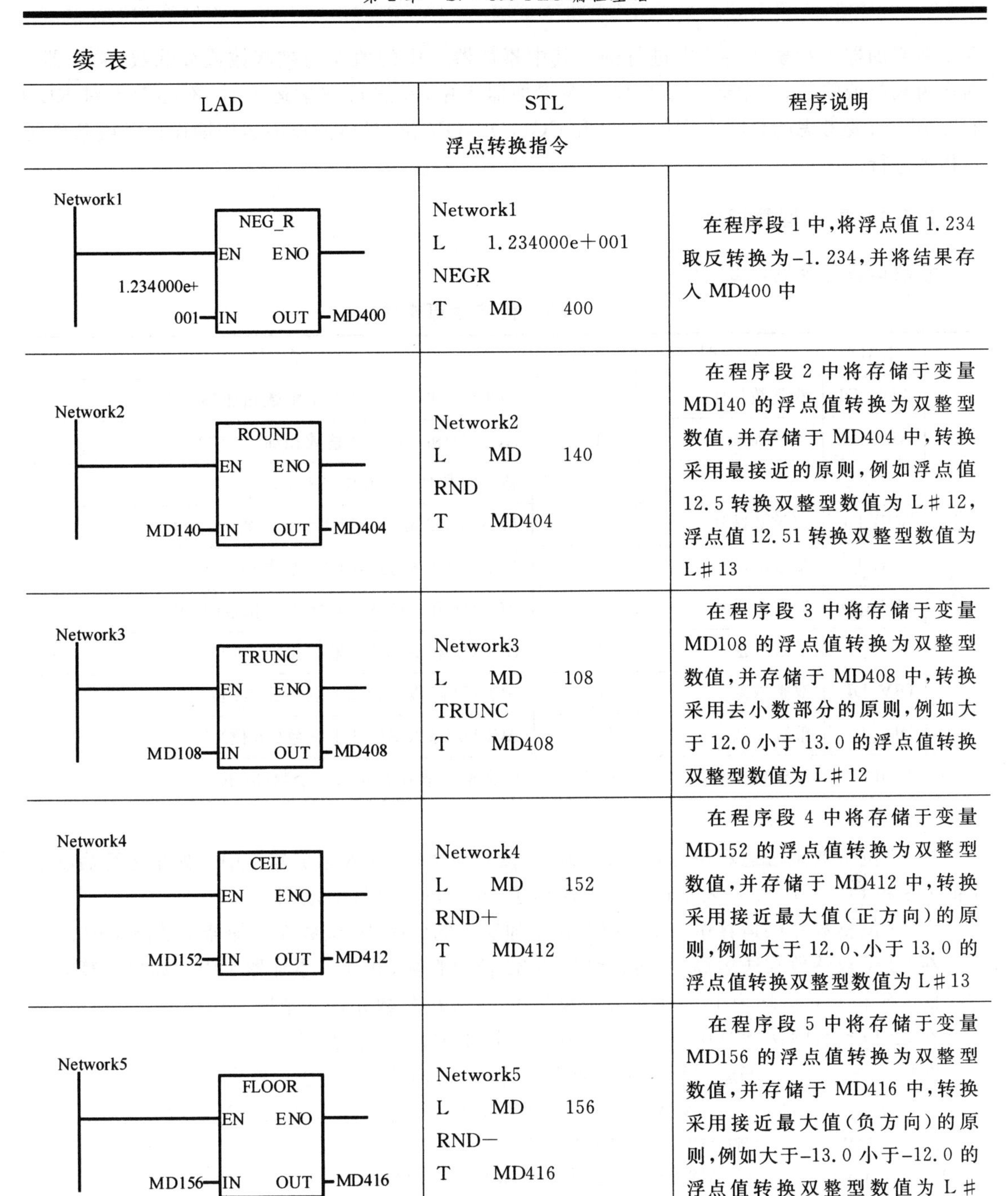

LAD	STL	程序说明
浮点转换指令		
Network1 NEG_R EN ENO 1.234000e+001—IN OUT—MD400	Network1 L 1.234000e+001 NEGR T MD 400	在程序段 1 中，将浮点值 1.234 取反转换为-1.234，并将结果存入 MD400 中
Network2 ROUND EN ENO MD140—IN OUT—MD404	Network2 L MD 140 RND T MD404	在程序段 2 中将存储于变量 MD140 的浮点值转换为双整型数值，并存储于 MD404 中，转换采用最接近的原则，例如浮点值 12.5 转换双整型数值为 L＃12，浮点值 12.51 转换双整型数值为 L＃13
Network3 TRUNC EN ENO MD108—IN OUT—MD408	Network3 L MD 108 TRUNC T MD408	在程序段 3 中将存储于变量 MD108 的浮点值转换为双整型数值，并存储于 MD408 中，转换采用去小数部分的原则，例如大于 12.0 小于 13.0 的浮点值转换双整型数值为 L＃12
Network4 CEIL EN ENO MD152—IN OUT—MD412	Network4 L MD 152 RND+ T MD412	在程序段 4 中将存储于变量 MD152 的浮点值转换为双整型数值，并存储于 MD412 中，转换采用接近最大值（正方向）的原则，例如大于 12.0、小于 13.0 的浮点值转换双整型数值为 L＃13
Network5 FLOOR EN ENO MD156—IN OUT—MD416	Network5 L MD 156 RND− T MD416	在程序段 5 中将存储于变量 MD156 的浮点值转换为双整型数值，并存储于 MD416 中，转换采用接近最大值（负方向）的原则，例如大于-13.0 小于-12.0 的浮点值转换双整型数值为 L＃−13

2.5 数学运算指令

数学运算指令十分重要，因为一般的自动控制系统都需要 PID 控制器，控制器的算法实现离不开基本的数学运算，在 S7PLC 中，可以对整数、双整数和浮点数进行数学运算。这些指令是在累加器 1 和累加器 2 中进行的。其中累加器 2 中的值作为被减数或被除数，累加器 1 则作为减数或除数，数学运算结果保存在累加器 1 中，在进行数学运算时，不必考虑对 RLO 的影响。需要考虑的是状态字的 CC0 和 CC1，OS，OV 位，具体操作中运用操作指令或条件跳转指令进行。

2.5.1 整数运算指令

整数运算指令见表 2-26。

表 2-26 整数运算指令

	LAD	说明	STL	说明
整数运算指令	ADD_DI	双整数加法	+D	ACCU1 和 ACCU2 双字整数相加(32 位)
	ADD_I	整数加法	+I	ACCU1 和 ACCU2 整数相加(16 位)
			+	整数常数加法(16 位，32 位)
	SUB_DI	双整数减法	-D	从 ACCU2 减去 ACCU1 双整数(32 位)
	SUB_I	整数减法	-I	从 ACCU2 减去 ACCU1 整数(16 位)
	MUL_DI	双整数乘法	*D	ACCU1 和 ACCU2 双字整数相乘(32 位)
	MUL_I	整数乘法	*I	ACCU1 和 ACCU2 整数相乘(16 位)
	DIV_DI	双整数除法	/D	ACCU2 除以 ACCU1 双整数(32 位)
	DIV_I	整数除法	/I	ACCU2 除以 ACCU1 整数(16 位)
	MOD_DI	双整数取余数	MOD	双字整数形式的除法取余数(32 位)

在 16 位整数乘法运算中，运算结果为 32 位双整数，并存入累加器 1 中。如果运算后状态字的 OS 和 OV 位均为 1，表示运算结果超出了 16 位整数允许的范围。

在 16 位整数除法运算中，16 位商存在累加器 1 的低字中，余数在累加器 1 的高字中。

在 32 位双整数乘法运算中，运算结果为 32 位双整数，并存入累加器 1 中。如果运算后状态字的 OS 和 OV 位均为 1，表示运算结果超出了 32 位整数允许的范围。

在 32 位整数除法运算中，32 位商存在累加器 1 中，余数被丢掉。

在梯形图指令中，若运算结果超出允许范围，OS 和 OV 位均为 1，输出为 0。

例用语句表实现字运算 MW4+MW6-2 的程序，其运算结果送入 MW10 中。

```
L     MW4       //将 MW4 装入累加器 1 中
L     MW6       //将 MW6 装入累加器 1 中，MW4 移入累加器 2
+I              //相加
+     L#-2      //减常数 2
T     MW10      //结果存入 MW10 中。
```

例 2-14 用梯形图实现运算(10000×MD6)/27666，结果存入 MW10 中。

双整数运算梯形图实现如图 2-53 所示。

说明：在 I0.1 得电时，才能进行运算。图中因为方块的并联，所以相互之间有嵌套关系。在运算中，如果存放于存储器中的数乘以 10 000 后，可能超出 16 位整数范围，这时如果用梯形图中的 MUL_I 指令，运算结果为 16 位整数，明显不适合，所以，需要使用双字乘法指令

MUL_DI。在进行除法运算时，虽然双字除法的运算结果仍然为双字，但本例中实际的运算结果没有超出 16 位整数的最大值，所以结果通过 MOVE 指令，只保留低字 MW22 中 16 位运算结果。

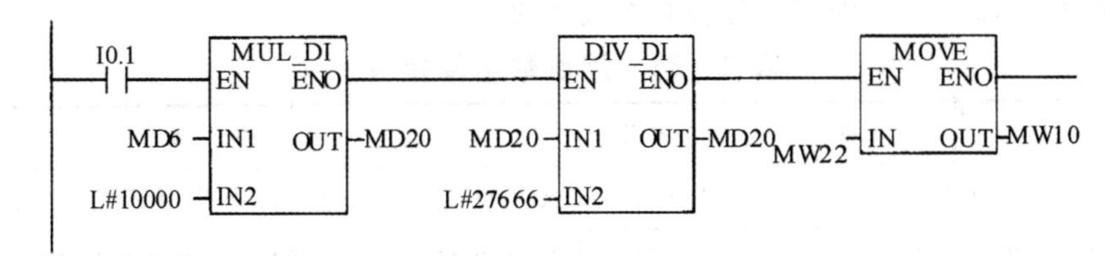

图 2 - 53　双整数运算梯形图

整数运算指令的示例及说明见表 2 - 27。

表 2 - 27　整数运算指令的示例及说明

LAD	STL	程序说明
Network1 M1.2 ADD_I: EN ENO; MW120 — IN1 OUT — MW122; DB1.DBW0 — IN2 SUB_I: EN ENO; MW122 — IN1 OUT — MW124; DB1.DBW2 — IN2	OPN　DB　1 A　M1.2 JCNm1	M1.2 为开始计算的使能信号，实现等式（MW120 ＋ DB1. DBW0 － DB1. DBW2）* DB1. DBW4/ DB1. DBW6/ DB1. DBD10 的运算，将余数传送到 DB1. DBD14 中。在程序段 1 中，将变量 MW120 与 DB1. DBW0 相加，结果传送到 MW122 中。 将变量 MW122 与 DB1. DBW2 相减，结果传送到 MW124 中
Network2 M1.2 MUL_I: EN ENO; MW124 — IN1 OUT — MW126; DB1.DBW4 — IN2 DIV_I: EN ENO; MW126 — IN1 OUT — MW128; DB1.DBW6 — IN2	L　MW120 L　DBW　0 ＋I L　DBW　2 －I L　DBW　4 *I L　DBW　6	在程序段 2 中，将变量 MW124 与 DB1. DBW4 相乘，结果传送到 MW126 中。 将变量 MW126 与 DB1. DBW6 相除，结果传送到 MW128 中
Network3 M1.2 I_DI: EN ENO; MW128 — IN OUT — MD132 MOD_DI: EN ENO; MD132 — IN1 OUT — DB1.DBD14; DB1.DBD10 — IN2	/I L　DBD　10 MOD T　DBD　14 m1:NOP　0	在程序段 3 中，将变量 MW128 转换为双整数 MD132 后除以 DB1. DBD10，将余数传送到 DB1. DBD14 中。 使用 STL 编程可以省去多余的中间变量，编程语句比较简练

2.5.2 浮点数运算指令

浮点数算术运算指令是对累加器 1 和累加器 2 中的 32 位 IEEE 格式的浮点数进行运算，运算结果存在累加器 1 中。浮点数运算指令见表 2-28。

表 2-28 浮点数运算指令

	LAD	说明	STL	说明
浮点运算指令	ADD_R	浮点加法	+R	ACCU1、ACCU2 相加(32 位 IEEE 浮点数)
	SUB_R	浮点减法	-R	从 ACCU2 减去 ACCU1 浮点(32 位 IEEE 浮点数)
	MUL_R	浮点乘法	*R	ACCU1、ACCU2 相乘(32 位 IEEE 浮点数)
	DIV_R	浮点除法	/R	ACCU2 除以 ACCU1(32 位 IEEE 浮点数)
	ABS	浮点数绝对值运算	ABS	绝对值(32 位 IEEE 浮点数)
	SQR	浮点数平方	SQR	求平方(32 位 IEEE 浮点数)
	SQRT	浮点数平方根	SQRT	求平方根(32 位 IEEE 浮点数)
	EXP	浮点数指数运算	EXP	求指数(32 位 IEEE 浮点数)
	LN	浮点数自然对数运算	LN	求自然对数(32 位 IEEE 浮点数)
	COS	浮点数余弦运算	COS	余弦(32 位 IEEE 浮点数)
	SIN	浮点数正弦运算	SIN	正弦(32 位 IEEE 浮点数)
	TAN	浮点数正切运算	TAN	正切(32 位 IEEE 浮点数)
	ACOS	浮点数反余弦运算	ACOS	反余弦(32 位 IEEE 浮点数)
	ASIN	浮点数反正弦运算	ASIN	反正弦(32 位 IEEE 浮点数)
	ATAN	浮点数反正切运算	ATAN	反正切(32 位 IEEE 浮点数)

例 2-15 浮点数对数指令和指数指令的用法，计算 EXP(3×LN(7))，并将结果存入 MW40，控制程序如下：

```
L      L#5      // 装载32位整数常数5于累加器1中
DTR             // 将其转换为浮点数
LN              // 取对数
L      3.0      // 装载32位浮点数3.0于累加器1中，对数运算结果存于累加器2中
*R              // 与3.0进行浮点数相乘
EXP             // 取指数
RND             // 将浮点数结果转换为双整数
T      MW40     // 存于MW40中
```

浮点数运算指令的应用示例见表 2-29。

表 2－29　浮点数运算指令的应用示例

LAD	STL	程序说明
浮点运算基本指令（加、减、乘、除、绝对值，以加、除指令为例）		
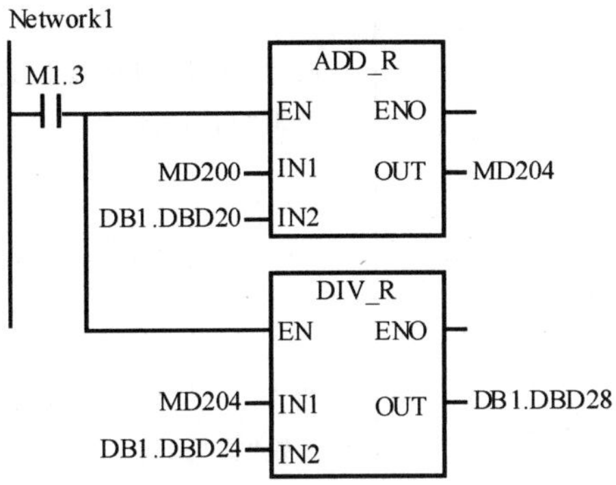 Network1 M1.3 ADD_R: EN ENO; MD200—IN1 OUT—MD204; DB1.DBD20—IN2 DIV_R: EN ENO; MD204—IN1 OUT—DB1.DBD28; DB1.DBD24—IN2	Network 1 OPN DB 1 A M 1.3 JCN m2 L MD 200 L DBD 20 ＋R L DBD 24 /R T DBD 28 m2：NOP 0	以 M1.3 为开始计算的使能信号，实现等式（MD200＋DB1. DBD20）/DB1. DBD24 的运算，将运算结果传送到 DB1. DBD28 中
浮点运算扩展指令（求平方、求平方根指令，以求平方指令为例）		
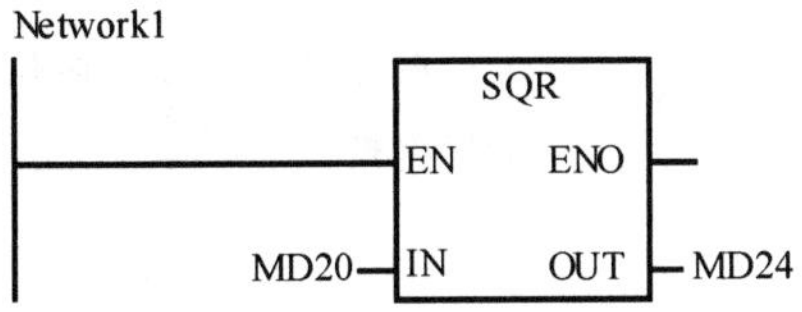 Network1 SQR: EN ENO; MD20—IN OUT—MD24	Network1 L MD 20 SQR AN OV JC OK BEU OK：T MD 24	在程序段 1 中，将变量 MD20 的平方值传送到 MD24 中。在 STL 程序示例中加入溢出判断
浮点运算扩展指令（求指数、求自然对数指令，以求指数指令为例）		
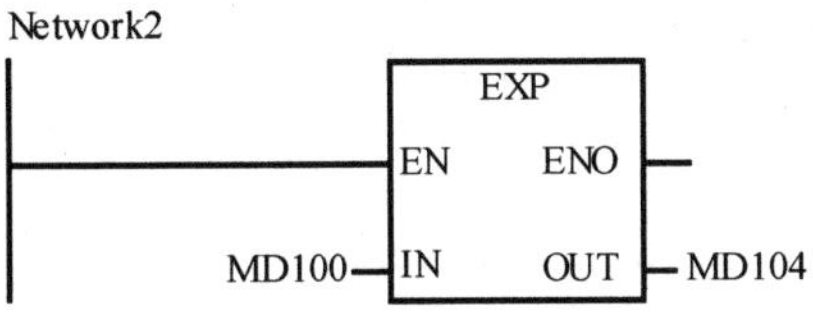 Network2 EXP: EN ENO; MD100—IN OUT—MD104	Network2 L MD 100 EXP T MD 104	在程序段 2 中，变量 MD100 为 e 的指数，并将运算结果传送到 MD104 中
浮点运算扩展指令（余弦、正弦、正切、反余弦、反正弦、反正切指令，以正弦指令为例）		
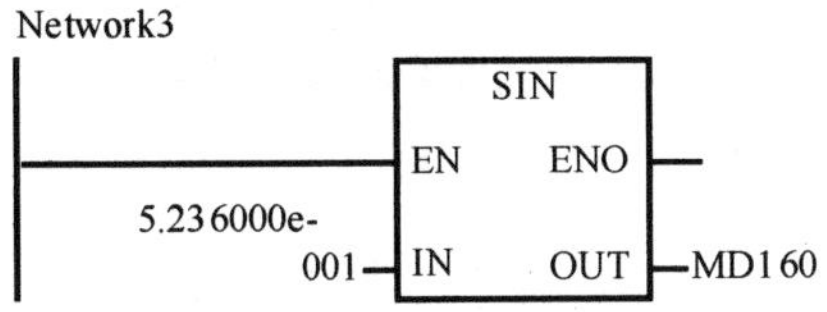 Network3 SIN: EN ENO; 5.236000e-001—IN OUT—MD160	Network3 L 5.236000e－001 SIN T MD160	在程序段 3 中，将弧度为 0.5236 的正弦值传送到 MD160 中。所有角度指令中，使用弧度替代角度值

2.5.3　字逻辑运算指令

字逻辑运算指令是将两个字（数据长度为 16 位或 32 位）逐位进行逻辑运算，可以进行逻辑“与”、逻辑“或”和逻辑“异或”运算。参与字逻辑运算的两个字，一个是在累加器 1 中，另一个可以在累加器 2 中，或者是立即数（常数）。字逻辑运算的结果存放在累加器 1 低字中，双字逻辑运算的结果存放在累加器 1 中，累加器 2 的内容保持不变。字逻辑运算指令见表 2－30。

表 2－30　字逻辑运算指令

STL 指令	LAD 指令	操作数	数据类型	存储区	说明
AW	WAND_W EN ENO IN1 OUT IN2	EN	BOOL	I,Q,M,L,D	两个 16 位的字逐位进行逻辑“与”运算
		ENO	BOOL		
		IN1	WORD		
		IN2	WORD		
		OUT	WORD		
OW	WOR_W EN ENO IN1 OUT IN2	EN	BOOL	I,Q,M,L,D	两个 16 位的字逐位进行逻辑“或”运算
		ENO	BOOL		
		IN1	WORD		
		IN2	WORD		
		OUT	WORD		
XOW	WXOR_W EN ENO IN1 OUT IN2	EN	BOOL	I,Q,M,L,D	两个 16 位的字逐位进行逻辑“异或”运算
		ENO	BOOL		
		IN1	WORD		
		IN2	WORD		
		OUT	WORD		
AD	WAND_DW EN ENO IN1 OUT IN2	EN	BOOL	I,Q,M,L,D	两个 32 位的字逐位进行逻辑“与”运算
		ENO	BOOL		
		IN1	WORD		
		IN2	WORD		
		OUT	WORD		
OD	WOR_DW EN ENO IN1 OUT IN2	EN	BOOL	I,Q,M,L,D	两个 32 位的字逐位进行逻辑“或”运算
		ENO	BOOL		
		IN1	WORD		
		IN2	WORD		
		OUT	WORD		
XOD	WXOR_DW EN ENO IN1 OUT IN2	EN	BOOL	I,Q,M,L,D	两个 32 位的字逐位进行逻辑“异或”运算
		ENO	BOOL		
		IN1	WORD		
		IN2	WORD		
		OUT	WORD		

字逻辑运算结果将影响状态字的下列标志位：

① CC1，如果逻辑运算的结果为 0，CC1 被复位至 0；如果逻辑运算的结果为非 0，CC1 被置位至 1；

② CC0，在任何情况下，被复位至 0；

③ OV，在任何情况下，被复位至 0。

例 2－16　如果 I0.0 为 1，则只允许将 MW0 的第 0 位至第 3 位的数据状态传送到 MW4 的对应位，而将 MW0 的其余位屏蔽。如果传送成功，则 Q4.0 为 1。

根据要求，可采用逻辑字与（AW）指令，控制程序如图 2－54 所示。

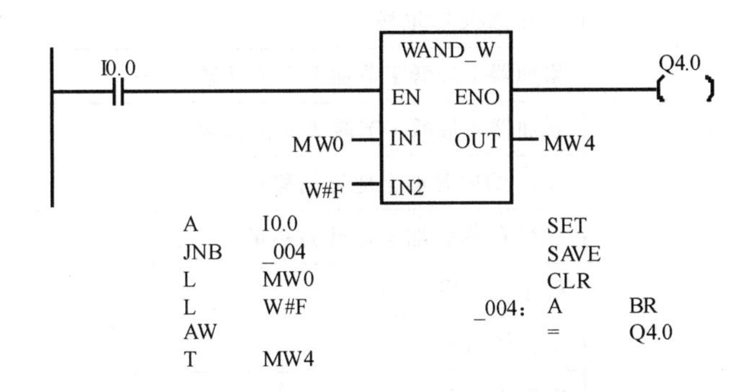

图 2－54　字逻辑运算指令应用程序

例 2－17　运用字逻辑运算指令对输入 I12.0～I13.7 共 16 位输入进行跳变沿检测。

首先进行正跳沿检测，其程序如下：

```
L      MW 10     // 将输入位的上一个周期状态装入累加器 1 中
L      IW 12     // 将输入位当前状态装入累加器 1 中，上一周期状态移入累加器 2 中
T      MW 10     // 保存当前状态供下一周期使用
XOW              // 异或操作，当前状态与前一周期不同的位被置 1
L      MW10      // 重新装入当前状态
AW               // 与操作，当前状态为 0 的位被清零（负跳变被屏蔽）
T      MW14      // 将正跳沿结果送入 MW14 中
```

再进行负跳沿检测，其程序如下：

```
L      MW12      // 将输入位的上一个周期状态装入累加器 1 中
L      IW12      // 将输入位当前状态装入累加器 1 中，上一周期状态移入累加器 2 中
T      MW12      // 保存当前状态供下一周期使用
XOW              // 异或操作，当前状态与前一周期不同的位被置 1
L      MW12      // 重新装入当前状态
INVI             // 将当前状态取反
AW/              / 与操作，当前状态为 1 的位被清零（正跳沿被屏蔽）
T      MW14      // 将负跳变结果送入 MW14 中
```

2.5.4　累加器指令

语句表中的累加器指令用于处理单个或多个累加器的内容，指令的执行与 RLO（逻辑运算结果）无关，也不会对 RLO 产生影响。对于有 4 个累加器的 CPU，累加器 3、4 的内容保持

不变。累加器指令见表 2－31。

表 2－31　累加器指令

语句表	描　述
TAK	交换累加器 1,2 的内容
PUSH	入栈
POP	出栈
ENT	进入 ACCU 堆栈
LEAVE	离开 ACCU 堆栈
INC	累加器 1 最低字节加上 8 位常数
DEC	累加器 1 最低字节减去 8 位常数
＋AR1	AR1 的内容加上地址偏移量
＋AR2	AR2 的内容加上地址偏移量
BLD	程序显示指令(空指令)
NOP0	空操作指令
NOP1	空操作指令

1. TAK 指令

指令 TAK(Toggle ACCU 1 with ACCU2)交换累加器 1 和累加器 2 的内容。

下面的程序用 MW10 和 MW12 中较大的数减去较小的数,运算结果存放在 MW14 中。

```
  L     MW10      // MW10 的内容装入累加器 1 的低字
  L     MW12      // 累加器 1 的内容装入累加器 2,MW12 的值装入累加器 1 的低字
>I                // 如果 MW10>MW12,RLO=1
  JC    NEX1      // 跳转到标号 NEXl 处
  TAK             // 交换累加器 1 和累加器 2 低字的内容
NEX1:-I           // 累加器 2 低字的内容减去累加器 l 低字的内容
  T     MW14      // 运算结果传送到 MW14
```

2. 堆栈指令

S7－400 的 CPU 有 4 个累加器。CPU 中的累加器组成了一个堆栈,堆栈用来存放需要快速存取的数据,堆栈中的数据按“先进后出”的原则存取。堆栈指令是否执行与状态字无关,也不会影响状态字。

对于只有两个累加器的 CPU 来说,PUSH(入栈)指令将累加器 1 的内容复制到累加器 2,累加器 1 的内容不变。POP(出栈)指令将累加器 2 的内容复制到累加器 1,累加器 2 的内容不变。

对于有 4 个累加器的 CPU 来说,PUSH(入栈)指令使堆栈中各层原有的数据依次向下移动一层,栈底(累加器 4)的值被推出丢失,如图 2－55 所示。栈顶(累加器 1)的值保持不变。即累加器 3 的内容复制到累加器 4,累加器 2 的内容复制到累加器 3,累加器 1 的内容复制到累加器 2,累加器 1 的内容不变。

POP(出栈)指令使堆栈中各层原有的数据向上移动一层(见图 2－56),原来第 2 层(累加器 2)中的数据成为堆栈新的栈顶值,原来栈顶(累加器 1)中的数据从栈内消失。即累加器 2 的内容复制到累加器 1,累加器 3 的内容复制到累加器 2,累加器 4 的内容复制到累加器 3,累加器 4 的内容不变。

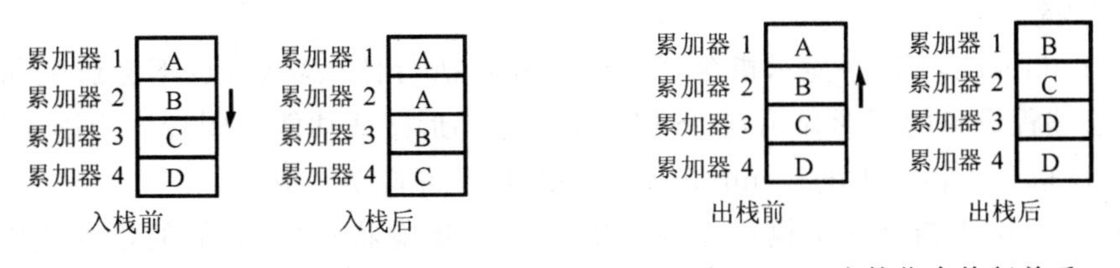

图 2－55　入栈指令执行前后　　　图 2－56　出栈指令执行前后

“进入累加器堆栈”指令 ENT(Enter Accmulator Stack)将累加器 3 的内容复制到累加器 4,累加器 2 的内容复制到累加器 3。使用 ENT 指令可以在累加器 3 中保存中间结果。

“离开累加器堆栈”指令 LEAVE(Leave Accumulator Stack)将累加器 3 的内容复制到累加器 2,累加器 4 的内容复制到累加器 3,累加器 1,4 保持不变。

例用下述程序实现浮点数运算(DBD0＋DBD4)/(DBD8－DBD12)

```
L       DBD0     // DBD0 中的浮点数装入累加器 1
L       DBD4     // 累加器 1 的内容装入累加器 2,DBD4 中的浮点数装入累加器 1
+R               // 累加器 1,2 中的浮点数相加,结果保存在累加器 1 中
L       DBD8     // 累加器 1 的内容装入累加器 2,DBD8 中的浮点数装入累加器 1
ENT              // 累加器 3 的内容装入累加器 4,累加器 2 的中间结果装入累加器 3
L       DBD12    //累加器 1 的内容装入累加器 2,DBD12 中的浮点数装入累加器 1
-R               //累加器 2 的内容减去累加器 1 的内容,结果保存在累加器 1 中
LEAVE            //累加器 3 的内容装入累加器 2,累加器 4 的中间结果装入累加器 3
/R               //累加器 2 的内容(DBD0+DBD4)除以累加器 1 的内容(DBD8-DBD12)
T       DBD16    // 累加器 1 中的运算结果传送到 DBD16
```

3. 加、减 8 位整数指令

字节加指令 LNC(Increment ACCU1 － LL)和字节减指令 DEC(Decrement ACCU1 － LL)将累加器 1 的最低字节(ACCU1 － LL)的内容加上或减去指令中的 8 位常数(0～255),运算结果仍在累加器的最低字节中。累加器 1 的其他 3 个字节不变。

这些指令并不适合于 16 位或 32 位算术运算,因为累加器 1 的最低字节和它的相邻字节之间没有进位产生,16 位或 32 位加法运算可以分别使用 INC 和 DEC 指令。

```
L       MB4      // MB4 的内容装入累加器 1 的最低字节
INC     1        // 累加器 1 最低字节的内容加 1,结果存放在累加器 1 的最低字节
T       MB4      // 运算结果传回 MB4
```

4. 地址寄存器指令

＋AR1(Add to AR1)指令将地址寄存器 AR1 的内容加上作为地址偏移量的累加器 1 的低字的内容,或加上指令中的 16 位常数(－32768～＋32767),结果存在 AR1 中。

＋AR2(Add to AR2)指令将地址寄存器 AR2 的内容加上作为地址偏移量的累加器 1 的低字的内容,或加上指令中的 16 位常数,结果存在 AR2 中。

16 位有符号整数首先被扩充为 24 位,其符号位不变,然后与 AR1 中的低 24 位有效数字

相加。地址寄存器中的存储区域标识符(第 24～26 位)保持不变。

```
L       ＋300           //常数“＋300”装入累加器 1 的低字
＋AR1                   // AR1 与累加器 1 的低位中的内容相加,运算结果送 AR1
＋ AR2    P＃300.0      // AR2 的内容加上地址偏移量 300.0,运算结果送 AR2
```

5. 空操作指令

BLD < number >(程序显示指令,空指令)并不执行什么功能,也不会影响状态位。该指令只是用于编程设备的图形显示,在 STEP 7 中将梯形图或功能块图转换为语句表时,将会自动生成 BLD 指令。指令中的< number >是编程设备自动生成的。

NOP 0 和 NOP 1 指令并不执行什么功能,也不会影响状态位,它们的指令代码中分别由 16 个 0 或 16 个 1 组成,其作用与 BLD 指令类似。

2.5.5 移位和循环移位指令

在 PLC 的应用中经常用到移位指令,在 STEP 7 中的移位指令,包括有符号整数和长整数的右移指令、无符号字型数据的左移和右移指令、无符号双字型数据的左移和右移指令、双字的循环左移和循环右移指令。

移位指令是将累加器 1 中的数据或者累加器 1 低字中的数据逐位左移或逐位右移。左移相当于累加器的内容乘以 2^n,右移相当于累加器的内容除以 2^n(n 为指定的移动位数或移位次数)。

累加器 1 中移位后空出的位填 0 或符号位。被移动的最后 1 位保存在状态字的 CC1 中,可使用条件跳转指令对 CC1 进行判断,CC0 和 OV 被复位到 0。

循环移位指令的特点是移出的空位填以从累加器中移出的位。移位和循环移位指令的操作数及功能说明见表 2－32。

表 2－32　移位和循环移位指令的操作数及功能

<table>
<tr><th>STL 指令</th><th>LAD 指令</th><th>操作数</th><th>数据类型</th><th>存储区</th><th>说明</th></tr>
<tr><td rowspan="5">SSI</td><td rowspan="5">SHR_I
EN ENO
IN OUT
N</td><td>EN</td><td>BOOL</td><td rowspan="5">I,Q,M,D,L</td><td rowspan="5">有符号整数右移:当 EN 为 1 时,将 IN 中的整数数据向右逐位移动 N 位,送 OUT。右移后空出的位补 0(正数)或 1(负数)</td></tr>
<tr><td>ENO</td><td>BOOL</td></tr>
<tr><td>IN</td><td>INT</td></tr>
<tr><td>N</td><td>WORD</td></tr>
<tr><td>OUT</td><td>INT</td></tr>
<tr><td rowspan="5">SSD</td><td rowspan="5">SHR_DI
EN ENO
IN OUT
N</td><td>EN</td><td>BOOL</td><td rowspan="5">I,Q,M,D,L</td><td rowspan="5">有符号长整数右移:当 EN 为 1 时,将 IN 中的长整数数据向右逐位移动 N 位,送 OUT。右移后空出的位补 0(正数)或 1(负数)</td></tr>
<tr><td>ENO</td><td>BOOL</td></tr>
<tr><td>IN</td><td>DINT</td></tr>
<tr><td>N</td><td>WORD</td></tr>
<tr><td>OUT</td><td>DINT</td></tr>
</table>

续表

STL 指令	LAD 指令	操作数	数据类型	存储区	说明
SLW	SHL_W EN ENO IN OUT N	EN	BOOL	I,Q,M,D,L	无符号字型数据左移：当 EN 为 1 时，将 IN 中的字型数据向左逐位移动 N 位，送 OUT。左移后空出的位补 0
		ENO	BOOL		
		IN	WORD		
		N	WORD		
		OUT	WORD		
SRW	SHR_W EN ENO IN OUT N	EN	BOOL	I,Q,M,D,L	无符号字型数据右移：当 EN 为 1 时，将 IN 中的字型数据向右逐位移动 N 位，送 OUT。右移后空出的位补 0
		ENO	BOOL		
		IN	WORD		
		N	WORD		
		OUT	WORD		
SLD	SHL_DW EN ENO IN OUT N	EN	BOOL	I,Q,M,D,L	无符号双字型数据左移：当 EN 为 1 时，将 IN 中的双字型数据向左逐位移动 N 位，送 OUT。左移后空出的位补 0
		ENO	BOOL		
		IN	DWORD		
		N	WORD		
		OUT	DWORD		
SRD	SHR_DW EN ENO IN OUT N	EN	BOOL	I,Q,M,D,L	无符号双字型数据右移：当 EN 为 1 时，将 IN 中的双字型数据向右逐位移动 N 位，送 OUT。右移后空出的位补 0
		ENO	BOOL		
		IN	DWORD		
		N	WORD		
		OUT	DWORD		
RLD	ROL_DW EN ENO IN OUT N	EN	BOOL	I,Q,M,D,L	无符号双字型数据循环左移：当 EN 为 1 时，将 IN 中的双字型数据向左循环移动 N 位后送 OUT。每次将最高位移出后，移进到最低位
		ENO	BOOL		
		IN	DWORD		
		N	WORD		
		OUT	DWORD		
RRD	ROR_DW EN ENO IN OUT N	EN	BOOL	I,Q,M,D,L	无符号双字型数据循环右移：当 EN 为 1 时，将 IN 中的双字型数据向右循环移动 N 位后送 OUT。每次当最低位移出后，移进到最高位
		ENO	BOOL		
		IN	DWORD		
		N	WORD		
		OUT	DWORD		

图 2-57 所示为字的左移(6 位)指令,图 2-58 所示为双字的右移(3 位)指令。

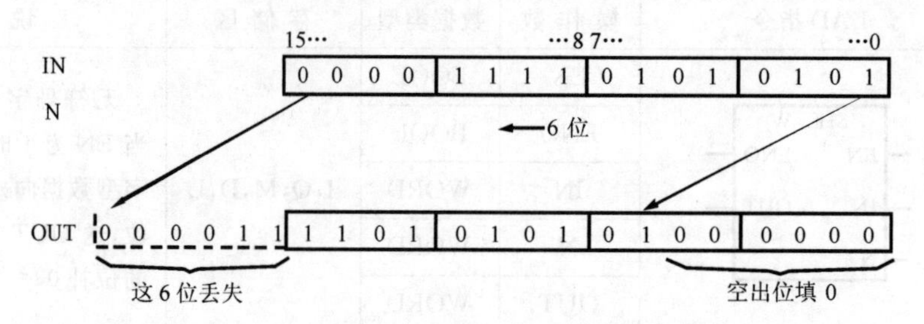

图 2-57　字的左移(6 位)指令

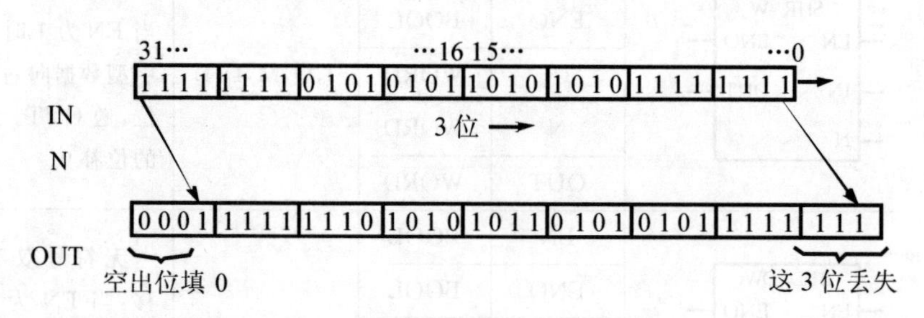

图 2-58　双字的右移(3 位)指令

双字左移指令的具体应用如图 2-59 所示。

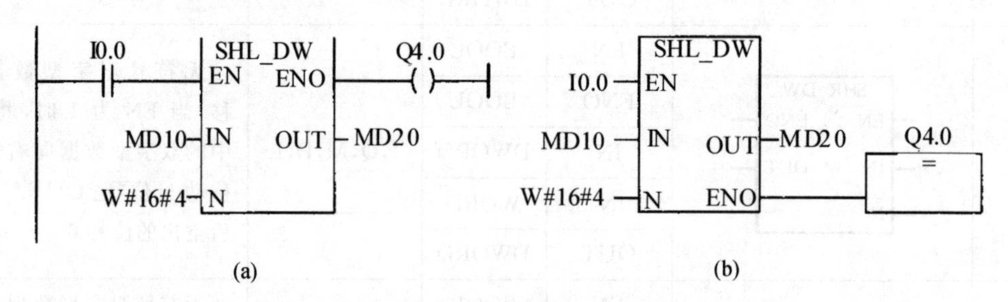

图 2-59　双字左移指令的应用

图 2-59 中,当 I0.0 接通时,双字左移指令开始工作,将 MD10 中的内容左移 4 位,并将结果存入 MD20 中,如果移位指令执行,则输出 Q4.0 为“1”。

实现上述相同功能的语句表程序:

```
A     I0.0
JNB   _001
L     W#16#4
L     MD10
SLD              //双字左移 4 位
T     MD20       //将移位结果存入 MD20 中
SET
SAVE
CLR
```

```
_001: A     BR
      =     Q4.0        //如果移位指令执行,则输出 Q4.0 为"1"
```

循环移位指令只能对双字进行操作,移位范围为 0～31,如果移位大于 32,高位移出的位信号插入到低位移空的位中,例如将一个双字循环左移 3 位,移位前后位排列次序如图 2－60 所示。

STL 编程语言中,RLDA 与 RRDA 指令对双字进行循环移位操作,每次触发时循环左移、右移一位,将状态字中 CC1 的信号插入移空的位上。如果移出的位信号为 1,置位状态字中 CC1 位,可以触发 JP 程序跳转指令进行逻辑判断。

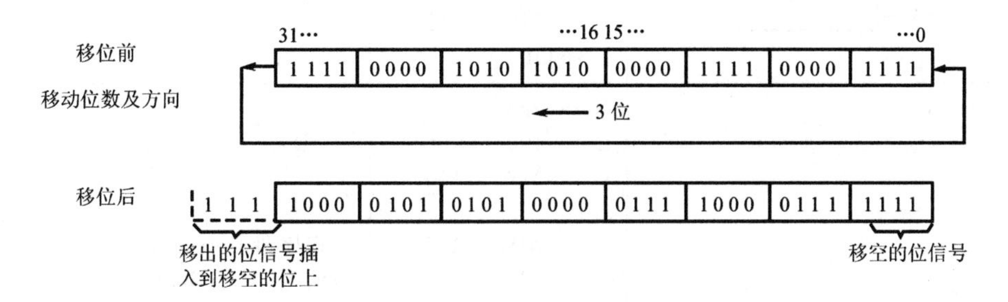

图 2－60　循环移位示意图

使用移位和循环指令的示例程序见表 2－33。

表 2－33　使用移位和循环指令的示例程序

LAD	STL	程序说明
移位指令		
Network1 SHL_W EN ENO MW2－IN OUT－MW4 B#16#4－N	Network 1 L B#16#4 L MW 2 SLW T MW 4	程序段 1 中将 MW2 左移 4 位,将结果传送到 MW4 中。假如移位指令执行前 MW2 中位的排列次序为: 1100 0101 1111 0011 指令执行完后的排列次序为: 0101 1111 0011 0000 高位 1100 被移出
Network2 SHR_DW EN ENO MD100－IN OUT－MD104 B#16#3－N	Network2 L B#16#3 L MD 100 SRD T MD 104	程序段 2 中,将 MD100 右移 3 位,将结果传送到 MD104 中
Network3 SHR_I EN ENO MW20－IN OUT－MW22 B#16#4－N	Network3 L B#16#4 L MW 20 SSI T MW 22	程序段 3 中,将 MW20 右移 4 位,将结果传送到 MW22 中。假如移位指令执行前 MW2 中位的排列次序为: 1100 0101 1111 0011 指令执行完后的排列次序为: 1111 1100 0101 1111

续 表

LAD	STL	程序说明
	循环指令	
Network4 M1.1 ─┤├─ EN ROL_DW ENO MD160─IN OUT─MD164 B#16#12─N	Network4 A　M　1.1 JCNp2 L　B#16#12 L　MD　160 RLD T　MD　164 p2:NOP　0	程序段 4 中，如果 M1.1 为 1，将 MD160 中的值左移 18 位，将结果传送到 MD164 中
	Network5 L　100 L　MW　140 －I T　MW　142 A　M　12.1 FP　M12.2 JCNm1 L　MD　2 RLDA T　MD　2 JPnext L　2 T　MW　10 BE next:L　3 T　MW　10 m1:NOP　0	程序段 5 中，每次 M12.1 产生上升沿信号，执行 RLDA 指令执行，MD2 向左循环移一位，将 CC1 信号（如果 MW140 小于 100，状态字中的 CC1 位为 1，大于 100，CC1 位为 0）插入到移出空位上（MD2 的最后一位），如果移出的位信号为 0，将 2 传送到 MW10 中，如果移出的位信号为 1，置位 CC1 位，执行 JP 跳转指令将 3 传送到 MW10 中

例 2－18　物品分选系统设计。如图 2－61 所示，传送带出电机 M 拖动，该电机的通断由接触器 KM 控制，每传送一个物品，脉冲发生器 LS 发出一个脉冲，作为物品发送的检测信号；次品检测在传送带的 0 号位进行，由光电检测装置 PEBl 检测；当次品在传送带上继续往前走，到 4 号位置时，应使电磁铁 YV 通电，电磁铁向前推，次品落下；当光电开关 PEB2 检测到次品落下时，给出信号，让电磁铁 YV 断电，电磁铁缩回；正品则到第 9 号位置时装入箱中，光电开关 PEB3 用于正品装箱计数检测。

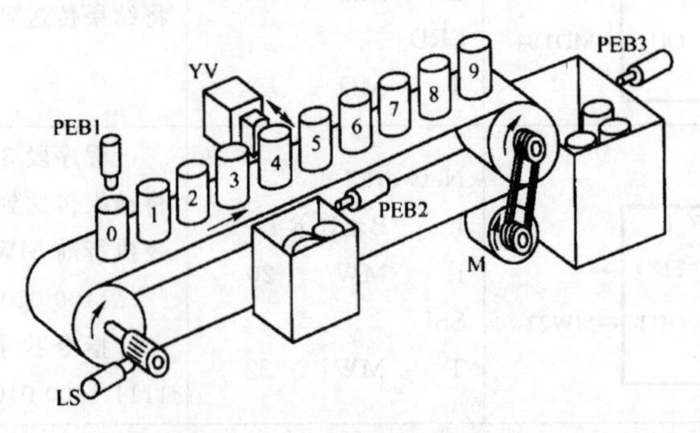

图 2－61　物品分选系统

PLC 的 I/O 分配表见表 2 - 34，并据此建立符号表。PLC 外部接线如图 2 - 62 所示。

表 2 - 34　物品分选系统地址分配表

模　块	地　址	符　号	传感器执行器	说　明
数字量输入 32×24VDC	I0.0	LS	脉冲发生器	物品到来信号
	I0.1	PEB1	光电传感器常开触点	次品检测
	I0.2	PEB2	光电传感器常开触点	次品落下检测
	I0.3	PEB3	光电传感器常开触点	正品落下检测
	I0.4	SB1	常开按钮	次品标志复位
	I0.5	SB2	常开按钮	正品计数器复位
	I0.6	SB3	常开按钮	传送带启动
	I0.7	SB4	常开按钮	传送带停止
数字量输出 8×220VAC	Q4.0	KM	接触器	电机启停
	Q4.1	YV	电磁铁	次品推出
	Q4.2	HL	信号灯	箱装满指示

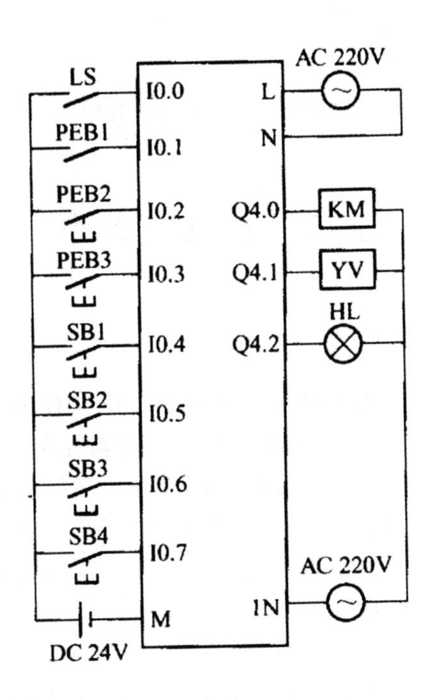

图 2 - 62　物品分选系统 PLC 接线图

PLC 控制程序如图 2 - 63 所示。程序中用 MW0 作为移位寄存器，M2.0，M2.1，M2.2 作为中间寄存器。当 PEBl 检测到次品时，使初位 M0.0 置“1”，然后每过一个次品，LS 发出一个脉冲，使移位器移位一次，当移位 5 次时，次品信号传递到 4 号位（M0.4）置“l”，次品推出电磁铁工作，通过 SBl 可以使次品标志（MW0）复位。正品计数由计数器 Cl 完成，当计到 20 时，信号灯 HL 亮。

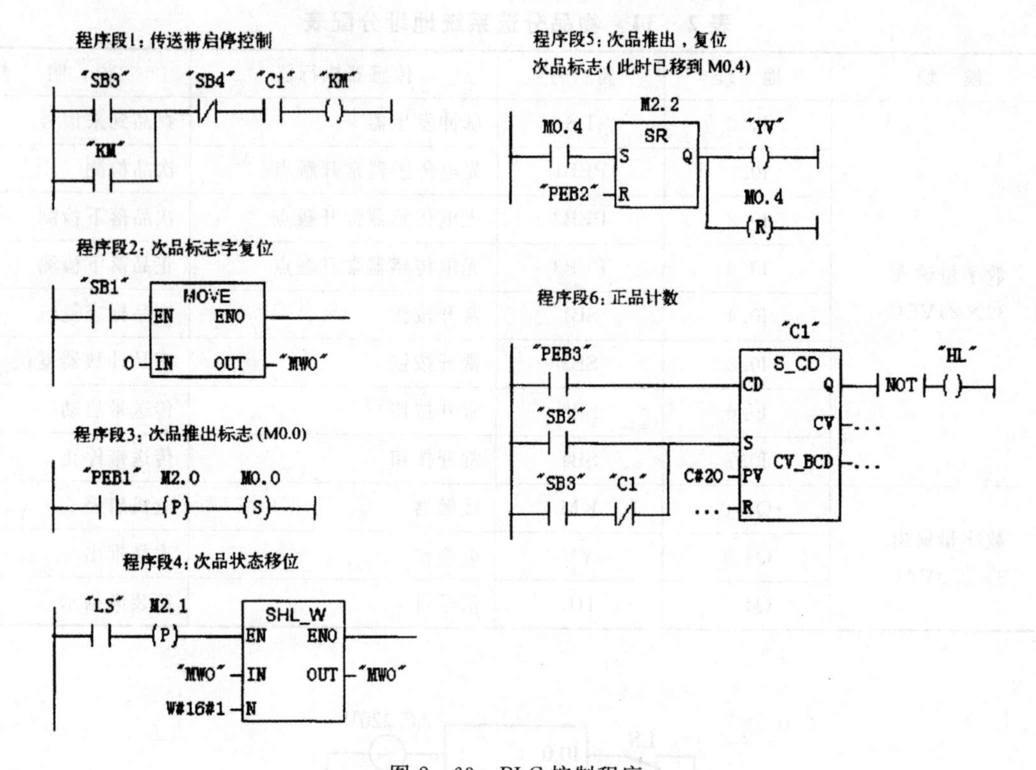

图 2-63　PLC 控制程序

2.6　控制指令

2.6.1　逻辑控制指令

逻辑控制指令是指逻辑块中的跳转和循环指令。在没有执行跳转和循环指令之前，各语句按先后顺序执行，这种执行方式称为线性扫描。而逻辑控制指令终止了线性扫描，跳转到地址标号(Label)所指定的目的地址。然后，程序再次开始线性扫描。需要注意的是：跳转指令不执行跳转指令和标号之间的程序；跳转可以是从上至下，也可以反向；跳转指令只能在同一逻辑块内跳转，而不能在不同逻辑块之间跳转；在同一块中，跳转目的地址只能出现一次，否则，程序将不知道究竟往哪里跳转。

跳转和循环指令的操作数是地址标号，标号最多有 4 个字符，第一个字符必须是字母，其余的可以是字母或数字。由于标号是指目的地址，所以又称为目的地址标号。在语句表中，目的标号与目的指令之间用“:”分隔，而在梯形图中目的地址标号必须在一个网络的开始。

跳转指令有几种形式：无条件跳转指令、多分支跳转指令、与 RLO 和 BR 有关的跳转指令、与信号状态位有关的跳转指令、与条件码 CC0 和 CC1 有关的跳转指令。

逻辑控制指令见表 2-35。

表 2-35　逻辑控制指令

语句表中的逻辑控制指令	梯形图中的状态位触点指令	说　明
JU	—	无条件跳转
JL	—	多分支跳转
JC	—	RLO=1 时跳转
JCN	—	RLO=0 时跳转
JCB	—	RLO=1 且 BR=1 时跳转
JNB	—	RLO=0 且 BR=1 时跳转
JBI	BR	BR=1 时跳转
JNBI	—	BR=0 时跳转
JO	OV	OV=1 时跳转
JOS	OS	OS=1 时跳转
JZ	= =0	运算结果为 0 时跳转
JN	<>0	运算结果非 0 时跳转
JP	>0	运算结果为正时跳转
JM	<0	运算结果为负时跳转
JPZ	>=0	运算结果大于等于 0 时跳转
JMZ	<=0	运算结果小于等于 0 时跳转
JUO	UO	指令出错时跳转
LOOP	—	循环指令

只能在同一逻辑块内跳转，即跳转指令与对应的跳转目的地址应在同一逻辑块内。在一个块中，同一个跳转目的地址只能出现一次。最长的跳转距离为程序代码中的－32768 或＋32767 个字。实际可以跳转的最多语句条数与每条语句的长度(1～3 个字)有关。跳转指令只能在 FB，FC 和 OB 内部使用，即不能跳转到别的 FB，FC 和 OB 中去。

1. *无条件跳转指令*

无条件跳转(Jump Unonditional)指令的格式为 JU＜跳转标号＞，JU 指令中断程序的线性扫描，跳转到标号所在的目的地址，无条件跳转与状态字的内容无关。

2. *多分支跳转指令*

多分支跳转指令 JL(JumpVia Jump to List)必须与无条件跳转指令 JU 一起使用，指令格式为 JL ＜跳转标号＞，多分支的路径参数在累加器 1 中。跳步目标表最多 255 个入口通道，从 JL 指令的下一行开始，在 JL 指令中指定的跳步标号之前结束。每个跳步目标由一条 JU 指令和一个标号组成。跳步目标号在累加器 1 的最低字节 ACCU 1－ LL 中。

当累加器 1 最低字节 ACCU 1-LL 中的跳步目标号小于 JL 指令和它给出的标号之间的 JU 指令的条数时，执行 JL 指令后将根据跳步目标号跳到对应的 JU 指令指定的标号。ACCU 1-LL=0 时跳转到第一条 JU 指令指定的标号，ACCU 1-LL=1 时跳转到第二条 JU 指令指定的标号……如果跳步目标号过大，JL 指令将跳到跳步目标表中最后一条 JU 指令后面的第一条指令。跳步目标表必须由在 JL 指令中的跳步标号之前的 JU 指令组成，其他任何指令都是非法的。

3.与 RLO 和 BR 有关的跳转指令

这些指令检查前一条指令执行后 RLO(逻辑运算结果)和 BR(二进制结果位)的状态，满足条件时则中断程序的线性扫描，跳转到标号所在的目的地址，不满足条件时不跳转。

如果逻辑运算结果 RLO =1，跳转指令 JC 将跳转到标号所在的目的地址。

如果逻辑运算结果 RLO = 0，跳转指令 JCN 将跳转到标号所在的目的地址。

如果逻辑运算结果 RLO =1，且 BR=1，跳转指令 JCB 将跳转到标号所在的目的地址。

如果逻辑运算结果 RLO = 0，且 BR=1，跳转指令 JNB 将跳转到标号所在的目的地址。

4.与信号状态位有关的跳转指令

这些指令检查前一条指令执行后信号状态位 BR(二进制结果位)、OV(溢出位)和 OS(溢出状态保持位)的状态，满足条件时则中断程序的线性扫描，跳转到标号所在的目的地址，不满足条件时不跳转。

如果 BR=1，跳转指令 JBI 将跳转到标号所在的目的地址。

如果 BR=0，跳转指令 JNBI 将跳转到标号所在的目的地址。

如果 OV=1，跳转指令 JO 将跳转到标号所在的目的地址。

如果 OS=1，跳转指令 JOS 将跳转到标号所在的目的地址。

5.与条件码 CC0 和 CCl 有关的跳转指令

这些指令根据前一条指令执行后与运算结果有关的条件码 CC0 和 CC1 的状态，确定是否中断程序的线性扫描，跳转到标号所在的目的地址。

如果运算结果为 0(CC0=0，CC1=0)，跳转指令 JZ 将跳转到标号所在的目的地址。

如果运算结果非 0(CC1=0/CC0=1 或 CC1=1/CC0=0)，跳转指令 JN 将跳转到标号所在的目的地址。

如果运算结果为正(CC1=1 与 CC0 =0)，跳转指令 JP 将跳转到标号所在的目的地址。

如果运算结果为负(CC1=0 与 CC0=1)，跳转指令 JM 将跳转到标号所在的目的地址。

如果运算结果大于等于 0(CC1=0/CC0=0 或 CC1=1/CC0=0)，跳转指令 JPZ 将跳转到标号所在的目的地址。

如果运算结果小于等于 0(CC1=0/CC0=0 或 CC1=1/CC0=0)，跳转指令 JMZ 将跳转到标号所在的目的地址。

如果 CC0 =CC1=1，表示指令出错(除数为 0；使用了非法的指令；浮点数比较时使用了非法的格式)，跳转指令 JUO 将跳转到标号所在的目的地址。

例 2-19 IW8 与 MW12 的异或结果如果为 0，将 M4.0 复位，非 0 则将 M4.0 置位。

程序的流程图如图 2-64 所示。

```
      L    IW8        // IW8 的内容装入累加器 1 的低字
      L  MW12         //累加器 1 的内容装入累加器 2，MW12 的内容装入累加器 1 的低字
      XOW             //累加器 1，2 低字的内容逐位异或
      JN   NOZE/      / 如果累加器 1 的内容非 0，则跳转到标号 NOZE 处
      R    M4.0
      JU   NEXT
NOZE：AN    M4.0
      S    M4·0
NEXT：NOP 0
```

6. 梯形图中的跳转指令

梯形图中有3条用线圈表示的跳转指令，如图2-65所示。无条件跳转（Unconditional Jump）指令与条件跳转（Conditional Jump）指令的助记符均为JMP(Jump)，其区别在于跳转指令是否受触点电路的控制。

无条件跳转指令直接与右边的垂直电源线相连，执行无条件跳转指令后马上跳转到指令给出的标号处。

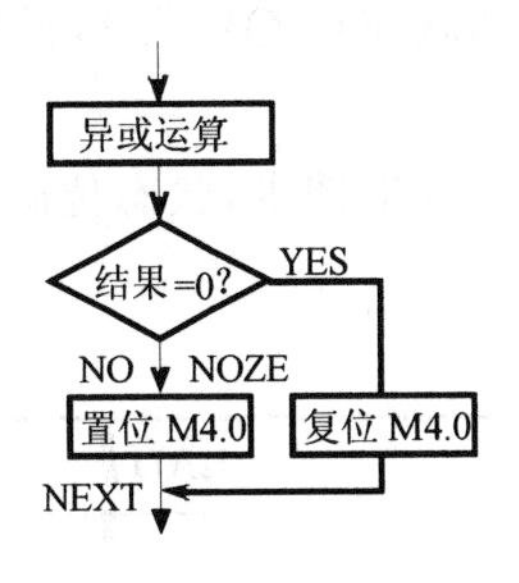

图2-64 跳转指令

条件跳转指令的线圈受触点电路的控制，它前面的逻辑运算结果RLO=1时，跳转线圈“通电”，跳转到指令给出的标号处。

JMPN(Jump-If-Not)指令在它右边的电路断开(RLO=0)时跳转，如图2-66所示。

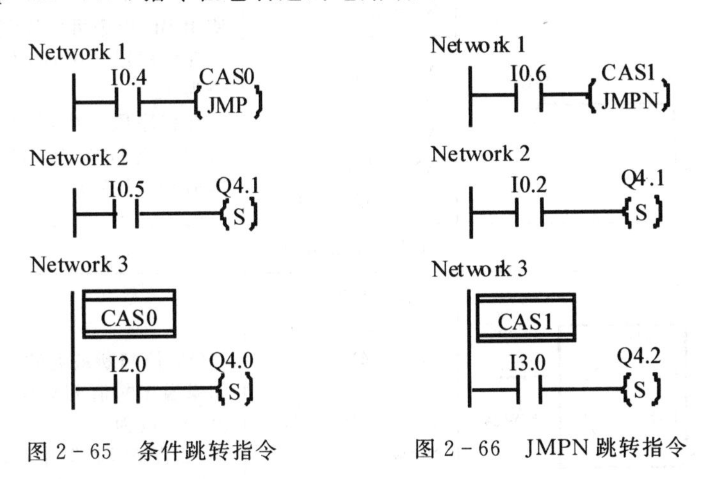

图2-65 条件跳转指令　　图2-66 JMPN跳转指令

标号用于指示跳转指令的目的地址，它最多由4个字符组成，第一个字符必须是字母或下画线。标号必须放在一个网络开始的地方。可以向前跳，也可以向后跳。双击梯形图编辑器右边的指令测览器窗口中的“Jumps”文件夹中的“LABEL”图标，一个空的标号框将出现在梯形图编辑区光标所在的地方。也可以用鼠标左键按住LABEL图标，将它“拖”到梯形图中。

2.6.2 梯形图中的状态位触点指令

梯形图中的状态位指令以常开触点或常闭触点的形式出现。这些触点的通断取决于状态字中的状态位BR，OV，OS，CC0和CC1的状态。数学运算的结果等于0、不等于0、大于0、小于0、大于等于0、小于等于0都有对应的状态位常开触点和常闭触点。CC0和CC1均为1时，表示数学运算指令有错误，UO常开触点闭合。

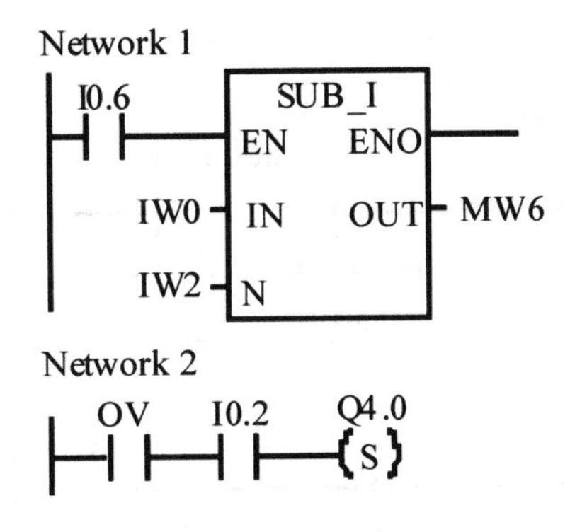

图2-67 状态位指令程序

以标有OV的触点为例，OV(溢出位)为1时，标有OV的常开触点闭合，常闭触点断开。

图2-67中的I0.6为1时，执行整数减法指令SUB_I，如果运算结果有溢出(超出允许的

范围)，状态位 OV 为 1，梯形图中 OV 的常开触点闭合。若 I0.2 的常开触点也闭合，Q4.0 被置位。

在梯形图中，状态位触点可以与别的触点串并联。表 2－36 为状态位触点指令的应用示例。

表 2－36　状态位触点指令的应用示例

LAD	STL	程序说明
	基于 BR 位指令	
Network1 M1.2　(SAVE) Network2 I1.1　BR　Q1.1 I1.2　BR	Network 1 A　M　1.2 SAVE Network 2 A　I　1.1 A　BR O A　I　1.2 AN　BR =　Q　1.1	使用 LAD 编程时，BR 位用于指示函数调用及指令块输出 ENO 的状态，调用 SAVE 指令或其他字操作指令，如 MOVE、运算指令可以赋值 BR 位为 1。使用 BR 指令可以检测 BR 位的状态。 在程序段 1 中，如果 M1.2 为 1，则 BR 位为 1。 在程序段 2 中，如果 I1.1 与 BR 位同时为 1 或 I1.2 为 1，BR 位为 0 时，都将赋值 Q1.1 为 1
	基于 OV 位指令	
Network3 MUL_I EN　ENO MW20－IN1　OUT－MW24 MW22－IN2 Network4 I2.1　OV　Q2.2 OV　Q2.3	Network 3 L　MW　20 L　MW　22 *I T　MW　24 Network 4 A　I　2.1 A　OV =　Q　2.2 A　I　2.1 AN　OV =　Q　2.3	OV 位判断最近的运算结果是否溢出，如果溢出赋值 OV 位为 1，溢出消除，赋值 OV 位为 0。 在程序段 3 中，如果 MW20 乘以 MW22 溢出，则赋值 OV 位为 1。 在程序段 4 中，如果 I2.1 与 OV 同时为 1，则赋值 Q2.2 为 1，如果 I2.1 为 1，OV 位为 0，则赋值 Q2.3 为 1
	基于 OS 位指令	
Network3 MUL_I EN　ENO MW20－IN1　OUT－MW24 MW22－IN2 Network4 I2.1　OV　Q2.2 OV　Q2.3	Network 5 A　M　1.2 JCN　p001 L　MW　30 L　MW　32 +I T　MW　34 L　MW　36 L　MW　38 +I T　MW　40 p001:NOP　O	OS 位判断上面的运算结果是否溢出，如果其中一个运算结果溢出，则赋值 OS 位为 1；所有溢出消除，则赋值 OS 位为 0。 在程序段 5 中，两个运算，如果有一个运算结果溢出，则赋值 OS 位为 1

续 表

LAD	STL	程序说明
	基于 OS 位指令	
Network6 I3.1 OS Q3.2 OS Q3.3	Network 6 A I 3.1 = Q 3.2 A I 3.1 AN OS = Q 3.3	在程序段 6 中,如果 I3.1 与 OS 同时为 1,则赋值 Q3.2 为 1;如果 I3.1 为 1,OS 位为 0,则赋值 Q3.3 为 1
	基于 UO 位指令(CC1,CC0 位判断)	
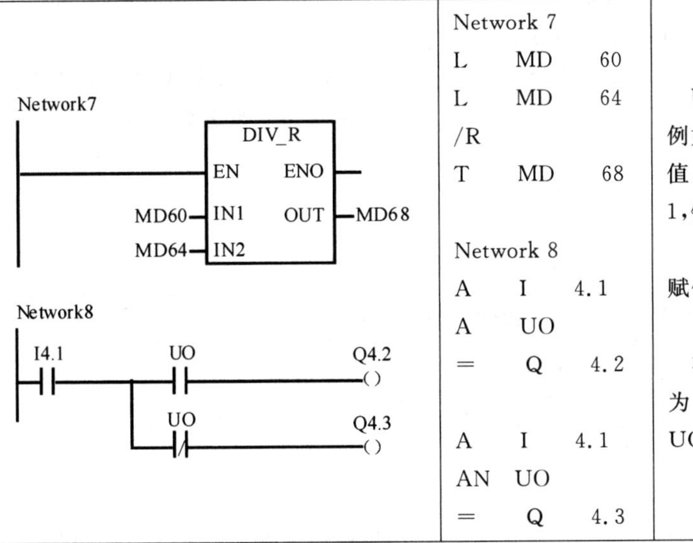	Network 7 L MD 60 L MD 64 /R T MD 68 Network 8 A I 4.1 A UO = Q 4.2 A I 4.1 AN UO = Q 4.3	UO 位判断最近的浮点运算是否有效,例如无效的浮点值,或浮点指令中除以 0 值。如果浮点值无效,则赋值 UO 位为 1,错误消除,赋值 UO 位为 0。 在程序段 7 中,如果 MD64 为 0,则赋值 UO 为 1。 在程序段 8 中,如果 I4.1 与 UO 同时为 1,则赋值 Q4.2 为 1;如果 I4.1 为 1,UO 位为 0,则赋值 Q4.3 为 1
	基于运算结果等于 0 的判断指令(CC1=0、CC0=0)	
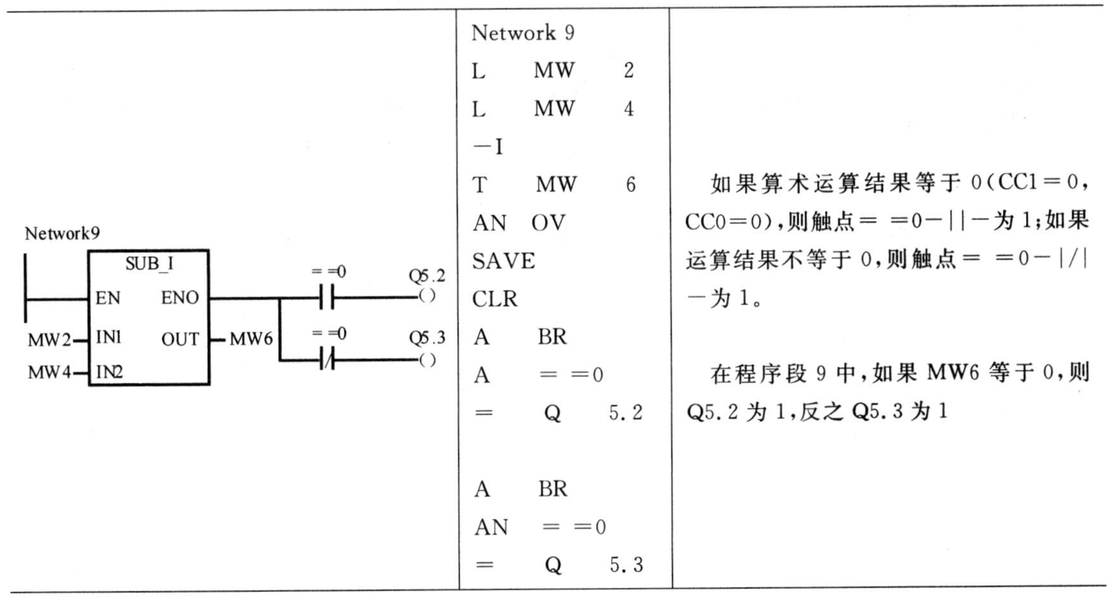	Network 9 L MW 2 L MW 4 -I T MW 6 AN OV SAVE CLR A BR A ==0 = Q 5.2 A BR AN ==0 = Q 5.3	如果算术运算结果等于 0(CC1=0,CC0=0),则触点= =0-||-为 1;如果运算结果不等于 0,则触点= =0-|/|-为 1。 在程序段 9 中,如果 MW6 等于 0,则 Q5.2 为 1,反之 Q5.3 为 1

续 表

LAD	STL	程序说明
基于运算结果不等于 0 的判断指令(CC1＜＞CC0)		
Network10 SUB_I EN ENO MW12－IN1 OUT－MW16 MW14－IN2 <>0 Q6.2 <>0 Q6.3	Network 10 L MW 12 L MW 14 －I T MW 16 AN OV SAVE CLR A BR A <>0 = Q 6.2 A BR AN <>0 = Q 6.3	如果算术运算结果不等于 0(CC1＜＞CC0),则触点＜＞0－||－为 1;如果运算结果等于 0,则触点＜＞0－|/|－为 1。 在程序段 10 中,如果 MW16 不等于 0,则 Q6.2 为 1,反之 Q6.3 为 1
基于运算结果大于 0 的判断指令(CC1＞CC0)		
Network11 SUB_I EN ENO MW22－IN1 OUT－MW26 MW24－IN2 >0 Q7.2 >0 Q7.3	Network 11 L MW 22 L MW 24 －I T MW 26 AN OV SAVE CLR A BR A >0 = Q 7.2 A BR AN >0 = Q 7.3	如果算术运算结果大于 0(CC1＞CC0),则触点＞0－||－为 1,否则触点＞0－|/|－为 1。 在程序段 11 中,如果 MW26 大于 0,则 Q7.2 为 1,反之 Q7.3 为 1

续表

LAD	STL	程序说明
基于运算结果小于 0 的判断指令(CC1＜CC0)		
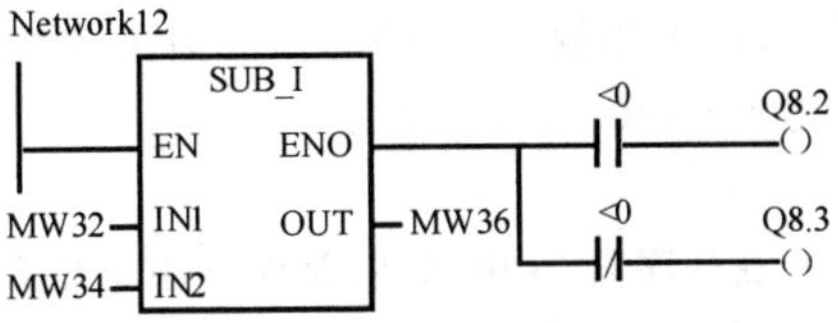 Network12 SUB_I EN　ENO MW32—IN1　OUT—MW36 MW34—IN2 <0　Q8.2 <0　Q8.3	Network 12 L　MW　32 L　MW　34 －I T　MW　36 AN　OV SAVE CLR A　BR A　＜0 ＝　Q　8.2 A　BR AN　＜0 ＝　Q　8.3	如果算术运算结果小于 0(CC1＜CC0)，则触点＜0－||－为 1，否则触点＜0－|/|－为 1。 在程序段 12 中，如果 MW36 小于 0，则 Q8.2 为 1，反之 Q8.3 为 1
基于运算结果大于等于 0 的判断指令(CC1＞＝CC0)		
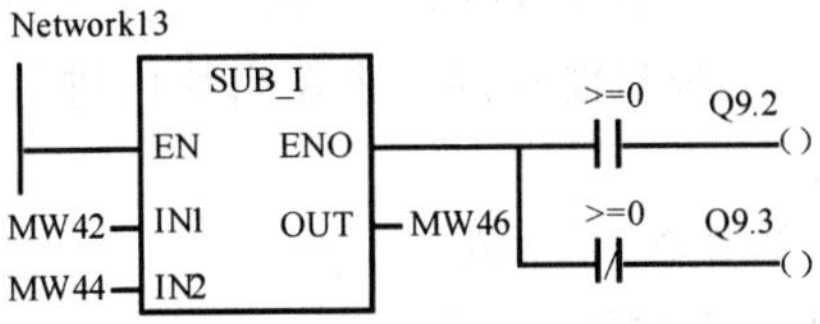 Network13 SUB_I EN　ENO MW42—IN1　OUT—MW46 MW44—IN2 >=0　Q9.2 >=0　Q9.3	Network 13 L　MW　42 L　MW　44 －I T　MW　46 AN　OV SAVE CLR A　BR A　＞＝0 ＝　Q　9.2 A　BR AN　＞＝0 ＝　Q　9.3	如果算术运算结果大于等于 0(CC1＞＝CC0)，则触点＞＝0－||－为 1，否则触点＞＝0－|/|－为 1。 在程序段 13 中，如果 MW46 大于等于 0，则 Q9.2 为 1，反之 Q9.3 为 1

续表

LAD	STL	程序说明
基于运算结果小于等于 0 的判断指令(CC1＜＝CC0)		
Network14 SUB_I EN ENO MW52－IN1 OUT－MW56 MW54－IN2 ＜0 Q10.2 ＜0 Q10.3	Network 14 L MW 52 L MW 54 －I T MW 56 AN OV SAVE CLR A BR A ＜0 ＝ Q 10.2 A BR AN ＜0 ＝ Q 10.3	如果算术运算结果小于等于 0(CC1＜＝CC0),则触点＜＝0－||－为 1,否则触点＜＝0－|/|－为 1。 在程序段 14 中,如果 MW56 小于等于 0,则 Q10.2 为 1,反之 Q10.3 为 1

2.6.3 循环指令

如果需要重复执行若干次同样的任务,可以使用循环指令。循环指令 LOOP ＜Jump Label＞用 ACCU 1－L 作循环计数器,每次执行 LOOP 指令时,ACCU 1－L 的值减 1,若减 1 后 ACCU 1－L 非 0,将跳转到＜Jump Label＞指定的标号处,在跳步目标处又恢复线性程序扫描。可以往前跳,也可以往后跳,跳步目标号应是唯一的,跳步只能在同一个逻辑块内进行。

例 2－20 用循环指令求 5!(5 的阶乘)。其程序如下:

```
        L      L#1      // 32 位整数常数装入累加器 1,置阶乘的初值
        T      MD20     //累加器 1 的内容传送到 MD20,保存阶乘的初值
        L      5        // 循环次数装入累加器的低字
BACK:   T      MW10     // 累加器 1 低字的内容保存到循环计数器 MW10
        L      MD20     //  取阶乘值
        *D              // MD20 与 MW10 的内容相乘
        T      MD20     // 乘积送 MD20
        L      MW10     //循环计数器内容装入累加器 1
        LOOP   BACK     //累加器 1 低字的内容减 1,如果减 1 后大于 0,跳转到标号 BACK 处
        ……              //循环结束后,恢复线性扫描
```

2.6.4 程序控制指令

程序控制指令是指逻辑调用指令和逻辑块结束指令。调用块和结束块同样可以是无条件的,也可以是有条件的。而逻辑块在 STEP 7 中,实际为子程序,包括功能、功能块、系统功能

和系统功能块。

程序控制指令见表 2 - 37。

表 2 - 37　程序控制指令

语句表指令	梯形图指令	描　述
BE	—	块结束
BEU	—	块无条件结束
BEC	—	块条件结束
CALL FCn	—	调用功能
CALL SFCn	—	调用系统功能
CALL FBn1,DBn2	—	调用功能块
CALL SFBn1,DBn2	—	调用系统功能块
CCFCn 或 SFCn	CALL	RLO=1 时条件调用
UCFCn 或 SFCn	CALL	无条件调用
RET	RET	条件返回
MCRA	MCRA	启动主控继电器功能
MCRD	MCRD	取消主控继电器功能
MCR(	MCR<	打开主控继电器区
)MCR	MCR>	关闭主控继电器区

块调用指令(CALL)用来调用功能块(FB)、功能(FC)、系统功能块(SFB)或系统功能(SFC),或调用西门子预先编好的其他标准块。

在 CALL 指令中,FC,SFC,FB 和 SFB 是作为地址输入的,逻辑块的地址可以是绝对地址或符号地址。CALL 指令与 RLO 和其他任何条件无关。在调用 FB 和 SFB 时,应提供与它们配套的背景数据块(Instance DB)。调用 FC 和 SFC 时,不需要背景数据块。处理完被调用的块后,调用它的程序继续其逻辑处理。在调用 SFB 和 SFC 后,寄存器的内容被恢复。

使用 CALL 指令时,应将实参(Actual Parameter)赋给被调用的功能块中的形参(Formal Parameter),并保证实参与形参的数据类型一致。

使用语句表编程时,CALL 指令中被调用的块应是已经存在的块,其符号名也应该是已经定义过的。

在调用块时可以通过变量表交换参数,用编程软件编写语句表程序时,如果被调用的逻辑块的变量声明表中有 IN,OUT 和 IN_OUT 类型的变量,输入 CALL 指令后编程软件会自动打开变量表,只需对各形参填写对应的实参就可以了。

在调用 FC 和 SFC 时,必须为所有的形参指定实参。调用 FB 和 SFB 时,只需指定上次调用后必须改变的实参。因为 FB 被处理后,实参储存在背景数据块中。如果实参是数据块中的地址,必须指定完整的绝对地址,例如 DB1. DBW2。

逻辑块的 IN(输入)参数可以指定为常数、绝对地址或符号地址。OUT(输出)和 IN_OUT(输入_输出)参数必须指定为绝对地址或符号地址。

CALL 指令保存被停止执行的块的编号和返回地址,以及当时打开的数据块的编号。此外,CALL 指令关闭 MCR 区,生成被调用的块的局域数据区。

STL 编程语言中包括“CALL”“CC”和“UC”指令，用于程序的调用，“CALL”指令的使用参考下面的示例程序。

(1)函数的调用。固定格式 CALL FC X。X 为函数号。

例如函数 FC6 的调用，FC6 带有形参，符号“:”左边为形参，右边为赋的实参，如果形参不赋值，程序调用报错。

```
CALL   FC6
形参                实参
NO OF  TOOL:        = MW100
TIME   OUT:         = S5T#12 S
FOUND        :      = Q 0.1
ERROR        :      = Q100.0
```

(2)系统函数的调用。固定格式 CALL SFC X。X 为系统函数号。

例如系统函数 SFC43 的调用，不带有形参。

```
CALL     SFC43          // SFC43 实现重新触发看门狗定时器功能
```

系统函数如果带有形参，与函数的调用相同，必须赋值，否则程序调用报错。

(3)函数块的调用。固定格式 CALL FB X,DB Y。X 为函数块号，Y 为背景数据块号，函数块与背景数据块使用符号“,”隔离。

例如函数块 FB99 的调用，背景数据块为 DB1，带有形参，符号“:”左边为形参，右边为赋的实参，由于调用函数块带有背景数据块，形参可以直接赋值，也可以稍后对背景数据块中的变量赋值。多次调用函数块时，必须分配不同的数据块作为背景数据块。

FB 功能块的具体调用(语句表程序)如下。

```
CALL   FB1,DB1             // 调用 FB1，其背景数据块为 DB1
MAX:= MW10                 // MAX 为 FB1 定义的参数，将 MW10 的值赋值给 MAX
MIN:= MW20                 // 将 MW20 的值赋值给 FB1 参数 MIN
POWER_ON:= I0.0            // 将 I0.0 赋值给 FB1 参数 POWER_ON
POWER_OFF:= I0.1           // 将 I0.1 赋值给 FB1 参数 POWER_OFF
```

程序中调用了背景数据块 DB1，并将实参(“:=”之后的变量)赋给形参(“:”之前的变量)。又如：

```
CALL        FB99,DB1
形参                实参
MAX_RPM: = # RPM1_MAX
MIN_RPM:        = MW2
MAX_POWER:= MW4
MAX_TEMP:   = # TEMP1
```

如果函数块 A 作为函数块 B 的形参，在函数块 B 调用函数块 A 时，不分配背景数据块，例如函数块 FB_A 的调用。

```
CALL   #FB_A
IN_1:=
IN_2:=
OUT_1:=
OUT_2:=
```

调用函数块 B 时，分配的背景数据块中包括所有函数 A 和 B 的背景参数，如果在函数块 B 中插入多个函数块作为形参，程序调用时只使用一个数据块作为背景数据块，节省数据块的资源(不能节省 CPU 的存储区)，这样函数块具有多重背景数据块的能力，在函数块创建时可以选择。

(4)系统函数块的调用。固定格式 CALL SFB X,DB Y。X 为函数块号，Y 为背景数据块号，系统函数块与背景数据块使用符号“,”隔离。

例如函数块 SFB4 的调用，背景数据块为 DB4，带有形参，符号“:”左边为形参，右边为赋的实参，由于调用系统函数块带有背景数据块，形参可以直接赋值，也可以稍后对背景数据块中的变量赋值。多次调用系统函数块时，必须分配不同的数据块作为背景数据块。

```
CALL    SFB4,DB4
形参          实参
IN         := I0.1
PT         : T#20S
Q           : = M0.0
ET:= MW10
```

(5)程序结束指令。BE(程序结束)与 BEU(程序无条件结束)指令使用方法相同，如果程序执行上述指令，CPU 终止当前程序块的扫描，跳回程序块调用处继续扫描其他程序，如果程序结束指令被跳转指令跳过，程序扫描不结束，从跳转的目标点继续扫描。指令的使用参考下面的示例程序。

```
A          I 1.0
JC         NEXT          // 如果 I1.0 为 1,程序跳转到 NEXT
L          IW4           // 如果没有跳转,程序从这里连续扫描
T          IW10
A          I6.0
A          I6.1
S          M12.0
BE                       // 程序结束
NEXT :     NOP 0         // 跳转执行,程序从这里连续扫描
```

BEC 为有条件程序结束，在 BEC 指令前，必须加入条件触发，示例程序如下。

```
A     M 1.1
BEC
=      M 1.2
```

如果 M1.1 为 1，程序结束；如果 M1.1 为 0，程序继续执行。与 BE、BEU 指令不同，BEC 指令触发条件没有满足，置 RLO 位为 1，所以 M1.1 为 0 时，M1.2 为 1。

CALL 指令的应用如图 2-68 所示。

其等效语句表程序如下：

```
UC     FC2//无条件调用功能 FC2
A      I0.1
CC     FC3//如果 RLO=1,条件调用功能 FC3
```

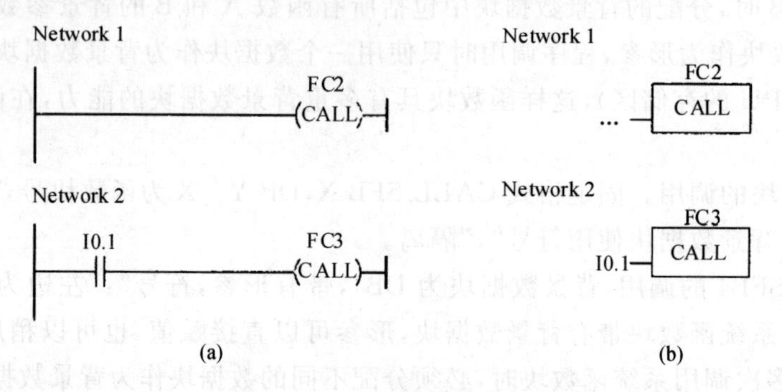

图 2－68　CALL 指令的应用

无条件调用指令 UC(Unonditional Block Call)和条件调用指令 CC(Conditional Block Call)用于调用没有参数的 FC 和 SFC。其使用方法与 CALL 指令相同,只是在调用时不能传递参数。CC 指令在逻辑运算结果 RLO＝1 时才调用块。用 CC 指令和 UC 指令调用块时,不能使用背景数据块。下面是使用 CC 指令和 UC 指令的例子。

```
A    I0.1     // 刷新 RLO
CC   FC6      // 如果 RLO＝1,调用没有参数的功能 FC6
L    IW4      // 从 FC6 返回后执行,或在 I0.1＝0 时不调用 FC6 直接执行本指令
UC   FC2      // 无条件调用没有参数的功能 FC2
```

2.6.5　主控继电器指令

主控继电器是梯形图逻辑主控开关,用于控制信号流的通断。

MCRA 为激活 MCR 区指令,表明按 MCR 方式操作区域的开始,MCRD 为取消 MCR 区,表明按 MCR 方式操作区域的结束。且 MCRA 和 MCRD 要成对出现。MCRA 和 MCRD 指令之间的操作将根据 MCR 位的状态进行操作。若在其间有 BEU 指令,则 CPU 执行此指令,并结束 MCR 区域。若在其间有块调用指令,则激活状态不能继承至被调用的块中去,所以必须在被调用的块中重新激活 MCR 区域。注意不能使用 MCR 指令代替需要使用硬件接线的机械主控继电器来实现紧急停车功能。

“MCR(”为打开主控继电器区,在 MCR 堆栈中保存 RLO 值,“MCR)”为关闭主控继电器区,在 MCR 堆栈中取出保存在其中的 RLO 值。“MCR(”和“MCR)”指令必须成对出现。

MCR 指令可以嵌套使用。允许最多嵌套数为 8 级。因为 CPU 中有一个深度为 8 级的 MCR 嵌套。

主控继电器指令见表 2－38。

表 2－38　主控继电器指令

梯 形 图	功 能 图	STL 指令	说　明
—(MCRA)—|	MCRA	MCRA	激活 MCR 区
—(MCRD)—|	MCRD	MCRD	结束 MCR 区
—(MCR<)—|	—MCR<	MCR(	打开主控继电器区
—(MCR>)—|	—MCR>	MCR)	关闭主控继电器区

主控继电器指令的应用如图 2 - 69 所示。

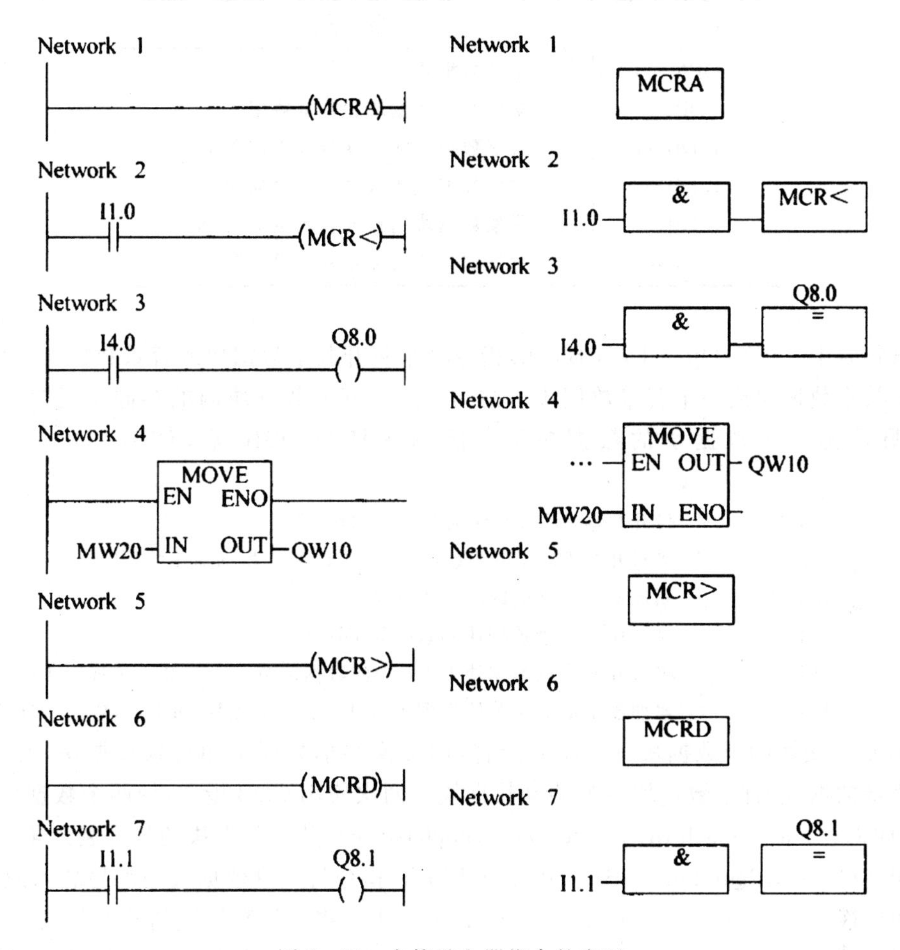

图 2 - 69　主控继电器指令的应用

其等效语句表程序如下：

```
MCRA          //激活 MCR 区
A  I1.0
MCR(          //在 MCR 堆栈中保存 RLO，打开主控继电器区
A   I4.0
=    Q8.0     //如果 MCR 位为 0，则不论 I4.0 的状态如何，Q8.0 被激活
L   MW20
T   QW10      //如果 MCR 位为 0，则 QW10 被清零
) MCR         //结束 MCR 控制区
MCRD          //关闭 MCR 区
A   I1.1
=    Q8.1     //在 MCR 区之外的程序不受 MCR 位控制
```

2.6.6 数据块指令

数据块指令见表 2 - 39。

表 2-39 数据块指令

指　令	描　述
OPN	打开数据块
CDB	交换共享数据块和背景数据
L DBLG	共享数据块的长度装入累加器 1
L DBNO	共享数据块的编号装入累加器 1
L DILG	背景数据块的长度装入累加器 1
L DINO	背景数据块的编号装入累加器 1

在语句表中，OPN(Open Data Block)指令用来打开共享数据块或背景数据块。同时只能打开一个共享数据块或一个背景数据块。访问已经打开的数据块内的存储单元时，其地址中不必指明是哪一个数据块的数据单元。例如在打开 DB10 后，DB10. DBW35 可简写为 DBW35。

```
OPN    DB10     // 打开数据块 DB10 作为共享数据块
L      DBW35    // 将打开的 DB10 中的数据字 DBW35 装入累加器 1 的低字
T      MW12     // 累加器 1 低字的内容装入 MWl2
OPN    DB20     // 打开作为背景数据块的数据块 DB20
L      DIB35    // 将打开的背景数据块 DB20 中的数据字节 DIB35 装入累加器 1 的最低字节
T      DBB27    // 累加器 1 最低字节传送到被打开的共享数据块 DB10 的数据字节 DBB27
```

CDB 指令交换两个数据块寄存器的内容，即交换共享数据块和背景数据块，使共享数据块变为背景数据块，背景数据块变为共享数据块。两次使用 CDB 指令，使两个数据块还原。

L DBLG(Load Length of Shared Data Block)指令将共享数据块的长度装入累加器 1。

L DBNO(Load Number of Shared Data Block)指令将共享数据块的编号装入累加器 1。

L DILG(Load Length of Instance Data Block)指令将背景数据块的长度装入累加器 1。

L DINO(Load Nmber of Instance Data Block)指令将背景数据块的编号装入累加器 1。

在梯形图中，与数据块有关的只有一条无条件打开共享数据块或背景数据块的指令，如图 2-70 所示，图 2-70 中，Network2，因为数据块 DB10 已经被打开，其中的数据位 DBX1.0 相当于 DB10. DBX1.0。

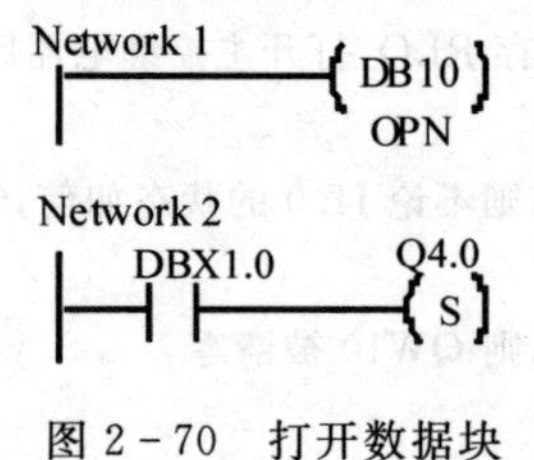

图 2-70 打开数据块

数据块指令的应用示例见表 2-40。

表 2－40　数据块指令的应用

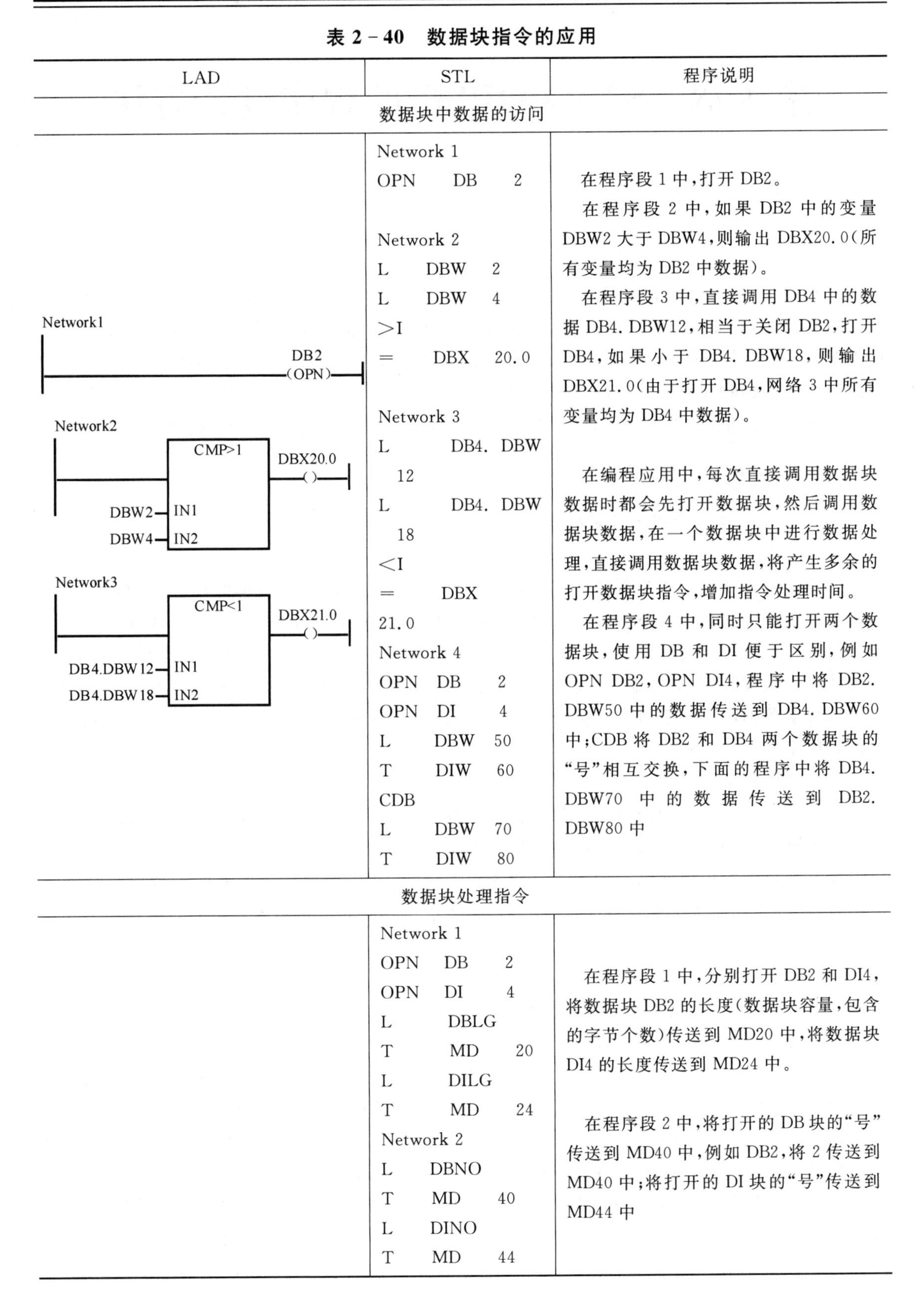

LAD	STL	程序说明
数据块中数据的访问		
Network1 DB2 (OPN) Network2 CMP>I DBX20.0 ( ) DBW2—IN1 DBW4—IN2 Network3 CMP<I DBX21.0 ( ) DB4.DBW12—IN1 DB4.DBW18—IN2	Network 1 OPN　DB　2 Network 2 L　DBW　2 L　DBW　4 >I =　DBX　20.0 Network 3 L　DB4. DBW 12 L　DB4. DBW 18 <I =　DBX 21.0 Network 4 OPN　DB　2 OPN　DI　4 L　DBW　50 T　DIW　60 CDB L　DBW　70 T　DIW　80	在程序段 1 中，打开 DB2。 在程序段 2 中，如果 DB2 中的变量 DBW2 大于 DBW4，则输出 DBX20.0（所有变量均为 DB2 中数据）。 在程序段 3 中，直接调用 DB4 中的数据 DB4. DBW12，相当于关闭 DB2，打开 DB4，如果小于 DB4. DBW18，则输出 DBX21.0（由于打开 DB4，网络 3 中所有变量均为 DB4 中数据）。 在编程应用中，每次直接调用数据块数据时都会先打开数据块，然后调用数据块数据，在一个数据块中进行数据处理，直接调用数据块数据，将产生多余的打开数据块指令，增加指令处理时间。 在程序段 4 中，同时只能打开两个数据块，使用 DB 和 DI 便于区别，例如 OPN DB2，OPN DI4，程序中将 DB2. DBW50 中的数据传送到 DB4. DBW60 中；CDB 将 DB2 和 DB4 两个数据块的“号”相互交换，下面的程序中将 DB4. DBW70 中的数据传送到 DB2. DBW80 中
数据块处理指令		
	Network 1 OPN　DB　2 OPN　DI　4 L　DBLG T　MD　20 L　DILG T　MD　24 Network 2 L　DBNO T　MD　40 L　DINO T　MD　44	在程序段 1 中，分别打开 DB2 和 DI4，将数据块 DB2 的长度（数据块容量，包含的字节个数）传送到 MD20 中，将数据块 DI4 的长度传送到 MD24 中。 在程序段 2 中，将打开的 DB 块的“号”传送到 MD40 中，例如 DB2，将 2 传送到 MD40 中；将打开的 DI 块的“号”传送到 MD44 中

第3章 S7－400PLC的程序设计方法

3.1 概 述

PLC的CPU中运行的程序包括操作系统和用户程序。操作系统用来组织与特定控制任务无关的功能，例如，处理PLC的重启、更新输入/输出过程映像表、调用用户程序、采集和处理中断、识别错误并进行错误处理、管理存储区和处理通信等。用户程序则由用户在STEP7中创建，并下载到CPU中，它包含处理特定的自动化任务所需要的所有功能，例如，确定CPU重启或热重启的条件，处理过程数据，响应中断和处理程序正常运行中的干扰等。

3.1.1 结构化编程

STEP7编程语言有以下3种编程方法。

1. 线性化编程

线性化编程就是将用户程序连续放置在一个指令块内，即一个简单的程序块内包含系统的所有指令。线性化编程不带分支，通常是OBl程序按顺序执行每一条指令，软件管理的功能相对简单。这一结构是最初的PLC模拟的继电器梯形逻辑的模型。线性程序具有简单、直接的特点。编程时，不必考虑功能块如何编程及如何调用，也不必考虑如何定义局部变量及如何使用背景数据块。由于所有的指令在一个块内，因此它适用于只需一个人编写的、相对简单的控制程序。

2. 分部式编程

分部式编程是把一项控制任务分成若干个独立的块，每个块用于控制一套设备或一系列工作的逻辑指令，而这些块的运行靠组织块OB内指令来调用。在分部程序中，既无数据交换也没有重复利用的程序代码。功能块不传递也不接收参数，分部程序结构的编程效率比线性程序有所提高，程序测试也较方便，对程序员的要求也不太高。对不太复杂的控制程序可考虑采用这种程序结构。

3. 结构化编程

结构化程序把过程要求的类似或相关的功能进行分类，并试图提供可以用于几个任务的通用解决方案。向指令块提供有关信息(以参数形式)，结构化程序能够重复利用这些通用模块，只需要在使用功能块时为其提供不同的环境变量(实参)，就能完成对不同设备的控制。完全结构化(模块化)的程序结构是PLC程序设计和编程最有效的结构形式，它可用于复杂程度高、程序规模大的控制应用程序设计。结构化程序有最高的编程和程序调试效率，应用程序代码量也最小。结构化程序也支持多个程序员协同编程。

为支持结构化程序设计，STEP7用户程序通常由组织块(OB)、功能块(FB)或功能(FC)等3种类型的逻辑块和数据块(DB)组成。STEP7以文件块的形式管理用户编写的程序及程序运行所需的数据，组成结构化的用户程序。这样，PLC的程序组织明确，结构清晰，易于修改。

由整个任务分解而产生的单个任务被分配给块，这些块中存储了用于解决这些单个问题所必需的算法和数据。STEP7 中的块，诸如功能(FC)和功能块(FB)，可以赋予参数，通过使用这些块便实现了结构化编程的概念。这意味着解决单个任务的块，使用局部变量来实现对其自身数据的管理；块仅通过其块参数来实现与“外部”的通信，即与过程控制的传感器和执行器，或者与用户程序中的其他块之间的通信。在块的指令段中，不允许访问如输入、输出、位存储器或 DB 中的变量这样的全局地址。

结构化编程具有以下优点：

(1)各单个任务块的创建和测试可以相互独立地进行。

(2)通过使用参数，可将块设计得十分灵活。比如，可以创建一钻孔循环，其坐标和钻孔深度可以通过参数传递进来。

(3)块可以根据需要在不同的地方以不同的参数数据记录进行调用，也就是说，这些块能够被再利用。

(4)在预先设计的库中，能够提供用于特殊任务的“可重用”块。

3.1.2　用户程序中的块

STEP7 编程软件允许用户将编写的程序和程序所需的数据放置在块中，使用户程序结构化，易于程序的修改、查错和调试。块结构显著地增加了 PLC 程序的组织透明性、可理解性和易维护性。各种块的简要介绍见表 3－1

表 3－1　用户程序中的块

块	功能简介
组织块(OB)	决定用户程序的结构
系统功能块(SFB)和系统功能(SFC)	集成在 CPU 模块中，通过通用 SFB 或 SFC，可以访问一些重要的系统功能
功能块(FB)	用户可以自行编程序有存储区的块
功能(FC)	包含用户经常使用的功能的子程序
背景数据块(DI)	调用 FB 和 SFB 时，背景数据块与块关联，并在编译过程中自动创建
共享数据块(DB)	用于存储用户数据的数据区域，供所有的块共享

1. 组织块(OB)

OBl 是主程序循环块，用于循环处理，操作系统在每一次循环中调用一次组织块 OBl。一个循环周期分为输入、程序的执行、输出和其他任务，例如，下载、删除块、接收和发送全局数据等。根据过程控制的复杂程度，可将所有程序放入 OBl 中进行线性编程，或者将程序用不同的逻辑块加以结构化，通过 OBl 调用这些逻辑块，并允许块间的相互调用。这样可以把一个复杂的自动化任务分解为能够反映过程的工艺、功能或可以反复使用的小任务，使控制变得更加容易。S7－400PLC 的程序调用结构如图 3－1 所示。

图 3－1 可以看出，操作系统自动循环扫描 OBl，OBl 安排其他程序块的调用条件和调用顺序。FC 和 FB 可以相互调用。FB 后面的阴影图案表示伴随 FB 的背景数据块。

块的调用指令中止当前块的运行调用,然后执行被调用块的所有指令,当前正在执行的块在当前语句执行完后被停止执行(被中断),操作系统将会调用一个分配给该事件的组织块。该组织块执行完后,被中断的块将从断点处继续执行。

生成逻辑块(OB,FC,FB)时可以声明临时局域数据。这些数据是临时的,退出逻辑块时不保留临时局域数据。CPU 按优先级划分局域数据区,同一优先级的块共用一片局域数据区。可以用 STEP7 改变 S7-400PLC 每个优先级的局域数据的数量。

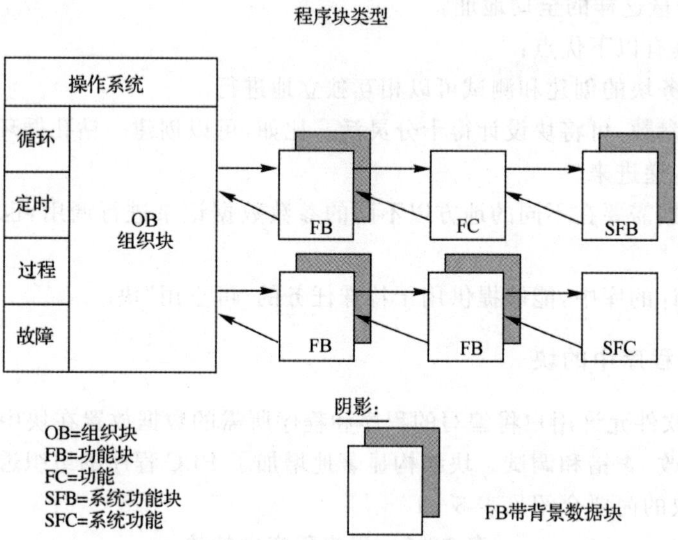

图 3-1 S7-400PLC 的程序调用结构

2. 功能(FC)与功能块(FB)

功能(FC)是用户编写的没有固定的存储区的块,其临时变量存储在局域数据堆栈中,功能执行结束后,这些数据就丢失了。利用共享数据区可以存储那些在功能执行结束后需要保存的数据,由于 FC 没有自己的数据存储区,所以不能为功能的局域数据分配初始值。

调用功能和功能块时用实参(实际参数)代替形参(形式参数)。形参是实参在逻辑块中的名称,功能不需要背景数据块。功能和功能块用输入(IN)参数、输出(OUT)参数和输入输出(IN/OUT)参数做指针,指向调用它的逻辑块提供的实参。另外,功能可以为调用它的块提供数据类型为 RETURN 的返回值。

功能块(FB)是用户编写的具有自己的存储区域(背景数据块)的块,每次调用功能块时需要提供各种类型的数据给功能块,功能块也要返回变量给调用它的块。这些数据以静态变量(STAT)的形式存放在指定的背景数据块(DI)中,临时变量(TEMP)存储在局域数据堆栈中。

调用功能块或系统功能块时,必须指定背景数据块的编号,调用时背景数据块被自动打开。在编译功能块系统或功能块时,系统会自动生成背景数据块中的数据。用户可以在用户程序中或通过 HMI(人机接口)来访问这些背景数据。

可以在功能块的变量声明表中给形参赋初值,它们被自动写入相应的背景数据块中。在调用块时,CPU 将实参分配给形参的值存储在背景数据块中。如果调用块时没有提供实参,将使用上一次存储在背景数据块中的参数。

3. 数据块

数据块(DB)是用于存放执行用户程序时所需的变量数据的数据区。与逻辑块不同，在数据块中没有 STEP7 的指令，STEP7 按数据生成的顺序自动地为数据块中的变量分配地址。数据块分为共享数据块和背景数据块，其最大容量与 CPU 型号有关。

(1)共享数据块。共享数据块存储的是全局数据，所有的功能块、功能或组织块(统称为逻辑块)都可以从共享数据块中读取数据，或将数据写入共享数据块。CPU 可以同时打开一个共享数据块和一个背景数据块。如果某个逻辑块被调用，可以使用它的临时局域数据区(L 堆栈)。逻辑块执行结束后，其局域数据区中的数据丢失，但是共享数据块中的数据不会被删除。

(2)背景数据块。背景数据块中的数据是自动生成的，它们是功能块的变量声明表中的数据(不包括临时变量 TEMP)。背景数据块用于传递参数，功能块的实参和静态数据存储在背景数据块中，调用功能块时，应同时指定背景数据块的编号和符号，背景数据块只能被指定的功能块访问。

操作时应首先生成功能块，然后生成它的背景数据块。在生成背景数据块时指明它的类型为背景数据块 (Instance)，并指明功能块的编号。在调用功能块时使用不同的背景数据块，可以控制多个同类的对象。例如，一个用于电机控制的功能块，可以通过对每个不同的电机，使用不同的背景数据块来控制多台电机，如图 3－2 所示。

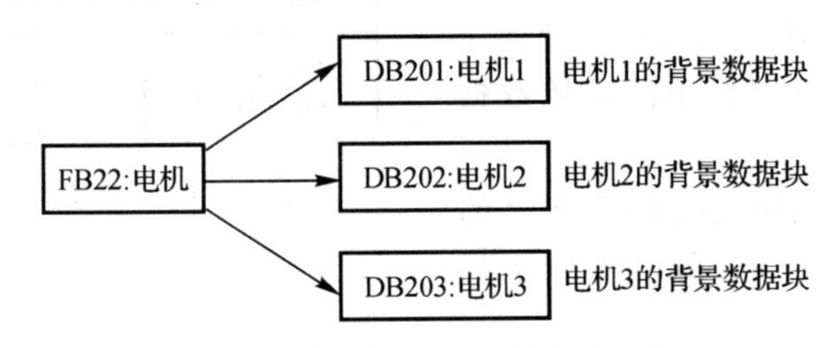

图 3－2　用于不同对象的背景数据块

(3)系统功能块(SFB)和系统功能(SFC)。系统功能块和系统功能是 S7 系列 CPU 提供的标准的已经为用户编制好程序的块，用户可以直接调用它们，以便高效地编制自己的程序，但用户不能修改这些功能块。它们是操作系统固有的一部分，不占用用户的程序空间。其中系统功能块有存储功能，其变量保存在指定的背景数据块中。

(4)系统数据块(SDB)。系统数据块是由 STEP7 产生的程序存储区，包含系统组态数据，例如硬件模块参数和通信连接参数等用于 CPU 操作系统的数据。

(5)块的调用。在程序编制过程中，可以用 CALL，CU(无条件调用)和 CC(RLO＝1 时调用)指令调用没有参数的功能和功能块。这里需要注意用 CALL 指令调用功能块和系统功能块时，必须指定背景数据块，而且静态变量和临时变量不能出现在调用指令中。

3.1.3　用户程序使用的堆栈

堆栈是 CPU 中的一块特殊存储区，它采用“先入后出”的规则存入和取出数据。堆栈最上面的存储单元称为栈顶，要保存的数据从栈顶压入堆栈时，栈中原有的数据依次向下移动一个位置，最下面一个存储单元的数据丢失。同理，在取出栈顶的一个数据后，栈中所有的数据依次向上移动一个位置。堆栈的这种“先入后出”的存取规则刚好满足块的调用要求，因此在程序设计中得到了普遍的应用。

现在介绍 STEP7 中 3 种不同的堆栈。

1. 局域数据堆栈(L)

局域数据堆栈用来存储块的局域数据区的临时变量、组织块的启动信息、块传递参数的信息和梯形图程序的中间结果,局域数据可以按位、字节、字和双字来存取,例如,L0.0,LB9、LW4 和 LD52。

各逻辑块均有自已的局域变量表,局域变量仅在它被创建的逻辑块中有效。对组织块编程时,可以声明临时变量(TEMP)。临时变量仅在块被执行的时候使用,块执行完后将被别的数据覆盖。

在首次访问局域数据堆栈时,应对局域数据初始化。每个组织块需要局域数据来存储它的启动信息。

CPU 分配给当前正在处理的块的临时变量(即局域数据)的存储器容量是有限的,这一存储区(即局域堆栈)的大小与 CPU 的型号有关。CPU 给每一优先级分配了相同数量的局域数据区,这样可以保证不同优先级的组织块都有它们可以使用的局域数据空间。

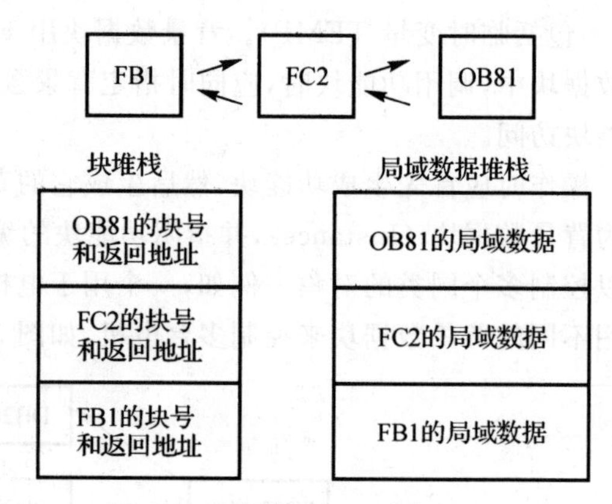

图 3-3 块堆栈与局域数据堆栈

图 3-3 中的 FBl 调用功能 FC2,FC2 的执行被组织块 OB81 中断,图中给出了局域数

据堆栈中局域数据的存放情况。

在局域数据堆栈中,并非所有的优先级都需要相同数量的存储区。通过在 STEP7 设置参数,可以给 S7-400 CPU 的每一优先级指定不同大小的局域数据区.

2. 块堆栈(B 堆栈)

如果一个块的处理因为调用另外一个块而中止,或者被更高优先级的块中止,或者被错误的服务中止,CPU 将在块堆栈中存储以下信息:

(1)被中断的块的类型 (OB,FB,FC,SFB,SFC),编号,优先级和返回地址。

(2)从共享数据块和背景数据块寄存器中获得的块被中断时,打开的共享数据块和背景数据块的编号(即块存储器共享数据块、背景数据块被中断前的内容)。

(3)局域数据堆栈的指针 (被中断块的 L 堆栈地址)。

利用这些数据,可以在中断它的任务处理完后恢复被中断的块的处理。在多重调用时,堆栈可以保存参与嵌套调用的几个块的信息。

CPU 处于 STOP 模式时,可以在 STEP7 中显示块堆栈中保存的在进入 STOP 模式时没有处理完的所有的块,在块堆栈中,块按照它们被处理的顺序排列 (见图 3-3)。

STEP7 中可使用的块堆栈大小是有限的,这与 CPU 的型号有关。

3. 中断堆栈(I 堆栈)

如果程序的执行被优先级更高的组织块中断,操作系统将保存下述寄存器的内容:当前累加器和地址寄存器的内容、数据块寄存器共享数据块和背景数据块的内容、局域数据的指针、状态字、MCR(主控继电器)寄存器和 B 块堆栈的指针。

新的组织块执行完后，操作系统从中断堆栈中读取信息，从被中断块的被中断的地方开始继续执行程序。

CPU 在 STOP 模式时，可以在 STEP7 中显示中断堆栈中保存的数据，用户可以由此

找出使 CPU 进入 STOP 模式的原因。

3.2　功能块与功能的调用

3.2.1　功能块的组成

在功能块中，当访问参数时使用背景数据块中的实际参数的拷贝参数。当调用 FB 时，如果没有传送输入参数或没有写输出参数，则背景数据块中将始终使用以前的值。FC 没有存储器，与 FB 对比，不可以选择对 FC 的形参赋值。当数据块的一个地址或调用块的局部变量作为实际参数时，则将一个复制的实际参数存储到调用块的局部数据区，用它来传送数据。

注意，在这种情况下，如果没有向 FC 的输出参数写入一个数据，则将输出一个随机值。

由于作为复制数据所保留的调用块的局部数据区没有赋值到输出参数，所有该区没有写入任何数据。因此将输出存储在该区域的随机值，因为局部数据不能自动地设置为 0。

功能块 (FB)为用户程序块，代表具有存储器的逻辑块。可以由 OB，FB 和 FC 调用。功能块可以根据需要具有足够多的输入参数、输出参数和输入/输出参数，以及静态和临时变量。与 FC 不同的是，FB 是背景化了的块，也就是说，FB 可以由其私有数据区域的数据进行赋值，在其私有数据区域中，FB 可以“记住”调用时的过程状态。最简单的形式为：该专用数据区便是 FB 的自有 DB，也就是所谓的背景 DB。

功能块由两个主要部分组成：一部分是每个功能块的变量声明表，该表声明此块的局部

数据：另一部分是逻辑指令组成的程序，程序要用到变量声明表中给出的局部数据。

当调用功能块时，需要提供块执行时要用到的数据或变量，也就是将外部数据传递给功能块，这称为参数传递。参数传递的方式使得功能块具有通用性，它可被其他的块调用，以完成多个类似的控制任务。

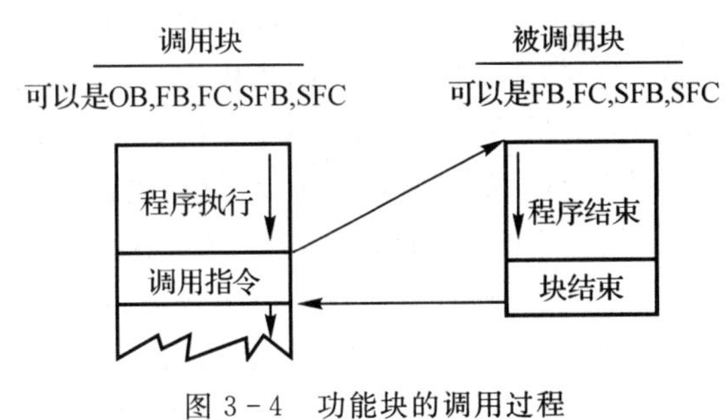

图 3－4　功能块的调用过程

个程序由许多部分(子程序)组成，STEP7 将这些部分称为逻辑块，并允许块间相互调用。调用过程如图 3－4 所示。

3.2.2　功能块局部变量声明

通常，对功能块编程分两步进行。

第一步是定义局部变量(填写局部变量表)；

第二步是编写要执行的程序，并在编程过程中使用定义了的局部变量(数据)。

定义局部变量包括以下工作内容。

(1)分别定义形参、静态变量和临时变量(FC 块中不包括静态变量)。

(2)确定各变量的声明类型(Decl.)、变量名(Name)和数据类型(Data Type)，还要为变量设置初始值(Initial Value)(尽管对有些变量初始值不一定有意义)。如果需要还可为变量注释(Comment)。在增量编程模式下，STEP7 将自动产生局部变量地址(Address)。

写功能块程序时，可以用以下两种方式使用局部变量。

(1)使用变量名，此时变量名前加前缀"#"，以区别于在符号表中定义的符号地址。增量方式下，前缀会自动产生。

(2)直接使用局部变量的地址，这种方式只对背景数据块和 L 堆栈有效。

每个逻辑块前部都有一个变量声明表，在变量声明表中定义逻辑块用到的局部数据。局部数据类型见表 3-2。

表 3-2　局部数据类型

变 量 名	类 型	说 明
输入参数	In	由调用逻辑块的块提供数据，输入给逻辑块
输出参数	Out	向调用逻辑块的块返回参数，从逻辑块输出的数据
I/O 参数	In_Out	参数的值由调用块的块提供，运算然后返回
静态变量	Stat	存储在背景数据块 中，块调用后，其内容被保留
临时变量	Temp	存储在 L 堆栈中，块执行结束变量的值被丢掉

1)形参。为了保证功能块对同一类设备控制的通用性，应使用这类设备的抽象地址参数，这些抽象参数称为形式参数，简称形参。功能块在运行时将该设备的相应实际存储区地址参数(简称实参)替代形参，从而实现功能块的通用性。

形参需在功能块的变量声明表中定义，实参在调用功能块时给出。在功能块的不同调用处，可为形参提供不同的实参，但实参的数据类型必须与形参一致。

2)静态变量。静态变量在 PLC 运行期间始终被存储。S7 将静态变量定义在背景数据块中，因此只能为 FB 定义静态变量。FC 不能有静态变量。

3)临时变量。临时变量仅在逻辑块运行时有效，逻辑块结束时存储临时变量的内存被操作系统另行分配。S7 将临时变量定义在 L 堆栈中。

表 3-3　变量声明表

变 量 名	类 型	说 明
输入参数	In	由调用逻辑块的块提供数据，输入给逻辑块的指令
输出参数	Out	向调用逻辑块的块返回参数，即从回回块输出结果数据
I/O 参数	In_Out	参数的值由调用块的块提供，由逻辑块处理修改，然后返回
静态变量	Stat	静态变量存储在背景数据块中，块调用结束后，其内容被保留
状态变量	Temp	临时变量存储在 L 堆栈中，块执行结束变量的值因被其他内容覆盖而丢失

在表 3－3 中，要明确局部数据的数据类型，这样操作系统才能给变量分配确定的存储空间。局部数据可以是基本数据类型或复式数据类型，也可以是专门用于参数传递的所谓“参数类型”。参数类型包括定时器、计数器、块的地址或指针，见表 3－4。

表 3－4　参数类型变量

参数类型	大小	说明
定时器(Timer)	2B	定义一个定时器形参，调用时赋予定时器定参
计数器(Counter)	2B	定义一个计数器形参，调用时赋予计数器实参
块：Block_FB Block_FC Block_DB Block_SDB	2B	定义一个功能块或数据块形参变量，调用时给块类形参赋予实际的块编号，如：FC 101，DB42
指针(Pointer)	6B	该形参是内存的地址指针，例如，调用时可经形参赋予实参 P＃M50.0，以访问内存 M50.0
ANY	10B	当实参的数据类型未知时，可以使用该类型

3.2.3　功能块的调用及内存分配

CPU 提供块堆栈(B 堆栈)来存储与处理被中断块的有关信息。当发生块调用或有来自更高优先级的中断时，就有相关的块信息存储在 B 堆栈里，并影响部分内存和寄存器。图 3－5 所示为调用块时 B 堆栈与 L 堆栈的变化。图 3－6 所示为 STEP7 的块调用情况。

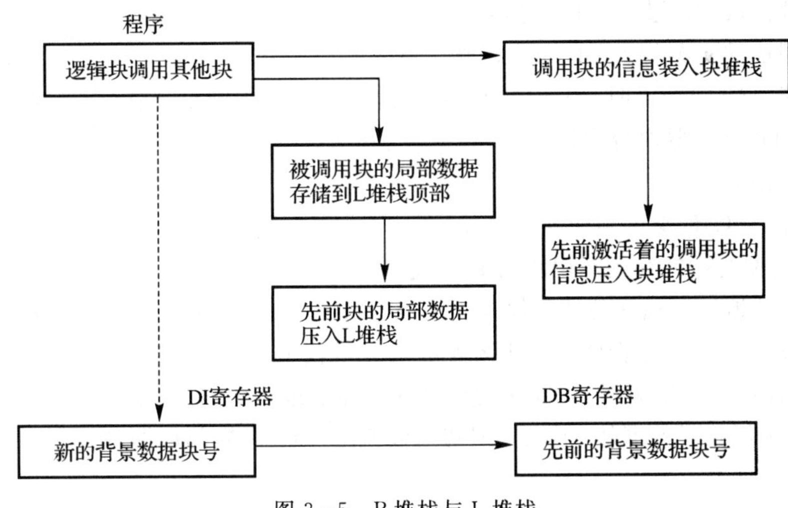

图 3－5　B 堆栈与 L 堆栈

1. B 堆栈与 L 堆栈

B 堆栈存储以下被中断块的数据：

(1)块号、块类型、优先级、被中断块的返回地址；

(2)块寄存器 DB、DI 被中断前的内容；

(3)临时变量的指针(被中断块的L堆栈地址)。

L堆栈在块调用时被重新分配。L堆栈用来存储逻辑块中定义的临时变量,也分配给临时本地数据使用。梯形图的方块指令与标准功能块也可能使用L堆栈存储运算的中间结果。

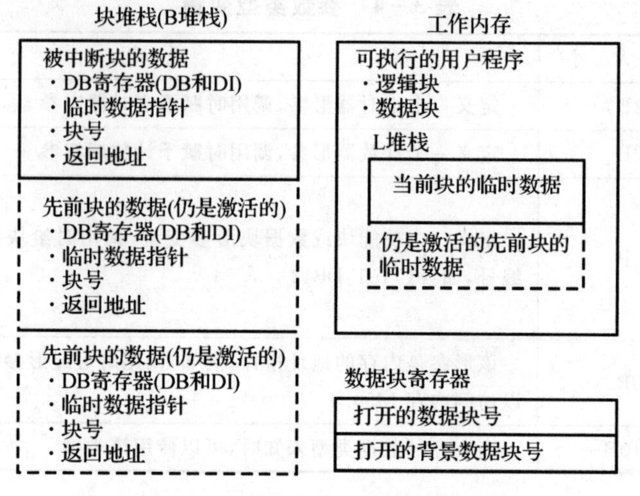

图 3－6　调用指令对 CPU 内存的影响

2. 调用功能块 FB

当调用功能块(FB)时,会有以下事件发生:

(1)调用块的地址和返回位置存储在块堆栈中,调用块的临时变量压入L堆栈;

(2)数据块(DB)寄存器内容与DI寄存器内容交换;

(3)新的数据块地址装入DI寄存器;

(4)被调用块的实参装入DB和L堆栈上部;

(5)当功能块(FB)结束时,先前块的现场信息从块堆栈中弹出,临时变量弹出L堆栈;

(6)DB和DI寄存器内容交换。

3. 调用功能(FC)

当调用功能(FC)时会有以下事件发生:

(1)(FC)实参的指针存到调用块的L堆栈;

(2)调用块的地址和返回位置存储在块堆栈,调用块的局部数据压入L堆栈;

(3)功能块存储临时变量的L堆栈区被推入L堆栈上部;

(4)当被调用(FC)结束时,先前块的信息存储在块堆栈中,临时变量弹出L堆栈。

因为(FC)不用背景数据块,不能分配初始数值给(FC)的局部数据,所以必须给(FC)提供实参。

3.2.4 功能块与功能的应用举例

现在以发动机控制系统的用户程序为例,介绍生成和调用功能块和功能的方法。

1. 创建项目

生成一个新项目最简单的方法是使用“NEW PROJECT”向导,具体方法是在计算机的“桌面”上双击“SIMATIC Manager”图标,在弹出的新项目向导中单击“NEXT”按钮,依次选择 CPU 的型号、MPI 站地址、需要编程的组织块和使用的编程语言等，最后设置项目的名称为“发动机控制”。

2. 生成用户程序结构

图 3－7 中的组织块 OBl 是主程序，用一个名为“发动机控制”的功能块 FBl 来分别控制汽油机和柴油机，控制参数在背景数据块 DBl 和 DB2 中。控制汽油机时调用 FBl 和名为“汽油机数据”的背景数据块 DBl，控制柴油机时调用 FBl 和名为“柴油机数据”的背景数据块 DB2。此外控制汽油机和柴油机时还用不同的实参分别调用名为“风扇控制”的功能 FCl。图 3－8 是程序设计好后 SIMATIC 管理器中的块。

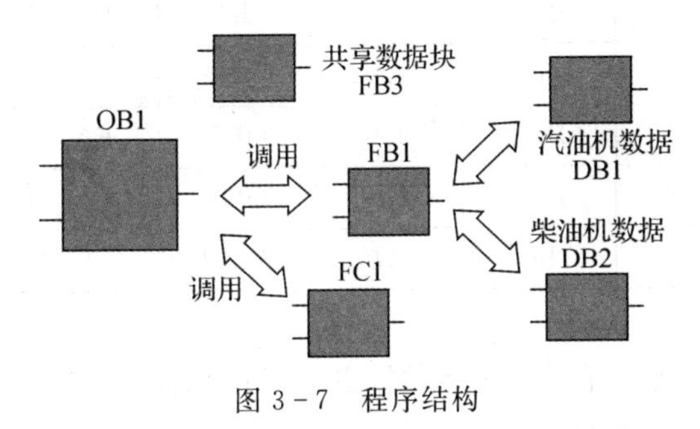

图 3－7　程序结构

图 3－8　SIMATIC 管理器中的块

3. 编制符号表与变量声明表

(1)符号表。为了便于理解程序，可以给变量指定符号。发动机控制项目的符号表见表 3－5，表中定义的变量是全局变量，可供所有的逻辑块使用。

表 3－5　符号表

符　号	地　址	符　号	地　址	符　号	地　址	符　号	地　址
汽油机数据	DB1	启动汽油机	I1.0	柴油机转速	MW4	柴油机达设定转速	Q5.5
柴油机数据	DB2	关闭汽油机	I1.1	主程序	OB1	柴油机风扇运行	Q5.6
共享数据	DB3	汽油机故障	I1.2	自动模式	Q4.2	汽油机风扇运行	T1
发动机控制	FB1	启动柴油机	I1.3	汽油机运行	Q5.0	柴油机风扇延时	T2
风扇控制	FC1	关闭柴油机	I1.4	汽油机达到设定转速	Q5.1		
自动按钮	I0.5	柴油机故障	I1.5	汽油机风扇运行	Q5.2		
手动按钮	I0.6	汽油机转速	I1.6	柴油机运行	Q5.4		

(2)变量声明表。表 3-6 给出了发动机控制程序中 FB1 的局域变量。表中 Bool 变量的初值为 FALSE 即二进制 0。预置转速是固定值,在变量声明表中作为静态参数被存储,称为"静态局域变量"。

表 3-6 FBl 的变量声明表

名 称	数据类型	地 址	声 明	初始值	注 释
Switch_On	Bool	0.0	IN	FALSE	启动按钮
Switch_Off	Bool	0.1	IN	FALSE	停车按钮
Failure	Bool	0.2	IN	FALSE	故障信号
Actual_Speed	Int	2.0	IN	0	实际转速
Engine_On	Bool	4.0	OUT	FALSE	发动机输出信号
Preset_Speed_Reached	Bool	4.1	OUT	FALSE	达到预置转速
Preset_Speed	Int	6.0	STAT	1500	预置转速

如果控制功能不需要保存它自己的数据,也可以用功能 FC 来编程。与功能块 FB 相比较,FC 不需要配套的背景数据块。

在功能的变量声明表中可以使用的参数类型有 IN,OUT,IN_OUT,TEMP 和 RETURN (返回参数),功能不能使用静态 (STAT)局域数据。

表 3-7 功能 FCl 中使用的变量。在变量声明表中不能用汉字作变量的名称。

表 3-7 FCl 的变量声明表

名 称	数据类型	声 明	注 释
Engine_On	Bool	IN	输入信号、发动机启动
Timer_Function	Timer	IN	停机延时的定时器功能
Fan_On	Bool	OUT	用于控制风扇的输出信号

功能 FCl 用来控制发动机的风扇,要求在启动发动机的同时启动风扇,发动机停车后,风扇继续运行 4s 后停转,因此使用了延时断开定时器 (S_OFFDT)。图 3-9 所示为 FCl 的梯形图。梯形图主程序如图 3-10 所示。

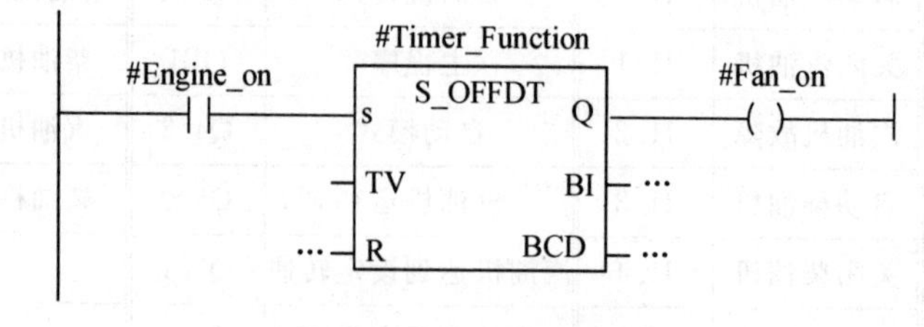

图 3-9 FCl 的梯形图

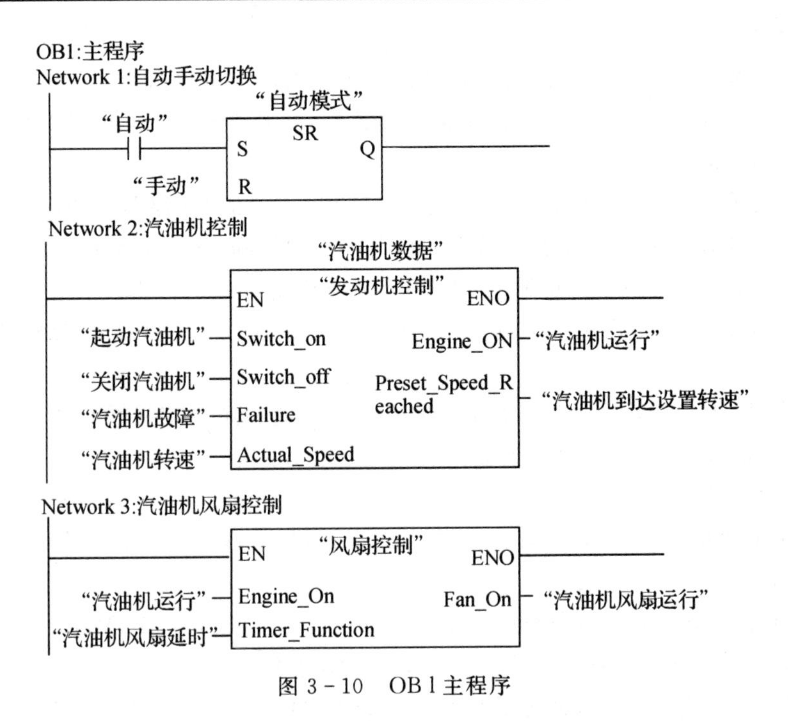

图 3－10　OB l 主程序

在 OBl 中，用 CALL 指令调用功能块 FBl。方框内的“发动机控制”是功能块 FBl 的符号名，方框上面的“汽油机数据”是对应的背景数据块 DBl 的符号名。方框内是功能块的形参，方框外是对应的实参。方框的左边是块的输入量，右边是块的输出量。功能块的符号名是在符号表中定义的。

两次调用功能块“发动机控制”时，功能块的输入变量和输出变量不同，除此之外，分别使用汽油机的背景数据块“汽油机数据”和柴油机的背景数据块“柴油机数据”，两个背景数据块中的变量相同，区别仅在于变量的实际参数（即实参）不同和静态参数（例如预置转速）的初值不同。背景数据块中的变量与“发动机控制”功能块的变量声明表中的变量相同(不包括临时变量 TEMP)。

3.3　数　据　块

3.3.1　数据块的分类及使用

数据块定义在 S7 CPU 的存储器中，用户可在存储器中建立一个或多个数据块。每个数据块可大可小，但 CPU 对数据块数量及数据总量有限制，如对于 CPU414，用作数据块的存储器最多为 8KB，用户定义的数据总量不能超出这个限制。对数据块必须遵循先定义后使用的原则，否则，将造成系统错误。

数据块（DB)可用来存储用户程序中逻辑块的变量数据（如：数值)。与临时数据不同，当逻辑块执行结束或数据块关闭时，数据块中的数据保持不变。

用户程序可以位、字节、字或双字操作访问数据块中的数据，可以使用符号或绝对地址。

1. 数据块的分类

数据块有 3 种类型，即共享数据块、背景数据块和用户定义数据块。

共享数据块又称全局数据块，用于存储全局数据，所有逻辑块 (OB，FC，FB)都可以访问共享数据块存储的信息。

背景数据块用作“私有存储器区”，即用作功能块 (FB)的“存储器”。FB 的参数和静态变量安排在它的背景数据块中。背景数据块不是由用户编辑的，而是由编辑器生成的。

用户定义数据块 (DB of Type)是以 UDT1 为模板所生成的数据块。创建用户定义数据块之前，必须先创建一个用户定义数据类型，如 UDTl，并在 LAD/STL/FBD S7 程序编辑器内定义。

利用 LAD/STL/FBD S7 程序编辑器，或用已经生成的用户定义数据类型可建立共享数据块。当调用 FB 时，系统将产生背景数据块。

2. 数据块寄存器

CPU 有两个数据块寄存器：DB 和 DI 寄存器。这样，可以同时打开两个数据块。

数据块中的数据类型如下：

(1)基本数据类型。基本数据类型包括位 (Bool)，字节(Byte)、字(Word)、双字(Dword)、整数(INT)、双整数 (DINT)和浮点数 (Float，或称实数 Real)等。

(2)复合数据类型。日期和时间用 8 个字节的 BCD 码来存储。第 0～5 号字节分别存储年、月、日、时、分和秒，毫秒存储在字节 6 和字节 7 的高 4 位，星期存放在字节 7 的低 4 位。例如 2008 年 9 月 27 日 12 点 30 分 25.123 秒可以表示为 DT＃08－09－27－12:30:25.123。

字符串(STRING)由最多 254 个字符(CHAR)和 2 字节的头部组成。字符串的默认长度为 254，通过定义字符串的长度可以减少它占用的存储空间。

(3)数组。数组 (ARRAY)是同一类型的数据组合而成的一个单元。ARRAY [1..2,1..3]是一个二维数组，共有 6 个整数元素。最多为 6 维。数组元素“TANK”。PRESS[2,1]：TANK 是数据块的符号名，PRESS 是数组的名称。方括号中是数组元素的下标。如果在块的变量声明表中声明形参的类型为 ARRAY，可以将整个数组而不是某些元素作为参数来传递。

(4)结构。结构(STRUCT)是不同类型的数据的组合。可以用基本数据类型、复杂数据类型和 UDT 作为结构中的元素，可以嵌套 8 层。数据块 TANK 内结构 STACK 的元素 AMOUNT 应表示为“TANK”. STACK. AMOUNT。将结构作为参数传递时，作为形参和实参的两个结构必须有相同的数据结构(即相同数据类型的结构元素和相同的排列顺序)。

(5)用户定义数据类型。用户定义数据类型(UDT)是一种特殊的数据结构，由用户自己生成，定义好后可以在用户程序中多次使用。

在变量声明表中，要明确局部数据的数据类型，这样操作系统才能给变量分配确定的存储空间。局部数据可以是基本数据类型或是复式数据类型，也可以是专门用于参数传递的所谓“参数类型”，见表 3－8。

表 3－8　参数类型

参数类型	大　小	说　明
定时器	2byte	在功能中定义一个定时形参，调用时赋予定时器实参
计时器	2byte	在功能块中定义一个计数器形参，调用时赋予定时器实参
块： Block_FB Block_FC Block_DB Block_SDB	2byte	在功能块中定义一个功能块或数据块形参变量，调用时给功能块类或数据块类形参赋予实际的功能块或数据的编号
指针	6byte	在功能块中定义一个形参，该形参说明的是内存的地址指针。例如，调用时可给形参赋予实参：P＃50.0，以访问内存 M500.0
ANY	10byte	当实参的数据未知时，可以使用该类型

3.3.2　访问数据块

1. 定义数据块

在编程阶段和运行程序中都能定义数据块。大多数数据块是在编程阶段用 STEP7 开发软件包定义的。定义内容包括数据块号及块中的变量（包括变量符号名、数据类型以及初始值等），定义完成后，数据块中变量的顺序及类型决定了数据块的数据结构，变量的数量决定了数据块的大小。数据块在使用前，必须作为用户程序的一部分下载到 CPU 中。

2. 访问数据块

访问时需要明确数据块号和数据块中的数据类型与位置。根据明确数据块号的不同方法，可以用多种方法访问数据块中的数据。

一种是直接在访问指令中写明数据块号。

例 3－1

```
L       DB5.DBWl0
T       DBl0.DBW20
L       Motorl_Speed      // 符号地址
```

另一种方法是“先打开后访问”，在访问某数据块中的数据前，先“打开”这个数据块，这样，存放在数据块中的数据就可用数据块起始地址加偏移量的方法来访问。

例 3－2

```
OPN         DB5
L           DBWl0
OPN         DBl0
T           DBW20
```

3. 背景数据块和共享数据块

背景数据块和共享数据块有不同的用途。任何 FB，FC 或 OB 均可读写存放在共享数据块中的数据。背景数据块是 FB 运行时的工作存储区，它存放 FB 的部分运行变量。调用 FB

时,必须指定一个相关的背景数据块。作为规则,只有 FB 才能访问存放在背景数据块中的数据。如果 CPU 中没有足够的内部存储位来保存所有数据,可将一些指定的数据存储到一个共享数据块中。

存储在共享数据块中的数据可以被其他的任意一个块使用。而一个背景数据块被指定给一个特定的功能块,它的数据只在这个功能块中有效。与背景数据块相反,在符号表中共享数据块的数据类型总是绝对地址。对于背景数据块,相应的功能块总是指定的数据类型。

现在介绍几个数据块指令。

(1)打开数据块。指令格式:OPN <data block>

说明:打开一个数据块作为 shared 数据块 (DB)或者作为 instance 数据块 (DI)。可以同时打开一个 shared 数据块和一个 instance 数据块。

例 3-3

```
OPN    DBl0      //打开数据块 DBlO 作为 shared 数据块
L      DBW35     //将 DBl0 的数据字 W35 装入到累加器 1 的低字
T      MW22      //将累加器 1 的低字传输到 MW22
OPN    DI20      //打开数据块 DI20 作为 instance 数据块
L      DI B12    //将 DI20 的数据字节 Bl2 装入到累加器 1 的低字
T      DB B37    //将累加器 1 的低字传输到 DBl0 的字节 37 中
```

(2)交换 shared 数据块和 instance 数据块。指令格式:CDB

说明:交换 shared 数据块和 instance 数据块。

(3)装 shared 数据块的长度到累加器 1。指令格式: L DBLG

说明:将 shared 数据块的长度装到累加器 1。

(4)装 shared 数据块的数目到累加器 1。指令格式:L DBNO

说明:将 shared 数据块的数目装到累加器。

(5)装 instance 数据块的长度到累加器 1。指令格式:L DILG

说明:将 instance 数据块的长度装到累加器 1。

(6)装 instance 数据块的数目到累加器 1。指令格式:L DINO

说明:将 instance 数据块的数目装到累加器 l。

3.3.3 建立数据块

在 STEP7 中,为了避免出现系统错误,在使用数据块之前,必须先建立数据块,并在块中定义变量(包括变量符号名、数据类型以及初始值等)。数据块中变量的顺序及类型决定了数据块的数据结构,变量的数量决定了数据块的大小。数据块建立后,还必须同程序块一起下载到 CPU 中,才能被程序块访问。

1. 建立数据块

在 STEP7 中,可采用以下两种方法创建数据块:

(1)用 SIMATIC 管理器创建数据块。例如要用 SIMATIC 管理器创建一个名称为 DB1 的共享数据块,则具体步骤如下:

首先在 SIMATIC 管理器中选择 S7 项目的 S7 程序 (S7 Program)的块文件夹 (Blocks);然后执行菜单命令 Insert→S7 Block→Data Block,建立数据的过程如图 3-11 和图 3-12

所示。

图 3－11　选择块的界面

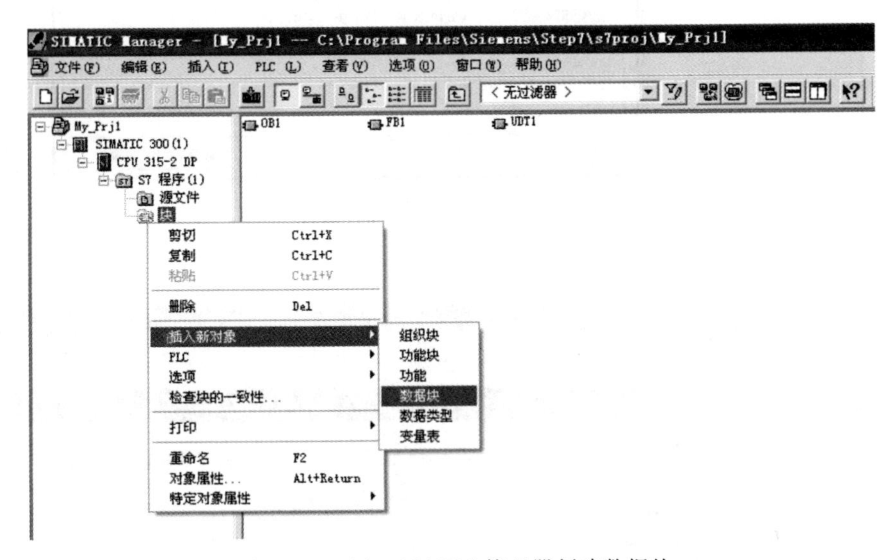

图 3－12　用 SIMATIC 管理器创建数据块

在弹出的数据块属性对话框 Properties－Data Block 内，可设置要建立的数据块属性。

1)数据块名称 (Name)，如 DB1，DB2…。

2)数据块的符号名 (Symbol Name)，可选项，如：My_DB。

3)符号注解 ((Symbol Comment)，可选项。

4)数据块的类型：共享数据块 (Share DB)、背景数据块 (Instance DB)或用户定义数据块 (DB of Type)。

这里将数据块命名为 DBl，符号名为 My_DB，类型为 Share DB。设置完毕点击 OK 按钮确认。

定义数据块的属性如图 3－13 所示。

(2)用 LAD/STL/FBD S7 程序编辑器创建数据块。用 LAD/STL/FBD S7 程序编辑器创建一个 DB1 共享数据块，具体步骤如下：

在 Windows 下执行菜单命令“开始”→ SIMATIC → Step7 → LAD，STL，FBD － ProgrammingS7 Blocks，启动 LAD/STL/FBD S7 程序编辑器，如图 3－14 所示。

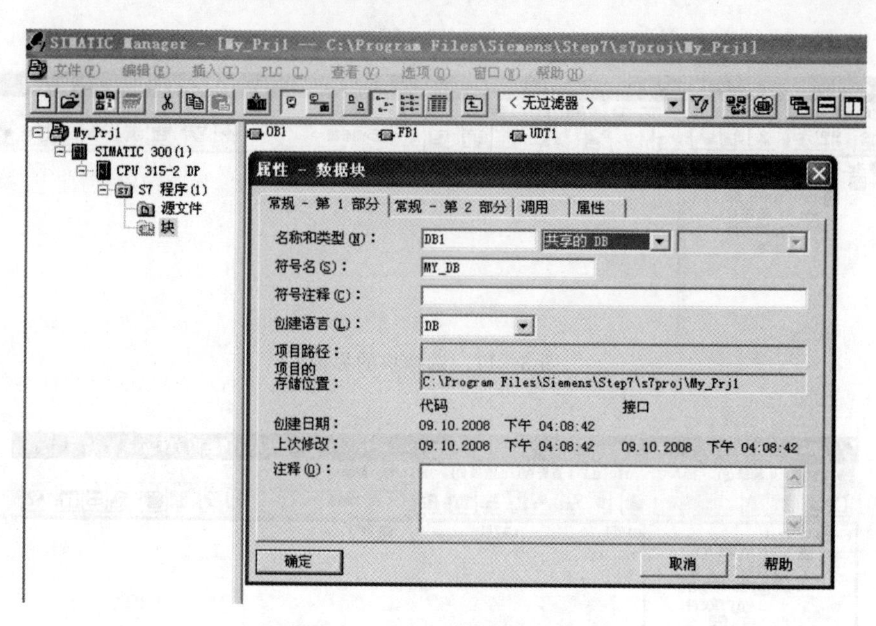

图 3-13 定义数据块的属性

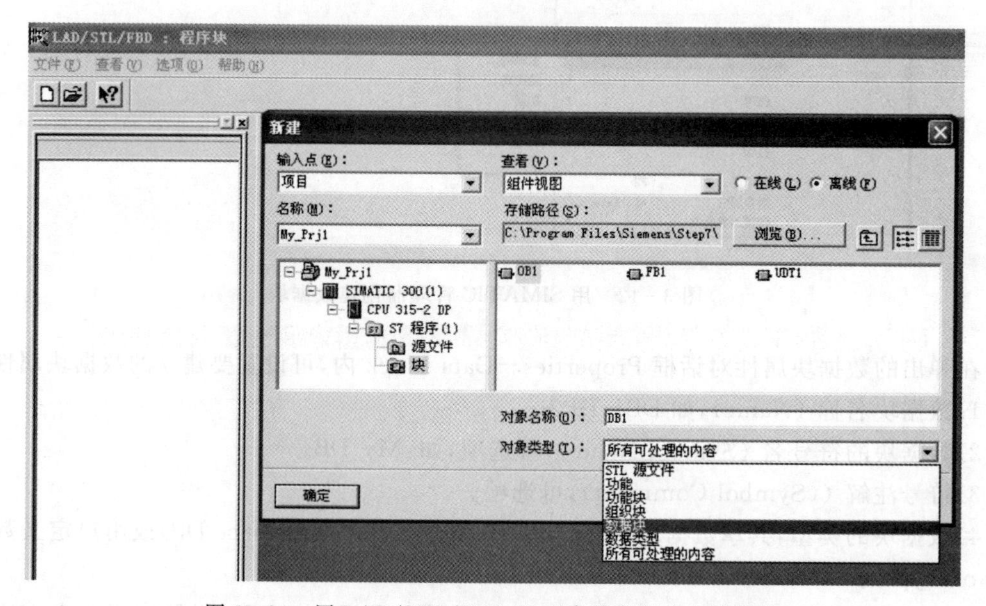

图 3-14 用 LAD/STL/FBD S7 程序编辑器建立数据块

执行菜单命令 File→New 或点击新建工具图标，在"新建"对话框内的 Entry Point 区域，单击下拉列表，选择项目类型：S7 项目（Project）、S7 库（Library）、项目例程（Example Project）或多项目（Multiproject）。这里选择 S7 项目（Project）。

在 Name 区域，单击下拉列表图，选择已存在的叨项目。本例选择 My_Prj1。

在 Object type 区域，单击下拉列表，选择对象类型为 Data Block；在 Object name 区域输入数据块名称，如 DBl。

设置完毕，最后单击 OK 按钮确认，并弹出图 3-15 所示的"New Data Block"DB 类型选择窗口。本例选择创建共享数据块，单击 OK 按钮确认。

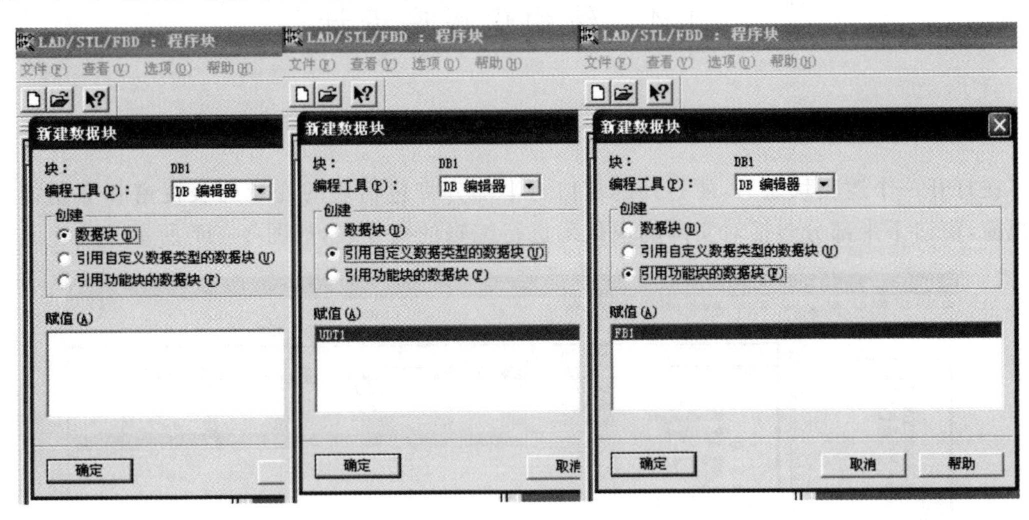

图 3－15　DB 类型选择

2. 定义变量

共享数据块建立以后，可以在 S7 的块文件夹（Blocks）内双击数据块图标，启动 LAD/STL/FBD S7 程序，打开数据块。

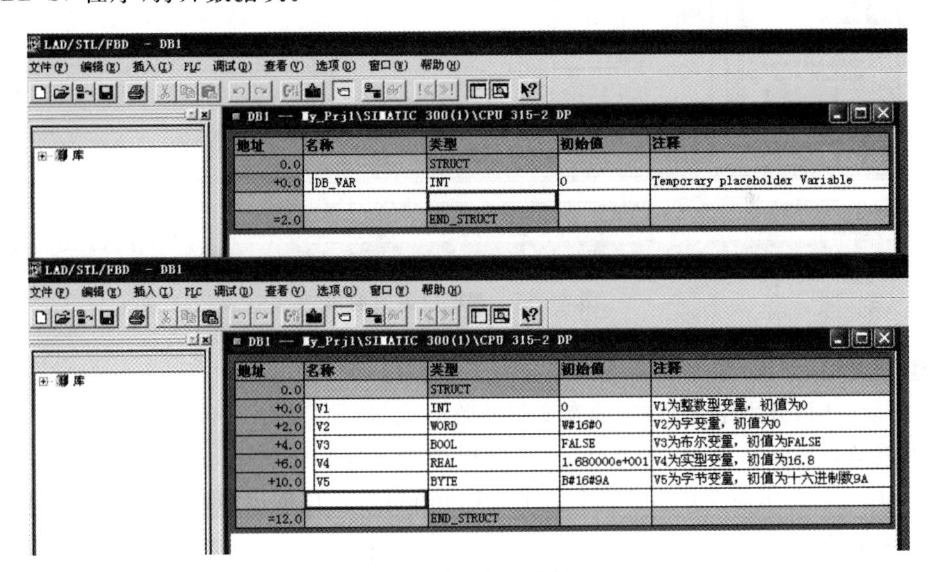

图 3－16　定义变量

图 3－16 所示为定义了 5 个变量后的界面。变量定义完成后，单击保存按钮并编译，如果没有错误则单击下载按钮，将数据下载到 CPU。

3.4 结构化程序设计

3.4.1 逻辑块的编程

在打开一个逻辑块之后，所打开的窗口上半部分将包括块的变量列表视窗和变量详细列表视窗，窗口下半部分包括对实际的块代码进行编辑的指令表，如图 3-17 所示。

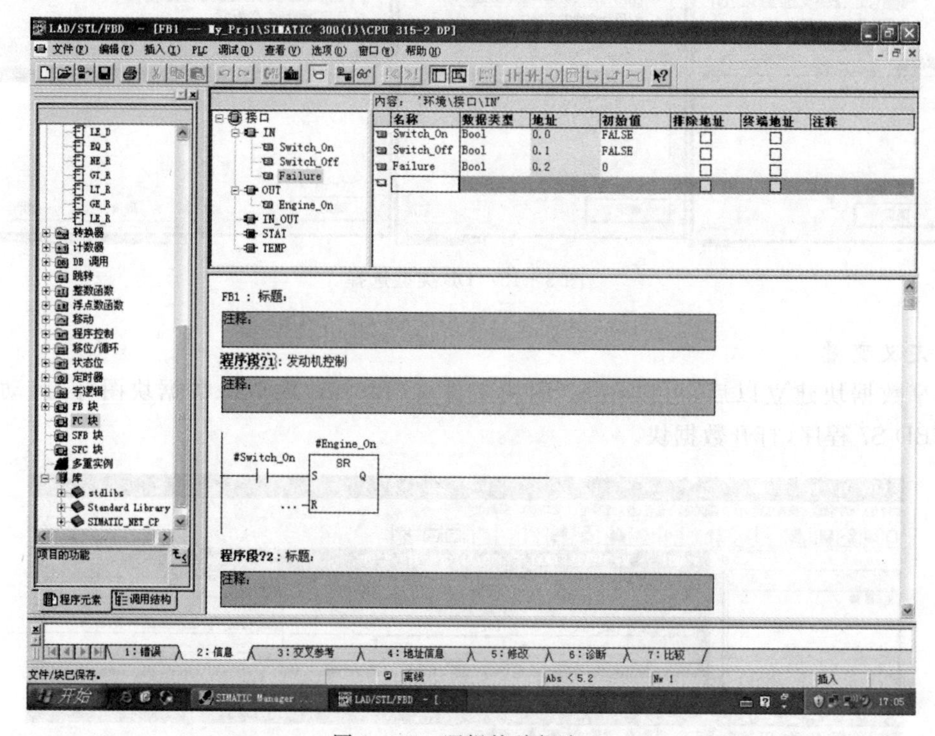

图 3-17 逻辑块编辑窗口

对逻辑块编程时必须完成以下 3 部分的工作。

(1)变量声明：分别定义形参、静态变量和临时变量(FC 块中不包括静态变量)；确定各变量的声明类型(Decl.)、变量名(Name)和数据类型 (Data Type)，还要为变量设置初始值(Initial Value)。如果需要还可为变量注释 (Comment)。在增量编程模式下，STEP7 将自动产生局部变量地址 (Address)。

(2)代码段：在代码段中，对将要由 PLC 进行处理的块代码进行编程。它由一个或多个程序段组成。要创建程序段，可使用各种编程语言，如 LAD，STL，FBD。

(3)块属性：块属性包含了其他附加的信息，例如由系统输入的时间标志或路径。此外，也可输入相关详细资料，如：名称、系列、版本以及作者等，还可为这些块分配系统属性。

1. 临时变量的定义及使用

(1)定义临时变量。在使用临时变量之前，必须在块的变量声明表中进行定义，在 temp 行中输入变量名和

数据类型，临时变量不能赋予初值。

当完成一个临时变量行后，按 Enter 键，一个新的 temp 行添加在其后。L stack 的绝对地址由系统赋值并在 Address 栏中显示。如图 3 - 18 所示，在功能 FCl 的局部变量声明列表内定义了一个临时变量 result。

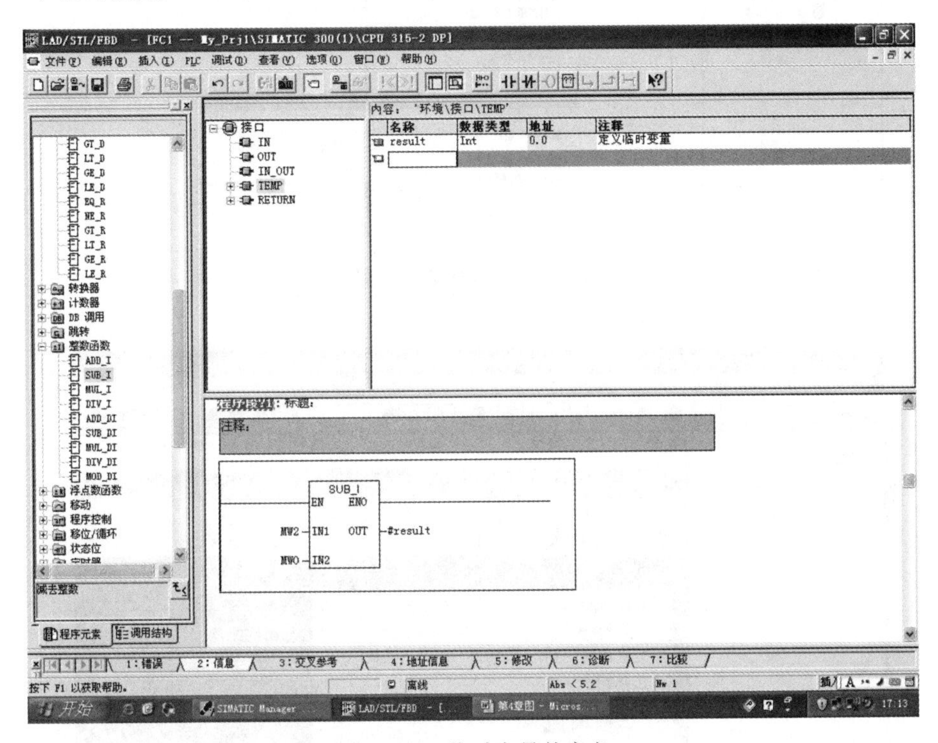

图 3 - 18　临时变量的定义

(2)访问临时变量。在图 3 - 18 中，Network1 为一个用符号地址访问临时变量的例子。减运算的结果被存储在临时变量 # result 中。也可以采用绝对地址来访问临时变量（如 T LW0)，但这样会使程序的可读性变差，所以最好不要采用绝对地址。

在引用局部变量时，如果在块的变量声明表中有这个符号名，STEP7 自动在局部变量名之前加一“ # ”号。如果要访问与局部变量重名的全局变量（在符号表内声明)，则必须使用双引号（如：“symbol name”)，否则，编辑器会自动在符号前加上“ # ”号，当作局部变量使用。因为编辑器在检查全局符号表之前先检查块的变量声明表。

1)局部数据堆栈的查看。每个程序处理级（例如 OB1 和它的所有嵌套的块)，占用 L stack 的特定区域，这个区域有容量限制。例如，CPU414 可使用 L stack 中的 256B，这意味着 OBl 及 OBl 调用的所有嵌套的块的局部变量，可使用 256B。

利用“Reference Data”工具可查看程序所占用的局部数据堆栈的字节数。操作步骤如下：

在 SIMATIC 管理器中选中 block 文件夹，先执行菜单命令 Options→Reference Data → Display，然后选择 Program Structure 选项，即可在参考表内查看局部数据的占用情况。如图 3 - 19～图 3 - 21 所示。

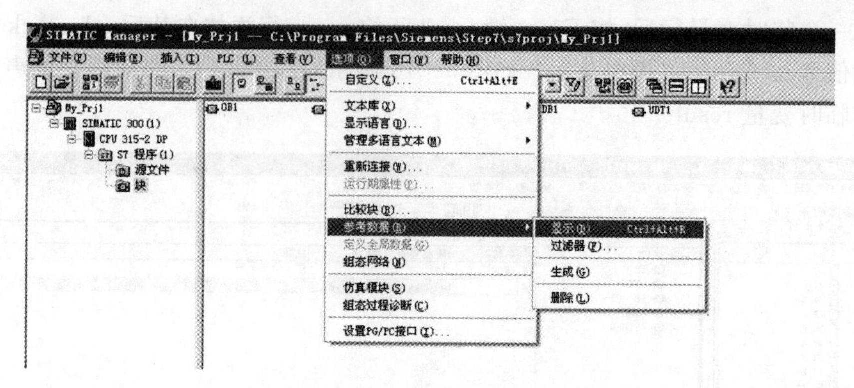

图 3－19　选择参考数据

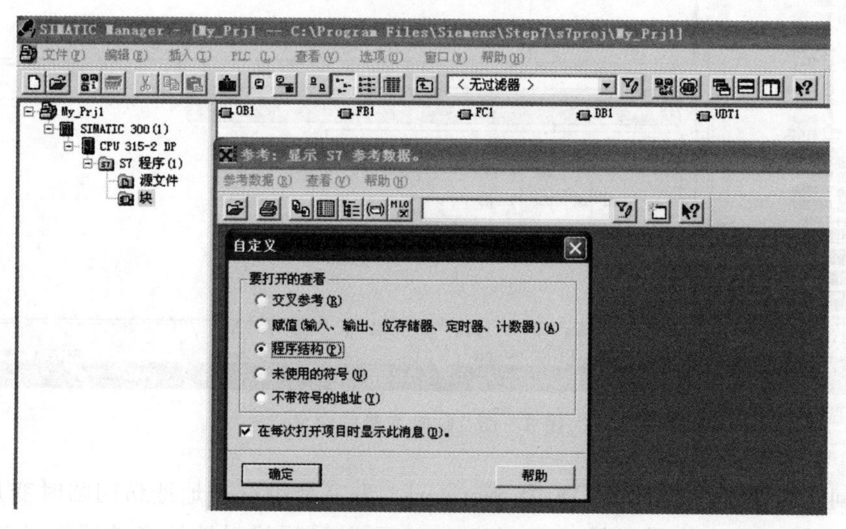

图 3－20　选择程序结构

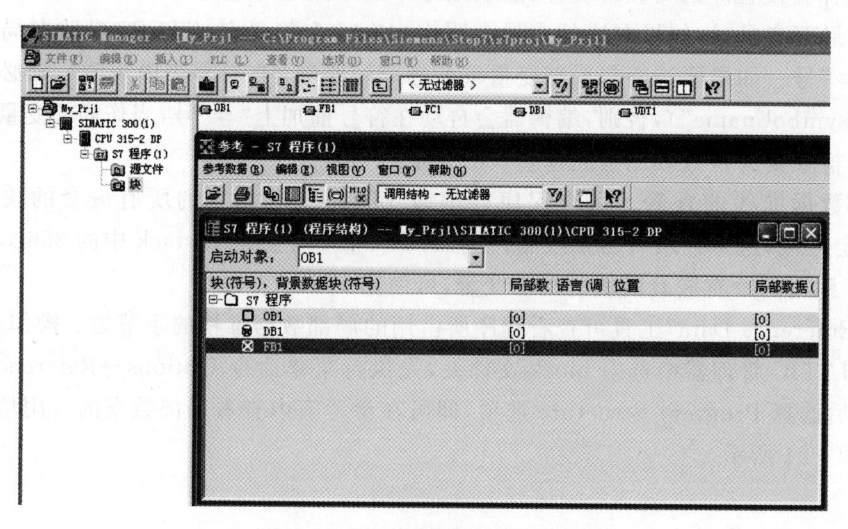

图 3－21　局部数据堆栈的查看

程序执行过程中，如果所使用的局部数据超出了最大限额，则 CPU 进入 STOP 模式，并将错误信息“STOP caused by error when allocating local data ”记入 diagnostics buffer（诊断缓冲区）中。

2)显示所需字节数。在块的属性中，可以看到块所需要的局部数据区的字节数，如图 3 - 22～图 3 - 23 所示。

图 3 - 22　选择 OB1

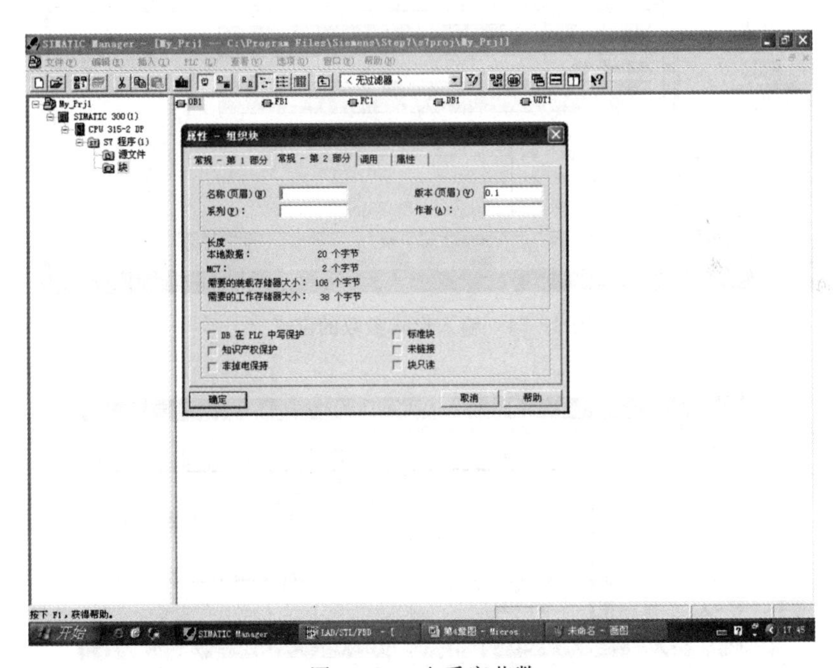

图 3 - 23　查看字节数

在 SIMATIC 管理器中，用鼠标右键选中块，然后在菜单中选择命令[Object Properties]。或在 SIMATIC 管理器中，用鼠标左键选中块，然后执行菜单命 Edit→Object Properties。

对于 S7 - 400PLC，操作系统分配给每一个执行级（OB）的局部数据区的最大数量为 256B。OB 自己占去 20 或 22B，还剩下最多 234B 可分配给 FC 或 FB。如果块中定义的局部数据的数量大于 256B，该块将不能下装到 CPU 中.

2.形式参数的定义

要使同一个逻辑块能够多次重复被调用,分别控制工艺过程相同的不同对象,在编写程序之前,必须在变量声明表中定义形式参数,当用户程序调用该块时,要用实际参数给这些参数赋值。具体步骤:

(1)创建或打开一个功能 (FC)或功能块(FB);

(2)形式参数定义如图 3-24～图 3-25 所示,在变量声明表内,首先选择参数接口类型(IN、OUT 或 IN_OUT),然后输入参数名称,再选择该参数的数据类型(有下拉列表),如果需要还可以为每个参数分别加上相关注释。

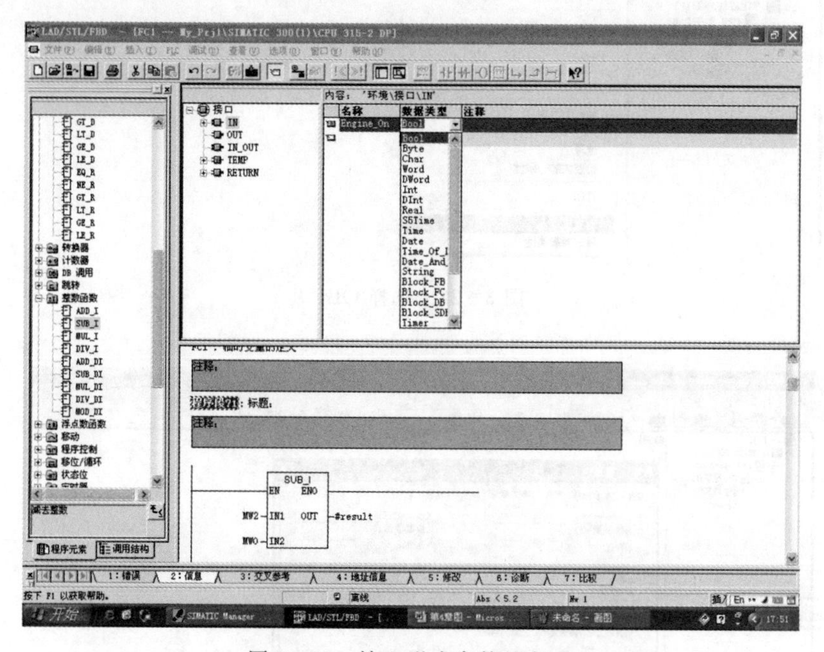

图 3-24 输入形式参数的定义

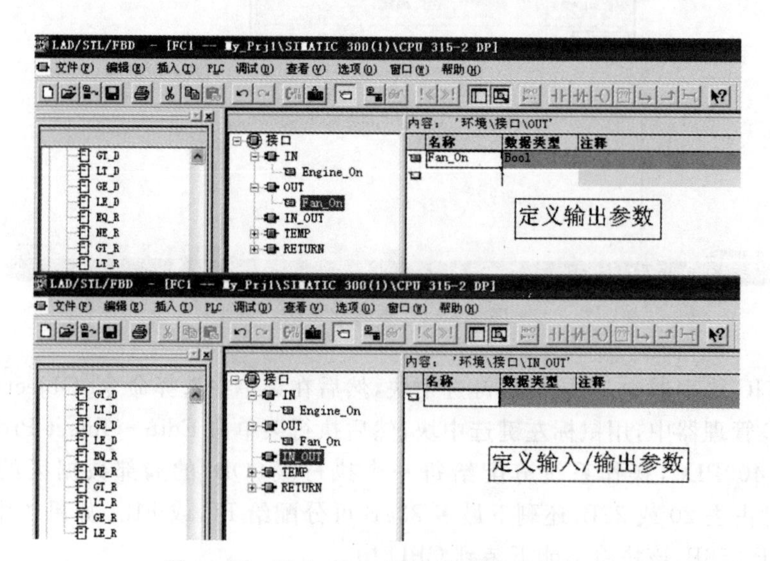

图 3-25 输出、输入/输出形式参数的定义

一个参数定义完成后,按 Enter 键即出现新的空白行。

需要说明的是:用户只能为功能 (FC)或功能块 (FB)定义形式参数,将功能 (FC)或功能块(FB)指定为可分配参数的块,而不能将组织块 (0B)指定为可分配参数的块,因为组织块(0B)直接由操作系统调用。由于在用户程序中不出现对组织块的调用,不可能传送实际参数。

形式参数有 3 种不同的接口类型:"IN"表示输入型 (只读型)参数;"OUT"表示输出型(只写型)参数;既有读访问(被指令 A,O,L 查询),又有写访问(由指令 S,R,T 赋值)的形式参数,必须将它定义为"IN_OUT"型参数。

另外还有一个"RETURN"参数,它是有特殊名称的参数,该参数仅存在于 FC 的接口中。

逻辑块所声明的形式参数(IN,OUT 或 IN_OUT,不包括 TEMP)是它对"外"的接口。

它们和其他调用块有关,如果以后通过删除或插入形式参数的方式改变了功能 (FC)或功能块 (FB)的接口,则必须刷新调用指令。

3. 编写控制程序

编写逻辑块 (FC 和 FB)程序时,可以用以下两种方式使用局部变量:

(1)使用变量名。此时变量名前加前缀"#",以区别于在符号表中定义的符号地址。增量方式下,前缀会自动产生。

(2)直接使用局部变量的地址。这种方式只对背景数据块和 L 堆栈有效。

在调用 FB 块时,要说明其背景数据块。背景数据块应在调用前生成,其顺序格式与变量声明表必须保持一致。在增量方式下,调用 FB 块时,STEP7 会自动提醒并生成背景数据块。此时也为背景数据块设置了初始值,该初始值与变量声明表中的相同。当然也可以为背景数据块设置当前值 (Current Value),即存储在 CPU 中的数值。

3.4.2　FC 和 FB 程序设计实例

1. 任务概述

工业搅拌过程如下:两种配料(A,B)在一个混合罐中由搅拌器混合在一起,然后通过排料阀排出。工业搅拌示意图如图 3-26 所示。

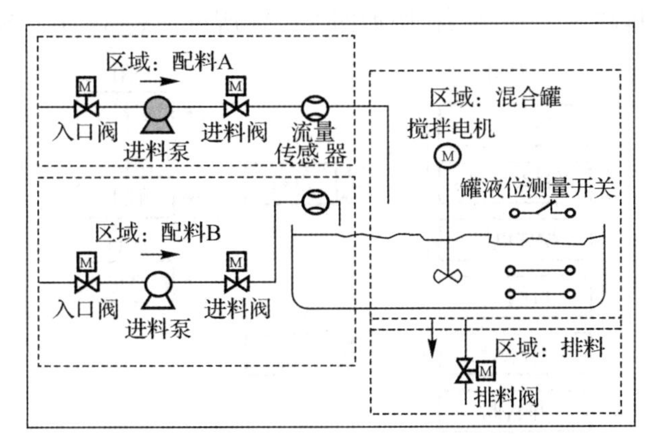

图 3-26　工业搅拌过程示意图

系统分为 4 个区:配料 A、配料 B、搅拌区、排料区。电动机和泵有 3 台:配料 A 进料泵、配料 B 进料泵、搅拌电动机。阀门有 5 个：配料 A 入口阀、配料 A 进料阀、配料 B 入口阀、配料 B 进料阀、排料阀。各个区域的功能如下：

配料 A 和配料 B 的每个配料管都配有一个入口阀和进料阀，还有一个进料泵。配料管中还有流量传感器，检测是否有配料流过。区域功能：

(1) 进料泵：当罐的液面传感器指示混合罐装满后，进料泵必须关闭。

(2) 进料泵：当排料阀打开时，进料泵同样也要关闭。

(3) 阀门：在启动进料泵 1s 后，必须打开入口阀和进料阀。

(4) 阀门：在进料泵停止后，阀门必须关闭，防止配料泄露。

(5) 故障检测：进料泵启动 7s 之后，流量传感器会报溢出。

(6) 故障检测：进料泵运行时，若流量传感器没有流量信号，则进料泵关闭。

(7) 维护：进料泵启动次数大于 50 次，必须维护。

搅拌区的混合罐中装有 3 个传感器：罐装满传感器（装满之后，触点断开）、罐不空传感器、罐液体最低限位（达到最低限位，触点关闭）。搅拌区功能：

(1) 搅拌电动机：当液面指示"液面高度低于最低限位"时，或者排料阀打开时，搅拌电动机必须停止。

(2) 故障检测：如果搅拌电动机在启动后 10s 内没有达到电动机的额定转速，则电动机必须断开。

(3) 维护：搅拌电动机的启动次数超过 50 次，进行维护。

排料区中成品的排出由螺线管阀门控制。排料区的功能：

(1)罐空时，阀门必须关闭。

(2)当搅拌电动机工作时，或者罐空时排料阀必须关闭，这一要求与搅拌区功能的第一项要求一致。

在进行系统设计之前，首先分析系统功能，可以看出系统有多台电动机和多个阀门，如果直接用线性化或模块化编程，会有较多的重复编程，而用结构化编程可以减少工作量。

将电动机设计封装在 FBl 中，以不同的数据块分别表示不同的电动机：配料 A 的进料泵（DBl）、配料 B 的进料泵（DB2）、搅拌电动机（DB3）。阀门用 FC 来封装，分别表示配料 A 和 B 的入口阀、进料阀和排料阀。分层结构图如图 3-27 所示。表 3-9 为系统的符号表。

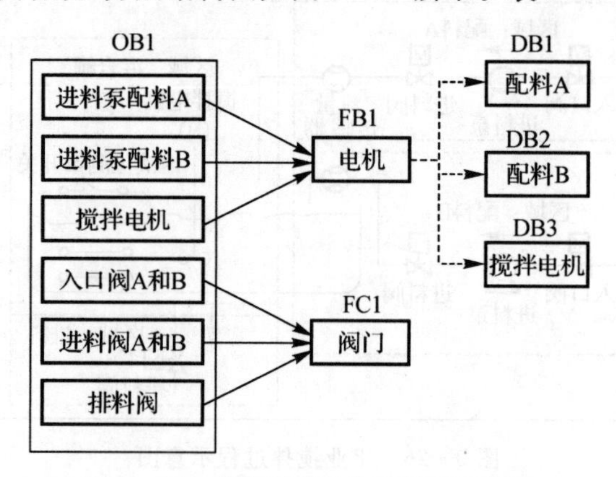

图 3-27　搅拌过程的分层调用结构图

表 3 - 9　系统的符号表

进料泵、搅拌电动机符号地址			
符号名	地　址	数据类型	描　述
FeedA_start	I0.0	BOOL	启动配料 A 的进料泵
FeedA_stop	I0.1	BOOL	停止配料 A 的进料泵
FlowA	I0.2	BOOL	配料 A 流动
InletVA	Q4.0	BOOL	启动配料 A 的入口阀
PumpVA	Q4.1	BOOL	启动配料 A 的进料阀
PumpAL_on	Q4.2	BOOL	配料 A 进料泵进行指示灯
PumpAL_off	Q4.3	BOOL	配料 A 进料泵停止指示灯
PumpA	Q4.4	BOOL	配料 A 进料泵进行
FaultAL	Q4.5	BOOL	进料泵 A 故障指示灯
MaintAL	Q4.6	BOOL	进料泵 A 维护指示灯
FeedB_start	I0.3	BOOL	启动配料 B 的进料泵
FeedB_stop	I0.4	BOOL	停止配料 B 的起料泵
FlowB	I0.5	BOOL	配料 B 流动
InletVB	Q5.0	BOOL	启动配料 B 的入口阀
PumpVB	Q5.1	BOOL	启动配料 B 的进料阀
PumpBL_on	Q5.2	BOOL	配料 B 进料泵运行指示灯
PumpBL_off	Q5.3	BOOL	配料 B 进料泵停止指示灯
PumpB	Q5.4	BOL	配料 B 进料泵进行
FaultBL	Q5.5	BOOL	进料泵 B 故障指示灯
MaintBL	Q5.6	BOOL	进料泵 B 维护指示灯
AgitatorR	I1.0	BOOL	搅拌电动机相应信号
Agitator_start	I1.1	BOOL	搅拌电动机启动按钮
Agitator_stop	I1.2	BOOL	搅拌电动机停止按钮
Agitator	Q8.0	BOOL	搅拌电动机启动
AgitatorL_on	Q8.1	BOOL	搅拌电动机运行指示灯
AgitatorL_off	Q8.2	BOOL	搅拌电动机停止指示灯
FaultGL	Q8.3	BOOL	搅拌电动机故障指示灯
MaintGL	Q8.4	BOOL	搅拌电动机维护指示灯

续 表

排料阀的符号地址			
符号名	地 址	数据类型	描 述
Drain_open	I0.6	BOOL	打开排料阀按钮
Drain_closed	I0.7	BOOL	关闭排料阀按钮
Drain	Q9.5	BOOL	启动排料阀
DrainL_on	Q9.6	BOOL	排料阀运行指示灯
DrainL_off	Q9.7	BOOL	排料阀停止指示灯
传感器及液面显示符号地址			
符号名	地 址	类 型	描 述
Tank_Lmax	I1.3	BOOL	混合罐未满传感器
Tank_Amin	I1.4	BOOL	混合罐液面高于最低限位传感器
Tank_Nemp	I1.5	BOOL	混合罐非空传感器
其他符号地址			
EM_stop	I1.6	BOOL	紧急停机开关
ResetM	I1.7	BOOL	复位维护指示灯

2.生成电动机 FB

电动机的通用 FB 示意图如图 3-28 所示。

定义 FB 的变量声明表如图 3-29 所示。其中输入量为:Start,Stop,Response,Reset_Maint,Timer_No 和 Response_Timer;输出量为:Fault、Start_Dsp,Stop_Dsp 和 Maint;输入/输出量为:Motor;静态变量为:Start_Edge 和 Starts。

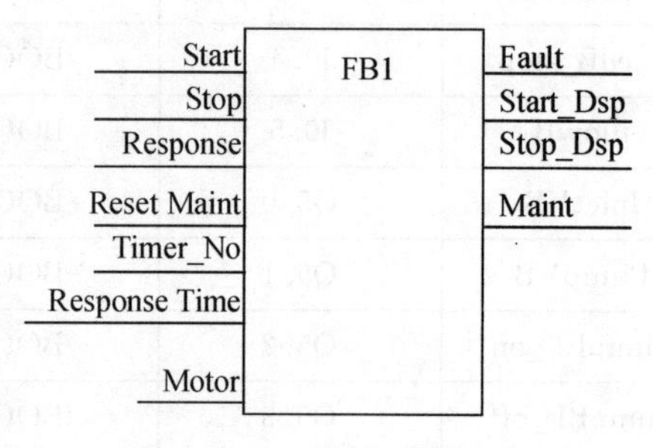

图 3-28 电动机通用 FB

FB 实现的功能:

1)启动和停止电动机,启动和停止时点亮相应指示灯。

2)设备启动,则监控定时器启动,定时时间到且未接收到设备相应信号则将电动机停止,并且指示故障。

3)启动次数大于 50 次,则维护指示灯亮。

4)设备的启停有互锁条件,在 0B1 中体现。

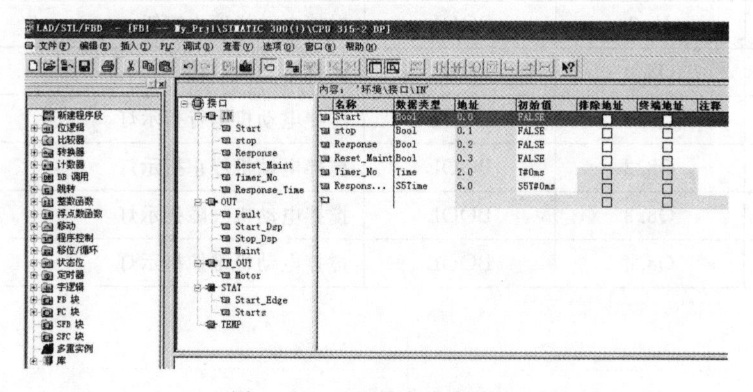

图 3-29 FB 的变量声明表

电动机 FB 的梯形图程序如图 3－30 所示。程序的 Networkl 为启动和停止电动机；Network2－Network5 为故障处理程序；Network6－Netwok8 为电动机维护。

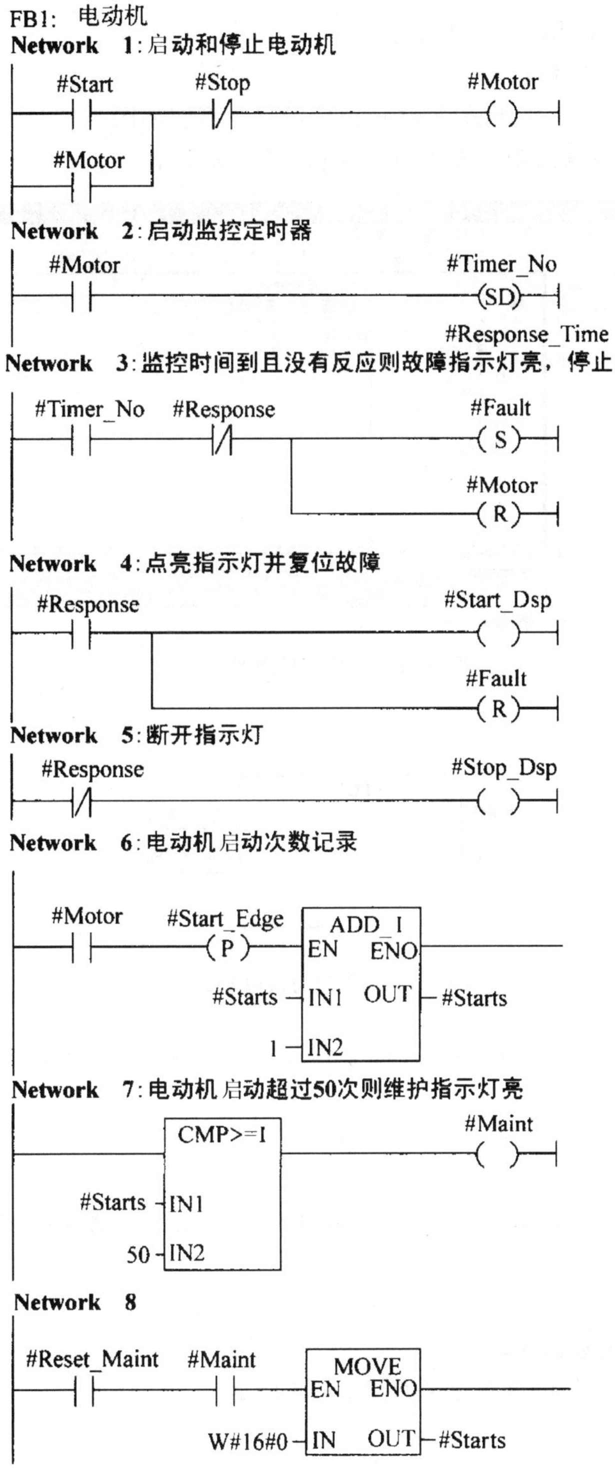

FB1: 电动机

Network 1: 启动和停止电动机

#Start　#Stop　#Motor ( )

#Motor

Network 2: 启动监控定时器

#Motor　#Timer_No (SD)

#Response_Time

Network 3: 监控时间到且没有反应则故障指示灯亮，停止电动机

#Timer_No　#Response　#Fault (S)

#Motor (R)

Network 4: 点亮指示灯并复位故障

#Response　#Start_Dsp ( )

#Fault (R)

Network 5: 断开指示灯

#Response　#Stop_Dsp ( )

Network 6: 电动机启动次数记录

#Motor　#Start_Edge (P)　ADD_I　EN　ENO

#Starts － IN1　OUT － #Starts

1 － IN2

Network 7: 电动机启动超过50次则维护指示灯亮

CMP>=I　#Maint ( )

#Starts － IN1

50 － IN2

Network 8

#Reset_Maint　#Maint　MOVE　EN　ENO

W#16#0 － IN　OUT － #Starts

图 3－30　电动机 FB 程序

3. 生成阀门 FC

阀门的功能为：

1)打开和关闭阀门。

2)开启和关闭阀门时，相应指示灯亮。

3)互锁状态在 OB1 中体现。

FC 变量声明表如图 3-31 所示。阀门的通用 FC 示意图如图 3-32 所示。其中输入变量有 Open、Close 和 Value；输出变量为：Open_Dsp 和 Close_Dsp。

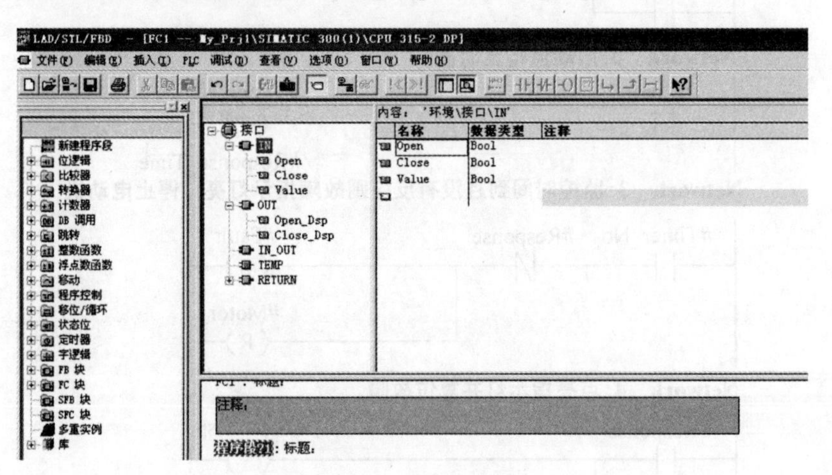

图 3-31　FC 变量声明表

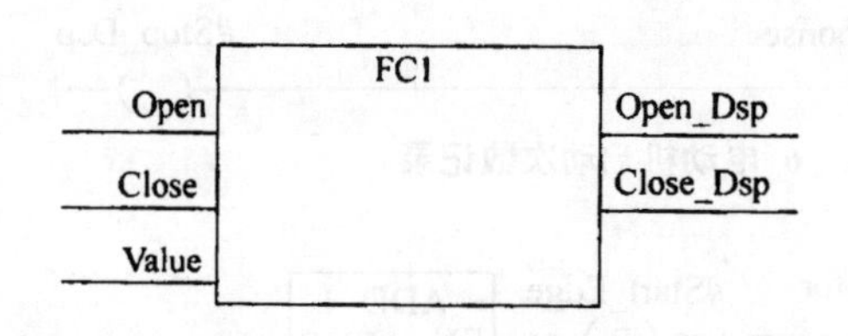

图 3-32　阀门的通用 FC

阀门 FC 的梯形图如图 3-33 所示。图中程序 Networkl 为打开和关闭阀门；Network2 到 Network3 为相关指示灯显示。

4. 生成 OB1

OBl 实现功能为：

1)完成互锁功能，用#Enable_Motor 来控制电动机或泵的启动，用#Enable_Value 来控制阀门的启动。

2)提供监控定时时间。

3)为 FB 提供不同的数据块。

OB1 组织块的临时(局部)变量定义如图 3-34 所示。

FC1: 阀门

Network　1:打开和关闭阀门

```
 #Open        #Close                    #Value
--| |----+----|/|-----------------------( )--
         |
 #Value  |
--| |----+
```

Network　2:显示阀门打开

```
 #Value                               #Open_Dsp
--| |-----------------------------------( )--
```

Network　3:显示阀门关闭

```
 #Value                               #Close_Dsp
--|/|-----------------------------------( )--
```

图 3－33　阀门的 FC 程序

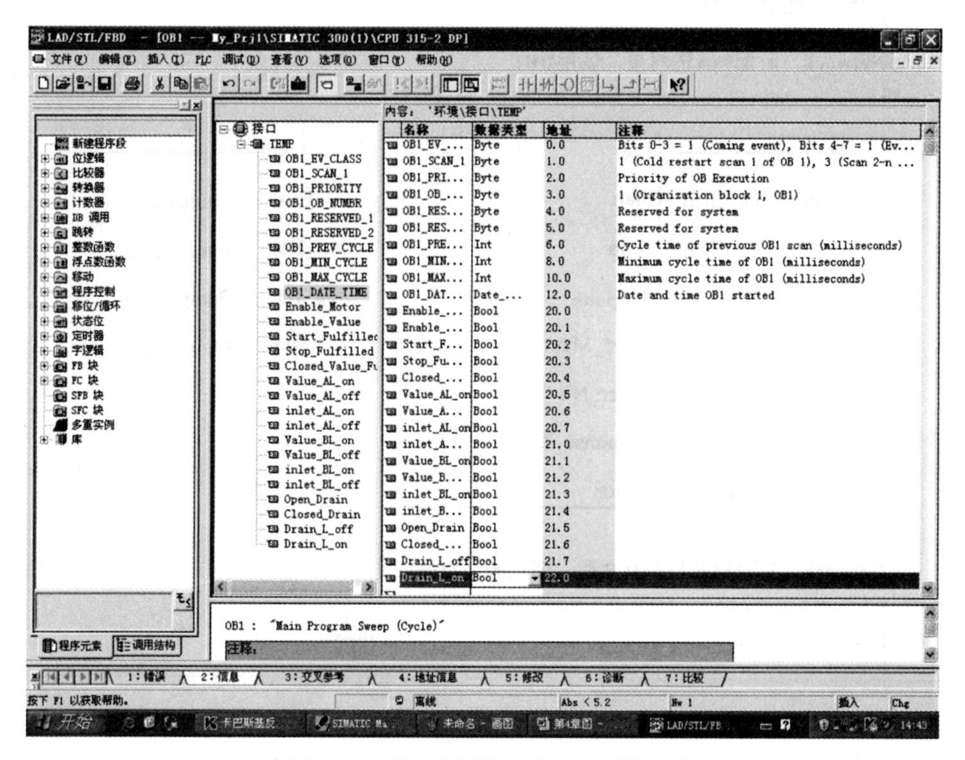

图 3－34　OB1 组织块的临时(局部)变量

图 3－34 中，有使能电动机变量 (Enable_Motor)，使能阀门变量 (Enable_Value)、启动电动机信号使能变量 (Start_Fulfilled)、停止电动机信号使能变量 (Stop_Fulfilled)、关闭阀门信号使能变量 (Close_Value_Ful)以及指示信号等等。OBl 梯形图程序如图 3－35 所示。

图 3－35 中，程序的 Networkl 到 Netwok9 为配料 A 的进料泵、入口阀及进料阀的控制；Networkl0 到 Networkl7 为配料 B 的进料泵、入口阀及进料阀的控制；Networkl8 到

Network25 为搅拌器及排料阀的控制。

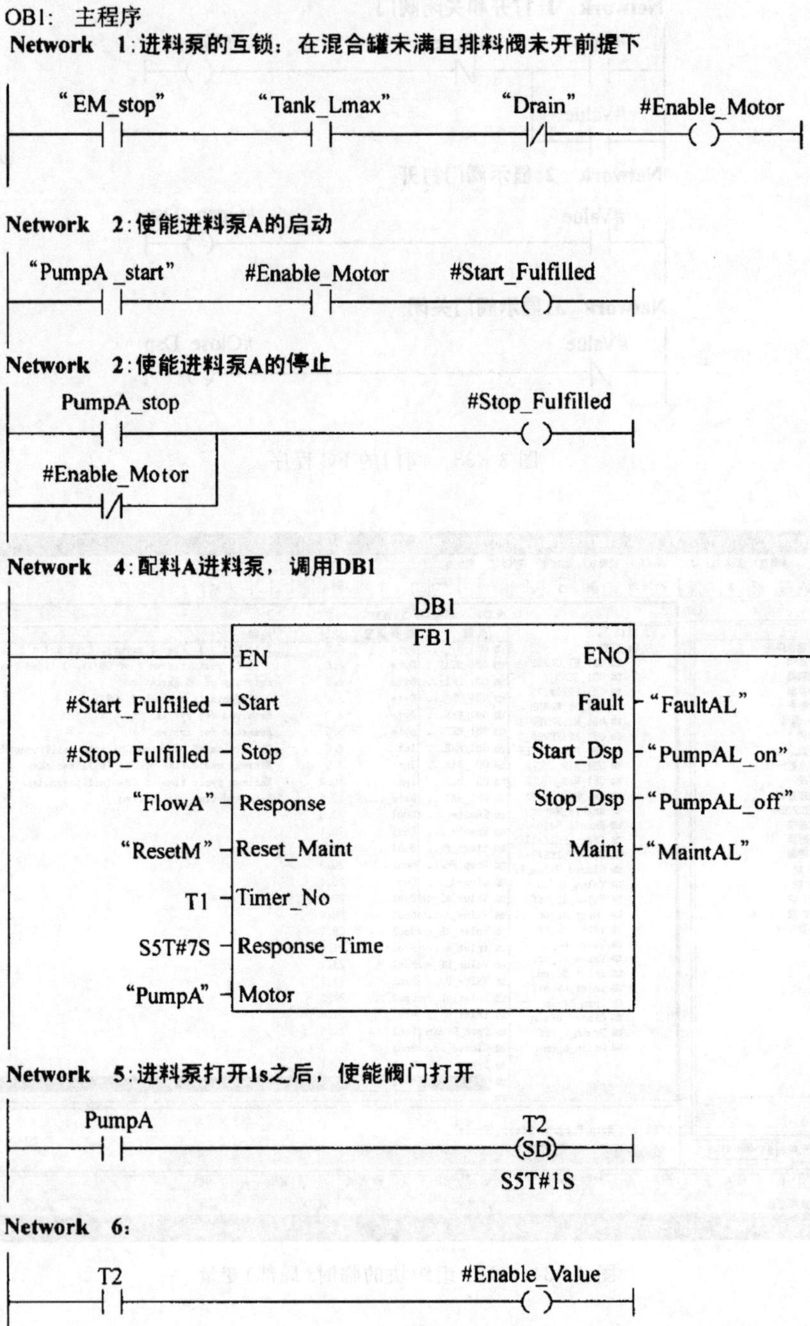

OB1:　主程序

Network　1:进料泵的互锁：在混合罐未满且排料阀未开前提下

"EM_stop"　"Tank_Lmax"　"Drain"　#Enable_Motor

Network　2:使能进料泵A的启动

"PumpA _start"　#Enable_Motor　#Start_Fulfilled

Network　2:使能进料泵A的停止

PumpA_stop　#Stop_Fulfilled

#Enable_Motor

Network　4:配料A进料泵，调用DB1

DB1

FB1

EN　ENO

#Start_Fulfilled　Start　Fault　"FaultAL"

#Stop_Fulfilled　Stop　Start_Dsp　"PumpAL_on"

"FlowA"　Response　Stop_Dsp　"PumpAL_off"

"ResetM"　Reset_Maint　Maint　"MaintAL"

T1　Timer_No

S5T#7S　Response_Time

"PumpA"　Motor

Network　5:进料泵打开1s之后，使能阀门打开

PumpA　T2

(SD)

S5T#1S

Network　6:

T2　#Enable_Value

图 3－35　OB1 梯形图

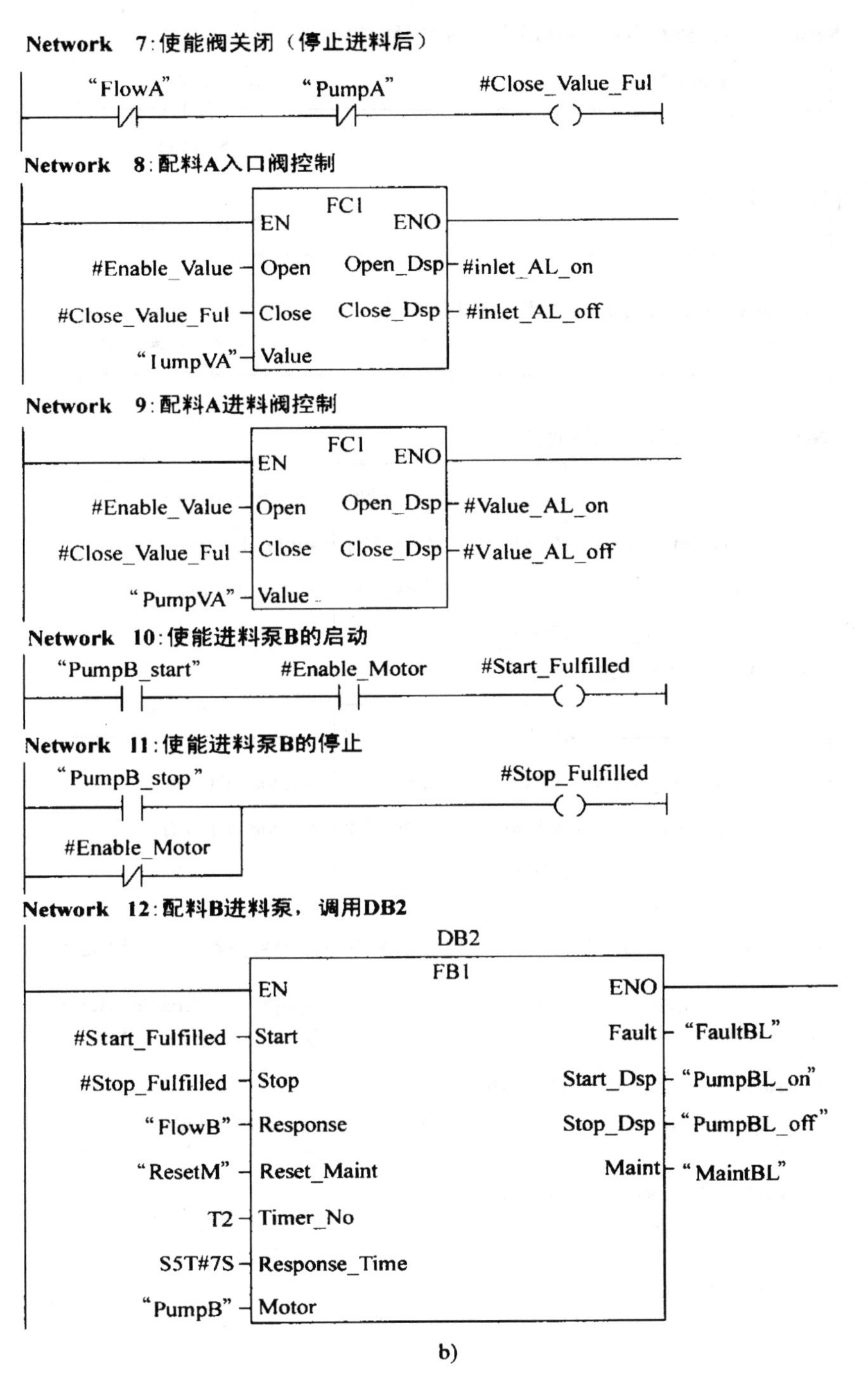

b)

续图 3 - 35　OB1 梯形图

Network 13:进料泵B打开1s之后，使能阀门打开

"PumpB"　T10 (SD) S5T#1S

Network 14

T11　#Enable_Value

Network 15:使能阀门关闭（停止进料后）

"FlowB"　"PumpB"　#Close_Value_Ful

Network 16:配料B入口阀控制

FCI
EN　ENO
#Enable_Value - Open　Open_Dsp - #inlet_BL_on
#Close_Value_Ful - Close　Close_Dsp - #inlet_BL_off
"IumpVB" - Value

Network 17:配料B进料阀控制

FCI
EN　ENO
#Enable_Value - Open　Open_Dsp - #Value_BL_on
#Close_Value_Ful - Close　Close_Dsp - #Value_BL_off
"PumpVB" - Value

Network 18:搅拌器互锁：在混合罐液面高于最低限且排料阀未开前提下

"EM_stop"　"Tank_Amin"　"Drain"　#Enable_Motor

Network 19:使能搅拌器的启动

"Agitator_strat"　#Enable_Motor　#Start_Fulfilled

Network 20:使能搅拌器的停止

"Agitator_starat"　#Stop_Fulfilled
#Enable_Motor

c)

续图 3－35　OB1 梯形图

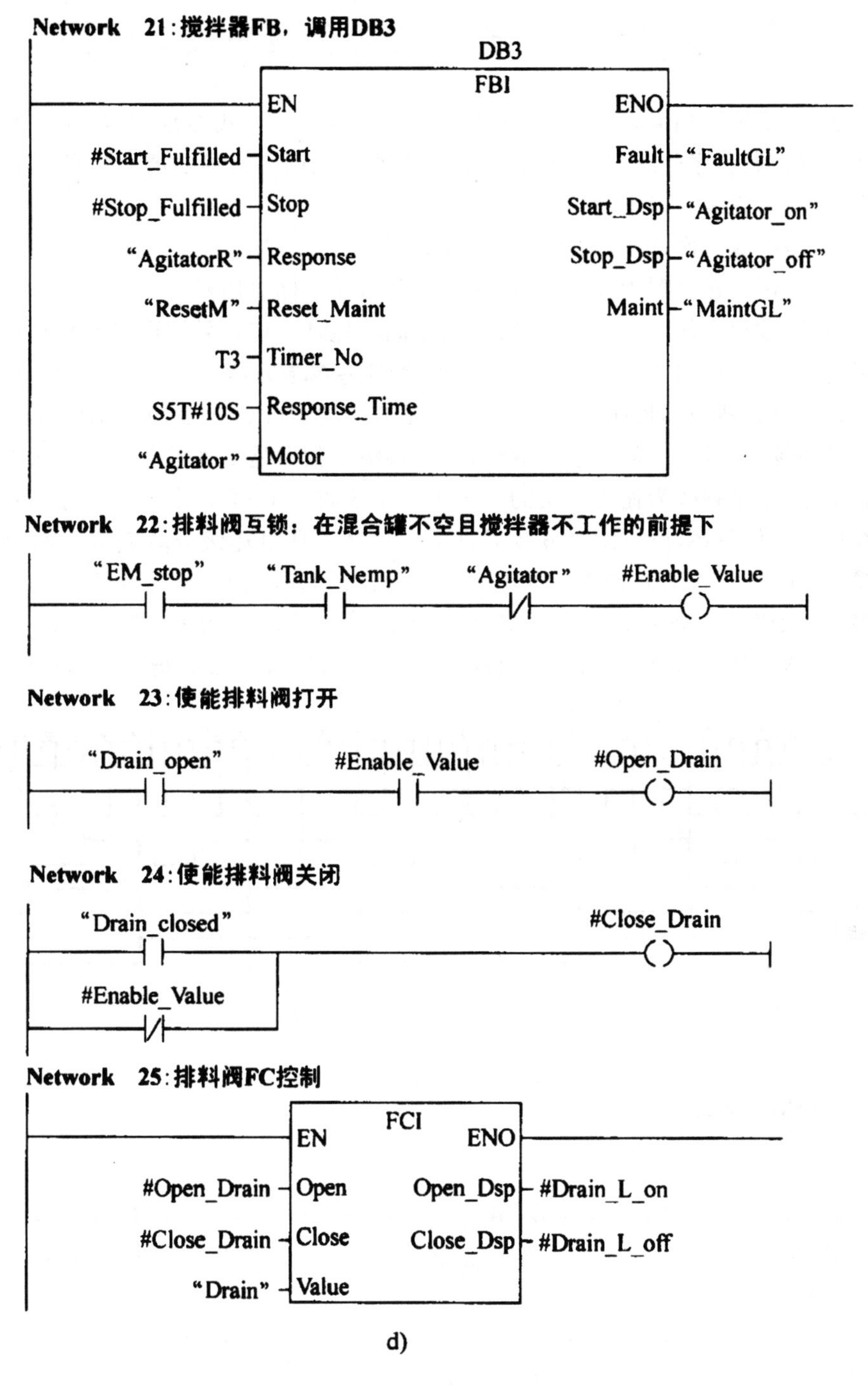

续图 3 - 35　OB1 梯形图

3.5 使用有参功能的结构化程序设计方法

有参功能，是指编辑功能时，在局部变量声明表内定义了形式参数，在功能中使用了虚拟的符号地址完成控制程序的编程，以便在其他块中能重复调用有参功能。这种方式一般应用于结构化程序编写，它具有以下优点。

(1)程序只需生成一次，显著地减少了编程时间。

(2)该块只在用户存储器中保存一次，显著地降低了存储器用量。

(3)该块可以被程序任意次调用，每次使用不同的地址。该块采用形式参数编程，当用户程序调用该块时，要用实际地址（实际参数)给这些参数赋值。

下面以多级分频器控制程序的设计为例，介绍有参功能(FC)的编辑及调用方法。

在许多控制场合，需要对信号进行分频，其中多级分频器是1种具有一个输入端和多个输出端的功能单元，输出频率为输入频率的1/2,1/4,1/8或1/16等。由于多级分频器各输出端的输出频率均为2倍关系，所以多级分频器可由二分频器通过逐级分频完成。本例拟在功能FCl中编写二分频器控制程序，然后在OBl中通过调用FC1实现多级分频器的功能。多级分频器的时序关系如图3-36所示。其中I0.0为多级分频器的脉冲输入端；Q4.0～Q4.3分别为2,4,8,16分频的脉冲输出端；Q4.4～Q4.7分别为2,4,8,16分频指示灯驱动输出端。

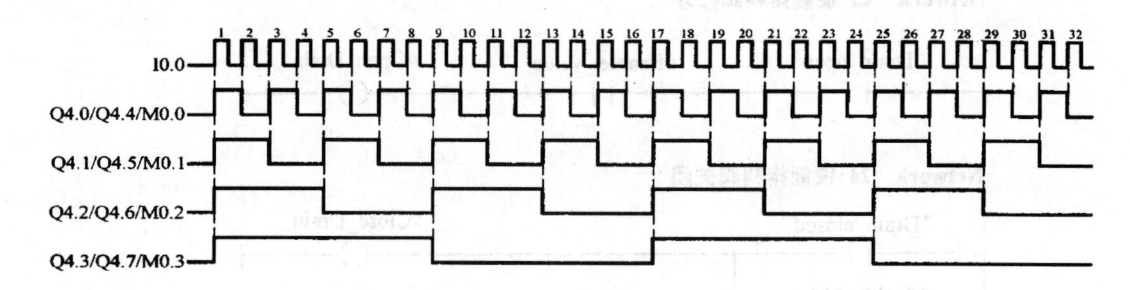

图3-36　多级分频器的时序图

3.5.1 编辑有参功能

1.编写符号表

使用菜单File→"New Project"Wizard创建多级分频器的S7项目，并命名为"有参FC"。选择"有参FC"项目的S7 Program文件夹，双击symbol图标打开符号表编辑器，按图3-37所示编辑符号表。

按结构化编程方法，分频器的程序结构如图3-38所示。控制程序由两个逻辑块组成，其中OB1为主循环组织块，FC1为二分频器控制程序。

2.创建有参功能FC1

选择"有参FC"项目中的Blocks(块)文件夹，然后执行菜单命令Insert→S7 Block→Function，在块文件创建一个功能，命名为"FC1"，由于在符号表内已经对FC1定义了符号，所以在FC1的属性对话框内系统将自动命名为"二分频器"。

符号编辑器 － [S7 程序(1) (符号) -- S7_Pro9\SIMATIC 300 站点\CPU312C(1)]

符号表(S)　编辑(E)　插入(I)　查看(V)　选项(O)　窗口(W)　帮助(H)

全部符号

	状态	符号	地址		数据类型		注释
1		二分频器	FC	1	FC	1	对输入信号二分频
2		In_Port	I	0.0	BOOL		脉冲信号输入端
3		F_P2	M	0.0	BOOL		二分频器上升沿检测标志
4		F_P4	M	0.1	BOOL		四分频器上升沿检测标志
5		F_P8	M	0.2	BOOL		八分频器上升沿检测标志
6		F_P16	M	0.3	BOOL		十六分频器上升沿检测标志
7		Cycle Execution	OB	1	OB	1	主循环组织块
8		Out_Port2	Q	4.0	BOOL		二分频器脉冲信号输出端
9		Out_Port4	Q	4.1	BOOL		四分频器脉冲信号输出端
10		Out_Port8	Q	4.2	BOOL		八分频器脉冲信号输出端
11		Out_Port16	Q	4.3	BOOL		十六分频器脉冲信号输出端
12		LED2	Q	4.4	BOOL		二分频信号指示灯
13		LED4	Q	4.5	BOOL		四分频信号指示灯
14		LED8	Q	4.6	BOOL		八分频信号指示灯
15		LED16	Q	4.7	BOOL		十六份频信号指示灯
16							

图 3－37　分频器符号表

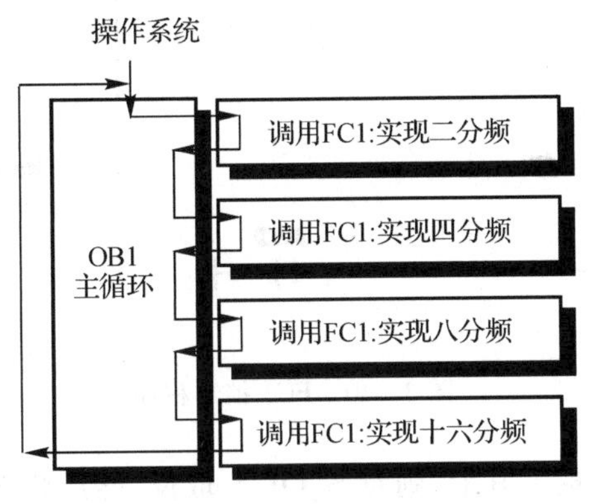

图 3－38　分频器的程序结构

在 FC1 的变量声明表内，声明 4 个参数，见表 3－10。

表 3－10　变量声明表

Interface（接口类型）	Name（变量名）	Data Type（数据类型）	Comment（注释）	Interface（接口类型）	Name（变量名）	Data Type（数据类型）	Comment（注释）
In	S_IN	BOOL	脉冲输入信号	Out	LED	BOOL	输出状态指示
Out	S_OUT	BOOL	脉冲输出信号	In_Out	F_P	BOOL	上跳沿检测标志

3. 编辑 FC1 控制程序

二分频器的时序如图 3－39 所示。分析二分频器的时序图可以看到，输入信号每出现一个上升沿，输出便改变一次状态，据此可采用上跳沿检测指令实现。

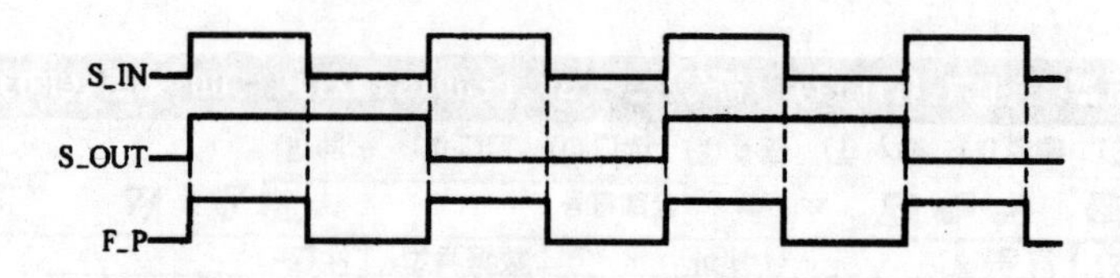

图 3 - 39　二分频器时序图

选择“有参 FC”项目的 Block 文件夹，双击 FCl 图标打开 FCl 编辑窗口，编写二分频器的控制程序，如图 3 - 40 所示。

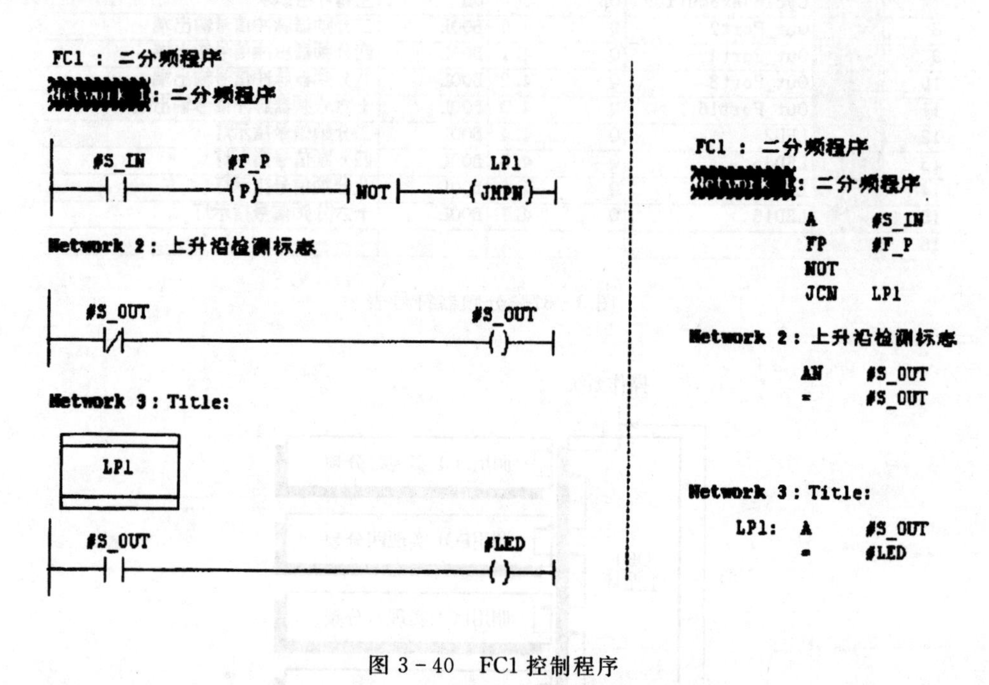

图 3 - 40　FC1 控制程序

如果输入信号 S_IN 出现上升沿，则对 S_OUT 取反，然后将 S_OUT 的信号状态送 LED 显示；否则，程序直接跳转到 LP1，将 S_OUT 的信号状态送 LED 显示。

3.5.2　在 OB1 中调用有参功能

选择“有参 FC”项目的 Block 文件夹，双击 OBl 图标打开 OBl 编辑窗口。由于在符号表中为 FCl 定义了一个符号名“二分频器”，因此可以采用符号地址或绝对地址两种方式来调用 FCl，OBl 的控制程序由 4 个网络组成，LAD 程序如图 3 - 41 所示。

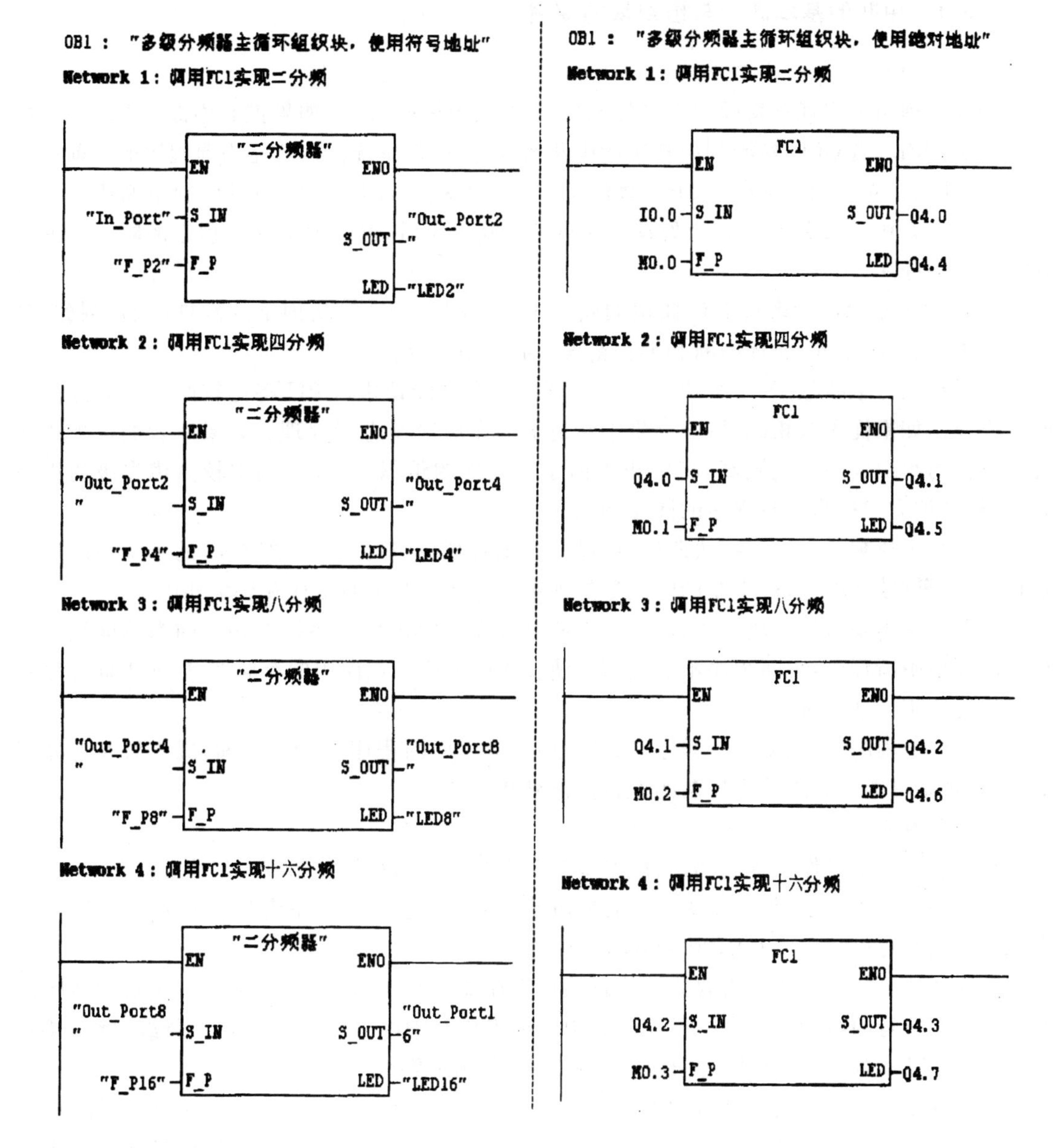

图 3－41　LAD 程序

3.6　组织块与中断处理

组织块是操作系统与用户程序之间的接口。S7 提供了各种不同的组织块，用组织块可以创建在特定的时间执行的程序和响应特定事件的程序，例如，延时中断组织块、外部硬件中断组织块和错误处理组织块等。

3.6.1 中断的基本概念与组织块的变量

1. 中断过程

中断处理用来实现对特殊内部事件或外部事件的快速响应。如果没有中断,CPU 循环执行组织块 OBl。当 CPU 检测到中断源的中断请求时,操作系统在执行完当前程序的当前指令(即断点处)后,立即响应中断。CPU 暂停正在执行的程序,调用中断源对应的中断程序。在 S7-300/400 中,中断用组织块来处理。执行完中断程序后,返回被中断的程序的断点处继续执行原来的程序。

PLC 的中断源可能来自 I/O 模块的硬件中断,或是 CPU 模块内部的软件中断,例如,日期时间中断、延时中断、循环中断和编程错误引起的中断等。

如果在执行中断程序(组织块)时,又检测到一个中断请求,CPU 将比较两个中断源的中断优先级。如果优先级相同,按照产生中断请求的先后次序进行处理。如果后者的优先级比正在执行的组织块的优先级高,将中止当前正在处理的组织块,改为调用较高优先级的组织块,这种处理方式称为中断程序的嵌套调用。

一个组织块被另一个组织块调用时,操作系统对现场进行保护。被中断的组织块的局域数据压入局域数据堆栈,被中断的断点处的现场信息保存在中断堆栈和块堆栈中。

中断程序不是由程序块调用,而是在中断事件发生时由操作系统调用。因为不能预知系统何时调用中断程序,中断程序不能改写其他程序中可能正在使用的存储器,应在中断程序中尽可能地使用局域变量。

编写中断程序时,应使中断程序尽量短小,以减少中断程序的执行时间,减少对其他处理的延迟,否则可能引起主程序控制的设备操作异常。

2. 组织块的分类

组织块只能由操作系统启动,它由变量声明表和用户编写的控制程序组成。

1)启动组织块。启动组织块用于系统初始化,CPU 上电或操作模式改为 RUN 时,根据启动的方式执行启动程序 OB100~OB102 中的一个。

2)循环执行的组织块。需要连续执行的程序存放在 OB1 中,执行完后又开始新的循环。

3)定期执行的组织块。包括日期时间中断组织块 OB10~OB17 和循环中断组织块 OB30~OB38,可以根据设定的日期时间或时间间隔执行中断程序。

4)事件驱动的组织块。延时中断 OB20~OB23 在过程事件出现后延时一定的时间再执行中断程序;硬件中断 OB40~OB47 用于需要快速响应的过程事件,事件出现时马上中止循环程序,执行对应的中断程序。异步错误中断 OB80~OB87 和同步错误中断 OB121,OB122 用来决定在出现错误时系统如何响应。

3. 中断的优先级

中断的优先级也就是组织块的优先级,较高优先级的组织块可以中断较低优先级的组织块的处理过程。如果同时产生的中断请求不止一个,最先执行优先级最高的组织块,然后按照优先级由高到低的顺序执行其他组织块。

中断的优先级由低到高的排列顺序是:背景循环中断、主程序扫描循环中断、日期时间中断、时间延时中断、循环中断、硬件中断、多处理器中断、冗余错误中断、异步故障(OB80~OB87)中断、启动和 CPU 冗余中断。

需要指出的是，同一个优先级可以分配给几个组织块，具有相同优先级的组织块按启动它们的事件出现的先后顺序处理。被同步错误启动的故障组织块的优先级与错误出现时正在执行的 OB 的优先级相同。

4. 对中断的控制

日期时间中断和延时中断有专用的允许处理中断和禁止中断的系统功能（SFC）。其中，SFC39“DIS_INT”用来禁止所有的中断、某些优先级范围的中断或指定的某个中断；SFC40“EN_INT”用来激活（使能）新的中断和异步错误处理。如果用户希望忽略中断，可以下载一个只有块结束指令 BEU 的空的组织块；SFC41“DIS_AIRT”延迟处理比当前优先级高的中断和异步错误；SFC42“EN_AIRT”允许立即处理被 SFC41 暂时禁止的中断和异步错误。

5. 组织块的变量声明表

组织块由操作系统调用，组织块没有背景数据块，也不能为自己声明静态变量，因此组织块的变量声明表中只有临时变量，其临时变量可以是基本数据类型、复合数据类型或数据类型 ANY。

操作系统为所有的组织块声明了一个 20B 的包含组织块的启动信息的变量声明表，声明表中变量的具体内容与组织块的类型有关。用户可以通过组织块的变量声明表获得与启动组织块的原因有关的信息。组织块的变量声明表见表 3－11。

表 3－11　组织块的变量声明

字节地址	内　容
0	事件级别与标识符
1	用代码表示与启动组织块的事件有关的信息
2	优先级，例如，OB40 的优先级为 16
3	OB 块号，例如，OB40 的块号为 40
4～11	其他附加信息
12～19	组织块被启动的日期和时间（年、月、时、分、秒、毫秒、星期）

3.6.2　日期时间中断组织块（OB10～OB17）

S7 CPU 提供日期时间中断组织块，这些组织块在特定的日期和时间或以一定的间隔由操作系统调用执行。CPU 可以使用的日期时间中断组织块的个数与 CPU 的型号有关。

1. 设置和启动日期时间中断

为了启动日期时间中断，用户首先必须设置日期时间中断的参数，然后再激活它。有以下 3 种方法可以启动日期时间中断。

(1)在用户程序中用 SFC28“SET_TINT”和 SFC30“ACT_TINT”设置并激活日期时间中断。

(2)在硬件组态工具中设置和激活。具体步骤为：在 STEP7 中打开硬件组态工具，双击机架中 CPU 模块所在的行，打开设置 CPU 属性的对话框；单击“Time－Of－Day Interrupts”选项卡，设置启动时间日期中断的日期和时间；选中“Active”（激活）多选框，在“Execution”列表框中选择执行方式。将硬件组态数据下载到 CPU 中，就可以实现日期时间中断的自动启动。

(3)在用户程序中用 SFC30"ACT_TINT"激活日期时间中断。

2. 查询日期时间中断

要想查询设置了哪些日期时间中断,以及这些中断什么时间发生,用户可以调用"QRY_TINT"或查询系统状态表中的"中断状态"表。SFC31 输出的状态字节 STATUS 见表 3-12。

表 3-12 SFC31 输出的状态字节 STATUS

位	取 值	意 义
0	0	日期时间中断已被激活
1	0	允许新的日期时间中断
2	0	日期和时间中断未被激活或时间已过去
3	0	—
4	0	没有装载日期时间中断组织块
5	0	日期时间中断组织块的执行没有被激活的测试功能静止
6	0	以基准时间为日期时间中断的基准
7	1	以本地时间为日期时间中断的基准

3. 终止与激活日期时间中断

用户可以用 SFC29"CAN_TINT"取消那些还没有执行的日期时间中断,用 SFC28"SET_TINT"可以重新设置那些被禁止的日期时间中断,用 SFC30"ACT_TINT"重新激活日期时间中断。

4. 应用实例

例 3-4 自 2006-2-12 的 18 点整开始,每分钟中断一次,每次中断使 MW0 自动加 1。要求用 I0.0 的上升沿脉冲设置和启动日期时间中断 OB10,用 I0.1 的高电平禁止日期时间中断 OB10。

图 3-42 所示为主程序 OB1,图 3-43 所示为中断程序 OB10。

说明:在 OB1 的 Networkl 中调用系统 IEC 功能 FC3"DATE and TOD to DT",将日期(格式为 DATE)和时间(格式为 TOD)数据合并,并且转换为 DATE_AND_TIME 格式(简称 DT)的数据,并且暂时置于局部变量 OB1_DATE_TIME。因为在 SFC28"SET_TINT"功能块中,输入参数 SDT(设置中断的启动起始时间)的数据类型为 DT 格式,所以必须进行数据类型的合并与转换。在 Network4 中,"OB1_DATE_TIME"作为 SFC28 的输入参数 SDT,W#16#0201 表示每分钟中断一次。在 OB10 中,只需将 MW0 自动加 1 即可,表明调用 OB10 的次数。

程序保存好后就可以下载到实际 PLC 中了。需要注意的是,一定要把所有的程序块都下载,包括 FC3,SFC28 等,再点击工具栏的下载按钮即可。

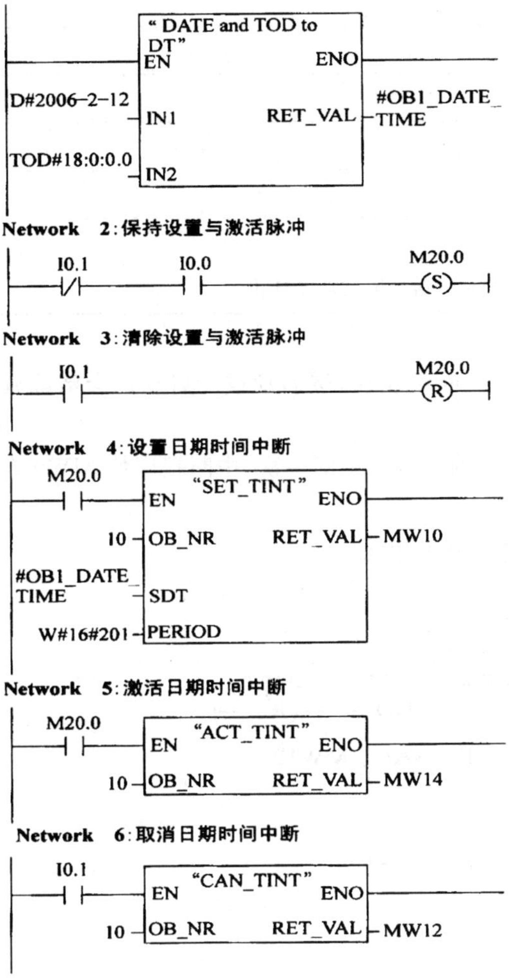

Network　1：合并日期时间项

"DATE and TOD to DT"：EN，ENO；IN1：D#2006-2-12；IN2：TOD#18:0:0.0；RET_VAL：#OB1_DATE_TIME

Network　2：保持设置与激活脉冲

I0.1（常闭）　I0.0　M20.0（S）

Network　3：清除设置与激活脉冲

I0.1　M20.0（R）

Network　4：设置日期时间中断

M20.0 — "SET_TINT"：EN，ENO；OB_NR：10；SDT：#OB1_DATE_TIME；PERIOD：W#16#201；RET_VAL：MW10

Network　5：激活日期时间中断

M20.0 — "ACT_TINT"：EN，ENO；OB_NR：10；RET_VAL：MW14

Network　6：取消日期时间中断

I0.1 — "CAN_TINT"：EN，ENO；OB_NR：10；RET_VAL：MW12

图 3－42　主程序 OB1

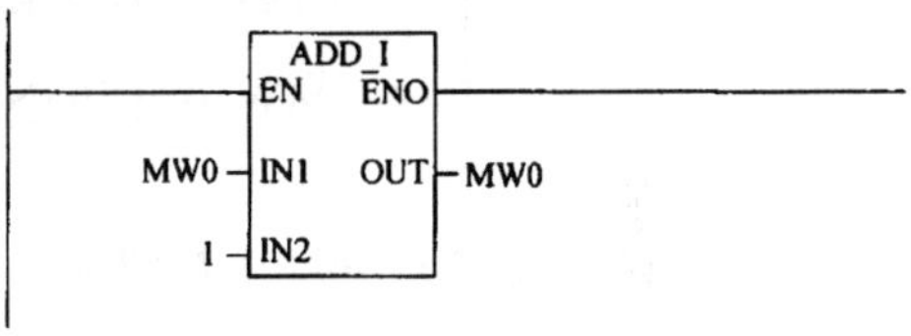

Network　1:MW0自加1

ADD_I：EN，ENO；IN1：MW0；IN2：1；OUT：MW0

图 3－43　中断程序 OB10

3.6.3　时间延时中断组织块

S7 CPU 提供延时组织块用于在用户程序中编写延时执行的程序。使用延时中断可以获得精度较高的延时，延时中断以毫秒（ms）为单位定时。各 CPU 可以使用的延时中断组织块（OB20～OB23）的个数与 CPU 的型号有关，S7－300 CPU（不包括 CPU318）只能使用 OB20。延时中断组织块优先级的默认设置值为 3～6 级。延时中断组织块用 SFC32"SRT_DINT"启动，延时时间在 SFC32 中设置，启动后经过设定的延时时间，触发中断，调用 SFC32 指定的组织块。需要延时执行的操作放在组织块中，必须将延时中断组织块作为用户程序的一部分下载到 CPU。

如果延时中断已被启动，延时时间还没有到达，可以用 SFC33"CAN_DINT"取消延时中断的执行。SFC34"QRY_DINT"用来查询延时中断的状态。表 3－13 给出了 SFC34 输出的状态字节 STATUS。

表 3-13　SFC34 输出的状态字节 STATUS

位	取　值	意　义
0	0	延时中断已被允许
1	0	未拒绝新的延时中断
2	0	延时中断未被激活或时间已过去
3	0	—
4	0	没有装载延时中断组织块
5	0	日期时间中断组织块的执行没有被激活的测试功能静止

只有在 CPU 处于运行状态时才能执行延时中断组织块，暖启动或冷启动都会清除延时中断组织块的启动事件。

例 3-5　M20.0 控制启动延时中断 OB20，延时 10s 后中断一次，中断程序使 MW0 自动加 1，M20.1 控制取消延时中断 OB20。

图 3-44 所示为主程序 OB1，延时中断程序与例 1 相同。

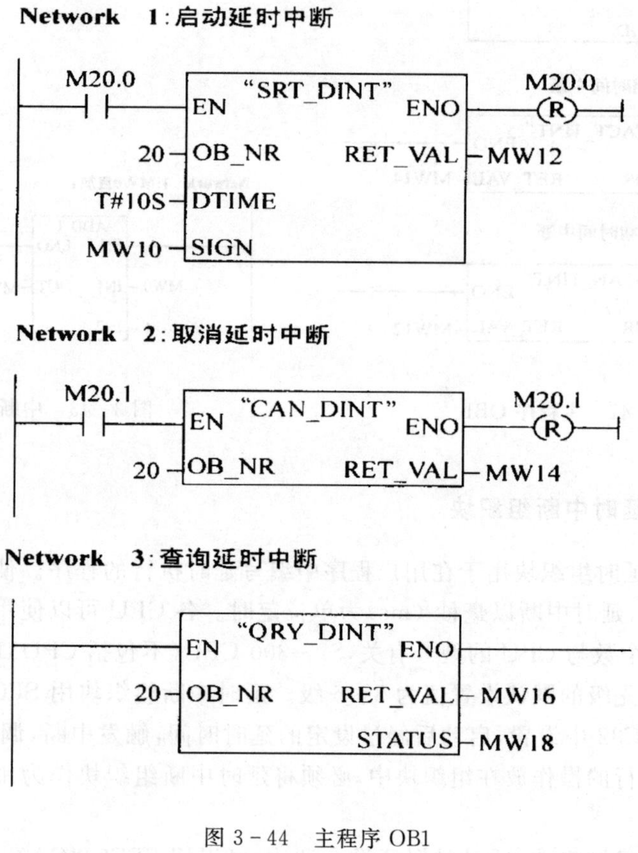

Network　1：启动延时中断

M20.0
"SRT_DINT"
EN　ENO
M20.0
R
20 — OB_NR　RET_VAL — MW12
T#10S — DTIME
MW10 — SIGN

Network　2：取消延时中断

M20.1
"CAN_DINT"
EN　ENO
M20.1
R
20 — OB_NR　RET_VAL — MW14

Network　3：查询延时中断

"QRY_DINT"
EN　ENO
20 — OB_NR　RET_VAL — MW16
STATUS — MW18

图 3-44　主程序 OB1

说明：在 OB1 的 Networkl 中调用系统功能 SFC32 启动延时中断，DTIME 端是延时的时间设置，此时为 T＃10s。程序编译保存好后就可以下载到实际 PLC 中了。一定要把所有的程序块都下载，包括 OB20，SFC32 等，选中要下载的程序块，再点击工具栏的下载按钮即可。

3.6.4　循环中断组织块

S7 CPU 提供循环中断组织块，可用于按一定时间间隔中断循环程序的执行，例如，周期性地定时执行闭环控制系统的 PID 运算程序，间隔时间从 STOP 切换到 RUN 模式时开始计算。

用户定义时间间隔时，必须确保在两次循环中断之间的时间间隔中有足够的时间处理循环中断程序。

各 CPU 可以使用的循环中断组织块（OB30～OB38）的个数与 CPU 的型号有关。OB30～OB38 缺省的时间间隔和中断优先级见表 3－14。如果两个组织块的时间间隔成整倍数，不同的循环中断组织块可能同时请求中断，造成处理循环中断服务程序的时间超过指定的循环时间。为了避免出现这样的错误，用户可以定义一个相位偏移。相位偏移用于在循环时间间隔到达时，延时一定的时间后再执行循环中断。相位偏移 m 的单位为 ms，应有 $0<m<n$，其中 n 为循环的时间间隔。

表 3－14　循环组织块默认参数

组织块号	时间间隔	优先级	组织块号	时间间隔	优先级
OB30	5s	7	OB35	100ms	12
OB31	2s	8	OB36	50ms	13
OB32	1s	9	OB37	20ms	14
OB33	500ms	10	OB38	10ms	15
OB34	200ms	11			

没有专用的 SFC 来激活和禁止循环中断，可以用 SFC40 和 SFC39 来激活和禁止它们。SFC40“EN_INT”用于激活新的中断和异步错误，其参数 MODE 为 0 时激活所有的中断和异步错误，为 1 时激活部分中断和错误，为 2 时激活指定的组织块编号对应的中断和异步错误。SFC39“DIS_INT”用于禁止新的中断和异步错误，MODE 为 2 时禁止指定的组织块编号对应的中断和异步错误，MODE 必须用十六进制数来设置。

例 3－6　每 3min 中断一次，每次中断使 MW0 自动加 1。要求用 I0.0 的上升沿脉冲设置和启动循环中断 OB35，用 I0.1 的高电平禁止日期时间中断 OB10。

首先在 CPU 属性栏中，点击“Cyclic Interrupts”选项，在“Execution”编辑框中设置循环间隔时间为 3000ms，表示每 3s 调用 OB35 一次。

图 3－45 所示主程序 OB1，循环中断程序与例 3－4 相同。

说明：在 OBl 的 Network3 和 Network4 中 MODE 为 B＃16＃2 分别表示激活指定的 OB35 所对应的循环中断和禁止新的循环中断。

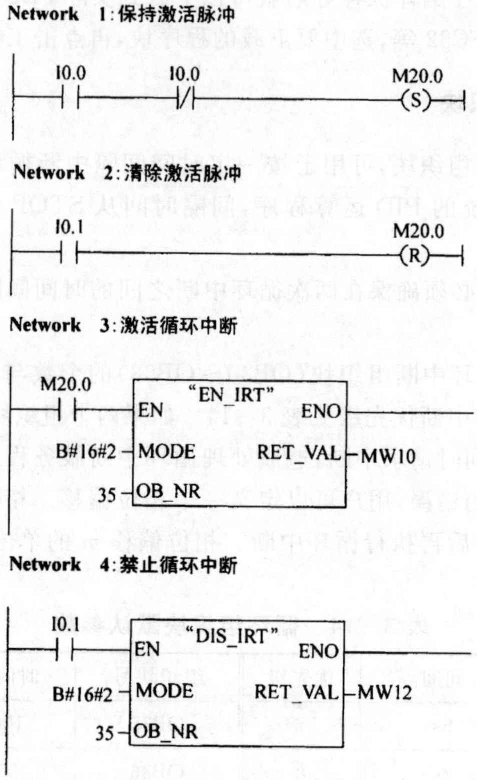

Network 1:保持激活脉冲

I0.0 I0.0 M20.0 (S)

Network 2:清除激活脉冲

I0.1 M20.0 (R)

Network 3:激活循环中断

M20.0 "EN_IRT" EN ENO
B#16#2 MODE RET_VAL MW10
35 OB_NR

Network 4:禁止循环中断

I0.1 "DIS_IRT" EN ENO
B#16#2 MODE RET_VAL MW12
35 OB_NR

图 3-45 主程序 OB1

3.6.5 硬件中断组织块与背景组织块

1. 硬件中断组织块

S7 CPU 提供硬件中断组织块(OB40～OB47),用于对模块(如信号模块 SM、通信处理器 CP 和功能模块 FM)上的信号变化进行快速响应。

硬件中断被模块触发后,操作系统将自动识别是哪一个槽的模块和模块中哪一个通道产生的硬件中断。硬件中断组织块执行完后,将发送通道确认信号。

硬件中断组织块的缺省优先级为 16～23,用户可以设置参数改变优先级。如果在处理硬件中断的同时,又出现了其他硬件中断事件,新的中断按以下方法识别和处理:如果在处理某一中断事件时,又出现了同一模块同一通道产生的完全相同的中断事件,新的中断事件将丢失,即不处理它。在图 3-46 中,数字量模块输入信号的第一个上升沿时触发中断,由于正在用 OB40 处理中断,第 2,3 个上升沿产生的中断信号丢失。

如果在处理某一中断信号时同一模块中其他通道产生了中断事件,新的中断不会被立即触发,但是不会丢失。在当前已激活的硬件中断执行完后,再处理被暂存的中断。如果硬件中断被触发,并且它的组织块中其他模块的硬件中断激活,新的请求将被记录,空闲后再执行该中断。

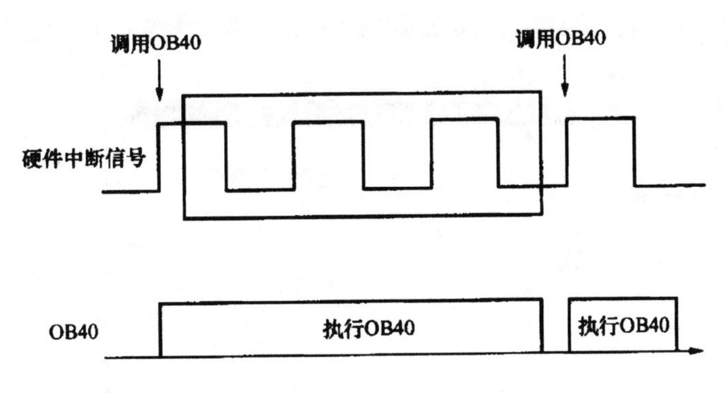

图 3－46　硬件中断信号的处理

例 3－7　I0.0 的上升沿作为硬件中断触发脉冲，使用硬件中断 OB40，当来一次 I0.0 的上升沿，就使 MW0 自动加 1。

首先在硬件组态中设置中断触发信号。由于不是所有的信号模块都具有中断功能。此例中，需要一个数字量输入模块，图 3－47 所示为硬件组态，单击一个模块后，右下角处将出现这个模块的基本信息。然后插入 CPU315－2DP 和一块具有中断功能的数字量输入模板（如 SM321，订货号 6ES7321 － 7BHOl － 0AB0）。双击模板，选择“Inputs”选项，同时激活“Hardware interrupt”和“Trigger for Hardware Interrupt”选项，图 3－48 所示为设置数字量输入模板的中断。

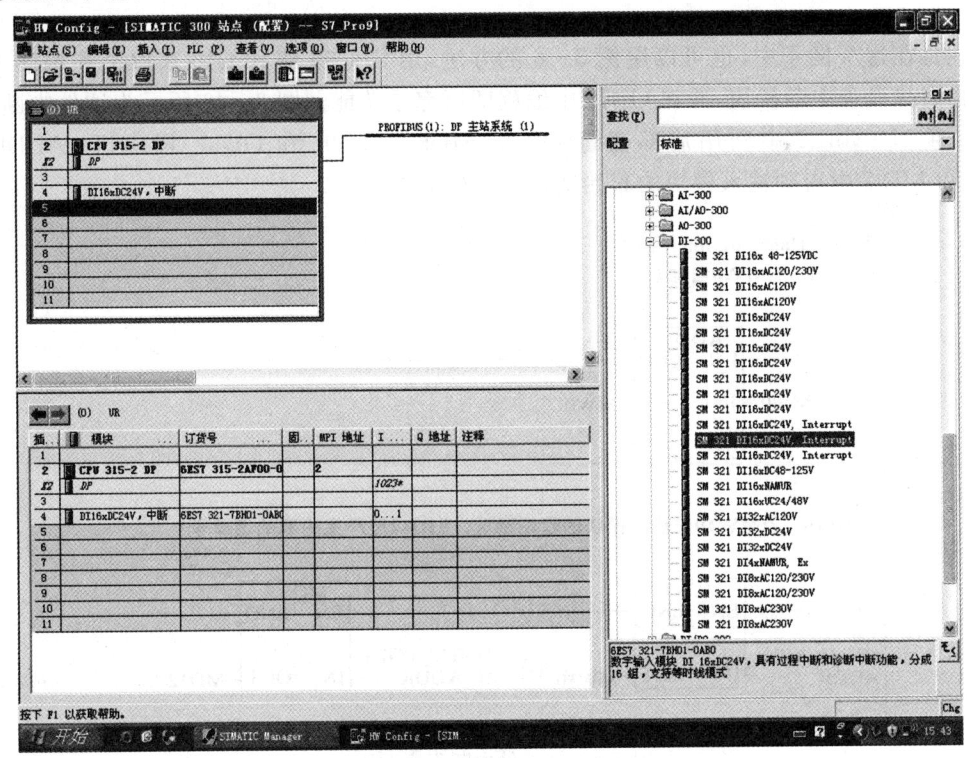

图 3－47　硬件组态

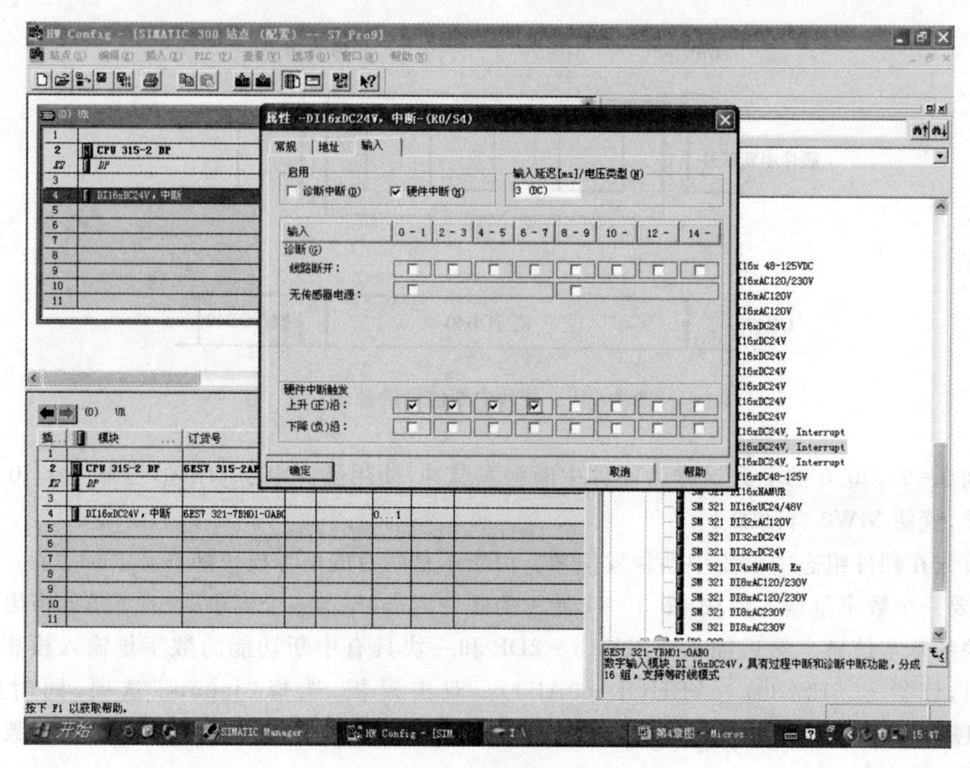

图 3－48　设置模块中断

说明：在这个例子中，也可以用例 3－6 的方法，用 SFC39 和 SFC40 来取消和激活中断。在此，我们只设置中断模块，并在 OB40 中编程即可完成功能。图 3－49 所示为硬件中断程序 OB40。在 Network2 中利用局部变量 OB40_MDL_ADDR 和 OB40_POINT_ADDR，在 MW10 和 MD12 中得到输入模块的起始地址和产生的中断号。

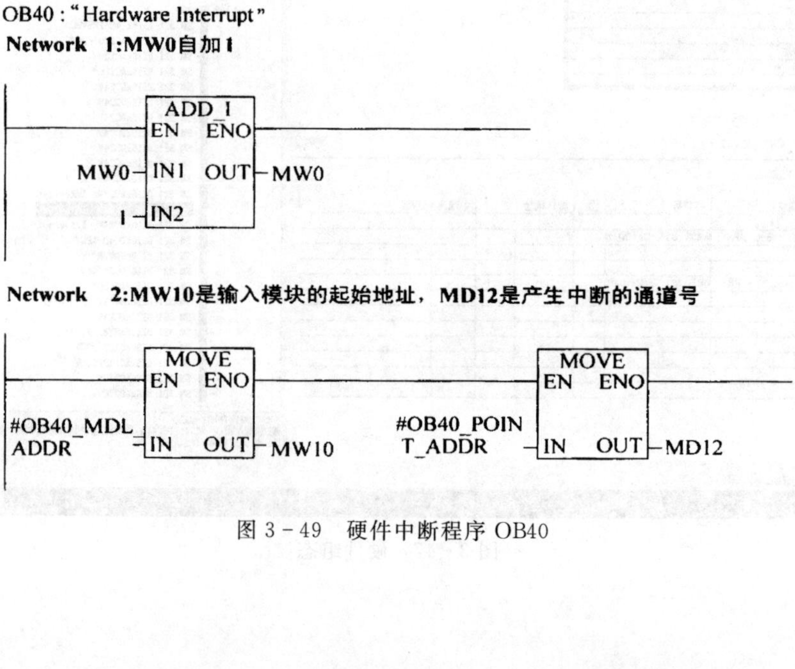

OB40 : “Hardware Interrupt”

Network　1:MW0自加1

ADD_I
EN　ENO
MW0 — IN1　OUT — MW0
1 — IN2

Network　2:MW10是输入模块的起始地址，MD12是产生中断的通道号

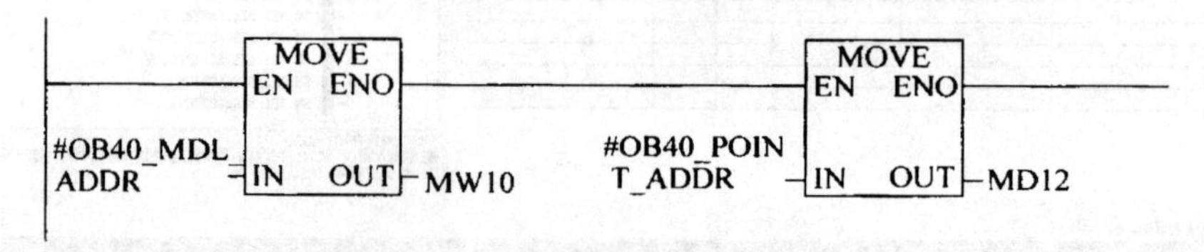

图 3－49　硬件中断程序 OB40

这里使用了两个 OB40 的局部变量 OB40_MDL_ADDR 和 OB40_POINT_ADDR，用于观察中断是由哪个模块的哪个通道产生的。利用变量表监控程序的运行如图 3-50 所示。MW0 当前值为 000D，它自动加 1 已经是 13 了，表示已经中断了 13 次；MW10 为 0000，表示这个硬件中断由起始地址为 0 的模块产生；MD12 为 3，表示由第 3 个通道产生，即 I0.3 的上升沿产生硬件中断。当然也可使用这个模块的其他通道，但是必须在图 3-48 所示组态时激活这些通道。

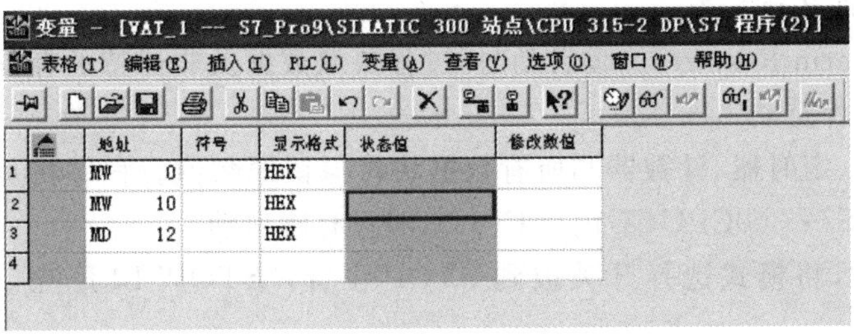

图 3-50　利用变量表监控程序的运行

若使用实际 PLC 模拟硬件中断，只要在对应模块的输入中给出上升沿脉冲即可。下面详细介绍在 PLCSIM 仿真软件中模拟硬件中断的方法。

硬件组态和软件程序下载到 PLC SIM 中后，将 PLC 的状态切换到 RUN 或 RUN－P 模式，用鼠标模拟产生 I0.3 的上升沿脉冲的方法是：打开菜单“Execute/Trigger Error OB/Hardware Interrupt(OB40－OB47)…”，打开 Hardware Interrupt OB 对话框如图 3-51 所示。文本框 “Module address”和“Module statu”分别对应 OB40 的局部变量 OB40_MDL_ADDR 和 OB40_POINT_ADDR，在这两个编辑框中分别输入 0 和 3，再点击“Apply”按钮，就触发了指定通道（模块起始地址为 0，通道号为 3）的硬件中断，系统立即执行一次 OB40，同时在“Interrupt”显示框内将自动显示出当前执行的硬件中断 OB 的编号 40。可以修改两个编辑框，再点击“Apply”按钮，就又一次触发了指定通道的硬件中断。点击 “OK”按钮与点击“Apply”按钮作用相同，并退出对话框。

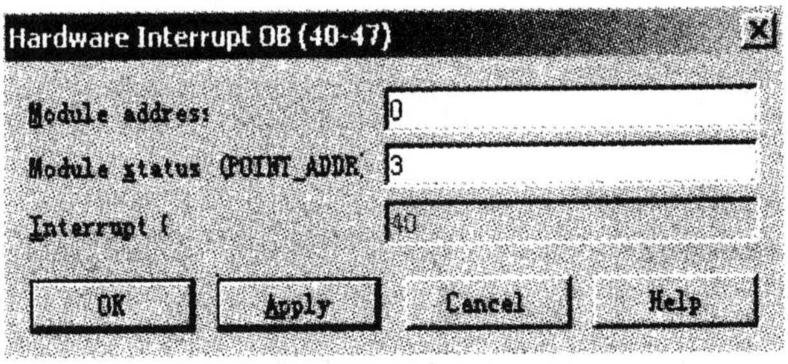

图 3-51　Hardware Interrupt OB 对话框

2 背景组织块

CPU 可以保证设置最小扫描循环时间，如果它比实际的扫描循环时间长，在循环程序结束后 CPU 处于空闲的时间内可以执行背景组织块（OB90）。如果没有对 OB90 编程，CPU 等到定义的最小扫描循环时间到达时，再开始下一次循环的操作。用户可以将对运行时间要求不高的操作放在 OB90 去执行，以避免出现等待时间。背景组织块优先级为 29（最低），不能通过参数设置进行修改。OB90 可以被所有其他的系统功能和任务中断。

由于 OB90 运行时间不受 CPU 操作系统的监视，用户可以在 OB90 中编写长度不受限制的程序。

3.6.6 启动组织块 OB100/OB101/OB102

1. CPU 模块的启动类型

（1）暖启动（Warm Restart）。暖启动时，过程映像数据及非保持的存储器位、定时器和计数器被复位。具有保持功

能的存储器位、定时器、计数器和所有数据块将保留原数值。程序将重新开始运行，执行启动 OB 或 OBl。S7－300CPU（不包括 CPU318）只有暖启动。

手动暖启动时，将模式选择开关扳到 STOP 位置，“STOP”LED 亮，然后扳到 RUN 或 RUN－P 位置。

（2）热启动（Hot Restart）。在 RUN 状态时如果电源突然丢失，然后又重新上电，S7－400CPU 将执行一个初始化程序，自动地完成热启动。热启动从上次 RUN 模式结束时程序被中断之处继续执行，不对计数器等复位。热启动只能在 STOP 状态时没有修改用户程序的条件下才能进行。仅 S7－400 中有热启动。

（3）冷启动（Cold Restart）。冷启动时，过程数据区的所有过程映像数据、存储器位、定时器、计数器和数据块均被清除，即被复位为零，包括有保持功能的数据。用户程序将重新开始运行，执行启动 OB 和 OBl。

手动冷启动时将模式选择开关扳到 STOP 位置，“STOP”LED 亮，再扳到 MRES 位置，“STOP”LED 灭 ls，亮 ls，再灭 ls 后保持亮。最后将它扳到 RUN 或 RUN－P 位置。

2. 启动组织块（OB100～OB102）

下列事件发生时，CPU 执行启动功能：

（1）PLC 电源上电后。

（2）CPU 的模式选择开关从 STOP 位置扳到 RUN 或 RUN－P 位置。

（3）接收到通过通信功能发送来的启动请求。

（4）多 CPU 方式同步之后和 H 系统连接好后（只适用于备用 CPU）。

启动用户程序之前，应先执行启动组织块。在暖启动、热启动或冷启动时，操作系统分别调用 OB100，OB101 或 OB102，S7－300 和 S7－400 不能热启动。

用户可以通过在启动组织块 OBl00～OBl02 中编写程序，来设置 CPU 的初始化操作，例如，开始运行的初始值，I/O 模块的初始值等。

启动程序没有长度和时间的限制，因为循环时间监视还没有被激活，在启动程序中不能执行时间中断程序和硬件中断程序。

CPU318－2 只允许手动暖启动或冷启动。对于某些 S7－400CPU，如果允许用户通过 STEP7 的参数设置手动启动，用户可以使用状态选择开关和启动类型开关（CRST/WRST）进行手动启动。

在设置 CPU 模块属性的对话框中，选择“Start up”选项卡，可以设置启动的各种参数。

启动 S7－400CPU 时，作为默认的设置，将输出过程映像区清零。如果用户希望在启动之

后继续在用户程序中使用原有的值，也可以选择不将过程映像区清零。

为了在启动时监视是否有错误，用户可以选择以下的监视时间：

(1)向模块传递参数的最大允许时间。

(2)上电后模块向 CPU 发送“准备好”信号允许的最大时间。

(3)S7 - 400CPU 热启动允许的最大时间，即电源中断的时间或由 STOP 转换为 RUN 的时间。一旦超过监视时间，CPU 将进入停机状态或只能暖启动。如果监控时间设置为 0，表示不监控。

启动组织块的局部变量见表 3 - 15。

表 3 - 15　启动组织块的局部变量

变　量	类　型	描　述
OB10_EV_CLASS	BYTE	事件级别和标识，B#16#13：激活
OB10x_STRTUP	BYTE	启动请求：B#16#81：手动暖启动 B#16#82：自动暖启动 B#16#83：手动热启动请求 B#16#84：自动热启动请求 B#16#85：手动冷启动请求 B#16#86：自动冷启动请求
OB10x_PRIORITY	BYTE	优先级：27
OB10x_OB_NUMBR	BYTE	OB 号(100，101，或 102)
OB10x_STOP	WORD	引起 CPU 停机事件的号码
OB10x_STRT INFO	DWORD	关于当前景避动的进一步信息
OB10x_DATE_TIME	DATE_AND_TIME	OB 被调用时的日期和时间

注：x 为 0，1，2。

例 3 - 8　在 S7 - 300 中只有一个启动组织块 OB100。通过分析 OB100 的启动信息，可以在程序中确定启动的类型。试利用启动组织块的局部变量 OBl00_STRTUP。在 OB100 中编程使得当手动暖启动时输出 Q0.0 被置位，而当自动暖启动时 Q0.1 被置位。

说明：在编程时利用比较指令，比较局部变量 OBl00_STRTUP 中的值是否与启动请求相同。手动暖启动的启动请求为 B#16#81，自动暖启动的启动请求为 B#16#82。启动组织块 OB100 程序如下：

```
Netwok1：是否为手动暖启动方式
L      #OBl00_STRTUP
L   B#16#81
= =I
=   Q0.0
Network2：是否为自动暖启动方式
L      # OBl00_STRTUP
L B#16#82
= =I
=   Q0.0
```

3.6.7 故障处理组织块

1. 错误处理概述

S7－300/400 具有很强的故障检测和处理能力。这里所说的错误指 PLC 内部的功能性错误或编程错误，而不是外部设备故障。CPU 检测到错误后，操作系统调用对应的组织块，用户可以在组织块中编程，对发生的错误采取相应的措施。对于大多数错误，如果没有给组织块编程，出现错误时 CPU 将进入 STOP 模式。

系统程序可以检测出下列错误：不正确的 CPU 功能、系统程序执行中的错误、用户程序中的错误和 I/O 中的错误。根据错误类型的不同，CPU 被设置为进入 STOP 模式或调用一个错误处理 OB。

当 CPU 检测到错误时，会调用适当的故障处理组织块（见表 3－16），如果没有相应的错误处理组织块，CPU 将进入 STOP 模式。用户可以在错误处理组织块中编写如何处理这种错误的程序，以减小或消除错误的影响。为避免发生某种错误时 CPU 进入停机状态，可以在 CPU 中建立一个对应的空的组织块。

表 3－16 故障处理组织块

组织块号	错误类型	优先级
OB70	I/O 冗余错误（仅 H 系列 CPU）	25
OB72	CPU 冗余错误（仅 H 系列 CPU）	28
OB73	通信冗余错误（仅 H 系列 CPU）	25
OB80	时间错误	26
OB81	电源故障	
OB82	诊断中断	
OB83	插入/取出模块中断	
OB84	CPU 硬件故障	26/28
OB85	优先级错误	
OB86	机架故障或分布式 I/O 的站故障	
OB87	通信错误	
OB121	编程错误	引起错误的组织块的优先级
OB122	I/O 访问错误	

2. 错误的分类

被 S7 CPU 检测到、并且用户可以通过组织块对其进行处理的错误，可分为两个基本类型。

(1)异步错误。异步错误是与 PLC 的硬件或操作系统密切相关的错误，它们不会出现在用户程序的执行过程中。该类错误可能是优先级错误、可编程控制器故障或冗余错误，后果较为严重。异步错误组织块具有最高等级的优先级，其他组织块不能中断它们。同时有多个相同优先级的异步错误组织块出现时，将按出现的顺序处理。

(2)同步错误(OB121 和 OB122)。同步错误是与程序执行有关的错误，其组织块的优先级与出现错误时被中断的块的优先级相同，即同步错误组织块中的程序可以访问块被中断时累加器和状态寄存器中的内容。对错误进行处理后，可以将处理结果返回被中断的块。

3. 电源故障处理组织块(OB81)

电源故障包括后备电池失效或未安装，S7 - 400 的 CPU 机架或扩展机架上的 24V(DC)电源故障。电源故障出现和消失时操作系统都要调用 OB81。

4. 时间错误处理组织块(OB80)

循环监控时间的默认值为 150ms，时间错误包括实际循环时间超过设置的循环时间、向前修改时间而跳过日期时间中断、处理优先级时延迟太多等。

5. 诊断中断处理组织块(OB82)

如果模块有诊断功能并且激活了它的诊断中断，当它检测到错误以及错误消失时，操作系统都会调用 OB82。

OB82 在下列情况时被调用：有诊断功能的模块的断线故障、模拟量输入模块的电源故障、输入信号超过模拟量模块的测量范围等。用 SFC51“RDSYSST”可以读出模块的诊断数据。用 SFC52“WR_USMSG”可以将这些信息存入诊断缓冲区，也可以发送一个用户定义的诊断报文到监控设备。

OB82 的局部变量见表 3 - 17。

例 3 - 9　如图 3 - 52 所示，液位传感器接入模拟量输入模块，利用带有诊断中断的模拟量模块实现当模块通道上的测量值超限时，中断 OB82 被调用，输出 Q4.1 就得电；当测量值回到允许范围内时，OB82 又将调用一次，输出 Q4.1 失电。

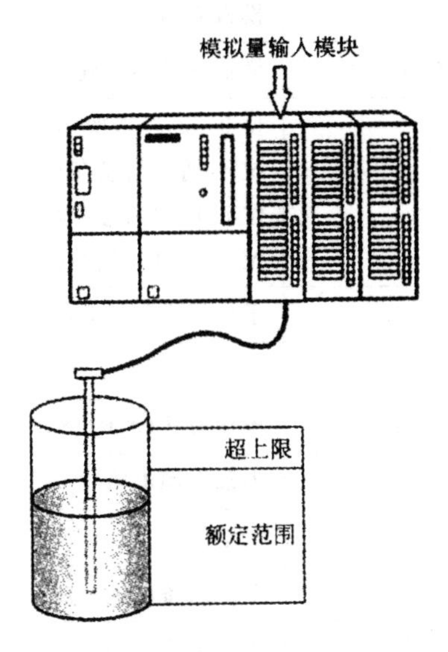

图 3 - 52　模拟量控制系统

首先进行 PLC 的硬件组态，如图 3 - 53 所示。双击模拟量输入模块“AI8×12Bit”，出现该模块的参数设置对话框，点击“Input”选项，如图 3 - 54 所示。在“Enable”选项框中选中“Diagnostic Interrupt”和“Hardware Interrupt When Limit Exceed(当超限时硬件中断)”，在

0 和 1 通道组中选中“Group Diagnostic”，在“Measuring”选项框中设置 0－1 通道组为“4DMU”(4 线式电流传感器)、“4…20mA”，在“Trigger for Hardware”选项框中设置通道 0 的上限值为 16mA。点击 "OK"按钮确定。保存 PLC 的硬件组态配置并下载。

表 3－17　OB82 的局部变量

变　量	类　型	描　述
OB82_EV_CLASS	BYTE	事件级别和标识：B#16#38：离去事件 B#16#39：到来事件
OB82_FLT_ID	BYTE	故障代码(B#16#42)
OB82_PRIORITY	BYTE	优先级：可通过 STEP 7 选择(硬件组态)
OB82_OB_NUMBR	BYTE	OB 号(82)
OB82_IO_FLAG	BYTE	输入模板：B#16#54 输出模板：B#16#55
OB82_MDL_ADDR	WORD	故障发生处模板的逻辑起始地址
OB82_MDL_DEFECT	BOOL	模板故障
OB82_INT_FAULT	BOOL	内部故障
OB82_EXT_FAULT	BOOL	外部故障
OB82_PNT_INFO	BOOL	通道故障
OB82_EXT_VOLTAGE	BOOL	外部电压故障
OB82_FLD_CONNCTR	BOOL	前连接器未插入
OB82_NO_CONFIG	BOOL	模板未组态
OB82_CONFIG_FRR	BOOL	模板参数不正确
OB82_MDL_TYPE	BYTE	位 0～2：模板级别 位 4：通道信息存在 位 5：用户信息存在 位 6：来自替代的诊断中断
OB82_SUB_MDL_ERR	BOOL	子模板丢失或有故障
OB82_COMM_FAULT	BOOL	通信问题
OB82_MDL_STOP	BOOL	操作方式(0：RUN，1：STOP)
OB82_INT_PS_FLT	BOOL	内部电源电障
OB82_PRIM_BATT_FLT	BOOL	电池故障
OB82_BCKUP_BATT_FLT	BOOL	全部后备电池故障
OB82_RACK_FLT	BOOL	扩展机架故障
OB82_RAM_FLT RAM	BOOL	故障

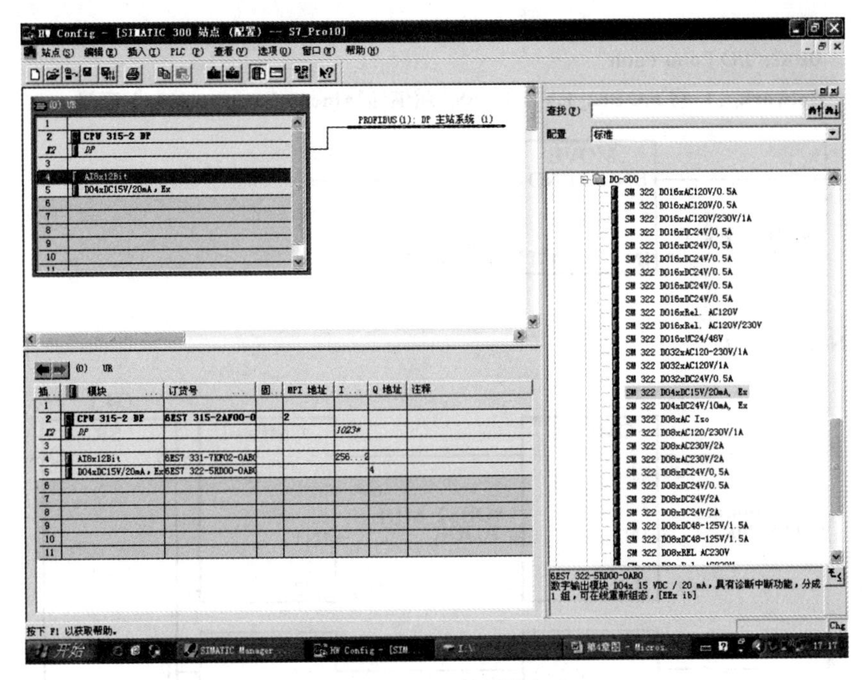

图 3 - 53　PLC 的硬件组态

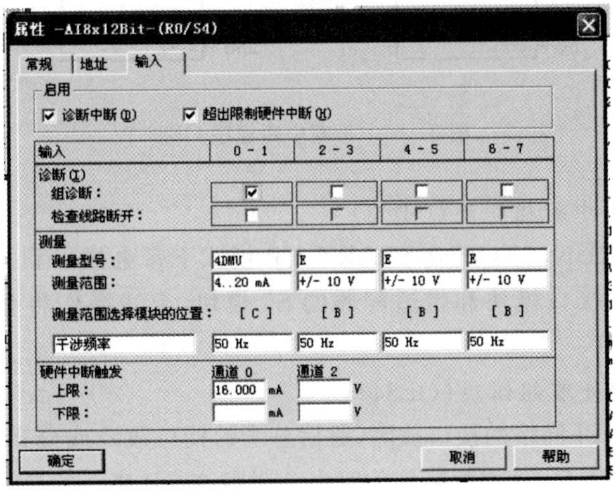

图 3 - 54　设置“Input”选项

说明：在 CPU 的“Blocks”中插入新组织块 OB82，新建一个局部变量“incoming_outgoing”，诊断中断程序 OB82 如图 3－55 所示。当模拟量模块的值超过上限时，操作系统调用 OB82，

在 Networkl 中，将 OB82_MDL_ADDR 中故障发生处模块的逻辑起始地址的值赋给局部变量 "incoming_outgoing"中；在 Network2 中，当中断事件到来（标识为 B＃16＃39，即十进制数 57），且发生故障模块的逻辑起始地址是 256 时，输出 Q4.1 得电；反之当中断事件离去（标识为 B＃16＃38，即十进制数 56），且逻辑起始地址是 256 时，输出 Q4.1 失电。

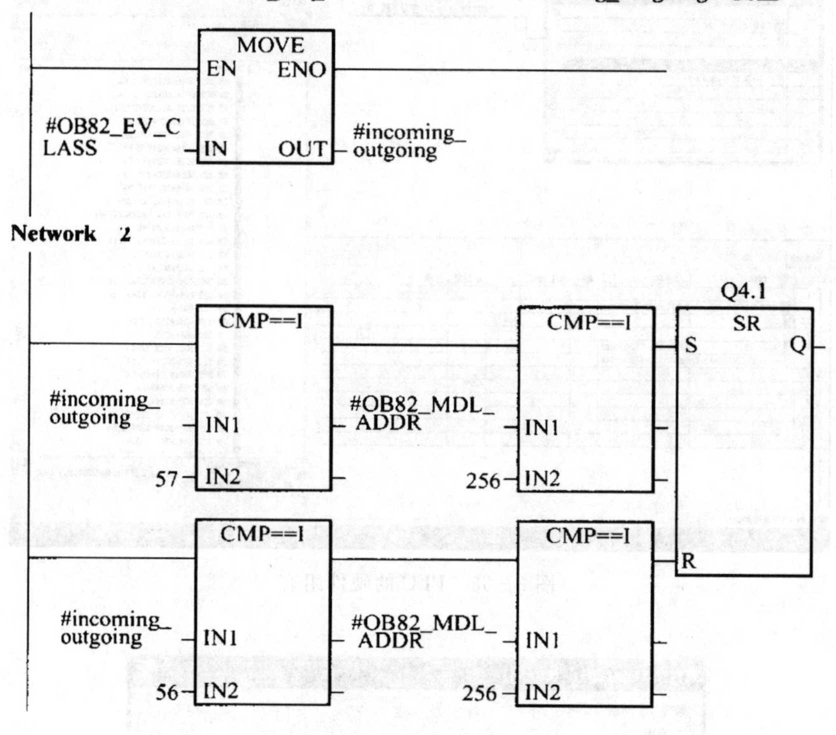

图 3－55 诊断中断程序 OB82

6. 插入/拔出模块中断组织块(OB83)

S7－400 可以在 RUN,STOP 或 START UP 模式下带电拔出和插入模块,但是不包括 CPU 模块、电源模块、接口模块和带适配器的 S5 模块,上述操作将会产生插入/拔出模块中断。

7. CPU 硬件故障处理组织块(OB84)

当 CPU 检测到 MPI 网络的接口故障、通信总线的接口故障或分布式 I/O 网卡的接口故障时,操作系统调用 OB84。这类故障消除时也会调用该 OB 块。

8. 优先级错误处理组织块(OB85)

在以下情况下将会触发优先级错误中断:

(1)产生了一个中断事件,但是对应的组织块没有下载到 CPU。

(2)访问一个系统功能块的背景数据块时出错。

(3)刷新过程映像表时 I/O 访问出错,模块不存在或有故障。

9. 机架故障组织块(OB86)

(1)机架故障,例如,找不到接口模块或接口模块损坏,或者连接电缆断线。

(2)机架上的分布式电源故障。

(3)在 SINEC L2－DP 总线系统的主系统中有一个 DP 从站有故障。

10.通信错误组织块(OB87)

(1)接收全局数据时,检测到不正确的帧标识符(ID)。

(2)全局数据通信的状态信息数据块不存在或太短。

(3)接收到非法的全局数据包编号。

3.6.8 同步错误组织块

1.同步错误

同步错误发生在执行某一特定指令的过程中,是与执行用户程序有关的错误,程序中如果有不正确的地址区、错误的编号或错误的地址,都会出现同步错误,操作系统将调用同步错误组织块。OB121用于对程序错误的处理,OB122用于处理模块访问错误。

同步错误组织块的优先级与检测到出错的块的优先级一致。因此,OB121和OB122可以访问中断发生时累加器和其他寄存器中的内容。用户程序可以用它们来处理错误,例如,出现对某个模拟量输入模块的访问错误时,可以在OB122中用SFC44定义一个替代值。同步错误可以用SFC36“MASK_FLT”来屏蔽,使某些同步错误不触发同步错误组织块的调用,但是CPU会在错误寄存器中记录发生的被屏蔽的错误,并用错误过滤器中的一位来表示某种同步错误是否被屏蔽。错误过滤器分为程序错误过滤器和访问错误过滤器,分别占一个双字。调用SFC37“DMSK_FLT”并且在当前优先级被执行完后,将解除被屏蔽的错误,可以用SFC38“READ_ERR”读出已经发生的被屏蔽的错误。

对于S7-300CPU(CPU318除外),不管错误是否被屏蔽,错误都会被送入诊断缓冲区,并且CPU的“组错误”LED会被点亮。

2.编程错误组织块(OB121)

出现编程错误时,CPU的操作系统将调用OBl21。局域变量OBl21_SW_FLT给出了错误代码,可以查看《S7-300/400的系统软件和标准功能》中OB121部分的错误代码表。

3.I/O访问错误组织块(OB122)

STEP7指令访问有故障的模块,例如,直接访问I/O错误(模块损坏或找不到),或者访问了一个CPU不能识别的I/O地址,此时CPU的操作系统将会调用OB122。

第4章　S7－400 PLC模拟量与闭环控制的工程应用

在工业生产过程中，存在着大量的连续变化的物理信号（模拟量信号），例如温度、压力、流量、位移、速度、旋转速度、pH值、粘度等。通常先用各种传感器将这些连续变化的物理量转换成电压或电流信号，然后再将这些信号接到适当的模拟量输入模块的接线端子上，经过模块内的模数（A/D）转换器，最后将数据传入到PLC内部；同时，各种各样的由模拟信号控制的执行设备，如变频器、阀门等，通常先在PLC内部计算出相应的运算结果，然后通过模拟量输出模块内部的数模转换器（D/A）将数字转换为现场执行设备可以使用的连续信号，从而使现场执行设备按照要求的动作运动。模拟量输入/输出示意图如图4－1所示。

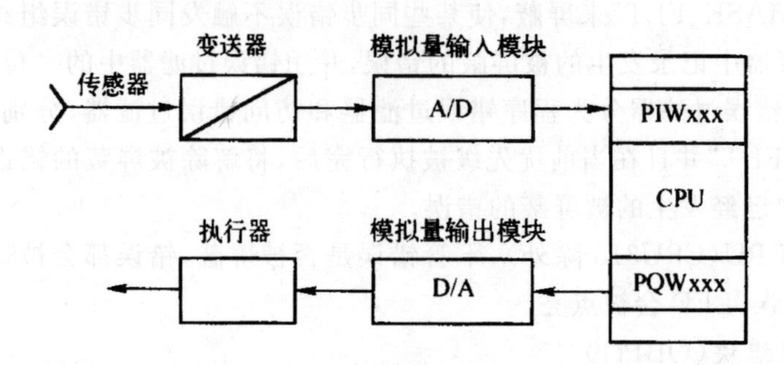

图4－1　模拟量输入、输出示意图

图4－1中，传感器利用线性膨胀、角度扭转或电导率变化等原理来测量物理量的变化。

变送器将传感器检测到的变化量转换为标准的模拟信号，如±500mV，±10V，±20mA，4～20mA等，这些标准的模拟信号将接到模拟量输入模块上。PLC为数字控制器，必须把模拟值转换为数字量，才能被CPU处理，模拟输入模块中的A/D转换器用来实现转换功能。A/D转换是顺序执行的，即每个模拟通道上的输入信号是轮流被转换的。A/D转换的结果保存在存储器PIW中，并一直保持到被一个新的转换值所覆盖。

用户程序计算出的模拟量的数值存储在存储器PQW中，该数值由模拟量输出模块中的D/A转换器转换为标准的模拟信号，控制连接到模拟量输出模块上的的模拟量执行器。

4.1　模拟量处理概述

4.1.1　模拟量的转换时间

转换时间由基本转换时间和模块的测试及监控处理时间组成。基本转换时间直接取决于模拟量输入模块的转换方法（积分转换、瞬时值转换）。对于积分转换方法，积分时间将直接影响转换时间，积分时间取决于软件中所设置的干扰频率。

模拟量输入通道的扫描时间，即模拟量输入值本次转换到下一次转换时所经历的时间，是指模拟量输入模块的所有激活模拟量输入通道的转换时间总和。图 4 - 2 所示为一个 n 通道模拟量模块的扫描时间的构成。

对于不同模拟量模块的基本转换时间和其他处理时间，请参考相关模块的技术手册。

模拟量输出通道的转换时间由两部分组成：数字量数值从 CPU 存储器传送到输出模块的时间和模拟量模块的数模转换时间。模拟量输出通道也是顺序转换，即模拟量输出通道一次转换。

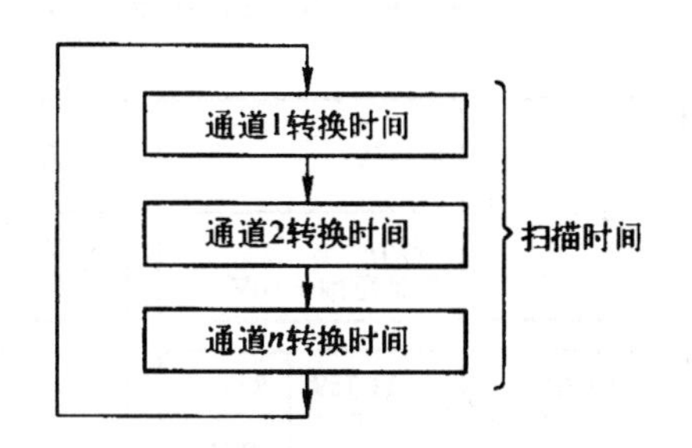

图 4 - 2　模拟量模块的扫描时间

扫描时间，即模拟量输出值本次转换到再次转换时所经历的时间，是指模拟量输出模块的所有激活的模拟量输出通道的转换时间总和，如图 4 - 2 所示。因此最好在 SIMATIC 软件中禁用所有没有使用的模拟量通道来降低 I/O 扫描时间。

4.1.2　模拟量模块的分辨率

通过 SM331 和 SM335 可以看出，模拟量模块的分辨率是不同的，从 8 位到 16 位都有可能。如果模拟量模块的分辨率小于 15 位，则模拟量写入累加器时向左对齐。不用的位用"0"填充，如图 4 - 3 所示。这种表达方式使得当更换同类型模块时，不会因为分辨率的不同导致转换值的不同，无需调整程序。

位的序号		单位		15	14	13	12	11	10	9	8	7	6	5	4	3	2	1	0
位值		十进制	十六进制	VZ	2^{14}	2^{13}	2^{12}	2^{11}	2^{10}	2^{9}	2^{8}	2^{7}	2^{6}	2^{5}	2^{4}	2^{3}	2^{2}	2^{1}	2^{0}
位的分辨率+符号	8	128	80	*	*	*	*	*	*	*	*	1	0	0	0	0	0	0	0
	9	64	40	*	*	*	*	*	*	*	*	*	1	0	0	0	0	0	0
	10	32	20	*	*	*	*	*	*	*	*	*	*	1	0	0	0	0	0
	11	16	10	*	*	*	*	*	*	*	*	*	*	*	1	0	0	0	0
	12	8	8	*	*	*	*	*	*	*	*	*	*	*	*	1	0	0	0
	13	4	4	*	*	*	*	*	*	*	*	*	*	*	*	*	1	0	0
	14	2	2	*	*	*	*	*	*	*	*	*	*	*	*	*	*	1	0
	15	1	1	*	*	*	*	*	*	*	*	*	*	*	*	*	*	*	1

图 4 - 3　模拟量的表达方式和测量值的分辨率

4.1.3　模拟量规格化

一个模拟量输入信号在 PLC 内部已经转换为一个数，而通常希望得到该模拟量输入对应的具体的物理量数值(如压力值、流量值等)或对应的物理量占量程的百分比数值等，因此就需要对模拟量输入的数值进行转换，这称为模拟量的规格化(SCALING)。

不同的模拟量输入信号对应的数值是有差异的，表 4－1 所示为不同的电压、电流、电阻或温度输入信号对应的数值关系。此处仅选取部分典型信号作为示意。

表 4－1　不同的电压、电流、电阻或温度输入信号对应的数值关系

范围	电压/V 例如： 测量范围±10V		电流/mA 例如： 测量范围4..20mA		电阻/Ω 例如： 测量范围0..300Ω		温度/℃ 例如Pt100， 测量范围-200..850℃	
超上限	≥11.759	32767	≥22.815	32767	≥352.778	32767	≥1000.1	32767
超上界	11.7589 ⋮ 10.0004	32511 ⋮ 27649	22.810 ⋮ 20.0005	32511 ⋮ 27649	352.767 ⋮ 300.011	32511 ⋮ 27649	1000.0 ⋮ 850.1	10000 ⋮ 8501
额定范围	10.00 7.50 -7.5 -10.00	27648 20736 -20736 -27648	20.000 16.000 ⋮ 4.000	27648 20736 ⋮ 0	300.000 225.000 ⋮ 0.000	27648 20736 ⋮ 0	850.0 ⋮ -200.0	8500 ⋮ -2000
超下界	-10.0004 ⋮ -11.759	-27649 ⋮ -32512	3.9995 ⋮ 1.1852	-1 ⋮ -4864	不允许 负值	-1 ⋮ -4684	-200.1 ⋮ -243.0	-2001 ⋮ -2430
超下限	≤-11.76	-32768	≤1.1845	-32768		-32768	≤-243.1	-32768

由表 4－1 可以看出，额定范围内的模拟量输入信号双极性对应数值范围为±27648，如±10V 对应±27648 并呈现线性关系，单极性信号对应数值范围为 0～27648，如 0～10V，4～20mA，0～300Ω 等都对应 0～27648；而对于 Pt100 测温范围－200～850℃对应的数值范围为－2000～8500，即 10 倍关系。

对于上面的各种模拟量输入信号的对应关系，需要编写相应的处理程序来将 PLC 内部的数值转换为对应的实际工程量(如温度、压力)的值，因为工艺要求是基于具体的工程量而定的，所以不进行模拟量转换，就无法知道当前的 0～27648 范围的这个数值到底对应的模拟量是多少，也就无从谈起编程实现了。

STEP 7 软件的系统库中提供了用于模拟量转换的块 FC105 和 FC106。FC105 用来将模拟输入量规范化，即实现模拟输入量的转换。

具体操作：打开指令测览树的“库”(Libraries)→“标准库”(Standard Library)→“TI－S7 转换块”(TI－S7 Converting Blocks)，选择“FC105 (SCALE)”块，如图 4－4 所示。

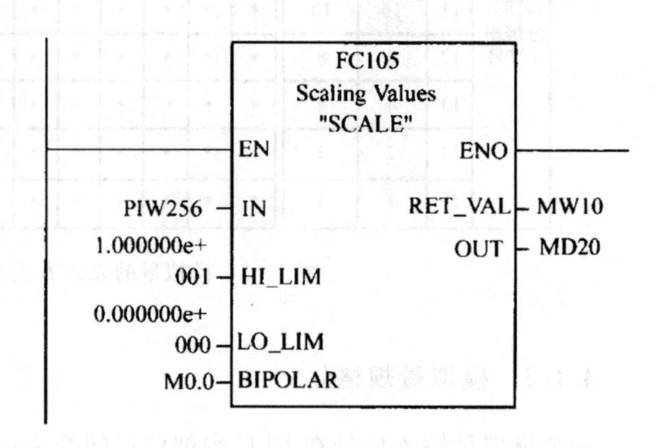

图 4－4　输入规范化块 FC105

图 4－4 中，输入参数 IN 输入需要转换的数值，即模拟量输入地址；输入参数

HI_LIM 和 LO_LIM 输入的是设置的模拟量测量范围对应的实际物理量或工程量的量程；输入参数 BIPOLAR 输入的是模拟量输入的极性，为 1 时表示为双极性输入，为 0 时表示为单极性输入；输出参数 RET_VAL 输出模拟量转换的状态，即转换过程的返回代码，如果转换正确，则返回值为 0，否则为其他代码，根据返回代码可以查看转换出错的原因；输出参数 OUT 输出转换后的物理量。

需要说明的是，当变送器输出的量程范围与设置的测量范围不一致时，需要将变送器量程对应的工程量范围转换为设置的测量范围对应的工程量范围，作为 FC105 的上下限。例如，当变送器输出电压范围为 0～10V 时，对应的实际工程量范围为 0.0～10.0MPa，而 SM331 模拟量输入模块设置的测量范围为 ±10V 时，则调用 FCl05 时设置的上下限应该为 ±10.0MPa。

模拟输出量的分析过程与模拟输入量刚好相反，PLC 运算的工程量要转换为一个 0～27648 或 ±27648 的数，再经 D/A 转换变为连续的电压电流信号，数值和执行器量程的对应关系见表 4－2。

表 4－2　不同数值对应的输出电压、电流关系

范围		电压/V 输出范围			电流/mA 输出范围		
		0 ~ 10	1 ~ 5	±10	0 ~ 20	4 ~ 20	±20
超上限	>32767	0	0	0	0	0	0
超上界	32511 ⋮ 27649	11.7589 ⋮ 10.0004	5.8794 ⋮ 5.0002	11.7589 ⋮ 10.0004	23.515 ⋮ 20.0007	22.81 ⋮ 20.005	23.515 ⋮ 20.0007
额定范围	27648 ⋮ 0	10.0000 ⋮ 0	5.0000 ⋮ 1.0000	10.0000 ⋮ 0	20.000 ⋮ 0	20.000 ⋮ 4.000	20.000 ⋮ 0
	⋮ -6912 -6913	0	0.9999 0	⋮	0	3.9995 0	⋮
	⋮ -27648		0	-10.0000		0	-20.000
超下界	-27649 ⋮ -32512			-10.0004 ⋮ -11.7589			-20.007 ⋮ -23.515
超下限	<-32513			0			0

模拟输出量转换块 FCl06 是将模拟输出操作规范化（UNSCALING），即将用户程序运算得到的实际物理量转化为模拟输出模块所需要的 0－27648 或 ±27648 之间的 16 位整数。

例如，用户程序通过计算要求变频器转速为 1200RPM（转/分钟），PLC 通过 PQW280 输出 ±l0V 的电压信号对应变频器 ±1440RPM 的转速信号，则 FCl06 的调用如图 4－5 所示。

MD100 为用户程序计算的要求工程量，即 1200.0 RPM，上下限输入的是硬件组态的模拟量输出模块的输出范围对应的工程量范围，即 ±1440.0，设置为双极性输出，“OUT”端输出的规范值为 16 位整数，可以直接传送到输出模块上。

注意:用于模拟量转换的 FCl05 和 FCl06 块只能用来转换对应数值为 0～27648 或±27648 的情况。另外,当有模拟量转换块 FCl05 或 FCl06 时,不能再建立一个自定义块 FCl05 或 FCl06,当不需要调用库中的块 FCl05 或 FCl06 时,可以建立一个名称为 FClO5 或 FCl06 的块实现任何希望实现的功能,与模拟量转换没有关系。

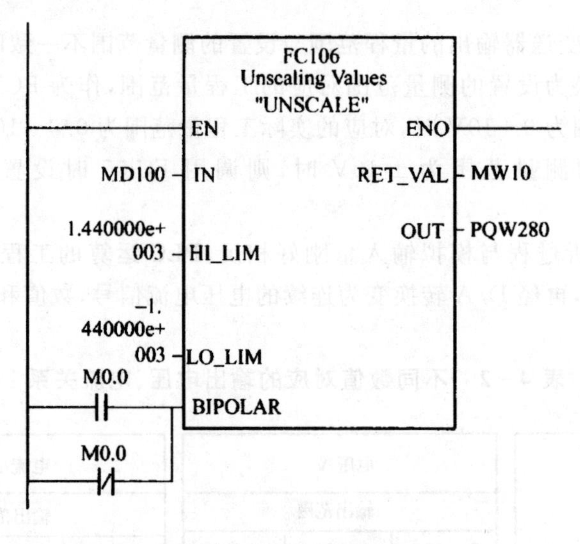

图 4－5　FCl06 的调用

4.2　闭环控制与 PID 控制器

4.2.1　模拟量闭环控制系统

1. 控制系统概述

典型的 PLC 模拟量闭环控制系统如图 4－6 所示,点画线中的部分是用 PLC 实现的。

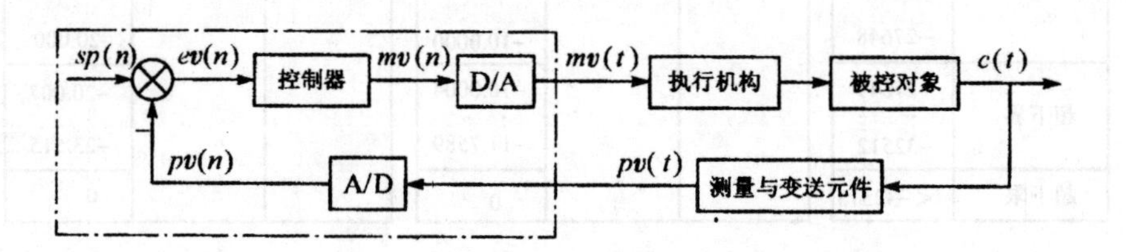

图 4－6　模拟量闭环控制系统示意图

在模拟量闭环控制系统中,被控量 $c(t)$(例如压力、温度、流量、转速等)是连续变化的模拟量,大多数执行机构(例如电动调节阀等)要求 PLC 输出模拟量信号 $mv(t)$,而 PLC 的 CPU 只能处理二进制数字值。$c(t)$首先被测量元件(传感器)和变送器转换为标准量程的直流电流信号或直流电压信号 $pv(t)$,PLC 用模拟量输入模块中的 A/D 转换器将它们转换为时间上离散的数字值 $pv(n)$模拟量与数字值之间的相互转换和 PID 程序的执行都是周期性的操作,其间隔时间称为采样周期 T_s。各数字值括号中的 n 表示该变量是第 n 次采样计算时的数字值。

图 4 - 6 中的 $sp(n)$是给定值，$pv(n)$为 A/D 转换后的过程值（即反馈量），误差 $ev(n)=sp(n)-pv(n)$。模拟量输出模块的 D/A 转换器将 PID 控制器输出的数字值 $mv(n)$转换为模拟量（直流电压或直流电流）$mv(t)$，再去控制执行机构。

例如，在加热炉温度闭环控制系统中，被控对象为加热炉，被控制的物理量为温度 $c(t)$。用热电偶检测炉温，温度变送器将热电偶输出的电压信号转换为标准量程的电流或电压，然后送给模拟量输入模块，经 A/D 转换后得到与温度成比例的数字值，CPU 将它与温度设定值比较，并按某种控制算法（例如 PID 控制算法）对误差值进行运算，将运算结果（数字值）送给模拟量输出模块，经 D/A 转换后变为电流信号或电压信号，用来控制电动调节阀的开度，通过它控制加热用的天然气的流量，实现对温度的闭环控制。

闭环负反馈控制可以使控制系统的反馈量 $pv(n)$等于或跟随给定值 $sp(n)$。以炉温控制系统为例，假设输出的温度值 $c(t)$低于给定的温度值，反馈量 $pv(n)$小于给定值 $sp(n)$，误差 $ev(n)$为正，控制器的输出量 $mv(t)$将增大，使执行机构（电动调节阀）的开度增大，进入加热炉的天然气流量增加，加热炉的温度升高，最终使实际温度接近或等于给定值。

天然气压力的波动、工件进入加热炉，这些因素称为扰动量，它们会破坏炉温的稳定，有的扰动量很难检测和补偿。闭环控制具有自动减小和消除误差的功能，可以有效地抑制闭环中各种扰动对被控量的影响，使控制系统的反馈值 pv(n)等于或跟随给定值 sp(n)。

闭环控制系统的结构简单，容易实现自动控制，因此在各个领域得到了广泛的应用。

2. 变送器的选择

变送器用于将传感器提供的电量或非电量转换为标准量程的直流电流信号或直流电压信号，例如 DC4～20mA 和 0～10V 的信号，变送器分为电流输出型和电压输出型，电压输出型变送器具有恒压源的性质，PLC 模拟量输入模块的电压输入端的输入阻抗很高，例如 100kΩ～10MΩ。如果变送器距离 PLC 较远，线路间的分布电容和分布电感产生的干扰信号在模块的输入阻抗上将产生较高的干扰电压。例如，1μA 干扰电流在 10MΩ 输入阻抗上将产生 10V 的干扰电压信号，所以远程传送模拟量电压信号时抗干扰能力很差。

电流输出具有恒流源的性质，恒流源的内阻很大。PLC 的模拟量输入模块输入电流时，输入阻抗较低（例如 250Ω）。线路上的干扰信号在模块的输入阻抗上产生的干扰电压很低，所以模拟量电流信号适于远程传送。电流传送比电压传送的传送距离远得多，S7 - 400PLC 的模拟量输入模块使用屏蔽电缆信号线时，允许的最大距离为 200m。

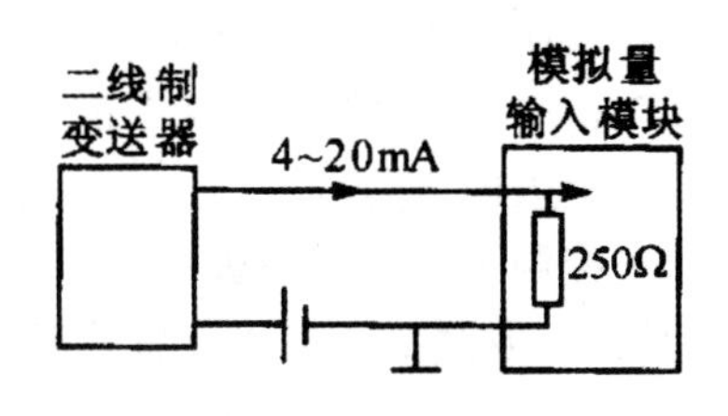

图 4 - 7　变送器连接

变送器分为二线制和四线制两种，四线制变送器有两根信号线和两根电源线。二线制变送器只有两根外部接线（见图 4 - 7），它们既是电源线，也是信号线，输出 4～20mA 的信号电流，DC24V 电源串接在回路中，有的二线制变送器通过隔离式安全栅供电。通过调试，在被检测信号量程的下限时输出电流为 4mA，被检测信号满量程时输出电流为 20mA。二线制变送器的接线少，信号可以远传，在工业中得到了广泛的应用。

3. 闭环控制的主要性能指标

由于给定输入信号或扰动输入信号的变化，系统的输出量达到稳态值之前的过程称为过渡过程或动态过程。系统的动态性能常用阶跃响应（阶跃输入时输出量的变化）曲线的参数来描述。阶跃输入信号在 $t=0$ 之前为 0，$t>0$ 时为某一恒定值。

系统输出量 $c(t)$ 第一次达到稳态值的时间 t_r，称为上升时间（见图 4-8），上升时间反映了系统在响应初期的快速性。

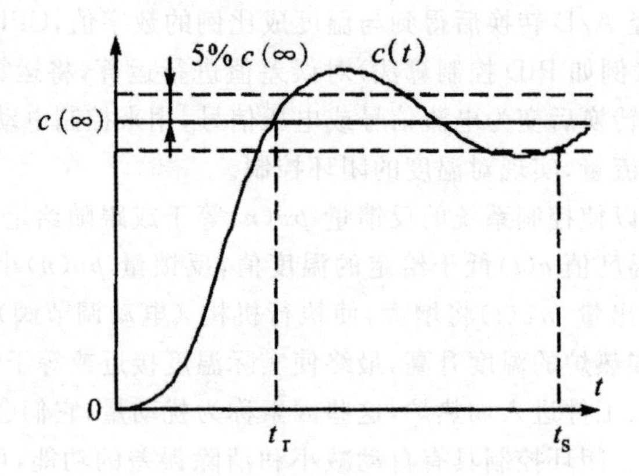

图 4-8　被控对象的阶跃响应曲线

阶跃响应曲线进入并停留在稳态值 $c(\infty)$ 上下 ±5%（或 2%）的误差带内的时间 t_s 称为调节时间，到达调节时司表示过渡过程已基本结束。

设动态过程中输出量的最大值为 $c_{max}(t)$，如果它大于输出量的稳态值 $c(\infty)$，定义超调量为

$$\sigma\% = \frac{c_{max}(t) - c(\infty)}{c(\infty)} \times 100\%$$

超调量反映了系统的相对稳定性，超调量越小，动态稳定性越好，一般希望超调量小于 10%。系统的稳态误差是进入稳态后输出量的期望值与实际值之差，它反映了系统的稳态精度。

4. 闭环控制反馈极性的确定

闭环控制必须保证系统是负反馈（误差＝给定值－反馈值），而不是正反馈（误差＝给定值＋反馈值）。如果系统接成了正反馈，将会失控，被控量会往单一方向增大或减小，给系统的安全带来极大的威胁。

闭环控制系统的反馈极性与很多因素有关，例如，因为接线改变了变送器输出电流或输出电压的极性，或改变了某些位置传感器的安装方向，都会改变反馈的极性。

用户可以用下述的方法来判断反馈的极性：在调试时断开模拟量输出模块与执行机构之间的连线，在开环状态下运行 PID 控制程序。如果控制器中有积分环节，因为反馈被断开了，不能消除误差，模拟量输出模块的输出电压或电流会向一个方向变化。这时如果假设接上执行机构，能减少误差，则为负反馈，反之为正反馈。

以温度控制系统为例，假设开环运行时给定值大于反馈值，若模拟量输出模块的输出值不断增大，如果形成闭环，将使电动调节阀的开度增大，闭环后温度反馈值将会增大，使误差减小，由此可以判定系统是负反馈。

4.2.2 PID 控制器

1. PID 控制的表达式

PID 是比例(P)、积分(I)、微分(D)之意。标准 PID 的控制值与偏差(设定值与实际值之差)、偏差对时间的积分、偏差对时间的微分,三者之和成正比,即

$$p = Ke + \frac{1}{T_i}\int_0^t e\mathrm{d}t + T_d\frac{\mathrm{d}e}{\mathrm{d}t} + M \tag{4-1}$$

式中,p 为控制值;e 为偏差,T_i 为积分常数,T_d 为微分常数,K 为放大倍数(比例系数),M 为偏差为零时的控制值,有积分环节,此项也可不加。

PID 控制就是用这里的控制量 p 对控制对象进行控制。可知,它要使用反馈信号,所以为闭环控制。这里的偏差、偏差对时间的积分、偏差对时间的微分,又分别称为比例作用、积分作用和微分作用。式(5-1)用于连续系统的 PID 控制,如在 PLC 控制中使用,则必须将其"离散化",用相应的数值计算,代替这里的积分、微分。

如选择的采样周期为 T,积分初值为 0,离散化后的式(4-1)为

$$p(n) = Ke(n) + \frac{T}{T_i}\sum_{j=0}^{n} e(j) + \frac{T_d}{T}[e(n) - e(n-1)] + M \tag{4-2}$$

式(4-2)的计算仅仅是加、减、乘、除等基本运算。所以,如选定了采样周期 T、积分常数 T_i、微分常数 T_d、放大倍数 K、偏差为零时的控制值 M 以及各个时刻的偏差值,用 *PLC* 的算术运算指令完全可以进行运算,以求出不同时刻的控制值。进而再把这个控制值输出,即可实现 PID 控制。

PID 控制用途广泛、使用灵活,在使用时,只需设定好 3 个参数(K_p,T_i 和 T_d)即可。在很多情况下,并不一定需要全部 3 个控制,可以取其中的 1 ~ 2 个控制,但比例控制是必不可少的。

虽然很多工业过程是非线性或时变的,但通过对其简化可以变成基本线性和动态特性不随时间变化的系统,这样 PID 控制就可以用了。

其次,不少 PLC 已具有 PID 指令、PID 函数模块、PID 单元或回路控制单元,为 PLC 使用 PID 控制提供了方便。PID 参数 K_p,T_i和 T_d可以根据过程的动态特性及时整定,以达到较好的 PID 控制效果。如果过程的动态特性发生了变化,例如可能由负载的变化引起系统动态特性的变化,PID 参数就可以重新整定。但是,PID 控制也有局限性。PID 在控制非线性、时变、耦合及参数和结构不确定的复杂过程时,效果不是太好。如果系统过于复杂,有时可能无论怎么调参数,都不易达到目的。

2. PID 控制参数选择

要使 PID 控制取得好的效果,关键是选定 PID 控制参数。要选定这些参数,首先要对这些参数的物理意义有所了解。

(1)参数 M,偏差为零时的控制值,即系统平衡时所要求的控制输出。可依系统静态特性确定。

(2)参数 T,采样周期,即式(4-2)的时间间隔。此值太大,式(4-2)将无法正确地反映式(4-1);太小,则增加计算工作量,影响控制的实时性。为了不失真,依香农采样定理要求,它的倒数,即采样频率一般应大于或等于系统最大频率的 2 倍。闲难的是这个系统最大频率也

不好确定。在无法确定系统最大频率的情况下，其值应尽可能取得小一些。

(3)参数 T_i，积分常数，此值小，积分作用增强，但有可能影响系统的稳定；值太大，稳定性好，但积分作用弱。有没有积分作用，不仅决定于当前偏差存在与否，还与偏差的历史有关。正是有了这个积分作用，才能消除静差。

(4)参数 T_d，微分常数，此值大，将增强微分作用；此值小，微分作用弱。微分的加入，使得偏差刚产生或增大时，增强控制作用，可加速缩小偏差；而偏差减小时，将减弱控制作用，可防止超调，增加系统的稳定性。虽然如此，但不是说微分作用越强越好。事实上，微分作用太强，也不利于噪声干扰的抑制，也会引起相应的振荡，因此，常要对太强的微分作用加以限制。

(5)参数 K，比例作用，也即整个控制作用的放大倍数。此值大，将增加偏差的控制作用，减小控制误差。但有可能影响系统的稳定，以至于使系统出现振荡；值太小，稳定性好，但控制作用弱，减小控制误差的时间将加长。

PID 3 项可做组合，简单系统可仅用 P，复杂一点的可用 PI，再复杂的这 3 项可都用。PID 作用由比例作用(P)、积分作用(I)和微分作用(D)共同组成。

从以上介绍可知，实现 PID 控制，对有关参数做合理选定是重要的。PID 控制参数，多是先确定采样周期 T，再确定比例系数 K，然后确定积分常数 T_i，最后确定就是微分常数 T_d。

这些参数的选定，多数都是凭经验，在现场调试中具体确定。一般地，先取一组数据，将系统投入运行，然后对系统人为地加入一定的扰动，如改变设定值，再观察调节量的变化过程。若得不到满意的性能，则重选一组数据。反复调试，直到满意为止。

大体的步骤是：

1)选择采样周期 T，对流量控制系统，一般为 1～5s，优先选用 1～2s；对压力控制系统，一般为 3～10s，优先选用 6～8s；对液位控制系统，一般为 6～8s；对温度控制系统，一般为 15～20s。从实际经验看，T 最好选得小一些。T 小，并把积分作用适当减弱，可做到既加快了调节过程，又避免了由系统离散原因引起的超调。

2)选择合适的积分常数 T_i，从大到小改变积分时间常数，直到得到较好的过程曲线。

3)选择合适的微分常数 T_d。一般来讲，微分时间常数可在积分时间常数的 1/6～1/4 间设定。而且，引入微分作用后，积分时间常数可适当减小。这些参数选定后，再观察过程曲线是否理想。如不当，可再做相应调整，直到满意为止。

4.2.3 PLC 的模拟量闭环控制功能

S7-400PLC 为用户提供了功能强大、简单方便的模拟量闭环控制功能。除专用的闭环控制模块外，还可以用 PID 控制功能块来实现 PID 控制，此时需要配置模拟量输入模块和模拟量输出模块(或数字量输出模块)。连续控制器通过模拟量输出模块输出模拟量数值，步进控制器输出开关量(数字量)，如二级控制器和三级控制器用数字量模块输出脉冲宽度可调的方波信号。

系统功能块 SFB 4l～SFB 43 位于程序编辑器库文件夹“\库\Standard Library\System Function Blocks”中，用于 CPU3lxC 的闭环控制。SFB4l“CONT_C”用于连续控制，SFB 42 “CONT_S”用于步进控制，SFB 43“PULSEGEN”用于脉冲宽度调制。现在以 SFB41 为例介绍 PID 功能块的使用方法，详细内容请查看帮助文件。

PID 控制(Standard PID Control)块还包括程序编辑器库文件夹“\库\Standard Library\

PID Controller”中的 FB41～FB43 和 FB58～FB59，FB41～FB43 用于 PID 控制，FB58 和 FB59 用于 PID 温度控制。FB41～FB43 与 SFB41～SFB43 兼容。

SFB41“CONT_C”可以作为单独的 PID 恒值控制器或在多闭环控制中实现级联控制器、混合控制器和比例控制器。SFB41 可以用脉冲发生器 SFB43 进行扩展，产生脉冲宽度调制的输出信号来控制比例执行机构的二级或三级(Two or Three Step)控制器。

SFB41 包括大量的输入输出参数，要掌握 SFB41 的使用，必须理解图 4－9 所示的框图。

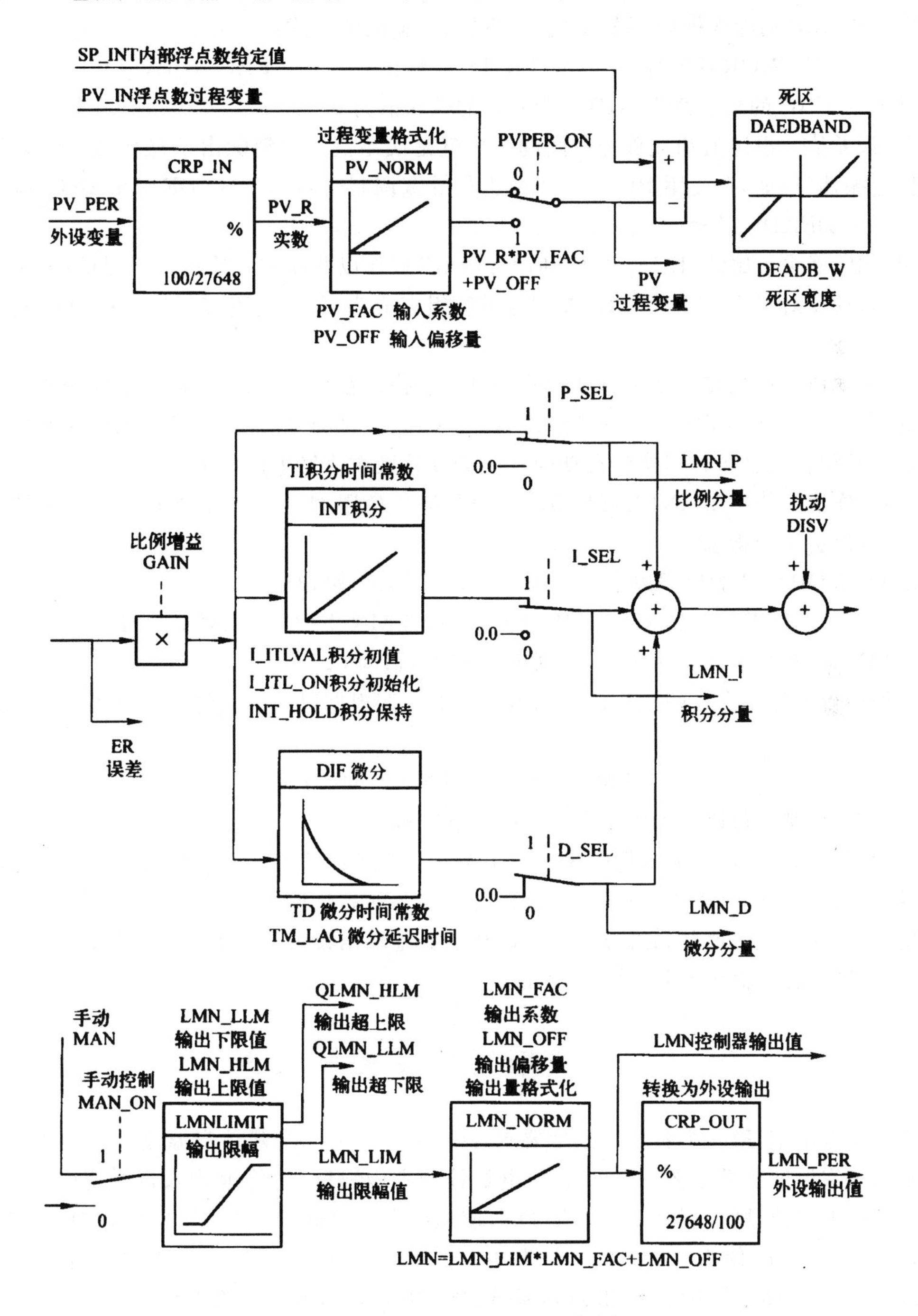

图 4－9　SFB 41“CONT_C”框图

可以看出，除了设定值和过程值外，SFB41 还通过持续操作变量输出和手动影响操作值的选项实现完整的 PID 控制器功能。

(1)设定值分支。以浮点格式在 SP_INT 输入设定值。

(2)过程变量分支。外设(I/O)或以浮点格式输入过程变量。CRP_IN 功能根据以下公式将 PV_PER 外设值转换为介于－100 和 ＋100％间的浮点格式值为

PV_R ＝ PV_PER×100/27648

PV_NORM 功能根据以下公式统一 CRP_IN 输出的格式：

PV_NORM 的输出 ＝ (CPR_IN 的输出) * PV_FAC ＋ PV_OFF

其中，PV — FAC 的默认值为 1，PV — OFF 的默认值为 0。

(3)误差值。设定值和过程变量间的差异就是误差值。为消除由于操作变量量化导致的小幅恒定振荡(例如，在使用 PULSEGEN 进行脉宽调制时)，将死区(DEADBAND)应用于误差值。如果 DEADB_W ＝ 0，将关闭死区。

(4)PID 算法。比例、积分(INT)和微分(DIF)操作以并联方式连接，因而可以分别激活或取消激活，这使对 P，PI，PD 和 PID 控制器进行组态成为可能，还可以对纯 I 和 D 控制器进行组态。

(5)手动值。可以在手动和自动模式间进行切换。在手动模式下，使用手动选择的值更正操作变量。积分器(INT)内部设置为 LMN－LMN_P－DISV，微分单元(DIF)设置为 0 并在内部进行匹配。这意味着切换到自动模式不会导致操作值发生任何突变。

(6)操作值。使用 LMNLIMIT 功能可以将操作值限制为所选择的值。输入变量超过限制时，信号位会给予指示。

LMN_NORM 功能根据以下公式统一 LMNLIMIT 输出的格式：

LMN ＝ (LMNLIMIT 的输出)×LMN_FAC ＋ LMN_OFF

其中，LMN_FAC 的默认值为 1；LMN_OFF 的默认值为 0。

也可以得到外设格式的操作值。CPR_OUT 功能根据以下公式将浮点值 LMN 转换为外设值

LMN_RER＝LMN×27648/100

(7)前馈控制。可以在 DISV 输入前馈干扰变量。

(8)初始化。SFB41“CONT_C”有一个在输入参数 COM_RST ＝ TRUE 时自动运行的初始化程序。在初始化过程中，将把积分器内部设置为初始化值 I_ITVAL。以周期性中断优先级调用它时，它会从此值开始继续工作。将所有其他输出设置为它们各自的默认值。

(9)出错信息。输出参数 RET_VAL。

4.3 栽培室温度控制实例

有 3 个栽培室，第一个栽培室温度要求在 5～10℃；第二个栽培室温度要求在 15～20℃；第三个栽培室温度要求在 25～30℃。用电炉控制室内温度，不停地读入每个房间的温度值，低于规定的温度值，则控制一个开关量 ON，使相应房间的电炉得电；若高于规定的温度值，则控制该开关量 OFF，使相应房间的电炉断电。温度变送器的量程为 0～100℃，输出信号为 0～20mA；模拟量输入模块为 SM331(本系统为模拟量输入，开关量输出)。

设计中，相关地址如下：

第一个栽培室的温度在 PIW288 中，显示在 PQW304，控制器地址为 Q0.0；

第二个栽培室的温度在 PIW290 中，显示在 PQW306，控制器地址为 Q0.1；

第三个栽培室的温度在 PIW292 中，显示在 PQW308，控制器地址为 Q0.2。

(1)系统程序结构设计如下：

OBl 为主程序，负责调用控制程序 FBl。

DBl，DB2 和 DB3 为 FB1 型数据块，DBl 为栽培室 1 的温度控制数据块；DB2 为栽培室 2 的温度控制数据块；DB3 为栽培室 3 的温度控制数据块。

(2)系统硬件组态。系统硬件组态窗口如图 4 - 10 所示，FB 与 DB 块的建立如图 4 - 11 所示。

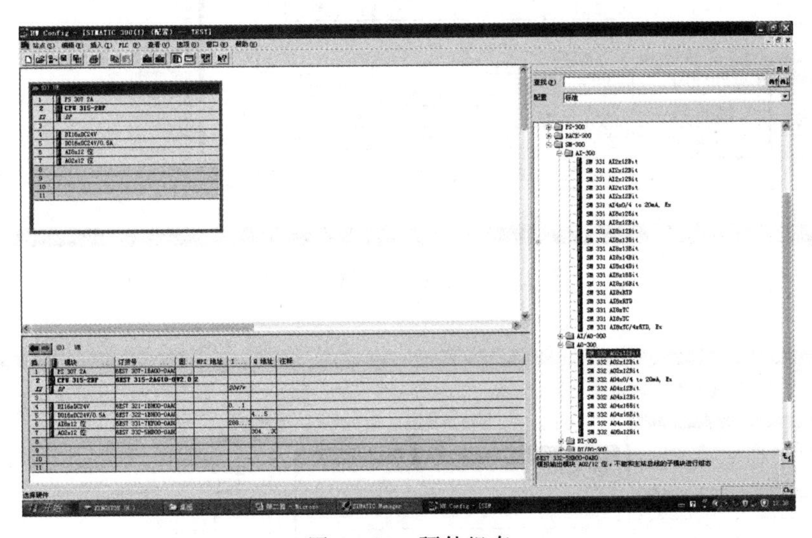

图 4 - 10　硬件组态

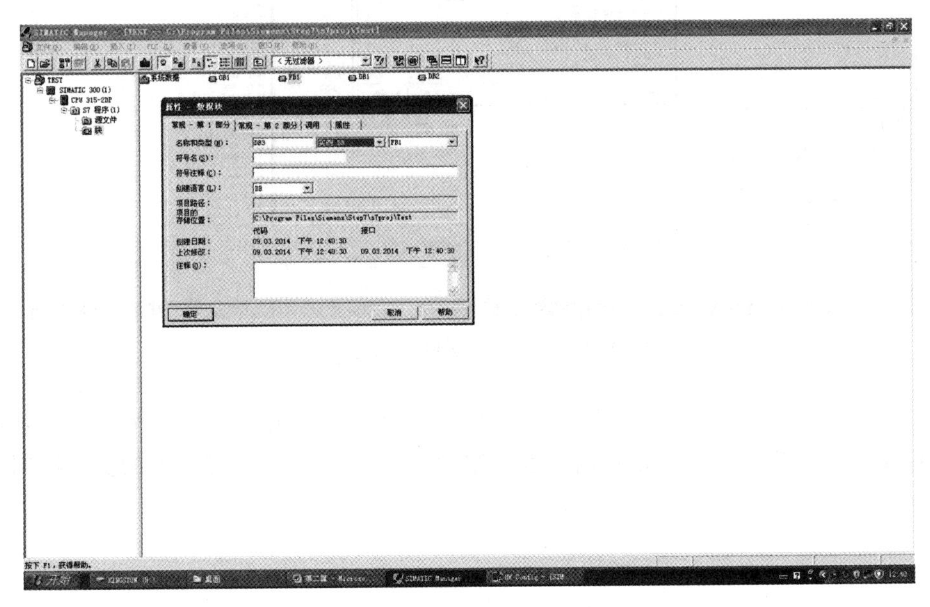

图 4 - 11　FB 与 DB 块的建立

模拟量模块的属性设置与模拟量的测量参数设置如图 4-12 和图 4-13 所示。

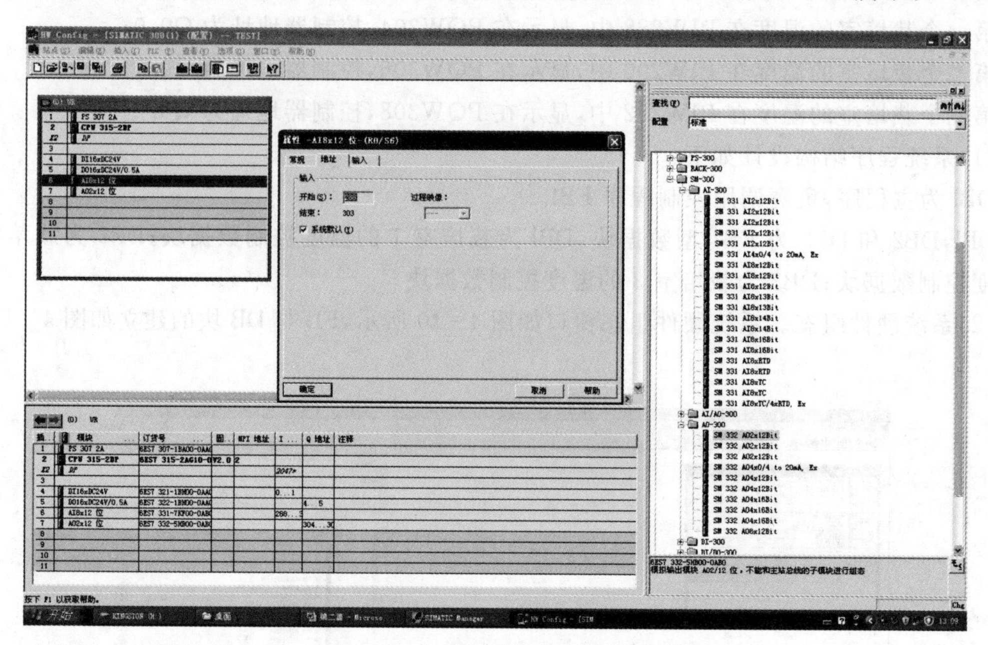

图 4-12　模拟量模块的属性

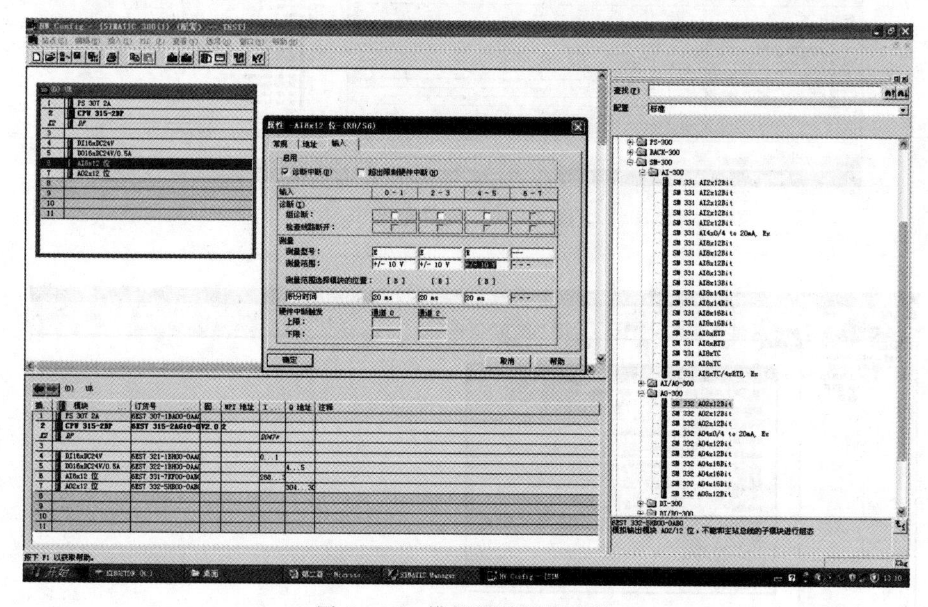

图 4-13　模拟量的测量参数

(3)OB1 程序设计如图 4-14、图 4-15、图 4-16 所示。其中图 4-14 为第一个栽培室的温度控制,图 4-15 为第二个栽培室的温度控制;图 4-16 为第三个栽培室的温度控制。

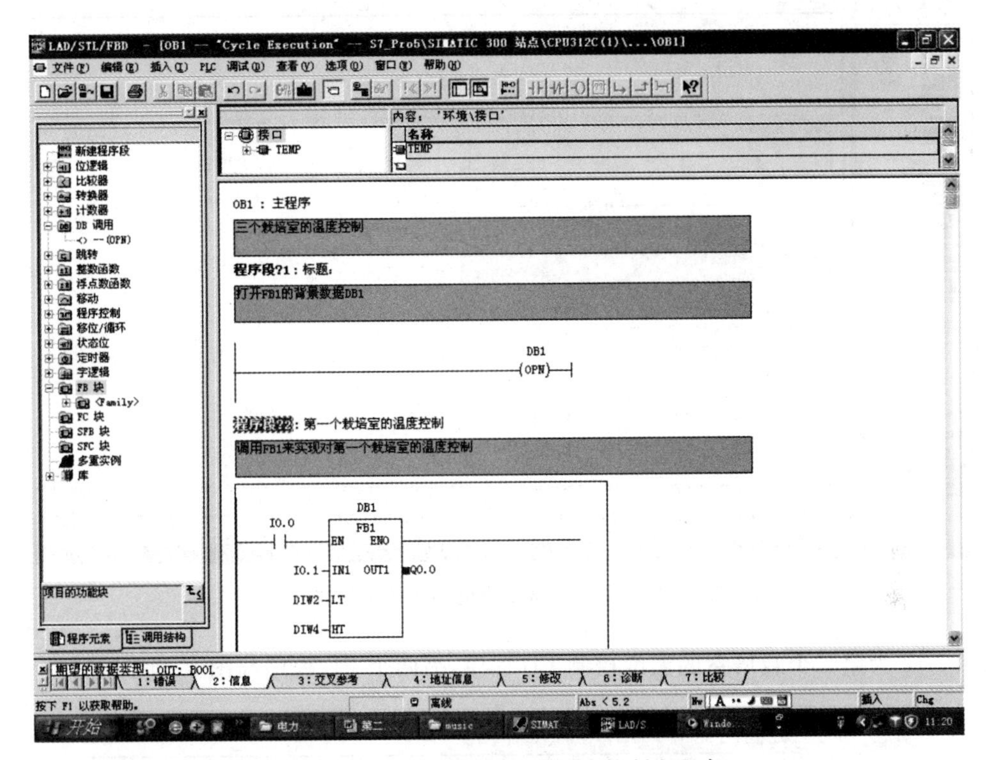

图 4 - 14　第一个栽培室的温度控制主程序

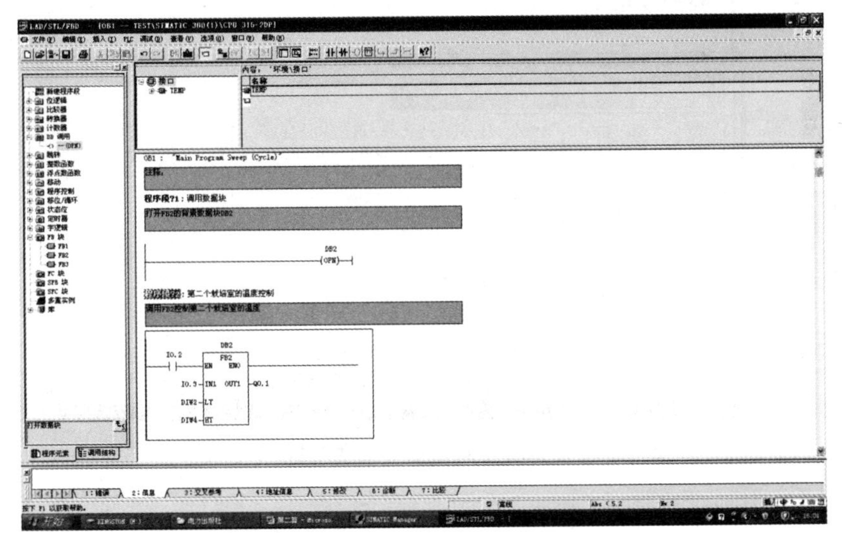

图 4 - 15　第二个栽培室的温度控制主程序

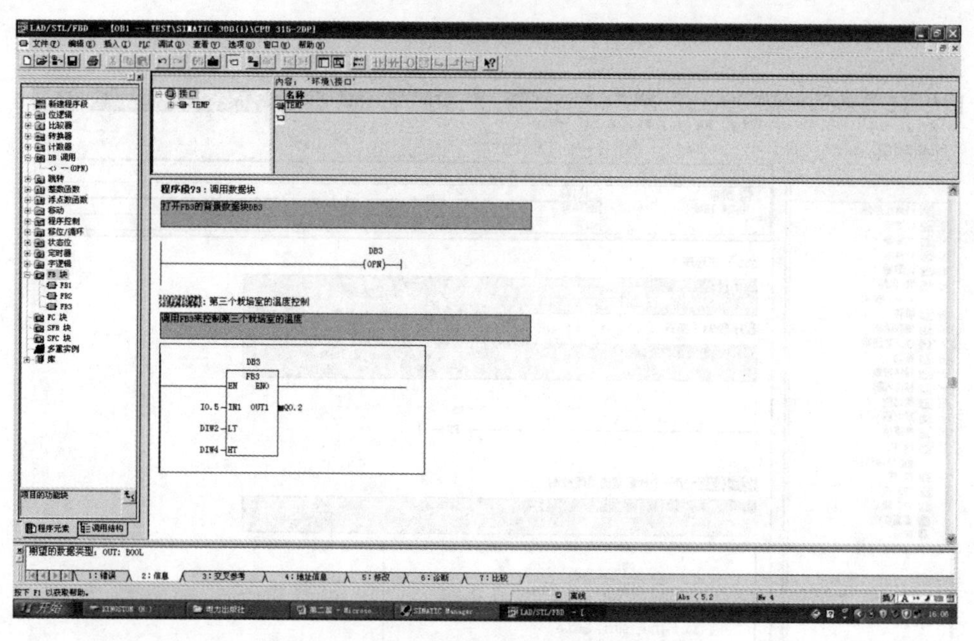

图 4-16　第三个栽培室的温度控制主程序

图 4-17 为第二个栽培室的温度控制 FB 程序，另两个 FB 程序与图 4-17 相同。

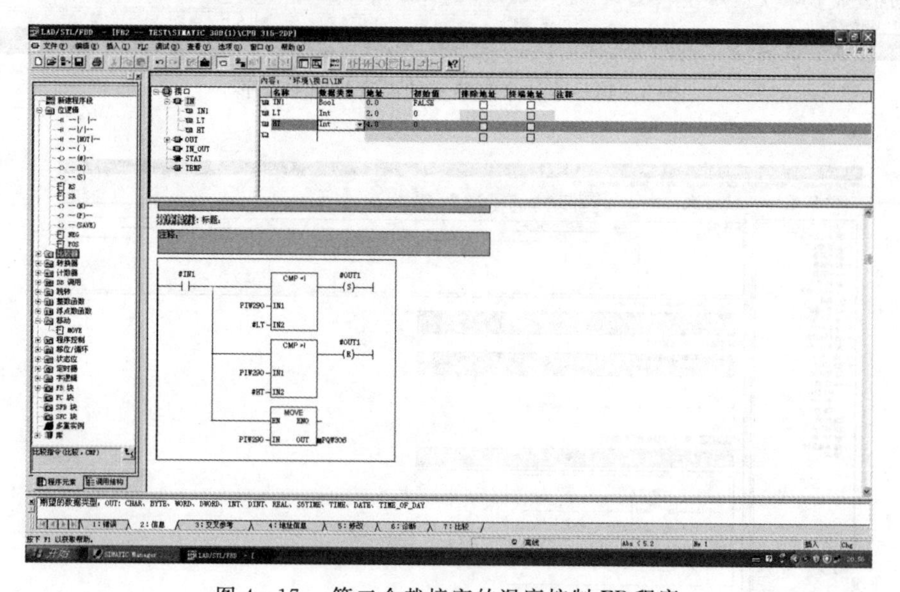

图 4-17　第二个栽培室的温度控制 FB 程序

4.4　恒压供水系统的控制实例

在居民生活用水、工业用水、自来水厂、油田、锅炉定压供热和恒压补水喷淋及消防等供水系统中，采用老式的水塔、高位水箱、气压增压等设备，不仅设备投资大，占地面积大，维护困难，而且不能满足高层建筑、工业、消防等高水压、大流量的快速供水需要。同时，由于供水量的随机性，采用这些设备难以保证供水的实时性和水压的稳定。

随着科学技术的进步以及大规模集成电路和微机技术的迅速发展，交流电机变频调速技术已日趋完善，变频调速器用于交流异步电动机调速，其性能超过以往任何一种交流调速方式，而且结构简单，因而成为交流电动机调速的最新潮流和发展方向。变频器调速恒压供水系统，就是变频调速技术最典型的应用，近几年在我国逐渐盛行起来，它通过 PLC 控制变频器来构成恒压供水系统，可以实现节电 20%～40%，能实现绿色用电，系统具有节能、安全、保护设备、自动化程度高、造价低、供水压力稳定等优点，且非常适用于高层建筑、住宅小区锅炉的自动供水需要，系统原理框图如图 4-18 所示。

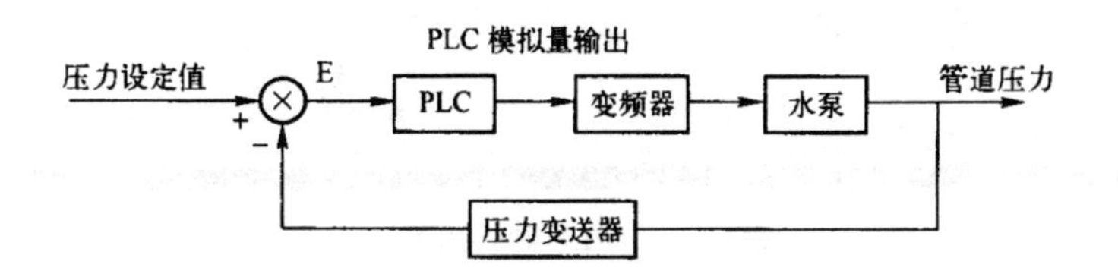

图 4-18　恒压供水系统原理框图

假定系统要求管道压力恒为 8MPa，压力变送器的量程为 0～10MPa，输出信号为 0～10V，变频器选取西门子 MM440 系列，系统硬件接线图如图 4-19 所示。

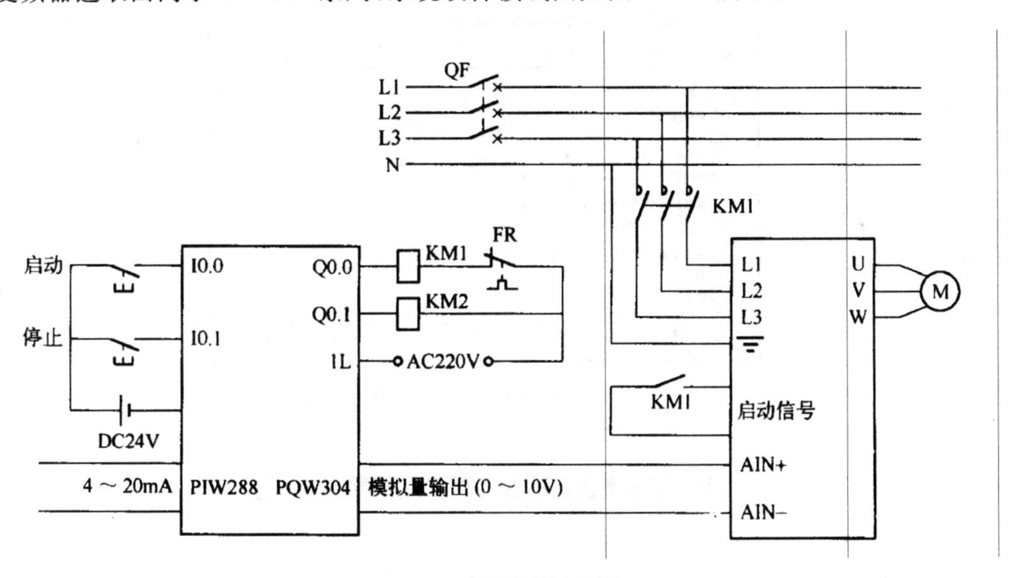

图 4-19　系统硬件接线图

说明：压力反馈值在 PIW288 中，模拟量输出在 PQW 中；KM1 为水泵启动接触器，KM2 为控制柜风扇启动接触器。

(1)程序结构设计。OBl 为主程序，OB20 为延时中断组织块，控制风扇启停，OB35 为循环中断组织块，实现自己编写的 PID 算法程序。

(2)硬件组态与模拟量参数设置，如图 4-20 所示。

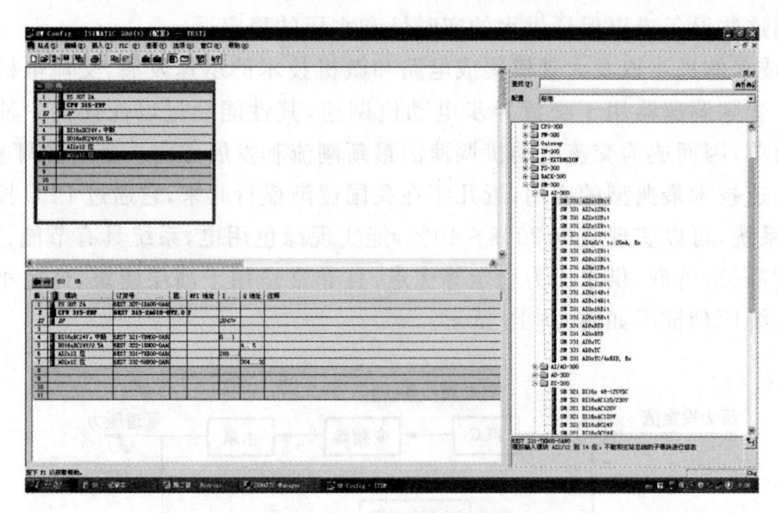

图 4－20　PLC 硬件组态

图 4－21、图 4－22 所示为模拟量输入、输出模块的相关参数设定。

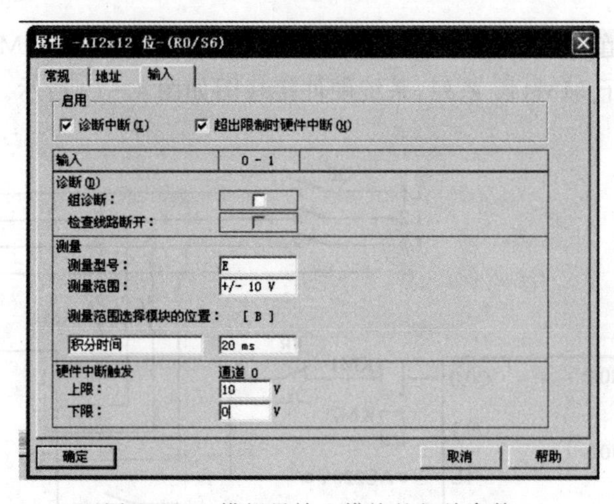

图 4－21　模拟量输入模块的相关参数

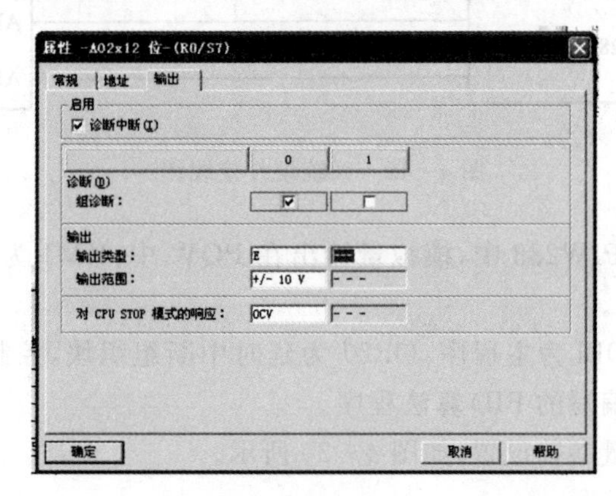

图 4－22　模拟量输出模块的相关参数

(3)OB1 与 OB20 程序设计。OB1 程序设计如图 4－23 所示。

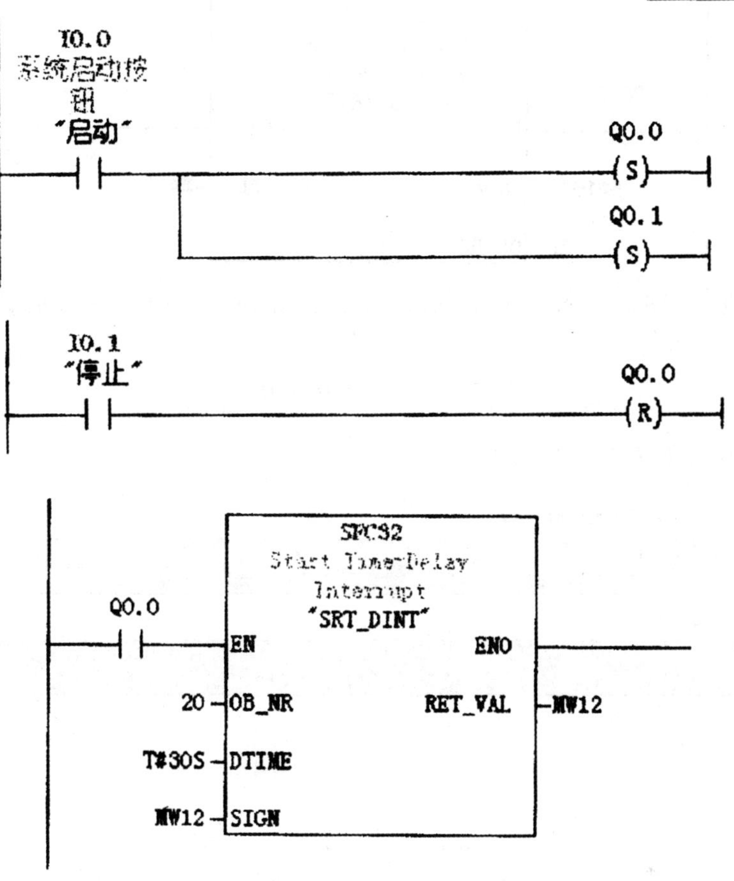

注：调用 SFC32(Start Time－Delay Interrupt)，启动延时中断组织块 OB20，水泵停止 30s 后，风扇停止运转。

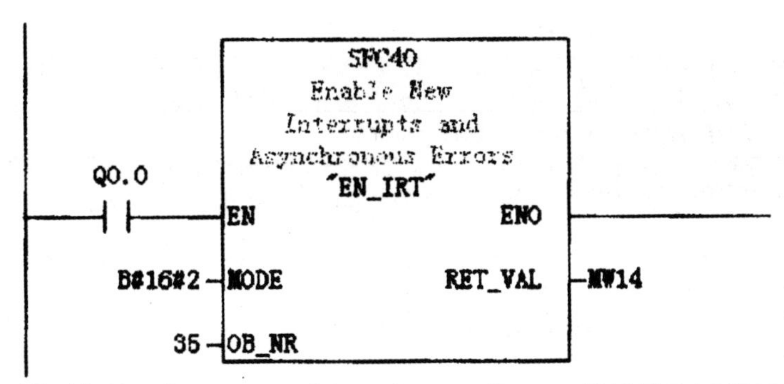

注：调用 SFC40(Enable New Interrupts and Asynchronous Errors)，激活循环中断组织块 OB35，实现 PID 算法，采样周期在在 CPU 属性对话框中设置。

图 4－23　OB1 程序

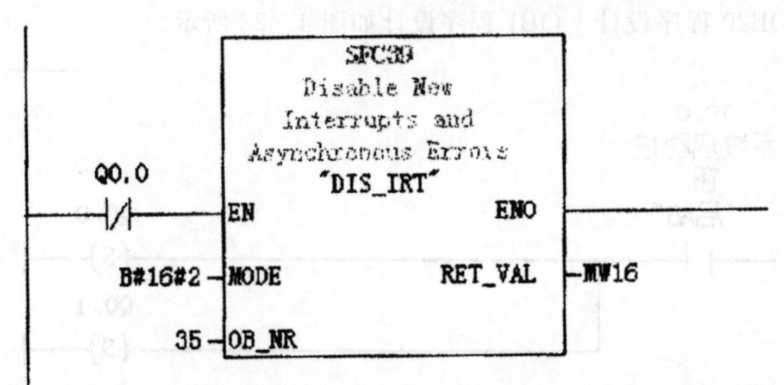

注：调用 SFC39(Disable New Interrupts and Asynchronous Errors)，水泵停止运行，禁止循环中断组织块 OB35

续图 4-23　OB1 程序

OB20 程序设计如图 4-24 所示。

OB20 : "Time Delay Interrupt"

风扇在水泵停止30s后停止

程序段1：标题：

注释：

Q0.0　Q0.1

图 4-24　OB20 程序

(4)OB35 程序设计。OB35 程序如图 4-25 所示。

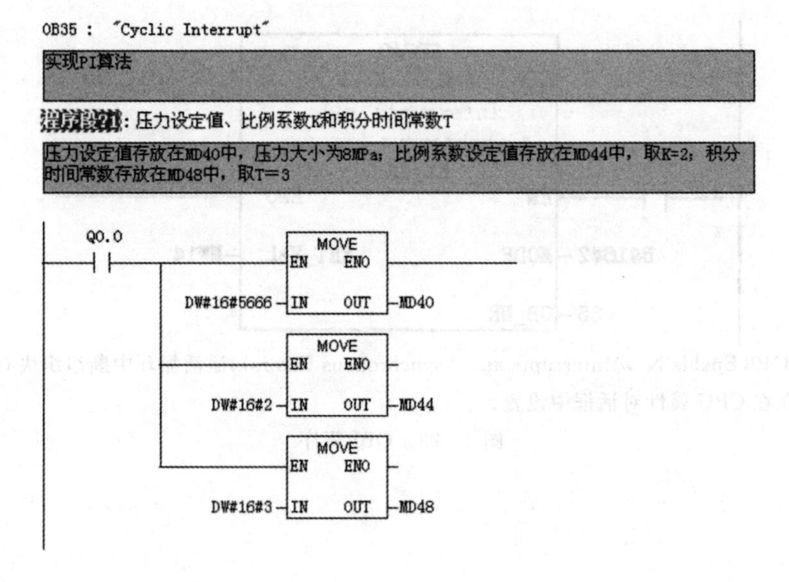

图 4-25　OB35 程序

程序段26：输出

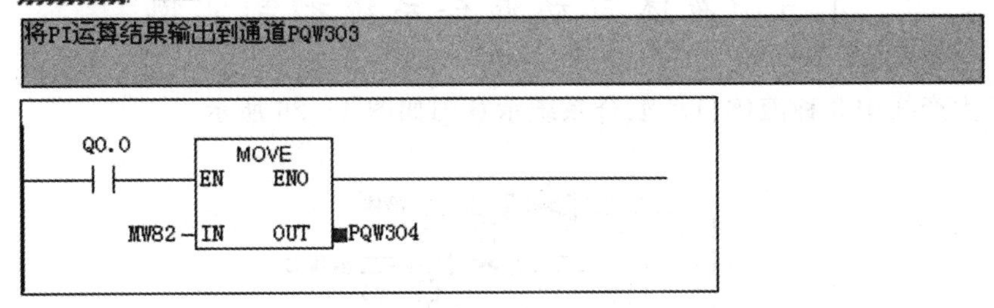

程序段23：积分运算

加法运算值存放在MD60中（注意防止MD60溢出），积分运算值存放在MD64，若积分值小于等于0，则积分值为0；若积分值大于等于设定值，则积分值等于设定值

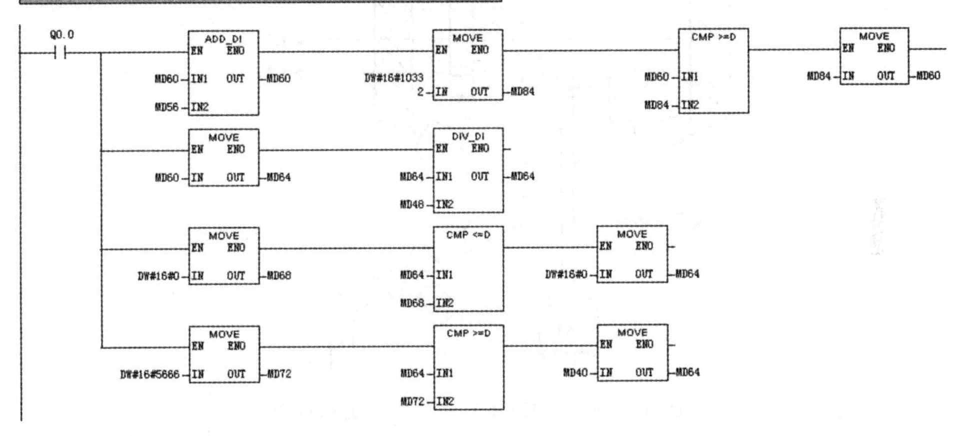

程序段24：比例运算

偏差值乘以比例系数，比例运算结果存在MD76中

Q0.0　MUL_DI　EN　ENO
MD56 — IN1　OUT — MD76
MD44 — IN2

程序段22：取偏差

压力设定值（MD40）减去压力反馈值（PIW288转为双整数，存放在MD52），偏差存放在MD56。其中偏差值可正可负

Q0.0　I_DI　EN　ENO
PIW288 — IN　OUT — MD52
SUB_DI　EN　ENO
MD40 — IN1　OUT — MD56
MD52 — IN2

续图 4-25　OB35 程序

4.5 液体自动混合系统控制实例

某化工生产线中 3 种液体自动混合系统示意图如图 4－26 所示。

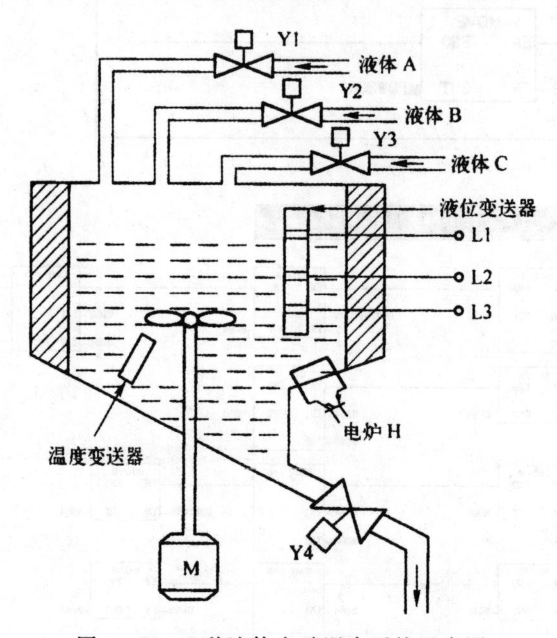

图 4－26 3 种液体自动混合系统示意图

初始状态时，阀 Yl，Y2，Y3，Y4 关闭，容器是空的；即 Yl，Y2，Y3，Y4 为 OFF，电动机 M 为 OFF，电炉 H 为 OFF 状态。按下启动按钮，开始下列操作：Y1 为 ON，液体 A 注入容器，当液面到达 L3 位置时，使 Y1 为 OFF，Y2 为 ON，即关闭 Yl 阀门，打开液体 B 的阀门 Y2；当液面到达 L2 时，使 Y2 为 OFF，Y3 为 ON，即关闭 Y2 阀门，打开液体 C 的阀门 Y3；当液面到达 L1 时，Y3 为 OFF，M 为 ON，即关掉阀门 Y3，电动机 M 启动开始搅拌；经 3s 搅拌均匀后，M 为 OFF，搅拌停止，H 为 ON，电炉开始加热；当混合液体温度达到 80℃时，H 为 OFF，停止加热，电磁阀 Y4 为 ON，开始放出混合液体；当液面下降到 L3 时，L3 从 ON 到 OFF，再经过 5s 容器放空，Y4 为 OFF，开始下一个周期。

1. 变送器的相关规定

(1)温度变送器量程为 0～100℃，输出为 0～10V；

(2)液位变送器输出为 0～10V，混合液体压力（重量）与输出的对应关系应经过严格校对后标定；

(3)混合液体温度存放在 PIW288 中；

(4)混合液体的高度伴放在 PIW290 中。

2. 程序结构

OBl 为主程序，负责调用控制程序 FBl，FB2，FB3；DBl，DB2 和 DB3 分别为 FBl，FB2、FB3 的背景数据块；FBl 为控制阀门 Yl，Y2，Y3 开闭的功能块，FB2 为控制电炉开闭的功能块，FB3 为控制阀门 Y4 开闭的功能块。

3. 系统硬件组态与程序结构

系统硬件组态界面如图 4 - 27 所示，程序结构如图 4 - 28 所示。

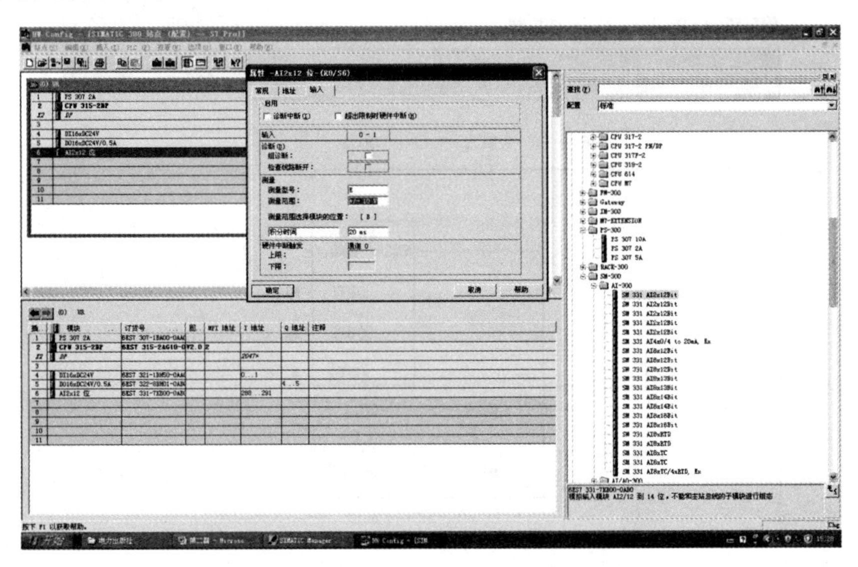

图 4 - 27　液体自动混合系统硬件组态

图 4 - 28　系统程序结构

4. OB1 程序设计

OB1 程序如图 4 - 29 所示。

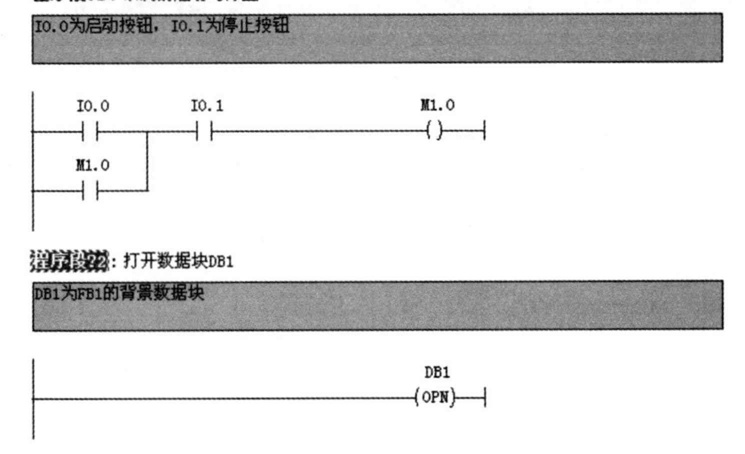

图 4 - 29　OB1 程序

程序段?3：阀门Y1、Y2、Y3的控制

调用功能块FB1，控制阀门Y1、Y2、Y3的开闭

M1.0 Q0.5 M1.1 Q0.0

DB1

FB1

EN ENO

OUT1 M1.1

OUT2 M1.4

OUT3 M1.5

M1.4 Q0.1

M1.5 Q0.2

程序段?4：搅拌电机的控制

用脉冲定时器来控制搅拌电机的搅拌时间

T0

M1.0 M1.3 Q0.5 S_PULSE Q0.3

S Q

S5T#30S TV BI ...

... R BCD ...

程序段?5：打开数据块DB2

DB2是FB2的背景数据块

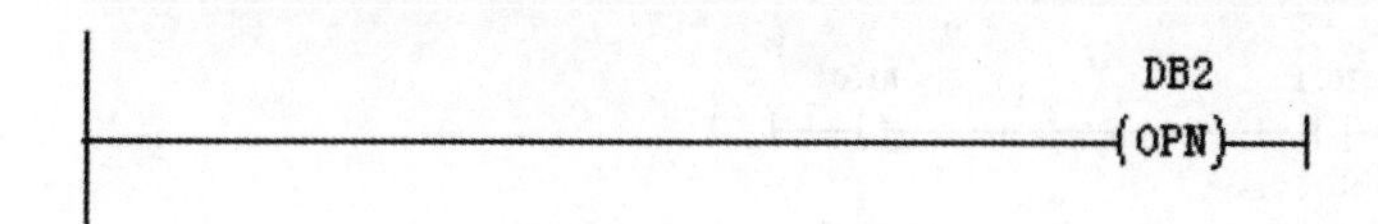

续图 4－29　OB1 程序

程序段?6：电炉的控制

调用FB2，实现对电炉的控制

DB2
M1.3　Q0.3　Q0.5
FB2
EN　ENO
OUT1　Q0.4

程序段?7：打开数据块DB3

DB3是FB3的背景数据块

DB3
(OPN)

程序段?8：阀门Y5的控制

调用FB3控制阀门Y5

DB3
Q0.0　Q0.1　Q0.2　Q0.3　Q0.4
FB3
EN　ENO
OUT1　Q0.5

续图 4－29　OB1 程序

5. FB1，FB2，FB3 程序设计

FBl 程序如图 4－30 所示，FB2 程序如图 4－31 所示，FB3 程序如图 4－32 所示。

FB1 ：标题：

阀门Y2、Y3的控制

程序段?1：阀门Y2的控制

当液位高度大于等于L3时，Y1关闭（通过M1.1控制），Y2开启

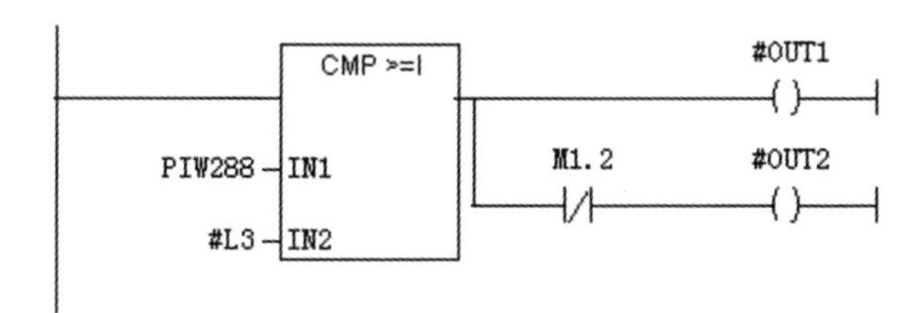

图 4－30　FBl 程序

程序段?2：阀门Y3的控制

当液位高度大于等于L2时，Y2关闭，Y3开启

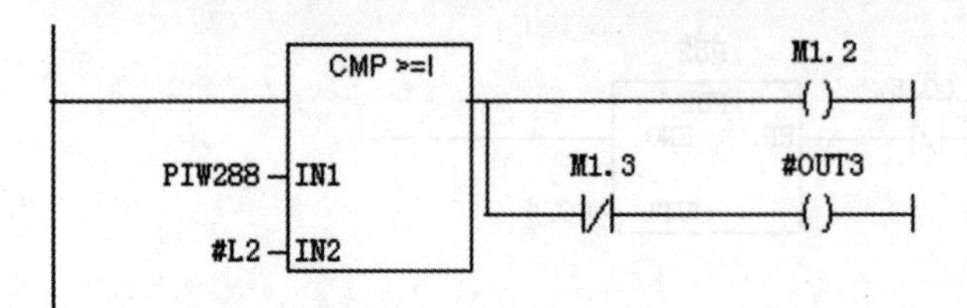

程序段?3：标题：

注释：

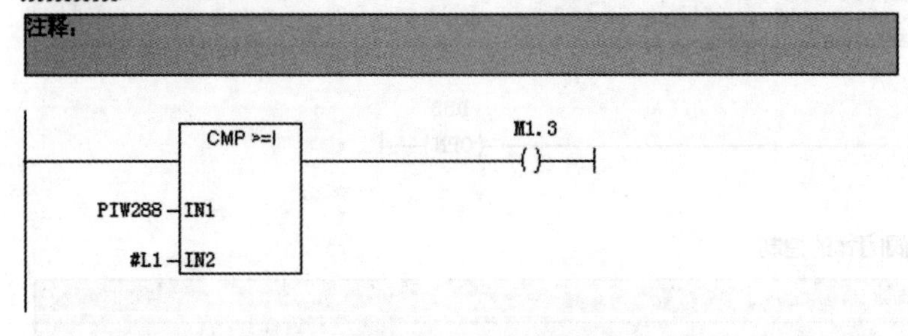

续图 4－30　FBl 程序

FB2：电炉控制

当混合液体的温度小于80度，启动电炉控制，当混合液体的温度大于80度，停止电炉控制

程序段?1：标题：

当混合液体的温度小于80度，启动电炉控制

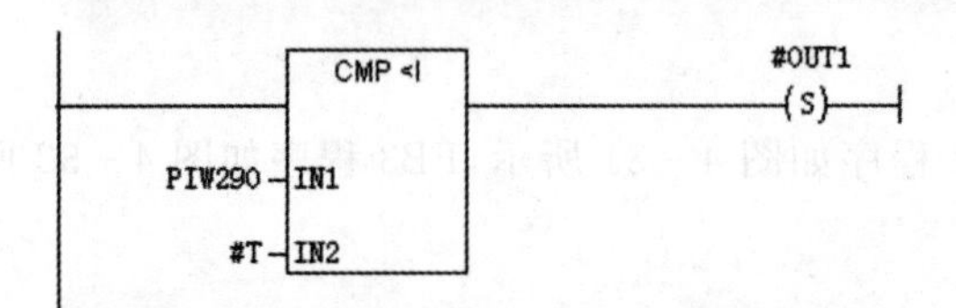

程序段?2：标题：

当混合液体的温度大于80度，停止电炉控制

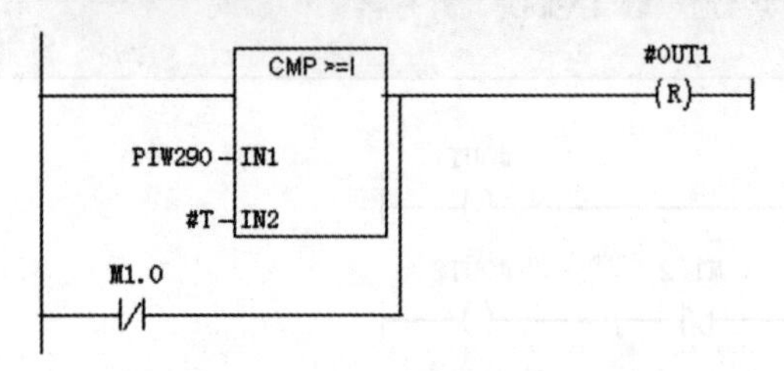

图 4－31　FB2 程序

FB3 ：阀门Y5的控制

阀门Y5开启后，当混合液体的高度小于等于L3时，经过20s延时，Y5关闭。

程序段?1：设定定时器T1

根据工艺要求，T1设定为20s

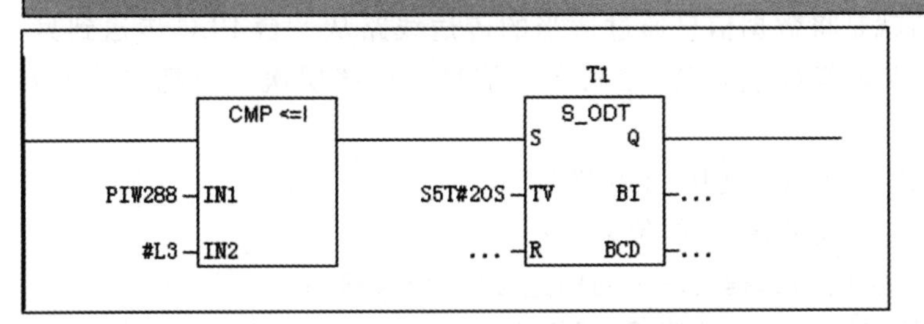

程序段?2：阀门Y5的控制

定时时间到，Y5关闭

M1.0　T1　#OUT1

图 4 - 32　FB3 程序

第5章　S7-400PLC工业通信网络的工程应用

PLC网络通信就是将数据信息通过适当的传送线路从一台PLC传送到另一台PLC，或在PLC与计算机(或智能数字设备)之间交换信息。按照层次可以把连接的对象分成以下4类。

(1)计算机与PLC之间的连接(上位链接)；

(2)PLC与PLC之间的连接(同位链接)；

(3)PLC主机与它们的远程模块之间的连接(下位链接)；

(4)PLC与计算机网络之间的连接(网络连接)。

5.1　工业通信网络概述

5.1.1　典型网络结构

一个典型的工厂自动化系统一般是由现场设备层、车间监控层、工厂管理层组成的三级网络结构。

(1)现场设备层。现场设备层的主要功能是连接现场设备，如分布式I/O、传感器/驱动器、执行机构和开关设备等，完成现场设备控制及设备间连锁控制。主站(PLC，PC或其他控制器)负责总线通信管理及与从站的通信。总线上所有设备生产工艺控制程序存储在主站中，并由主站执行。

西门子的SIMATIC NET网络系统如图5-1所示，它将执行器/传感器单独分为一层，主要使用AS-I(执行器/传感器接口)网络。

AS-I是国家标准GB/T18858.2-2002/IEC62026-2：2000低压开关设备和控制设备控制器—设备接口(CDI)的第2部分。

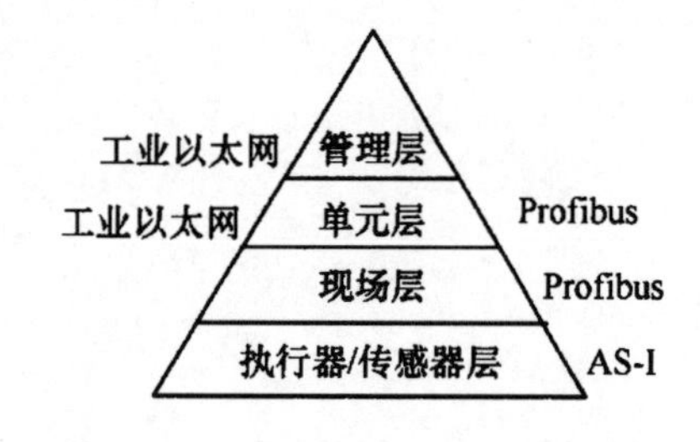

图5-1　SIMATIC NET网络系统

(2)车间监控层。车间监控层又称为单元层，用来完成车间主生产设备之间的连接，实现车间级设备的监控。车间级监控包括生产设备状态的在线监控、设备故障报警及维护等。通常还具有如生产统计、生产调度等车间级生产管理功能。车间级监控通常要设立车间监控室，有操作员工作站及打印设备。车间级监控网络可采用PROFIBUS-FMS或工业以太网，PROFIBUS-FMS是一个多主网络，这一级数据传输速度不是最重要的，但是应能传送大容量的信息。

(3)工厂管理层。车间操作员工作站可以通过集线器与车间办公管理网连接，将车间生产数据送到车间管理层。车间管理网作为工厂主网的一个子网，通过交换机、网桥或路由器等连接到厂区骨干网，将车间数据集成到工厂管理层。

工厂管理层通常采用符合 IEC802.3 标准的以太网，即 TCP/IP 通信协议标准。厂区骨干网可以根据工厂实际情况，采用 FDDI 或 ATM 等网络。

在很多的 S7－400PLC 的 CPU 中集成有 MPI 和 DP 通信接口，还有 PROFIBUS－DP 和工业以太网的通信模块，以及点对点通信模块。通过 PROFIBUS－DP 或 AS－I 现场总线，CPU 与分布式 I/O 模块之间可以周期性地自动交换数据（过程映像数据交换）。在自动化系统之间，PLC 与计算机和 HMI（人机接口）站之间，均可以交换数据。数据通信可以周期性地自动进行，或基于事件驱动（由用户程序块调用）。

5.1.2　S7－400PLC 的通信网络

1. 通过多点接口（MPI）协议的数据通信

MPI 是多点接口（MultiPoint Interface）的简称，S7－400 PLC 都集成了 MPI 通信协议，MPI 的物理层是 RS－485，最大传输速率为 12Mbps。PLC 通过 MPI 能同时连接运行 STEP7 的编程器、计算机、人机界面（HMI）及其他 SIMATIC S7，M7 和 C7。STEP7 的用户界面提供了通信组态功能，使通信的组态简单容易。

联网的 CPU 可以通过 MPI 接口实现全局数据（GD）服务，周期性地相互进行数据交换，每个 CPU 可以使用的 MPI 连接总数为 6～64 个，具体数量与 CPU 的型号有关。

2. PROFIBUS

工业现场总线 PROFIBUS 是用于车间级监控和现场层的通信系统，它符合 EC61158 标准（是该标准中的类型 3），具有开放性，符合该标准的各厂商生产的设备都可以接入同一网络中。S7－400 PLC 可以通过通信处理器或集成在 CPU 上的 PROFIBUS－DP 接口连接到 PROFIBUS－DP 网络上。

带有 PROFIBUS－DP 主站/从站接口的 CPU 能够实现高速和使用方便的分布式 I/O 控制，如图 5－2 所示。对于用户来说，系统组态和编程方法与处理集中式 I/O 完全相同。

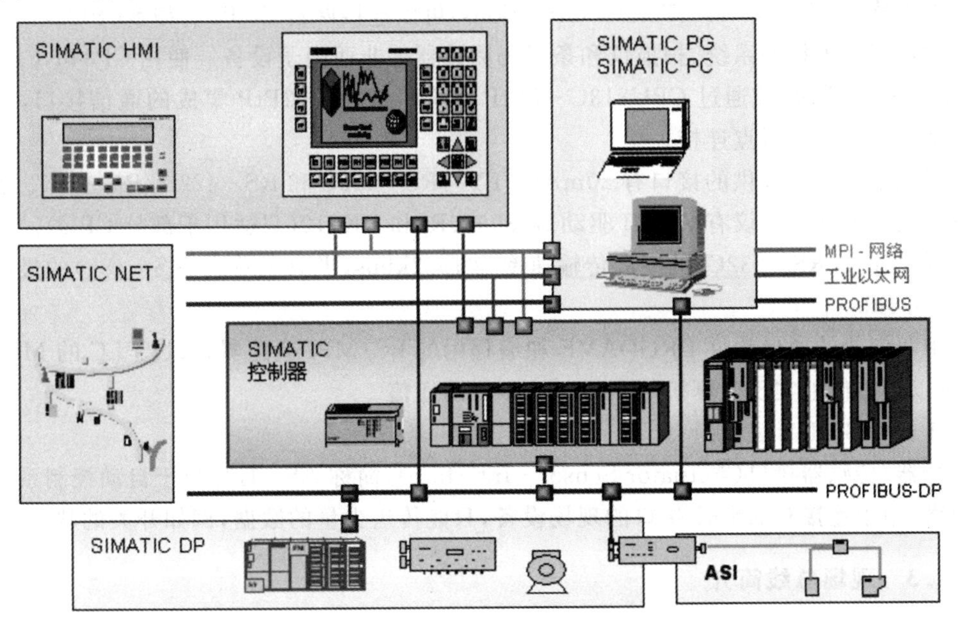

图 5－2　S7－400 PLC 的通信网络

PROFIBUS的物理层是RS－485，最大传输速率为12Mbps，最多可以与127个网络上的节点进行数据交换。网络中最多可以串接10个中继器来延长通信距离。使用光纤作为通信介质，通信距离可达90km。

如果PROFIBUS网络采用FMS协议，工业以太网采用TCP/IP或ISO协议，S7－400PLC可与其他公司的设备实现数据交换。

可以通过CP342/343通信处理器将SMATIC S7－400PLC与PROFIBUS－DP或工业以太总线系统相连。可以连接的设备包括S7－400，S5－115U/H、编程器、个人计算机、SIMATIC人机界面(HMI)、数控系统、机械手控制系统、工业PC、变频器和非西门子装置。

S7中可以作为主站设备的有：①带有PROFIBUS－DP接口的S7－400PLC的CPU；②CP443－5 IM467，CP342－5或CP343－5；③编程器PG；④操作员面板OP。

S7中可以作为从站设备的有：①分布式I/O设备；②ET200B/L/M/S/X；③通过通信处理器CP342的S7－300；④带DP接口的S7－300CPU；⑤ S7－400(只能通过CP443－5)；⑥带EM277通信模块的S7－200。

3. 工业以太网

工业以太网(Industrial Ethernet)是用于工厂管理和单元层的通信系统，符合IEEE802.3国际标准，用于对时间要求不太严格、需要传送大量数据的通信场合，可以通过网关来连接远程网络。它支持广域的开放型网络模型，可以采用多种传输媒体。西门子的工业以太网传输速率为10M/100Mbps，最多1024个网络节点，网络的最大范围为150km。

西门子的S7和S5这两代PLC通过PROFIBUS(FDL协议)或工业以太网ISO协议，以利用S5和S7的通信服务进行数据交换。

CP通信处理器不会加重CPU的通信服务负担，S7－300最多可以使用8个通信处理器，每个通信处理器最多能建立16条链路。

4. 点对点连接

点对点连接 (Point－to－Point Connections)可以连接两台S7 PLC和S5 PLC，以及计算机、打印机、机器人控制系统、扫描仪和条形码阅读器等非西门子设备。使用CP340，CP341和CP441通信处理模块，或通过CPU313C－2PtP和CPU314C－2PtP集成的通信接口，可以建立起经济而方便的点对点连接。

点对点通信可以提供的接口有20mA(TTY)，RS－232C和RS－422A/RS－485。点对点通信可以便用的通信协议有ASCII驱动器、3964(R)和RK512(只适用于部分CPU)。

全双工模式(RS－232C)的最高传输速率为19.2kbps，半双工模式(RS－485)的最高传输速率为38.4kbps。

使用西门子的通信软件PRODAVE和编程用的PC/MPI适配器，通过PLC的MPI编程接口，可以很方便地实现计算机与S7－300/400的通信。

5. 通过AS－I的过程通信

执行器/传感器接口(Actuator Sensor－Interface)，简称AS－I，是位于自动控制系统最底层的网络，用来连接有AS－I接口的现场设备，只能传送少量的数据，例如开关的状态等。

5.1.3　现场总线简介

现场总线是近几年来迅速发展起来的一种工业数据总线，是一种串行的数字数据通信链路，是应用在生产现场，在微机化测量控制设备之间实现双向串行多节点数字通信的系统，也称为开放式、数字化、多点通信的底层控制网络。它主要解决工业现场的智能化仪器仪表、控制器、执行机构等现场设备间的数字通信以及这些现场控制设备和高级控制系统之间的信息传递问题。按照国际电工委员会 IEC61158 的标准定义，现场总线是“安装在制造和过程区域的现场装置与控制室内的自动化控制装置之间的数字式、串行、多点通信的数据总线”。所以说，现场总线是在生产现场、测控设备之间形成开放型测控网络的新技术，现场总线控制系统既是一个开放式通信网络，又是一种全分布式控制系统。它作为智能设备的联系纽带，把挂接在总线上，作为网络节点的智能设备连接为网络系统，并进一步构成自动化系统，实现基本控制、补偿计算、参数修改、报警、显示、监控、优化及控管一体化的综合自动化功能。

1. 现场总线控制系统的组成

现场总线控制系统（Fieldbus control System，FCS）通常被看作为一个系统、一个网络或一个网络系统。它主要由三部分组成：现场智能仪表，控制器，现场总线监控、组态计算机。仪表、控制器、计算机通过现场总线网卡及通信协议软件连接到网上。因此，现场总线网卡及通信协议软件是现场总线控制系统的基础和神经中枢，监控、组态计算机包含的软件包括以下几部分：用计算机进行配置、网络组态提供平台的组态工具软件。将配置与组态信息根据现场总线协议/规范（Protocol/specification）的通信要求进行处理，再从计算机通过总线电缆传送至总线设备的组态通信软件。控制器编程软件，用户程序软件（PLC 应用程序），设备接口通信软件。设备功能软件以及运行于监控计算机（上位机）具有实时显示现场设备运行状态参数、故障报警信息，并进行数据记录、趋势图分析及报表打印等功能的监控组态软件。

同时，开放式现场总线控制系统还应具有组态技术，包括数据库组态及控制算法组态，生成的参数和算法不仅可以在控制器中运行（即软 PLC），还可以在远程 I/O（如 ET200M）或智能设备上运行，按照现场总线标准定义的功能块可以在智能仪表及执行机构中进行运算、实现真正的分布式控制。

2. 现场总线控制系统体系结构

现场总线控制系统是一个实现电气传动控制、仪表控制和计算机控制一体化的系统结构。由 3 层网络组成：最底层（即 I/O 端）为低速现场总线（如 FF 的 H1，Device Net 或 PROFIBUS 的 PA）连成的控制网络 CNET，中间一层为高级现场总线（如 FF 的 H2 或 PROFIBUS 的 DP）连成的系统网络 SNET，最上一层即决策支持层 MNET，采用高速以太网连接各控制器与站级计算机。图 5－3 所示为一典型的 FCS 体系结构图（以 FF 为例）。

由图 5－3 可以看出，最底层的 H1 现场总线连接各类现场智能仪表，包括压力变送器、温度变送器、流量测量仪表及智能调节阀等，低速现场总线 FF H1 通过耦合器连接到高速现场总线 FF H2 上，作为 H2 总线的一个节点。对 FCS 进行管理和运行控制的工程师站或操作点站作为 H2 总线的节点，也连接到 FCS 的 H2 总线上，图中，PLC 和 DCS 通过接口单元或模块作为高速现场总线的节点挂接到 H2 总线上。

H1 现场总线物理层协议遵循国际标准 IEC 1158－2，其数据传输速率为 31.25kbit/s，一条 H1 总线在不加中继器时总长可达 1900m，可连接 2～32 台非总线供电的非本安现场仪表，或连接 2～12 台总线供电的非本安现场仪表或连接 2～6 台总线供电的本安现场仪表。一条 H1 现场总线上最多可加 4 个中继器，加上中继器后总线长度可达 7.2km，连接的现场智能仪表最多可达 126 台。

图 5-3 中的耦合器用来连接低速侧总线 H1 和高速侧总线 H2，同时对现场仪表供电和本安隔离，H1 总线通过耦合器把现场智能仪表的数据上传到 H2 总线上，由 H2 总线上的操作员站对现场数据进行读取或保存，H2 总线遵循 PROFIBUS—DP 协议，数据传输采用 RS485 方式，最高传输速率可达 12Mbit/s。

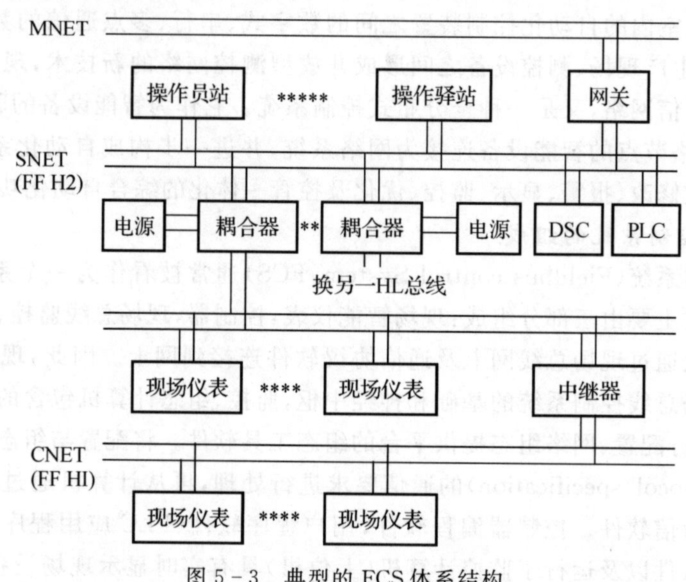

图 5-3 典型的 FCS 体系结构

现场总线控制系统的网络拓扑结构可采用线形、总线形、星形、环形、树形等等，一般情况下采用线形结构，这是由于线状结构比较容易解决网络供电和本安防爆等问题。而且在线状结构时的现场总线支路的电源负载是确定的，沿总线的电源电压的变化是可以预料的。网络的通信介质很多，常用的有电话线、双绞线、光导纤维电缆、同轴电缆、无线等，在选择传输介质时主要考虑介质的电器隔离和电磁兼容性这两个因素。

3. 典型现场总线

自 20 世纪 80 年代以来，有几种现场总线技术逐渐形成其影响，并在一些特定的应用领域显示了自己的优势。它们具有各自的特点，也显示了较强的生命力，对现场总线技术的发展已经发挥并将继续发挥较大的作用。

(1)PROIFIBUS。PROFIBUS 是德国国家标准 DIN 19245 和欧洲标准 EN 50170 的现场总线标准，由 PROFIBUS-DP，PROFIBUS-FMS，PROFIBUS-PA 组成了 PROFIBUS 系列。DP 型用于分散外设间的高速数据传输，是一种经济的设备级网络，数据传输速率 9.6kbit/s～12Mbit/s，主要用于现场控制器与分散 I/O 之间的通信，可满足交直流调速系统快速响应的时间要求，特别适合于加工自动化领域的应用。FMS 主要解决车间级通信问题，完成中等传输速度的循环或非循环数据交换任务，适用于纺织、楼宇自动化、可编程控制器、低压开关等，PA 型采用了 OSI 模型的物理层，数据链路层，适用于过程自动化的总线类型，PROFIBUS 总线将在第 8.6 节详细介绍。

(2)FF。基金会现场总线(Foundation Fieldbus，FF)是在过程自动化领域得到广泛支持和具有良好发展前途的技术，它以 ISO/OSI 开放系统互连模型为基础，取其物理层，数据链路层，应用层为 FF 通信模型的相应层次，并在应用层上增加了用户层，用户层主要针对自动化测控应用的需要，定义了信息存取的统一规则，采用设备描述语言规定了通用的功能块集。

基金会现场总线的主要内容，包括FF通信协议，用于完成开放互连模型中第2～7层通信协议的通信栈(communication stack)，用于描述设备特征、参数，属性及操作接口的DDL设备描述语言。设备描述字典用于实现测量、控制、工程量转换等应用功能的功能块，实现系统组态、调度、管理等功能的系统软件技术以及构筑集成自动化系统，网络系统的系统集成技术。

(3)Lonworks。Lonworks是美国ECHELON公司推出的开放式智能控制网络，是一种具有强劲实力的现场总线技术，它采用了ISO/OSI模型的全部7层通信协议，采用了面向对象的设计方法，通过网络变量把网络通信设计简化为参数设置，其通信速率从300bps～1.5Mbps不等，直接通信距离可达2700m(78kbs，双绞线)，支持双绞线、同轴电缆、光纤、射频、红外线、电力线等多种通信介质。

Lonworks的核心元件是神经元(NEURON)芯片，该芯片采用CMOS CLSI技术，芯片内固化了全部七层通信协议，有3个8位CPU，第一个用于完成开放互连模型中第1层和第2层的功能，称为媒体访问控制处理器，实现介质访问的控制与处理；第二个用于完成第3～6层的功能，称为网络处理器，进行网络变量的寻址、处理、背景诊断、路径选择、软件计时、网络管理，并负责网络通信控制，收发数据包等。第三个是应用处理器，执行操作系统服务与用户代码。芯片中还具有存储信息缓冲区，以实现CPU之间的信息传递，并作为网络缓冲区和应用缓冲区。

(4)HART。HART(Highway Addressable Remote Trasducer)是美国ROSEMOUNT公司1985开发的，它具有数字传输与4～20mA DC信号传输并存的特点，虽然HART本身不是全数字化的现场总线，但作为模拟仪表向现场总线化仪表过渡阶段，它将起主要的作用，HART产品今后几年将成为工业自动化的主导智能产品。

除上述四种现场总线外，还有德国BOSCH公司推出的控制局域网络CAN总线，以法国标准FIP(Factory Lnstrumentation Protocal)为基础的WORLDFIP总线，以及罗克韦尔公司推出的DeviceNet，controlnet和Ethernet用于工业控制的三层网络结构现场总线。

4. 现场总线的特点

现场总线是通信、计算机、控制技术发展的结合点 ，也是过程控制技术、自动化仪表技术、计算机网络技术三大技术发展的交汇点，是信息技术、网络技术发展的必然结果，是自动化领域的计算机局域网，是网络集成的测控系统，与DCS等传统的系统相比，现场总线系统具有下述技术特点。

(1)现场总线是数字通信网络。在系统中间层或不同层的总线设备之间均采用数字信号进行通信。由于用数字信号替代模拟信号，因而可实现一对电线上传输多个信号(包括多个运行参数值，多个设备状态，故障信息)同时又为多个设备提供电源，现场设备以外不再需要A/D，D/A转换部件，这样大量减少了导线和连接附件，提高了系统的可靠性和抗干扰能力(数字通信的差错功能可检出传输中的误码)降低了设计安装和调试的费用。

(2)现场总线是开放式互连网络。现场总线标准、协议(规范)是分开的，采用统一的国际标准，不同厂家产品相互兼容。现场总线网络是开放的，既可实现同层网络互连，也可实现不同层次网络互连，用户可共享网络资源。

(3)现场总线是结构和功能高度分散的系统。现场总线废弃了DCS的控制站级及其输入/输出单元，从根本上改变了DCS集中与分散相结合的集散控制系统体系。由于采用了智能现场设备，能够把原先 DCS 系统中处于控制室的控制模块、各输入输出模块置入现场设备，加上现场设备具有通信能力，现场的测量变送仪表可以与阀门等执行机构直接传送信号，因而控制系统功能能够不依赖控制室的计算机或控制仪表，直接在现场完成，实现了彻底的分散控制。

(4)现场总线具有优越的远程监控功能。它可以在控制室远程监视现场设备和系统的各种运行状态及参数，可以直接在控制室对现场设备及系统进行远程控制。用户可以通过同层网络或上层网络对现场设备进行参数设置，而不必到现场对每一个设备逐个进行配置；利用网络组态工具软件可以迅速而方便地组建现场总线网络，配置网络参数；由于现场总线的开放性，互操作性与互换性，用户可以自由地集成不同制造商，不同型号的产品和网络，从而构成所需的系统。同时，现场设备系统和系统扩展非常方便。

(5)为企业信息系统的构建创造了条件，一个典型的企业网络信息集成系统分为三层：INFRANET 控制网(也叫 FCS)，企业内部网 INTRANET 和全球信息互联网 INTERNET。在这三层网络结构中，FCS 通过网桥将现场测控设备互连成为通信网络，实现不同网段，不同现场通信设备之间的信息共享；同时又通过以太网或光纤通信网将现场运行的各种信息传送到远离现场的控制室，并进一步实现与操作终端及上层控制管理网络的连接和信息共享，沟通了生产过程现场及控制设备之间及其与更高控制管理层次之间的联系。FCS 还通过网关连接到上层管理网上，把工业现场的各种参数与数据传到上级管理网络，为管理决策提供第一手资料，从而实现监控一体化。

现场总线控制系统是过程控制技术的发展方向，FCS 是继 DCS 后又一种全新的自动控制体系，从“分散控制”到“现场控制”。从“点到点”的数据传输到“总线”方式的数据传输，以及信息资源的共享使现场总线技术获得了非常广阔的应用。随着计算机技术和网络技术的飞速发展。现场总线智能仪表发展速度将进一步加快，国际现场总线标准更趋完善，现场总线技术将得到长足的发展。对自动化控制系统来说，21 世纪将是现场总线控制系统的时代。

5.2 MPI 通 信

5.2.1 MPI 网络

MPI 是多点接口(MultiPoint Interface)的简称，每个 S7－400CPU 都集成了 MPI 通信协议，MPI 的物理层是 RS－485。通过 MPI，PLC 可以同时与多个设备建立通信连接，同时连接的通信对象的个数与 CPU 的型号有关，例如 CPU418 为 64 个等。

在计算机上应插入 1 块 MPI 卡，或使用 PC/MPI 适配器。通过 MPI 可以访问 PLC 所有的智能模块，如功能模块。

联网的 CPU 可以通过 MPI 接口实现全局数据 (GD)服务，周期性地相互交换少量的数据，最多可以与在一个项目中的 15 个 CPU 之间建立全局数据通信。

每个 MPI 节点都有自己的 MPI 地址 (0～126)，编程设备、人机接口和 CPU 的默认地址分别为 0，1，2。

在 S7－400PLC 中，MPI(187.5kbps)通信模式被转换为内部 K 总线(10.5Mbps)。S7－400 只有 CPU 有 MPI 地址，其他智能板没有独立的 MPI 地址。

通过全局数据通信，一个 CPU 可以访问另一个 CPU 的位存储器、输入/输出映像区、定时器、计数器和数据块中的数据。对 S7，M7 和 C7 的通信服务可以用系统功能块来建立。

MPI 默认的传输速率为 187.5kbps 或 1.5Mbps，与 S7－200 通信时只能指定为 19.2kbps。

通过 MPI 接口，CPU 可以自动广播其总线参数组态（如波特率），然后 CPU 可以自动检索正确的参数，并连接至一个 MPI 子网。

MPI 是一种适用于小范围、少数站点间通信的网络。在网络结构中属于单元级和现场级。通过 PROFIBUS 电缆和接头，将控制器 CPU 的 MPI 编程口相互连接以及与上位机网卡的编程口（MPI/DP 口）连接即可实现。

MPI 网络是一种总线型网络，仅用 MPI 接口构成的网络称为 MPI 分支网络（或 MPI 网络）。两个或多个 MPI 分支网由路由器或网间连接器连接起来，就构成教复杂的网络结构，实现更大范围的网络互连。

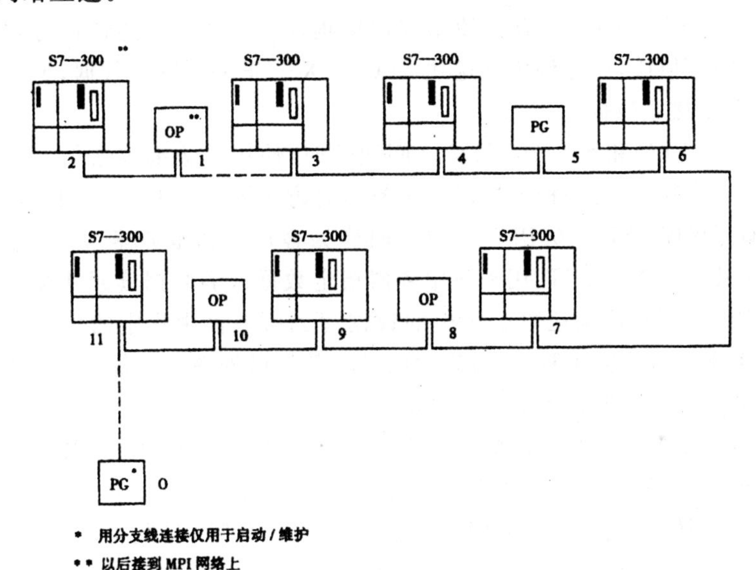

图 5－4　MPI 网络连接示例

图 5－4 所示为 MPI 网络的连接示例，构建 MPI 网络时应遵守下述连接规则。

（1）MPI 网络可连接的节点。凡能接入 MPI 网络的设备均称为 MPI 网络的节点。可接入的设备有：编程装置（编程器 PG/个人计算机 PC）、操作员界面（OP）、ST/MT PLC（如 S7－400PLC 系列）。

（2）为了保证网络通信质量，组建网络时在一根电缆的末端必须接入浪涌匹配电阻，也就是一个网络的第一个和最后一个节点处应接通终端电阻。

（3）在 MPI 网络上最多可以有 32 个站。

（4）MPI 通信利用 PLC 站 S7－400PLC 和上位机（PG/PC）插卡 CP5411/CP5511/5611/5613 的 MPI 口进行数据交换，MPI 接口为 RS485 接口。如果总线电缆不直接连接到 MPI 接口，而必须采用分支线电缆时，分支线的长度与分支线的数量有关，一根分支线时，最大长度可以是 10m,分支线最多为 6 根,每根长度限定在 5m。

(5)只有在启动或维护时需要用的那些编程装置 OP,用分支线把它们接到 MPI 网络上。

(6)将一个新的节点接入 MPI 网络之前,必须关掉电源。

5.2.2 通信分类

在 MPI 网络实现 PLC 到 PLC 之间通信有以下三种方式。

(1)全局数据包通信方式。如果在各个中央处理单元(CPU)之间相互交换少量数据,只关心数据的发送区和接收区,则可以采用全局数据块通信;这种通信方式只适合 S7-400PLC 之间相互通信,应用范围不是很广。

(2)无组态连接通信方式。无组态的 MPI 通信适合于 S7-300,S7-400 和 S7-200 之间的通信,是一种应用广泛、经济的通信方式;通信双方都需要调用系统功能块 SFC65—SFC69 来实现,又分为双边编程通信方式和单边通信编程方式。

当实现 S7-400PLC 之间通信时,使用双边编程通信方式。双边通信方式在编程时通信的双方郡需要调用通信块,一方调用发送块 SFC65(X-SEND)发送数据,另一方调用接收块 SFC66(X-RCV)来接收数据。

当实现 S7-400PLC 和 S7-200PLC 之间通信时,使用单边编程通信方式。这种通信方式只在一方编写通信程序,是一种客户机与服务器的访问模式。S7-200 只能作为服务器,服务器一端无需编写程序,S7-400PLC 可以同时作为客户机和服务器,客户机调用 SFC 通信块访问服务器。SFC67(X-GET)用来将服务器指定数据区的数据读回并存放到本地的数据区,SFC68(X-PUT)用来将本地数据区中的数据写到服务器中指定的数据区。在单边编程通信方式中,服务器一方不需编程,也可以对收到的数据做处理或准备一些数据以便对方来读取,而组织数据的发送和读取任务由客户机承担。

(3)组态连接通信方式。组态连接通信方式只适合于 S7-400PLC 以及 S7-400 之间的通信。S7-400PLC 通信时,S7-300PLC 只能作为服务器,S7-400PLC 作为客户机对 S7-300PLC 的数据进行读写操作;S7-400PLC 通信时,S7-400PLC 既可以作为服务器,也可以作为客户机。在 MPI 网络上调用系统功能块 SFB 时,数据包长度最大为 160B。SFBl5(PUT)用来写数据到远程 CPU,SFBl4(GET)用来读远程 CPU 数据。

调用系统功能块 SFB 与系统功能 SFC 的通信相比,每一包的发送接收数据量要大一些,但是要在硬件组态中建立连接表,并且同样要占用 S7-400PLC 的通信资源。

5.2.3 MPI 通信实例

需要组态连接的通信方式如图 5-5 所示,首先在 STEP 7 的硬件组态中设置通信双方的 MPI 地址,然后新建一个 MPI 网络,名称为 MPI(1),并将通信双方都连接到该网络上。然后通过工具栏按钮打开【NetPro】来组态网络。

在 NetPro 中可以看到,MPI 网络上连接了两个站,选择 S7-400PLC 的 CPU,在连接列表里添加一个新的连接,如图 5-6 所示。

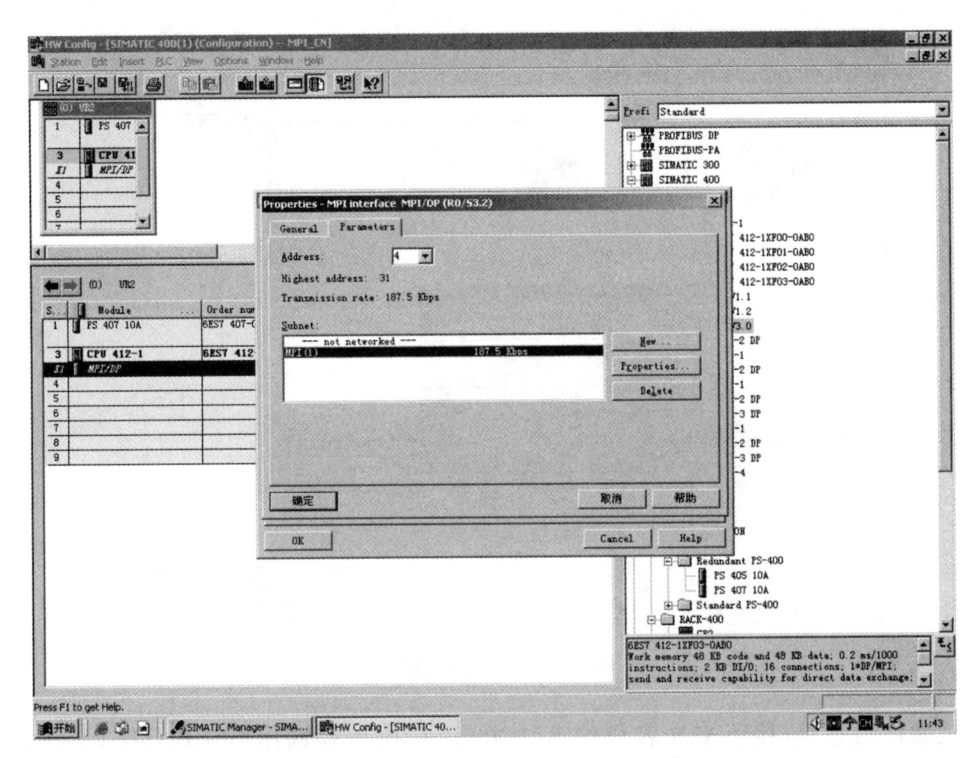

图 5－5　在 STEP 7 中设置 MPI 网络

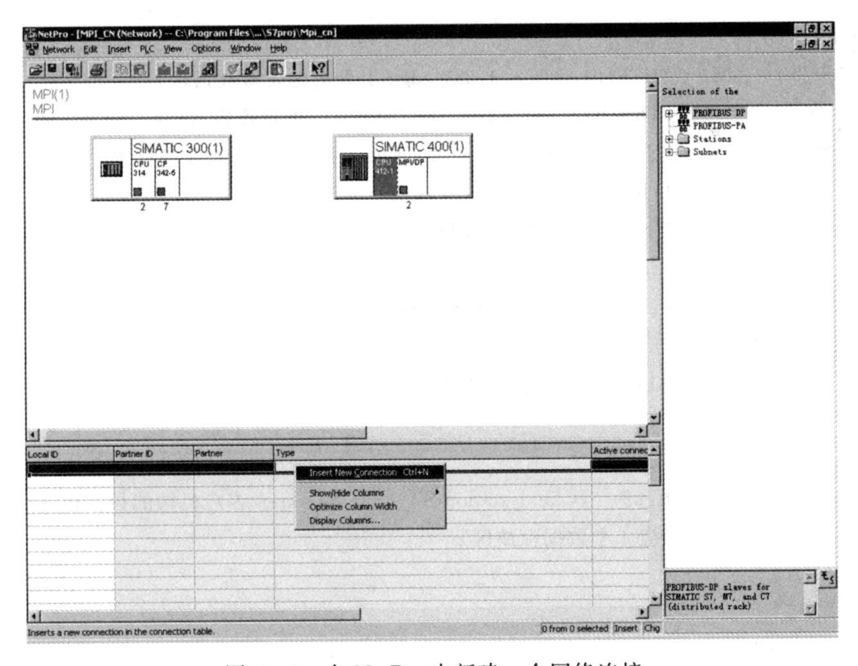

图 5－6　在 NetPro 中新建一个网络连接

通信连接选择对方站点，连接类型选择【S7 Connection】，这时，在连接列表里，就建立了一个 ID 号为 1 的连接，如图 5－7 所示。至此，硬件组态和网络组态就完成了。

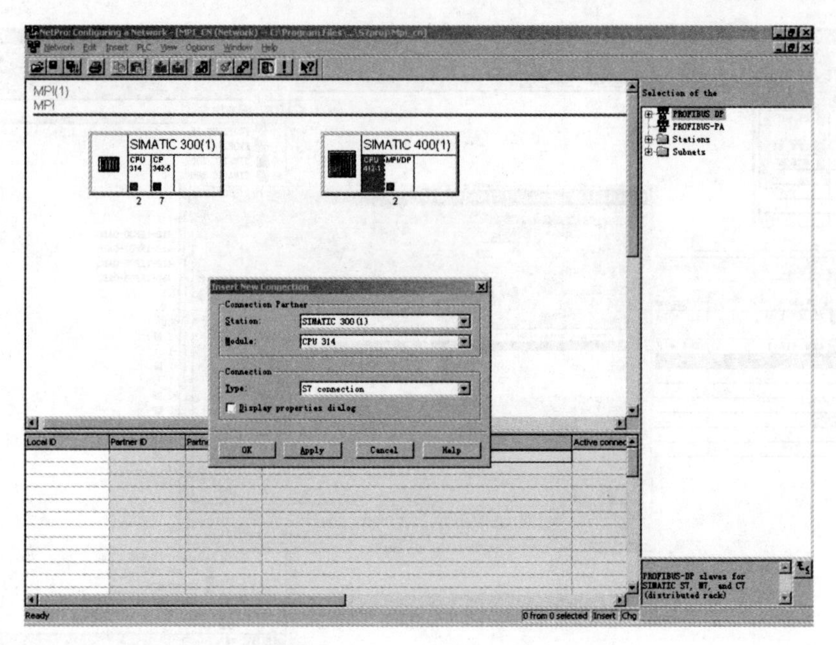

图 5－7　组态网络连接

完成硬件组态后，接下来在客户端 S7－400PLC 侧编程调用 SFB14(GET)，读取 S7－300PLC 侧的数据和 SFB15(PUT)来向 S7－300PLC 站发送数据。程序如下：

Call SFB14"GET"

CALL"GET",DB14

REQ:＝M0.0　　(M0.0＝1 Active job at rising edge 上升沿触发接收请求)

ID:＝W＃16＃1　　(This ID is come from LOCAL ID. 本地连接 ID 号)

NDR:＝M0.1　　(0:Job not started or still active. 任务没有开始或进行中，

1:Job successfully 任务成功)

ERROR:＝M0.2　　(Check error 错误检测)

STATUS:＝MW2　　(Error display 显示错误)

ADDR_1:＝P＃DB1.DBX0.0 BYTE 122　(Server station S7－300 data area, Max. byte 122 服务器端的源数据区 1，最大为 122 字节)

ADDR_2:＝　　(可以从 4 个数据区取数据)

ADDR_3:＝

ADDR_4:＝

RD_1:＝P＃M100.0 BYTE122　(Client station S7－400 data area 客户机端的数据存放区 1)

RD_2:＝　　(对应 4 个数据存放区)

RD_3:＝

RD_4:＝

Call SFB15"PUT"

CALL"PUT",DB15

REQ:＝M10.0　　(M10.0＝1 Active job at rising edge 上升沿触发数据发送请求)

ID:＝W＃16＃1　　(This ID is come from LOCAL ID. 本地连接 ID 号)

DONE:＝M10.1　　(0:Job not started or still active. 任务没有开始或进行中，

1:Job successfully 任务成功)

ERROR:＝M10.2 (Check error 错误检测)

STATUS:＝MW12 (Error display 显示错误)

ADDR_1:＝P#DB1.DBX200.0 BYTE 122 (Server station S7－300 data area, Max. byte 122 服务器端的数据接收区 1,最大为 122 字节)

ADDR_2:＝ (可以向 4 个数据区发送数据)

ADDR_3:＝

ADDR_4:＝

SD_1:＝P#M400.0 BYTE 122 (Client station S7－400 data area 客户机端的数据存放区 1)

SD_2:＝ (可以有 4 个源数据存放区)

SD_3:＝

SD_4:＝

5.3 PROFIBUS 现场总线

5.3.1 PROFIBUS 的主要构成

PROFIBUS 是一种功能强大的现场级网络,是西门子一种适用于中等规模的标志性网络解决方案,以其通信速度高、协议开放等特点在行业中得到了广泛的认可和应用。

PROFIBUS 是 Process Fieldbus 的缩写,是一种国际化的开放式的现场总线标准。目前世界上许多自动化技术生产厂家都为它们生产的设备提供 PROFIBUS 接口。PROFIBUS 已经广泛应用于加工制造、过程和楼宇自动化,是一种成熟的总线技术,其应用范围如图 5－8 所示。

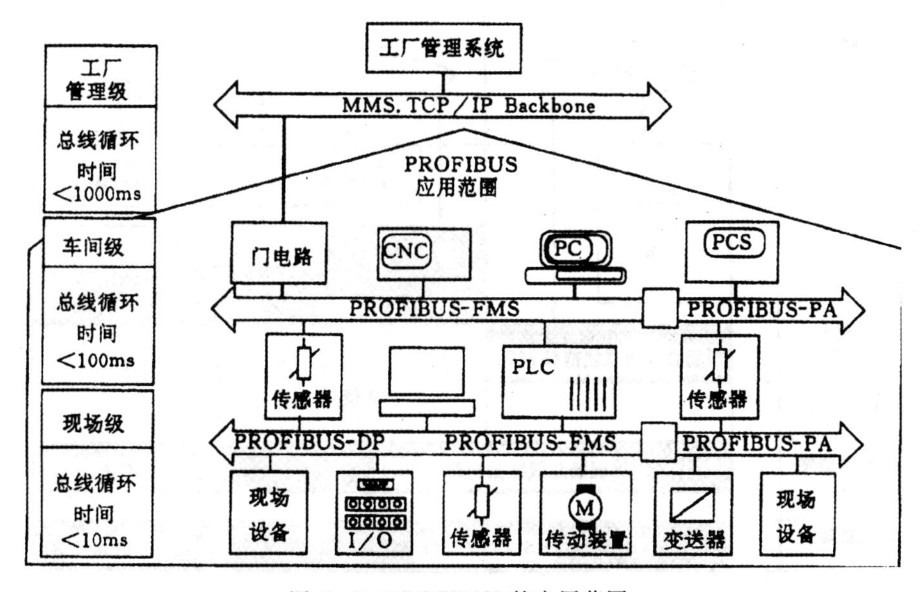

图 5－8 PROFIBUS 的应用范围

PROFIBUS 为多主从结构,可方便地构成集中式、集散式和分布式控制系统。针对不同的控制场合，它分为以下 3 个系列。

(1)PROFIBUS-DP。它用于传感器和执行器级的高速数据传输，以 DIN19245 的第一部分为基础，根据其所需要达到的目标对通信功能加以扩充。DP 的传输速率可达 12Mbps，一般构成单主站系统，主站、从站间采用循环数据传送方式工作。这种设计主要用于设备一级的高速数据传送，在这一级，中央控制器(如 PLC/PC)通过高速串行线与分散的现场设备(如 I/O、驱动器等)进行通信，与这些分散的设备进行数据交换多数是周期性的。

(2)PROFIBUS-PA。对于安全性要求较高的场合，可选用 PROFIBUS-PA 协议，这由 DIN19245 的第四部分描述。PA 具有本质安全特性，实现了 IEC1158-2 规定的通信规程。PROFIBUS-PA 是 PROFIBUS 的过程自动化解决方案。PA 将自动化系统和过程控制系统与现场设备如压力、温度和液位变送器等连接起来，代替了 4～20mA 模拟信号传输技术、节约了设备成本，且大大提高了系统功能和安全可靠性。因此，PROFIBUS-PA 特别适用于化工、石油、冶金等行业的过程自动化控制系统。

(3)PROFIBUS-FMS。PROFIBUS-FMS 主要解决车间一级通用性通信任务，完成中等传输速度进行的循环和非循环的通信任务。由于它是完成控制器与智能现场设备之间的通信以及控制器之间的信息交换，因此它考虑的主要问题是系统的功能，而不是系统的响应时间，应用过程通常要求的是随机的信息交换(如改变设定参数等)。FMS 给用户提供了广泛的应用范围和更大的灵活性，可用于大范围和复杂的通信系统。

5.3.2 PROFIBUS 协议及通信方式

1. 协议结构

PROFIBUS 协议的结构，根据 ISO7498 国际标准，以开放系统互联网络 OSI 为参考模型，其结构如图 5-9 所示

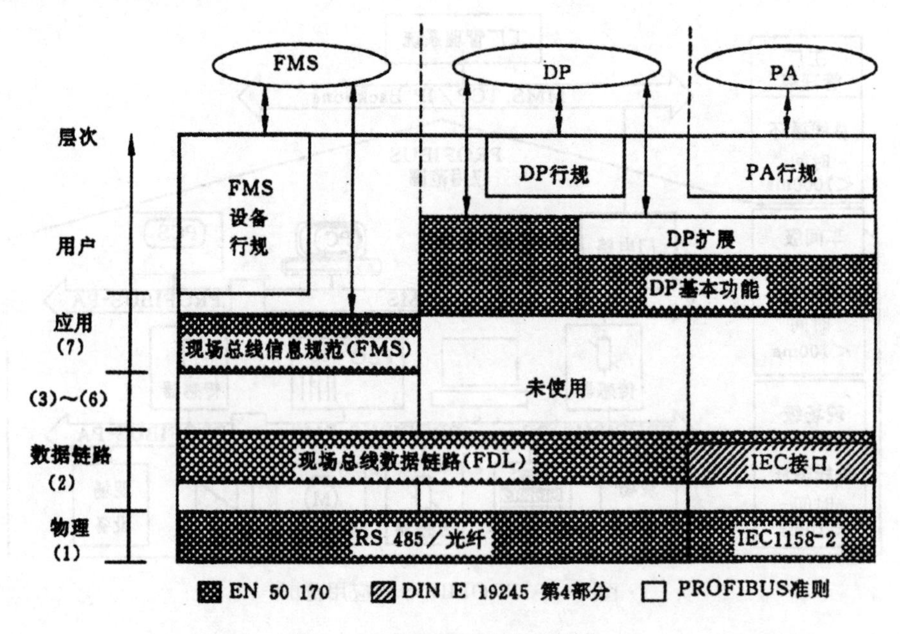

图 5-9 PROFIBUS 协议结构

PROFIBUS－DP 使用第 1 层、第 2 层和用户接口，第 3 层到第 7 层未加以描述，这种流体型结构确保了数据传输的快速性和有效性，直接数据链路映像（Direct Data Link Mapper. DDLM）提供易于进入第 2 层的用户接口，用户接口规定了用户及系统以及不同设备可以调用的应用功能，并详细说明了各种不同 PROFIBUS－DP 设备的设备行为，还提供了传输用的 RS－485 传输技术或光纤。

PROFIBUS—FMS 对第 1，2 和 7 层均加以定义，应用层包括现场总线信息规范（Fieldbus Message Specification，FMS）和底层接口（Lower Layer Interface，LLI）。FMS 包括了应用协议并向用户提供了可广泛选用的强有力的通信服务，LLI 协调了不同的通信关系，并向 FMS 提供访问的第 2 层。第 2 层现场总线数据链路（FDL）可完成总线访问控制和数据的可靠性，它还为 PROFIBUS－FMS 提供了 RS485 传输技术或光纤。

PROFIBUS－PA 数据传输采用扩展的“PROFIBUS－DP”协议，另外还使用了描述现场设备行为的行规，根据 IEC1158－2 标准，这种传输技术可确保其本质安全性，并使现场设备通过总线供电。使用分段式耦合器，PROFIBUS－PA 设备能很方便地集成到 PROFIBUS－DP 网络。

PROFIBUS－DP 和 PROFIBUS－FMS 系统使用了同样的传输技术和统一的总线访问协议，因而这两套系统可在同一根电缆上同时操作。

PROFIBUS 可使分散式数字化控制器从现场底层到车间级实现网络化，该系统分为主站和从站。主站决定总线的数据通信，当主站得到总线的控制权（令牌）时，没有外界请求也可以主动发送信息。主站从 PROFIBUS 协议讲，也称为主动站。

从站为外围设备，典型的从站包括：输入输出装置、阀门、驱动器和测量发送器。它们没有总线控制权，仅对接收到的信息给予确认，或当主站发出请求时向它发送信息。从站也称为被动站。由于从站只需总线协议的一小部分，所以实施起来特别经济。

PROFIBUS 的 DP，FMS 和 PA 均使用单一的总线存取协议，该协议通过 OSI 参考模型的第 2 层来实现，它包括数据的可靠性以及传输协议和报文的处理。在 PROFIBUS 中，第 2 层称为现场总线数据链路（Fieldbus Data Link，FDL）。介质存取控制（Medium Access Control，MAC）具体控制数据传输的程序，MAC 必须确保在任何一个时刻只能有一个站点发送数据。PROFIBUS 协议的设计旨在满足介质存取控制的以下两个基本要求。

（1）在复杂的自动化系统（主站）间通信，必须保证在确切限定的时间间隔中，任何一个站点要有足够的时间来完成通信任务。

（2）在复杂的程序控制器和简单的 I/O 设备（从站）间通信，应尽可能快速又简单地完成数据的实时传输。

因此，PROFIBUS 总线存取协议包括主站主站之间的令牌传递方式和主站与从站之间的主从方式。如图 5－10 所示。

令牌传递程序保证了每个主站在一个确切规定的时间框内得到总线存取权（令牌），令牌是一条特殊的电文，它在所有主站中循环一周的最长时间是事先规定的，在 PROFIBUS 中，令牌只在各主站之间通信时使用。

主从方式允许主站在得到总线存取令牌时可与从站通信，每个主站均可向从站发送或索取信息，通过这种存取方法，可以实现下列系统配置：纯主—从系统（单主站）；纯主—主系统（带令牌传递）；混合系统（多主－多从）。

图 5－10 中的 3 个主站构成令牌逻辑环，当某主站得到令牌电文后，该主站可在一定的时间内执行主站的工作，在这段时间内，它可依照主一从关系表与所有从站通信，也可依照主一主关系表与所有主站通信。

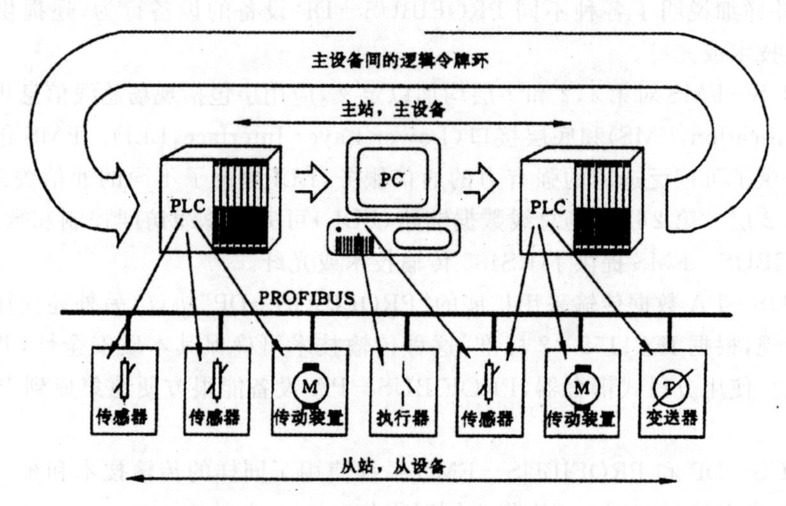

图 5－10　PROFIBUS 总线存取协议

令牌环是所有主站的组织链，按照主站的地址构成逻辑环，在这个环中，令牌在规定的时间内按照地址的升序在各主站中依次传递。

在总线系统初建时，主站介质存取控制 MAC 的任务是制定总线上的站点分配并建立逻辑环，在总线运行期间，断电或损坏的主站必须从环中删除，新上电的主站必须加入逻辑环。另外，总线存取控制保证令牌按地址升序，依次在各主站间传送，各主站的令牌具体保持时间长短取决于该令牌配置的循环时间。此外，PROFIBUS 介质存取控制的特点是监测传输介质及收发器是否损坏，检查站点地址是否出错（如地址重复），以及令牌错误（如多个令牌或令牌丢失）。

PROFIBUS 协议结构的第 2 层的另一个重要作用是保证数据的可靠性。PROFIBUS 第 2 层的结构格式保证数据的高度完整，这时所有报文的海明距离 HD＝4 以及使用特殊的起始和结束定界符、无间距的字节同步传输和每个字节的奇偶校验来保证。

PROFIBUS 第 2 层按照非连接的模式操作，除提供点对点逻辑数据传输外，还提供多点通信（广播及有选择广播）功能。

2. 通信方式

PROFIBUS 的通信有许多种方式，如 FMS，FDL，DP 以及与 PA 的通信等等。这里所指的通信方式与物理连接方式无关，即无论采用上述何种物理连接方式，逻辑通信上都可以使用 FMS，FDL 或 DP 的通信方式。

（1）FMS－现场总线报文规范。PROFIBUS－FMS（Fieldbus Message Specification）提供了结构化的数据（FMS 变量）传输服务。通过建立 FMS 连接，可以读、写和广播发布 FMS 变量。FMS 主要用于连接 S5 系列和非西门子的支持 FMS 协议的控制器。PROFIBUS－FMS 网络如图 5－11 所示。

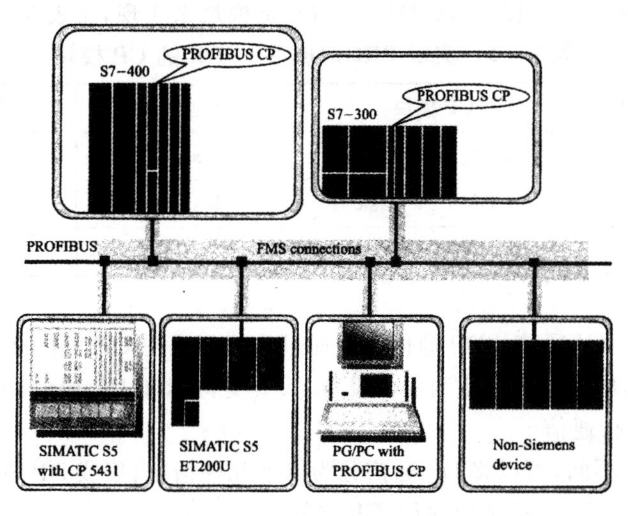

图 5-11 PROFIBUS—FMS 网络

FMS 通信主要通过 CP343-5,CP443-5 Basic 模块来实现,见表 5-1。

表 5-1 实现 FMS 的 CP 模块

PLC/PG/PC	CP 模块	FMS 连接数	通信字节数
S7 300	CP343—5	Max. 16	241(PDU)
S7 400	CP443—5 Basic	Max. 48	241(PDU)
PG/PC	CP5613	Max. 40	≤480(PDU)

(2)FDL—数据链路层通信。FDL 的 SIMATIC S7 服务协议支持 SDA(Send Data With Ackowledgment)和 SDN(Send Data With No Acknowledgment)。FDL 属于 ISO 参考模型的第二层,即数据链路层的协议。故可以和支持第二层协议的设备通信,也可实现 DP 主站间的通信,如图 5-12 所示。

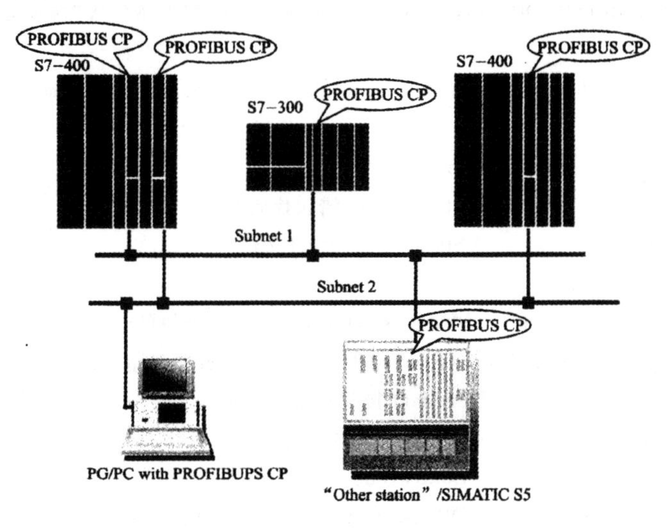

图 5-12 PROFIBUS—FDL 网络

FDL 通信主要通过 CP342-5,CP443—5 Basic 模块来实现,见表 5-2。

表 5-2 实现 PROFIBUS—FDL 的 CP 模块

PLC/PG/PC	CP 模块	FMS 连接数	通信字节数
S7 300	CP342—5/CP343—5	Max. 16	240
S7 400	CP443—5 Basic	Max. 32	240
PG/PC	CP5613	Max. 120	≤480(PDU)

(3)DP—分布式主从通信。DP 通信可以通过连接集成在 CPU 上的 DP 口、CP342—5 或 CP443-5 Extend 模块来完成。非西门子设备,只要支持标准 DP 协议,能够提供 GSD 文件,亦可通过 DP 协议进行通信。

根据通信设备的不同,可以将 DP 通信分为以下几种情况:集成 DP 口之间做主从通信、集成 DP 口与 CP 分别做主站、从站的通信、CP 之间做主从通信。

硬件组态完成后,接下来进行程序的编写。对于集成 DP 口的通信,需要调用 SFC14 "DPRD_DAT"来读取数据,调用 SFC15"DPWR_DAT"发送数据。

```
CALL SFC14"DPRD_DAT"
   CALL"DPRD_DAT"
   LADDR:=W#16#0      (Configured start address from the I area 输入区起始地址)
   RET_VAL:=MW2     (Error code 错误代码)
   RECORD:=P# I0.0 BYTE 10    (Destination area for the user data that were read 输入数据区,
                              最大 240 字节)
CALL SFC15"DPWR_DAT"
   CALL"DPWR_DAT"
   LADDR:=W#16#0      (Configured start address from the Q area 输出区起始地址)
   RECORD:=P# Q0.0 BYTE 10   (Destination area for the user data that were read 输出数据区,
                              最大 240 字节)
   RET_VAL:=MW4     (Error code 错误代码)
```

对于 CP342—5,须调用 FC1"DP_SEND"来发送数据,调用 FC2"DP_RECV"接收数据。

```
CALL"DP_SEND"
CPLADDR:=W#16#100    (Module start address   CP 模块的起始地址,十六进制表示)
SEND:=P#M10.0 BYTE 10   (Send data area 发送数据存储区)
DONE:=M1.0              (Job done 任务完成)
ERROR:=M1.1              (Error code 错误代码)
STATUS:=MW2              (Status code 状态代码)
CALL"DP_RECV"
CPLADDR:=W#16#100    (Module start address   CP 模块的起始地址,十六进制表示)
RECV:=P#M50.0 BYTE 10   (Receive data area 接收数据存储区)
NDR:=M1.2              (New data 接收到新数据)
ERROR:=M1.3              (Error code 错误代码)
STATUS:=MW4              (Status code 状态代码)
DPSTATUS:=MB6            (DP status code   DP 状态代码)
```

将整个项目分别下载到主站和从站的 CPU 中，系统正常启动后，可以进行 DP 主/从的通信。

5.3.3　PROFIBUS 的数据传输与总线拓扑

现场总线系统的应用在较大程度上取决于采用哪种传输技术，选择传输技术时，既要考虑传输的基本要求（如拓扑结构、传输速率、传输距离和传输的可靠性等），还要考虑简便和成本的因素。在过程自动化的应用中，数据和电源还必须在同一根电缆上传送，以满足本质安全的要求等。单一的传输技术不可能满足以上所有要求，因此 PROFIBUS 物理层协议提供了三种数据传输标准：DP/FMS 的 RS－485 传输；DP/FMS 的光纤传输和 PA 的 IEC1158－2 传输。

（1）DP/FMS 的 RS－485 传输。RS－485 是 PROFIBUS 最常用的一种（通常称为 H2），采用屏蔽或非屏蔽的双绞铜线电缆，适用于需要高速传输和设施简单而又便宜的各个领域。总线段的两端各有一个终端器（有源的终端电阻）。不带转发器每段 32 个站，带转发器最多可达 127 个站。传输速率从 9.6kbps～12Mbps 可选，所选用的传输速率适用于连接到总线（段）上的所有设备。段的最大长度与波特率有关。

（2）DP/FMS 的光纤传输。在电磁干扰很大的环境下应用 PROFIBUS 系统时，可使用光纤导体增加总线长度及数据传输率，以满足远距离分布系统的需要。目前玻璃光纤能处理的连接距离远到 15km，而塑料光纤可达到 80m。许多厂商提供专用的总线插头可将 RS－485 信号转换成光纤信号或将光纤信号转换成 RS－485 信号，这样就为在同一系统上使用 RS－485 和光纤传输技术提供了一套开关控制十分方便的方法。

（3）用于 PA 的 IEC1158－2 传输。PROFIBUS－PA 采用符合 IEC1158－2 标准的传输技术。这种技术确保本质安全并通过总线直接给现场设备供电。数据采用位同步，曼彻斯特编码协议（通常称为 H1）。传输速率为 31.25kbps，传输介质是屏蔽/非屏蔽双绞线、总线段的两端用一个无源的 RC 线终端器来终止，在一个 PA 总线段上最多可连接 32 个站。最大的总线段长度在很大程度上取决于供电装置、导线类型和所连接站的电流消耗。

如果采用段耦合器，可适配 IEC1158－2 和 RS－485 信号（主要是传输速率和信号电压的匹配），从而将采用 RS－485 传输技术的总线段和采用 IEC1158－2 传输技术的总线段连接在一起。因此，可在同一套系统中使用 RS－485 传输技术和光纤传输技术。这样，这 3 种不同的传输技术可以通过一定的手段混合使用。

1. PROFIBUS－DP 拓扑结构

PROFIBUS 系统是一个两端有有源终端器的线性总线结构，也称为 RS－485 总线段，在一个总线段上最多可连接 32 个 RS－485 站（主站或从站）。例如，图 5－13 所示为一个典型的 PROFIBUS－DP 系统，它包括一个主站（PLC/PC），从站为各种外围设备，如：分布式 I/O，AC 或 DC 驱动器、电磁阀或气动阀以及人机界面（HMI）。

当需要连接的站超过 32 个时，必须将 PROFIBUS 系统分成若干个总线段，使用中继器连接各个总线段。中继器也称为线路放大器，用于放大传输信号的电平。按照 EN50170 标准，在中继器传输信号中不实现位相的时间再生（信号再生），、这样就会存在位信号的失真和延迟，因此 EN50170 标准限定串联的中继器不能超过 3 个。但实际上，某些中继器线路已经实现了信号再生。

中继器也是一个负载，因此在一个总线段内，中继器也计数为一个站，可运行的最大总线站数就减少一个。即如果一个总线段包括一个中继器，则在此总线段上可运行的总线站数为31。但是中继器并不占用逻辑的总线地址。如果 PROFIBUS 总线要覆盖更长的距离，中间可建立连接段，连接段内不连接任何站，如图 5-14 所示。

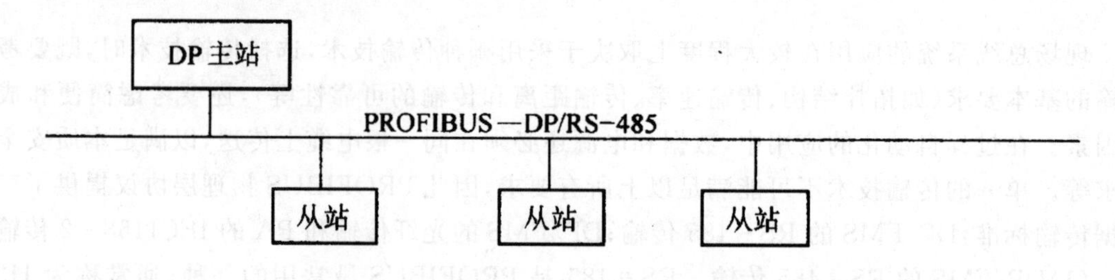

图 5-13　PROFIBUS — DP 单主站系统

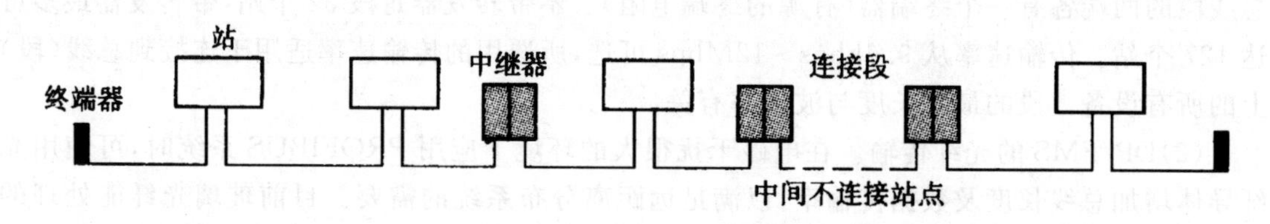

图 5-14　由中继器构成的总线系统

另外，中继器还可以用于实现“树形”和“星形”总线结构。此外也可以是浮地的结构，在这种结构中，总线段彼此隔离，必须使用一个中继器和一个不接地的 24V 电源。

2. PROFIBUS-PA 拓扑结构

PROFIBUS-PA 的网络拓扑结构可以有多种形式，可以实现树形、总线型或其组合结构。图 5-15 所示，为树形结构。树形结构是典型的现场安装技术，现场分配器负责连接现场设备与主干总线，所有连接在现场总线上的设备通过现场分配器进行并行切换。

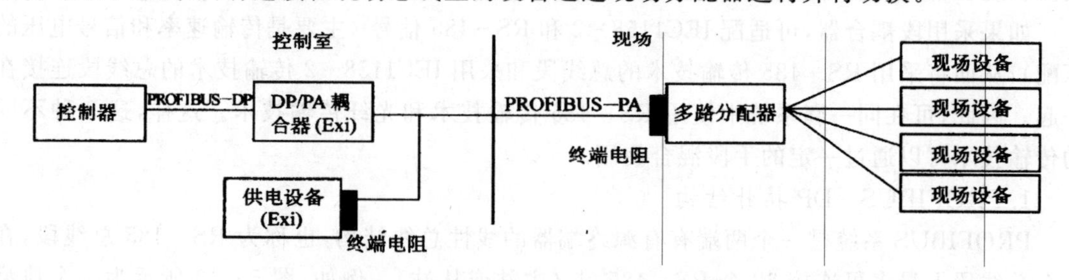

图 5-15　树形结构的 PROFIBUS-PA

图 5-16 为总线型结构。总线型结构提供了与供电电路安装类似的沿现场总线电缆的连接点，现场总线电缆可通过现场设备连接成回路，其分支线也可连接一个或多个现场设备。

树形与总线型的组合结构如图 5-17 所示。

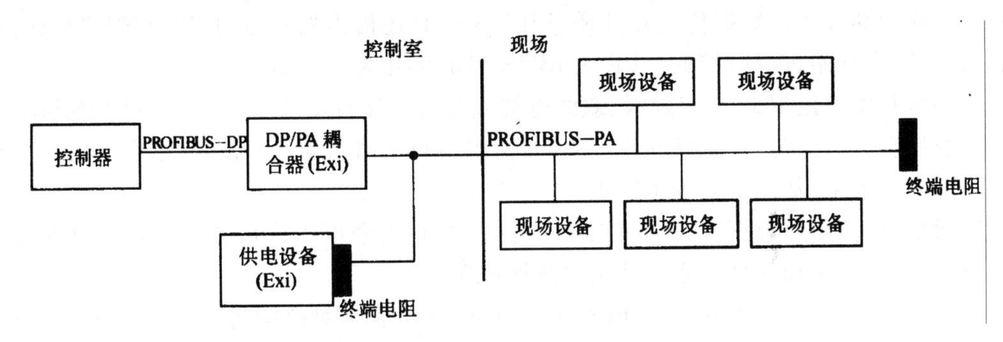

图 5-16 总线型结构的 PROFIBUS-PA

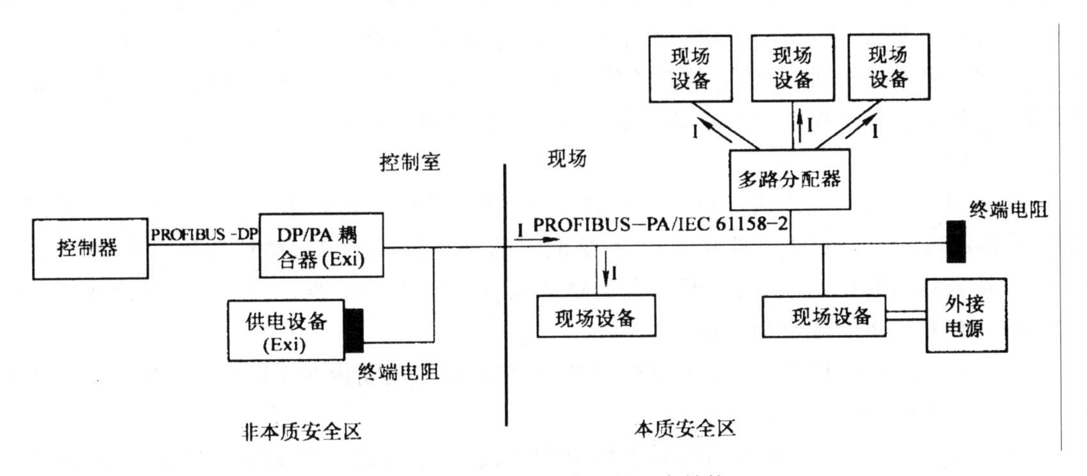

图 5-17 树形与总线型的组合结构

基于 IEC1158-2 传输技术总线段与基于 RS-485 传输技术总线段可以通过 DP/PA 耦合器或连接器相连，耦合器使 RS-485 信号和 IEC1158-2 信号相适配。电源设备经总线为现场设备供电，这种供电方式可以限制 EC1158-2 总线段上的电流和电压。

如果需要外接电源设备，则需设置适当的隔离装置，将总线供电设备与外接电源设备连接在本质安全总线上，如图 5-17 所示。

为了增加系统的可靠性，可以设计冗余的总线段。利用总线中继器可以扩展总线站数，总站数最多 126 个，中继器最多 4 台。

5.3.4 PROFIBUS-DP

如前所述，PROFIBUS-DP 主要用于现场级的高速数据传输。在这一级，控制器如 PLC 通过高速串行线同分散的现场设备(如 I/O、传感器、驱动器等)交换数据。同这些分散的现场设备的数据交换是周期性的。除此之外，智能化现场设备还需要非周期性通信，以进行组态、诊断和报警处理。

1. PROFIBUS-DP 主要有下述特点。

中央控制器(主站)周期性地读取从设备(从站)的输入信息，并周期性地向从站发送输出信息，总线循环时间必须比中央控制器的程序循环时间短，在很多应用场合，程序循环时间约为 10ms。除周期性用户数据传输外，PROFIBUS-DP 还提供强有力的组态和配置功能，数据通信是由主站和从站进行监控的。PROFIBUS-DP 的主要特点有：

(1)传输技术可用 RS485 双绞线、双线电缆或光缆。波特率从 9.6kbit/s 到 12Mbit/s。

(2)总线存取方式为：各主站间为令牌传送，主站与从站间为主一从传送，它支持单主或多主站系统，总线上主、从站最多为 126 点。

(3)通信方式：用户数据传送采用点对点方式，控制指令可用广播方式。它同时支持循环主一从用户数据传送和非循环主一从用户数据传送。

(4)诊断功能：经过扩展的 PROFIBUS-DP 诊断功能是对故障进行快速定位，诊断信息在总体上传输并由主站收集，这些诊断信息分为 3 类：本站诊断操作，即本站设备的一般操作状态，如温度过高、电压过低；模块诊断操作，即一个站点的某一个 I/O 模块出现故障(如 8 位的输出模块)；通道诊断操作，表示一个单独的输入输出位的故障，如输出通道 7 短路。

(5)可靠性和保护机制：所有信息的传输在海明距离 HD=4 进行，DP 从站带看门狗定时器，其输入输出有存取保护，DP 主站上带可变定时器的用户数据传送监视。

2. 系统配置

PROFIBUS-DP 允许构成单主站和多主站系统，系统配置有多种方式。在同一总线上最多可连接 126 个站点(主站或从站)。系统配置的描述包括：站数、站地址和输入/输出地址的分配、输入输出数据的格式、诊断信息的格式以及所使用的总线参数。每个 PROFIBUS-DP 系统可包括以下 3 种类型的设备。

(1)1 类 DP 主站(DPM1)：指中央控制器，它在预定的周期内与 DP 从站交换数据。典型的设备包括 PLC,PC,CNC。

(2)2 类 DP 主站(DPM2)：指能对系统编程、组态或进行诊断的设备。如编程器、诊断和管理设备。

(3)DP 从站：是进行输入或输出、信息采集或发送的外围设备(传感器、执行器)。典型的 DP 从站是开关量 I/O 设备、模拟量 I/O 设备等等。目前大多数 DP 从站只有 32BYTE 的输入和 32BYTE 的输出数据，允许的输入和输出数据最多不超过 246BYTE。

PROFIBUS-DP 构成的系统可分为：

(1)单主站系统：总线系统中只有一个主站，这种系统可获得最短的总线循环时间。

(2)多主站系统：在多主站系统中，总线上有几个活动的主站，它们或是与各自的从站构成相互独立的子系统，或是作为网上附加的组态或诊断设备，如图 5-18 所示。任何一个主站均可读取 DP 从站的输入和输出映象，但只有一个 DP 主站(在系统组态时指定的 DPM1)允许对 DP 从站写入数据，多主站系统的总线循环时间比单主站系统要长一些。

3. PROFIBUS-DP 现场总线的设备

用西门子公司产品构成 PROFIBUS-DP 网络，可配置的设备主要有下述几种。

(1)1 类主站。选择 PLC 做 1 类主站，有两种方案：

1)用 PLC 中 CPU 上集成的 PROFIBUS-DP 接口，如 S7-300 的 CPU315-2DP 等均有这种集成的内置 DP 接口，以它作主站可带 63 个从站，传输速率 9.6k～12Mbps，不带连接器传输距离为 100～1200m，用光纤可达 23.8km。

2)CPU 上无集成的 DP 接口可配置 PROFIBUS 通信处理器模板。如 CP342-5 通信处理器可将 S7-300 连接到 PROFIBUS-DP 上做主站(或从站)，可带 125 个从站，传输速率为

9.6k～1.5Mbps，CP443－5 用于 S7－400PLC，IF964－DP 用于 M7，CP5431 FMS/DP 用于 S5 系列 PLC 等。

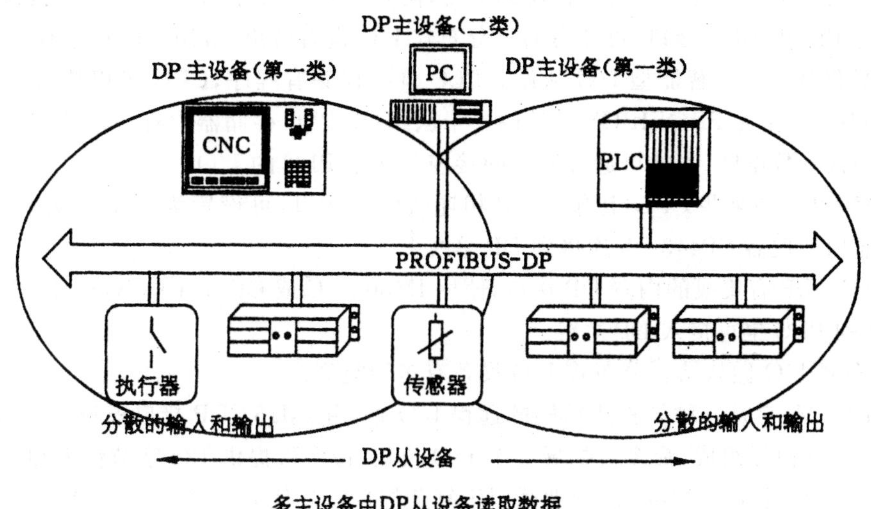

图 5－18　PROFIBUS－DP 多主站系统

选择 PC 机加网卡做 1 类主站：PC 机加 PROFIBUS 网卡可作为主站，这类网卡具有 PROFIBUS－DP/PA/FMS 接口。使用时注意选择与网卡配合使用的软件包。软件功能决定 PC 机是做 1 类主站，还是只做编程监控的 2 类主站。

网卡有 CP5411，CP5511，CP5611，这些网卡自身不带微处理器，可运行多种软件包，通过增加 9 针 D 型插头可成为 PROFIBUS－DP 或 MPI 接口。CP5×11 运行软件包 SOFTNET－DP/Windows for profibus 具有 DP 功能，使 PG/PC 成为一个 DP 的 1 类主站，可连接 DP 分布式 I/O 设备；实现 S7 之间的通信及对 S7 编程；它支持 SEND/RECEIVE 功能；支持 MPI 接口。

CP5412 通信处理器用于 PG 或 AT 兼容机，具有 DOS，Windows，Unix 操作系统下的驱动软件包，支持 FMS，DP，FDL(发送/接收服务)，S7 Function，PG Function，具有 C 语言接口(C 库或 DLL)。

(2)2 类主站。2 类主站主要用于完成系统各站的系统配置、参数设定、编程、在线检测、数据采集与存储等功能。如监控站。操作站、人机界面(HMI)等。

1)以 PC 为主机的编程终端及监控操作站。具有 AT 总线的 PC、笔记本计算机、工业控制计算机均可配置成 PROFIBUS 的编程、监控、操作工作站，即所谓 2 类主站。

西门子公司为其自动化系统专门设计有编程设备，如使用 CP5411/5412 网卡的 PG720/730/740/750/760/770 编程装置，其中 PG720/740/760 是带有集成的内置 DP 接口的编程装置，可作为 2 类主站。

使用 PG760 及 PC 机，配置 WinCC 等软件包，常作为监控操作站使用。

2)操作员面板。操作员面板用于操作员控制，如设定和修改参数、设备起停；并可在线监视设备运行状态，如流程图、趋势图、参数显示。故障报警、诊断信息等。西门子公司生产的操作员面板有文本型 OP3,OP7,图形 OP27,OP37 等。

(3)从站。带 PROFIBUS 接口的分布式 I/O、传感器、驱动器以及 PLC 均可作为从站,作为从站选择时必须满足现场设备对控制的需要,同时也要考虑与 PROFIBUS 的接口问题。如从站不具有 PROFIBUS 接口,可考虑通过分布式 I/O 设备解决,常用到的从站有:

1)PLC 做从站——智能型 I/O 从站。PLC 自身存储有程序,CPU 可以执行程序并按程序驱动其 I/O,但作为 PROFIBUS 主站的一个从站,在 PLC 存储器中有一段特定区域作为与主站通信的共享数据区,主站可通过通信间接控制从站 PLC 的 I/O。

S7-400PLC 的某些 CPU 上有与 DP 相连的内置接口,可设置为主站或从站。S7-400 均可通过通信处理器 CP443-5 连接到 DP 总线上。

S5-95U/DP 有集成的内置 DP 接口,使用 IM308-C 或 CP5431 的 S5-115,135,155U/H 的 S5 系列 PLC 也可接入 DP 总线。

2)分布式 I/O 做从站。分布式 I/O 设备有多种类型:

① ET200M:它是一种模板式结构的远程 I/O 站,由 IM153 DP 接口模板、电源和各种 S7-300 所用 I/O 模板组成,最多可扩展 8 个 I/O 模板,最多可提供 128 字节输入和 128 字节输出地址,最大传输速率 12Mbit/s,特别适用于复杂的自动化任务,防护等级为 IP20。

② ET200B:它是一种小型扁平固定式的 I/O 站。由端子板和电子板组成,端子板上安装电子板,接线连接到端板,这样当更换电子板时不必断开电缆。端子板包括电源、总线连接口及接线端子。电子板由各种类型(开关量、模拟量)的 I/O 部分组成。ET200B 具有集成的 PROFIBUS-DP 接口,最大数据传输速率 12Mbit/s,防护等级 IP20。它主要用于 I/O 数量不多、安装深度浅的场合。

③ ET200L/ET200L-SC/ET200L-SC IMSC:ET200L 是一种小型固定式 I/O 站,由端子板和电子板组成,有集成的 PROFIBUS-DP 接口,可选择多种开关量输入/输出模板,不可扩展,ET200 系列最大数据传输速率 1.5Mbit/s,防护等级 IP20。它主要用于要求较小 I/O 点数或只有小安装空间的场合。

ET200L-SC 是可扩展的 ET200L,可扩展一个 TB16SC 端子板,这样可提供至多 16 个数字量和模拟量输入/输出模板通道,能独立地对输入和输出信号进行混合组态,从而精确地组合出实现某个任务所需要的 I/O 通道数,实现更大的灵活性,从而更节省成本。

ET200L-SC IMSC 是一种新型智能接口模块,PROFIBUS-DP 直接连接到 IMSC,它的端子板 TB16 IMSC 和各种 SC 电子子模板 SC,如有必要,可通过 SIMATIC 智能连接器在第一个端子板后接入第二个端子板进行扩展。能应用高速模拟量电子子模板和 40KHz 计数器的电子子模板。

④ ET200X 是一种坚固型结构的分布式 I/O,设计保护等级为 IP65/IP67,可用于恶劣环境,模块化结构。它由一个基本模块和最多 7 个扩展模块组成。基本模块通过 PROFIBUS-DP 连接到上位主机,扩展模块有数字量和模拟量 I/O,AS-I 接口通信处理器、负载馈电器(最大功率达 5.5kW)、气动模块等,PROFIBUS-DP 接口数据传输速率可达 12Mbit/s,可用于对时间要求高的高速机械场合。

⑤ ET200S 是一种分立、分布式 I/O,保护等级为 IP20,分立结构使其能恰当配置其系统,当需要时,可在接口模块后插入所需 I/O 模块。它由 PROFIBUS-DP 接口模块 IM151 和数字量、模拟量 I/O 模块、智能模块(如用于计数和位置探测等)、负载馈电器、电源模块、端子板

组成。一个 ET200S 站最多可由 64 个模块组成，输入和输出最大均为 128 字节，I/O 模块能以任何方式组合，最大数据传输速率 12Mbit/s。

此外，还有可用于防爆区的 ET200IS，具有高防护等级 IP66/67 的 ET200C 和具有 IM318（PROFIBUS－DP 接口），IM318－C（具有 PROFIBUS－DP/FMS 接口）使用 S5－100U 各种 I/O 模块的 ET200U 等。

3）具有 PROFIBUS－DP 接口的其他现场设备：

①CNC 数控装置，如 SINUMERIK840D/840C。

②SIMODRIVER 传感器，如具有 PROFIBUS 接口的绝对值编码器。

③数字直流驱动器，6RA24/CB24。

5.3.5　如何建立 DP 主从通信

CPU3lx－2DP 是指集成有 PROFIBUS－DP 接□的 S7－300CPU，如 CPU313C－2DP、CPU315－2DP 等。下面以两个 CPU315－2DP 之间主从通信为例介绍连接智能从站的组态方法。该方法同样适用于 CPU3lx－2DP 与 CPU41x－2DP 之间的 PROFIBUS－DP 通信连接。

1. PROFIBUS－DP 组态

系统由一个 DP 主站和一个智能 DP 从站构成。其中 DP 主站由 CPU315－2DP(6ES7 315－2AGl0－0AB0)和 SM374 仿真模块构成。DP 从站由 CPU315－2DP(6ES7 315－2AGl0－0AB0)和 SM374 仿真模块构成。在对两个 CPU 主一从通信组态配置时，原则上要先组态从站。

(1)新建 S7 项目。打开 SIMATIC 管理器，执行菜单命令 File→New，创建一个新项目，并命名为“集成 DP 通信”。然后执行菜单命令 Insert→Station→SIMATIC 300 Station，插入两个 S7－300 站，分别命名为 S7－300_Master 和 S7－300_Slave 如图 5－19 所示。

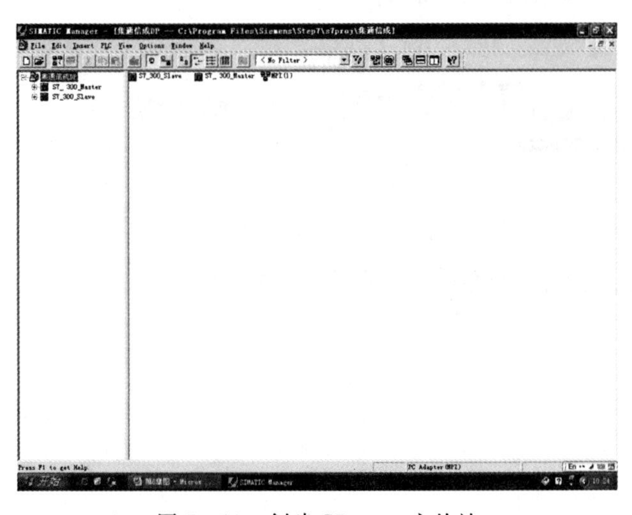

图 5－19　创建 S7－300 主从站

(2)硬件组态。在 SIMATIC 管理器窗口内，单击 S7_300_Slave 图标，然后在右视图内双击 Hardware 图标，进入硬件组态窗口。在工具栏内点击工具打开硬件目录，如图 5－20 所示，按硬件安装次序依次插入机架、电源、CPU 和其他信号模块等完成硬件组态。

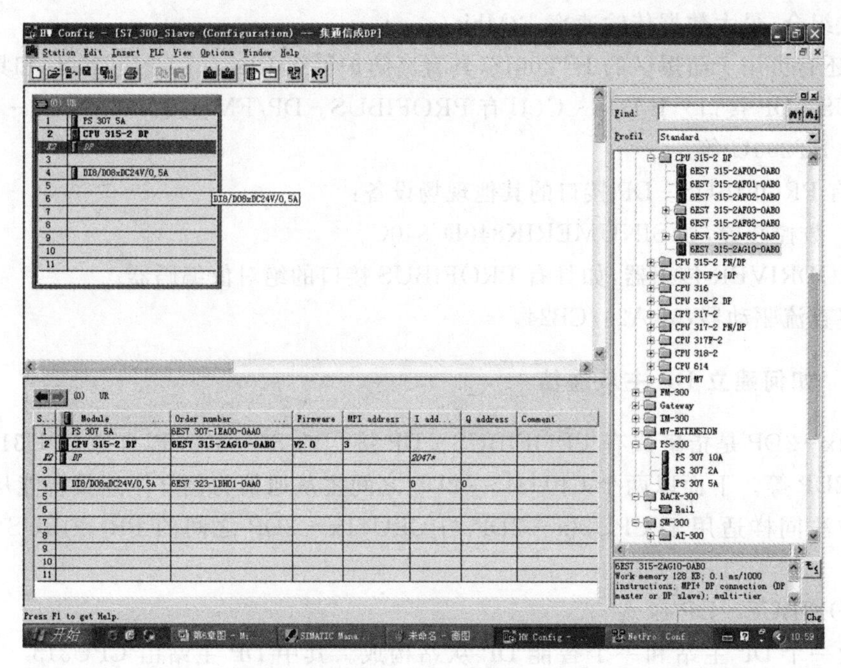

图 5－20　硬件组态

插入 CPU 时会同时弹出 PROFIBUS 接口组态窗口。也可以插入 CPU 后，双击 DP 插槽，打开 DP 属性窗口，点击 Properties 按钮进入 PROFIBUS 接口组态窗口。点击 New 按钮新建 PROFIBUS 网络，分配 PROFIBUS 站地址，此处设定为 3，点击 Properties 按钮组态网络属性，选择 Network Setting 选项卡进行网络参数设置，如波特率、行规。此处波特率选 1.5Mbit/s，行规为 DP。如图 5－21 所示。

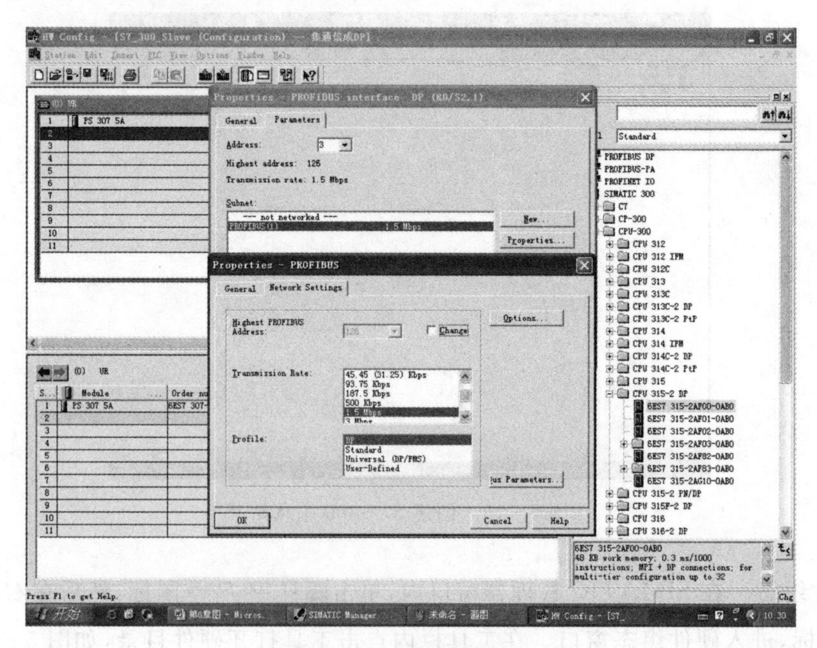

图 5－21　设置从站属性

(3) DP 模式选择。选中 PROFIBUS 网络，点击 Properties 按钮，设定 DP 属性，如图 5-22 所示。选择 Operating Mode 选项卡，激活 DP slave 操作模式。如果“Test，commissioning，routing”选项被激活，则表示这个接口既可以作为 DP 从站，同时还可以通过这个接口监控程序。

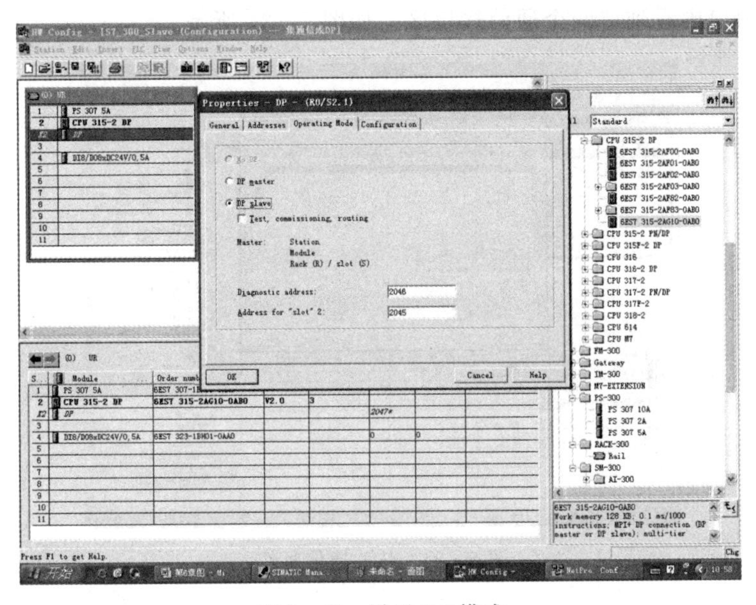

图 5-22　设置 DP 模式

(4)定义从站通信接口区。在 DP 属性设置对话框中，选择 Configuration 选项卡，打开 I/O 通信接口区属性设置窗口，点击 New 按钮新建一行通信接口区，如图 5-23 所示，可以看到当前组态模式为主一从模式。注意此时只能对本地（从站)进行通信数据区的配置。

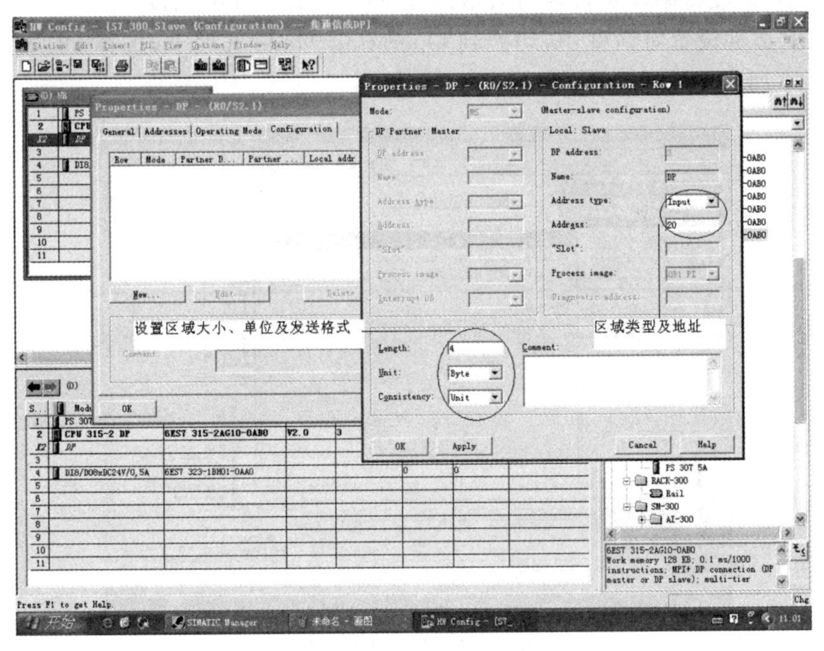

图 5-23　通信设置

注意在 Consistency 选择 Unit，则按“Unit”区城中定义的数据格式发送，即按字节或字发送；选择 All 打包发送，每包最多 32 个字节，通信数据大于 4 个字节时，应用 SFCl4，SFCl5。

设置完成后点击 Apply 按钮确认。同样可根据实际通信数据建立若干行，但最大不能超过 244 个字节。本例分别创建一个输入区和一个输出区，长度为 4 个字节，设置完成后可在 Configuration 窗口中看到这两个通信接口区。如图 5-24 所示。

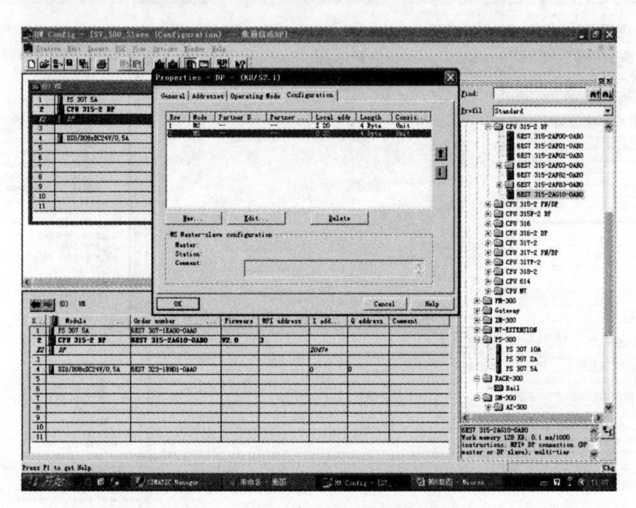

图 5-24　从站通信属性

(5)编译组态。通信区设置完成后，点击编译按钮编译并存盘，编译无误后即完成从站的组态。

完成从站组态后，就可以对主站进行组态，基本过程与从站相同。在完成基本硬件组态后对 DP 接口参数进行设置，本例中将主站地址设为 2，并选择与从站相同的 PROFIBUS 网络“PROFIBUS(1)”。波特率以及行规与从站设置应相同(1.5Mbit/s;DP)。

然后在 DP 属性设置对话框中，切换到 Operating Mode 选项卡，选择 DP Master 操作模式。如图 5-25 所示。

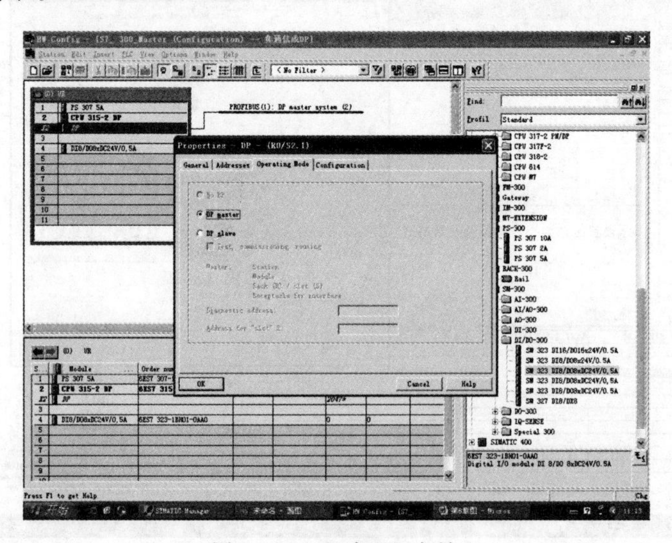

图 5-25　组态 DP 主站

2. 连接从站并编辑通信接口

在硬件组态（HW Config）窗口中，打开硬件目录，在 PROFIBUS－DP 下选择 Configured Stations 文件夹，将 CPU31x 拖到主站系统 DP 接口的 PROFIBUS 总线上，这时会同时弹出 DP 从站连接属性对话框，选择所要连接的从站后，点击 Connect 按钮确认。如图 5－26 所示。如果有多个从站存在时，要一一连接。

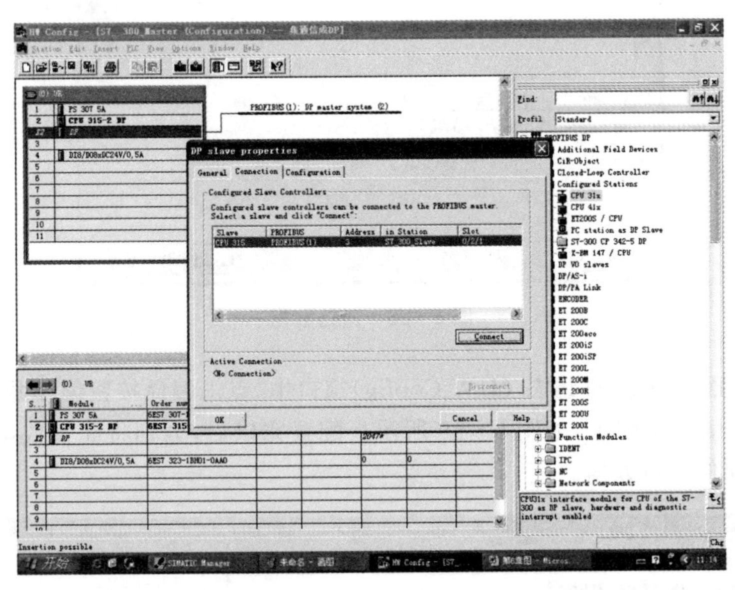

图 5－26　连接 DP 从站

连接完成后，点击 Configuration 选项卡，设置主站的通信接口区：从站的输出区与主站的输入区相对应，从站的输入区同主站的输出区相对应，如图 5－27 所示。本例主站的输出区 QB10～QB13 与从站的输入区 IB20～IB23 相对应；主站的输入区 IB10～IB13 与从站的输出区 QB20～QB23 相对应，如图 5－28 所示。

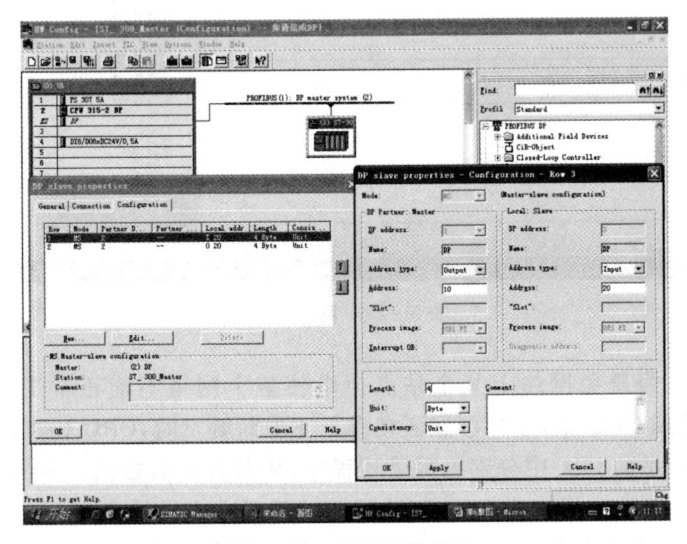

图 5－27　编辑通信接口

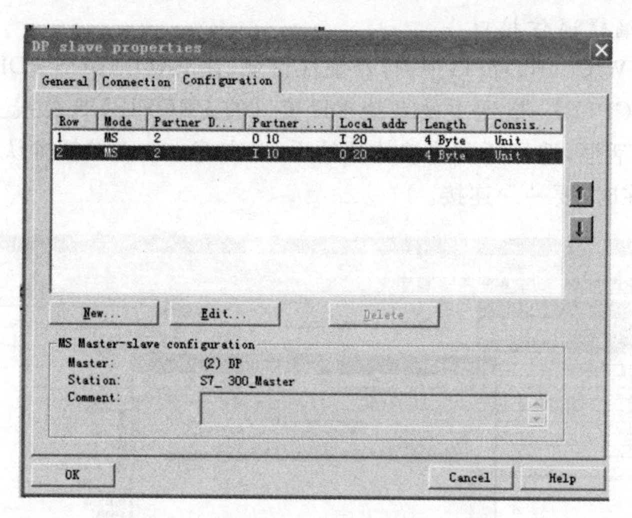

图 5-28　通信数据

确认上述设置后,在硬件组态（HW Config)窗口中,点击编译按钮编译并存盘,编译无误后即完成主从通信组态配置,如图 5-29 所示。配置完以后,分别将配置数据下载到各自的 CPU 中初始化通信接口数据。

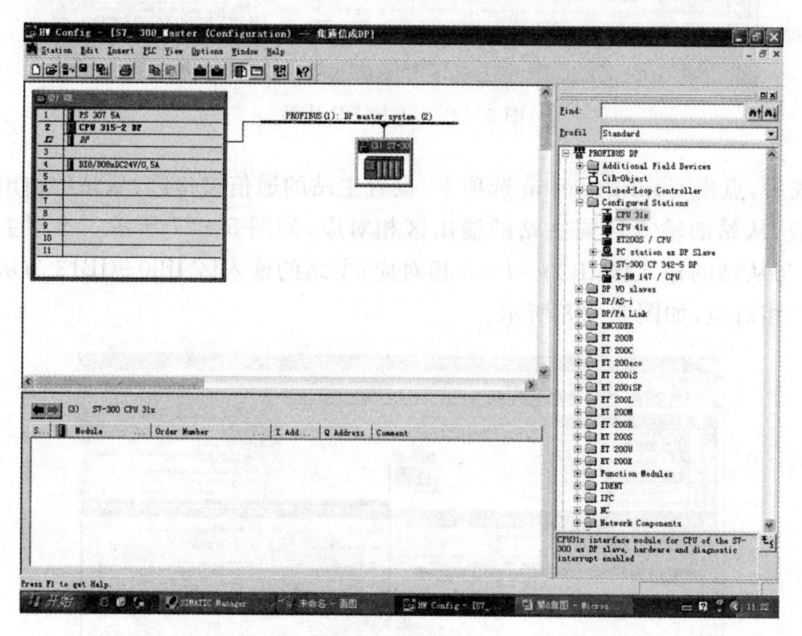

图 5-29　网络组态

编程调试阶段,为避免网络上某个站点掉电使整个网络不能正常工作,建议将 OB82, OB86、OB122 下载到 CPU 中,这样可保证在有上述中断触发时,CPU 仍可运行。为了调试网络,可以在主站和从站的 OBl 中分别编写读写程序,从对方读取数据。本例通过开关,将主站和从站的仿真模块 SM374 设置为 DI8/DO8。这样可以在主站输入开关信号,然后在从站上显示主站上对应输入开关的状态;同样,在从站上输入开关信号,在主站上也可以显示从站上对应开关的状态。

控制操作过程为:IB0(从站输入模块)→QB20(从站输出数据区) →QB0(主站输出模块);IB0(主站输入模块) →QB10(主站输出数据区) →QB0 (从站输出模块)。

(1)从站的读写程序

```
L    IB0      //读本地输入到累加器 1
T    QB20     //将累加器 1 中的数据送到从站通信输出映像区
L    IB20     //从从站通信输入映像区读数据到累加器 1
T    QB0      //将累加器 1 中的数据送到本地输出端口
```

(2)主站的读写程序

```
L    IB0      //读本地输入读数据到累加器 1
T    QBl0     //将累加器 1 中的数据送到主站通信输出映像区
L    IBl0     //从主站通信输入映像区读数据到累加器 1
T    QB0      //将累加器 1 中的数据送到本地输出端口
```

5.3.6　如何通过 DP 连接远程 I/O 站和模拟量模块

(1)双击 SIMATIC Manager 图标,打开 STEP - 7 的主画面。

(2)双击 FILE/NEW,按照图例输入文件名称(如 TEST)和文件夹地址,然后点击 OK;系统将自动生成 TEST 项目,如图 5 - 30 所示。

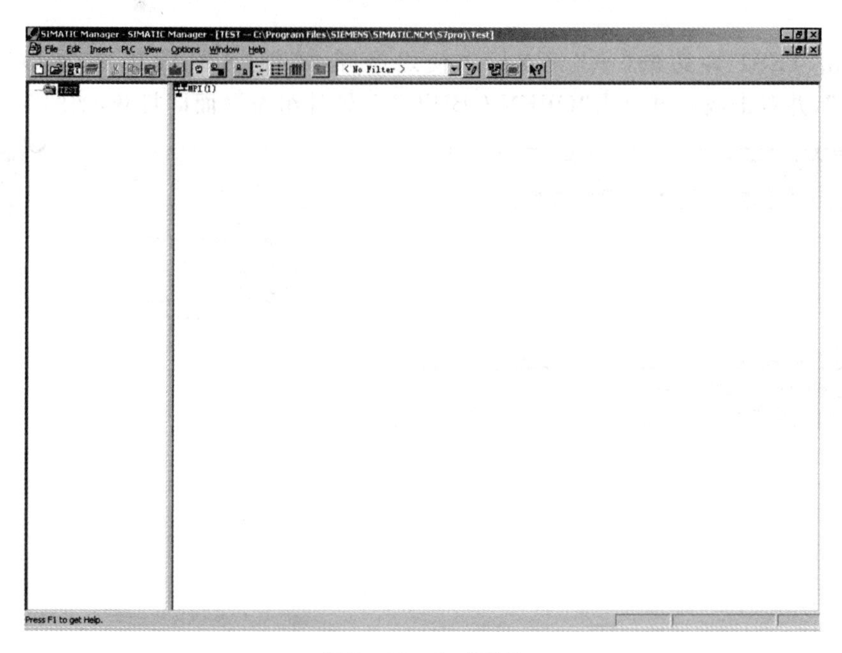

图 5 - 30　生成项目

(3)点亮项目名称“TEST”,单击右键,选中“Insert new object”,点击“SIMATIC 300 STATION”,将生成一个 S7 - 300 的项目,如图 5 - 31 所示。

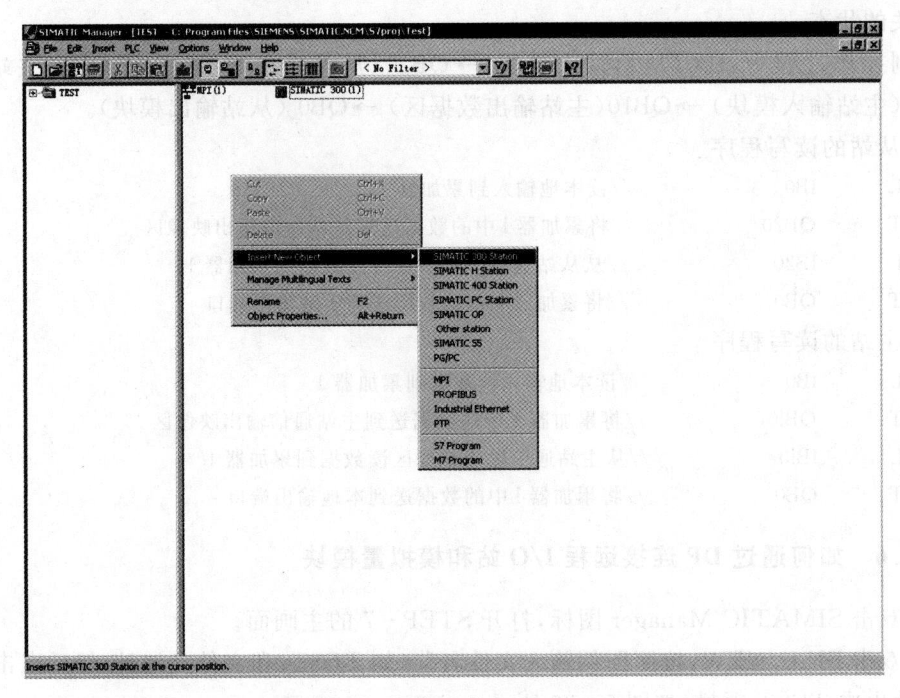

图 5-31　开始组态 S7-300 PLC

(4)点击 TEST 左边的"+"分支标志使之展开，选中"SIMATIC 300(1)"，然后选中"Hardware"，并双击或右键点击"OPEN OBJECT"，硬件组态画面即打开，如图 5-32 所示。

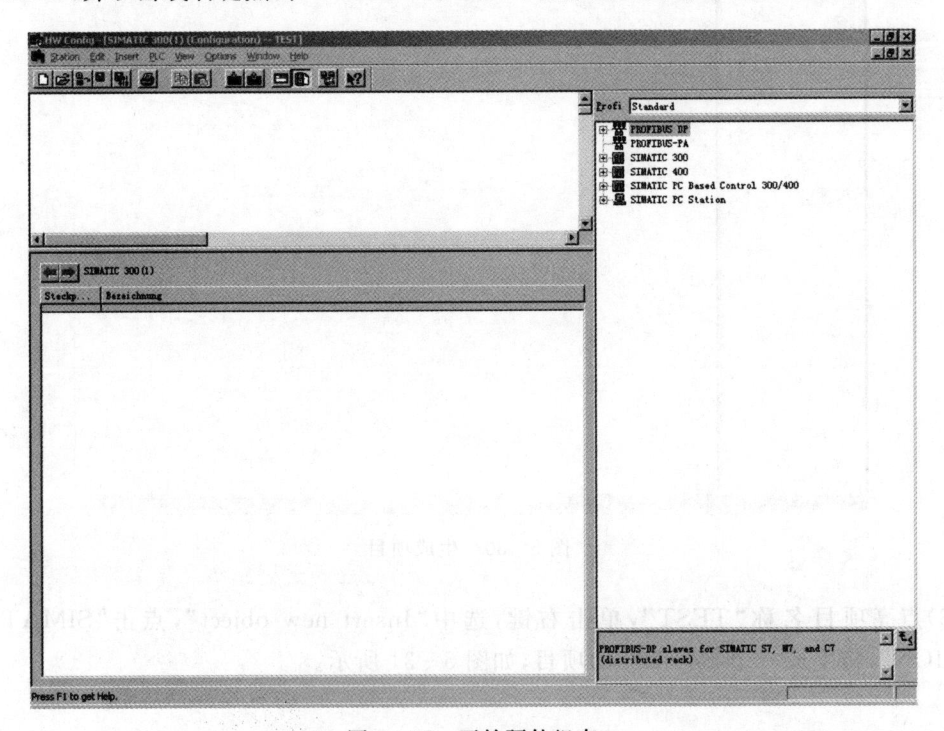

图 5-32　开始硬件组态

(5)在图 5－32 界面的右栏中点击展开“SIMATIC 300”—>“RACK－300”,然后将“Rail”键入到下边的空白处,生成空机架,如图 5－33 所示。

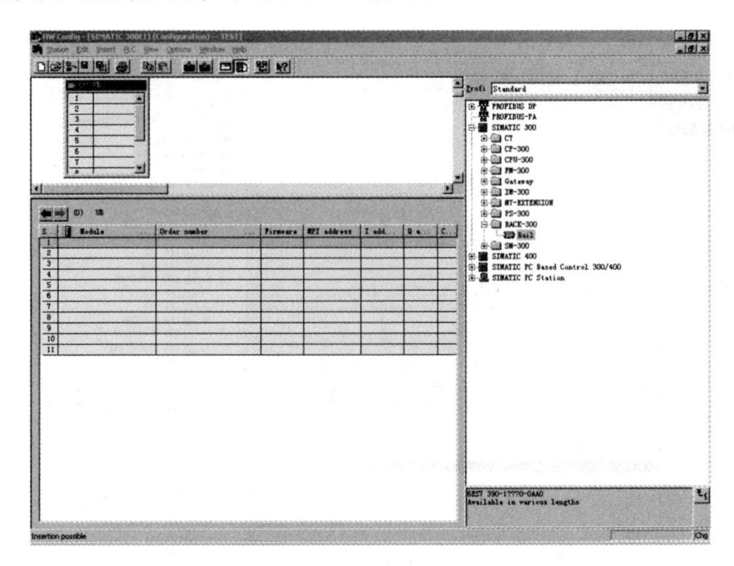

图 5－33　建立硬件机架

(6)点击展开“PS－300”,选中“PS 307 2A”(其他容量也可),将其键入机架 RACK 的第一个 SLOT,如图 5－34 所示。

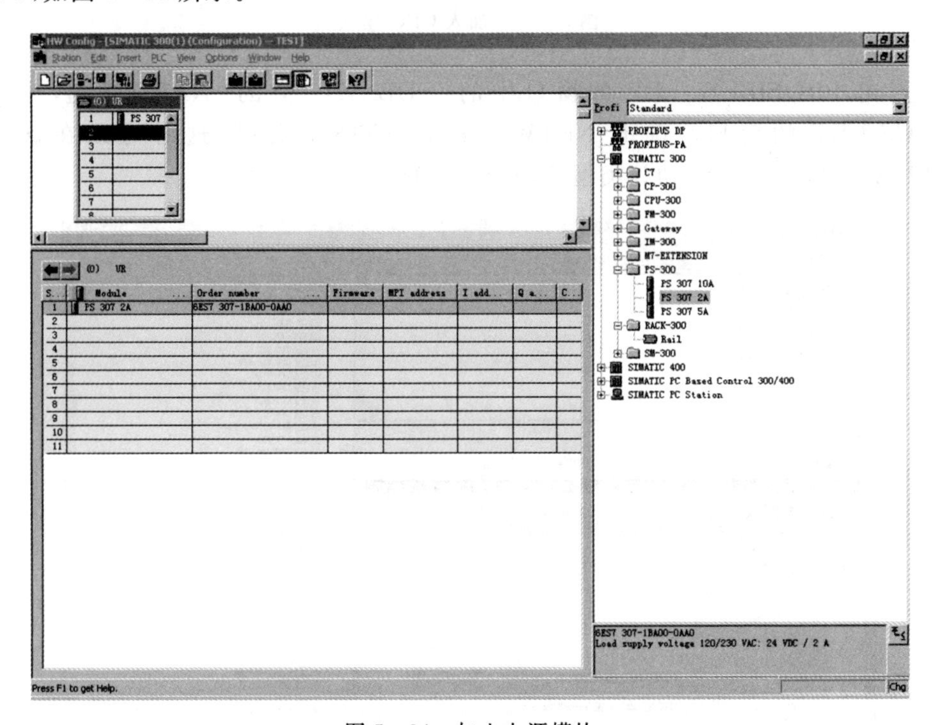

图 5－34　加入电源模块

(7)点击展开“CPU－300” —>“CPU315－2DP”,点击“6ES7 315－2AF03－0AB0”,选中

“V1.2”,将其拖至机架 RACK 的第 2 个 SLOT,随后一个组态 PROFIBUS-DP 的窗口弹出,接受“ADDRESS”中的 DP 地址默认值 2,此时界面如图 5-35 所示。

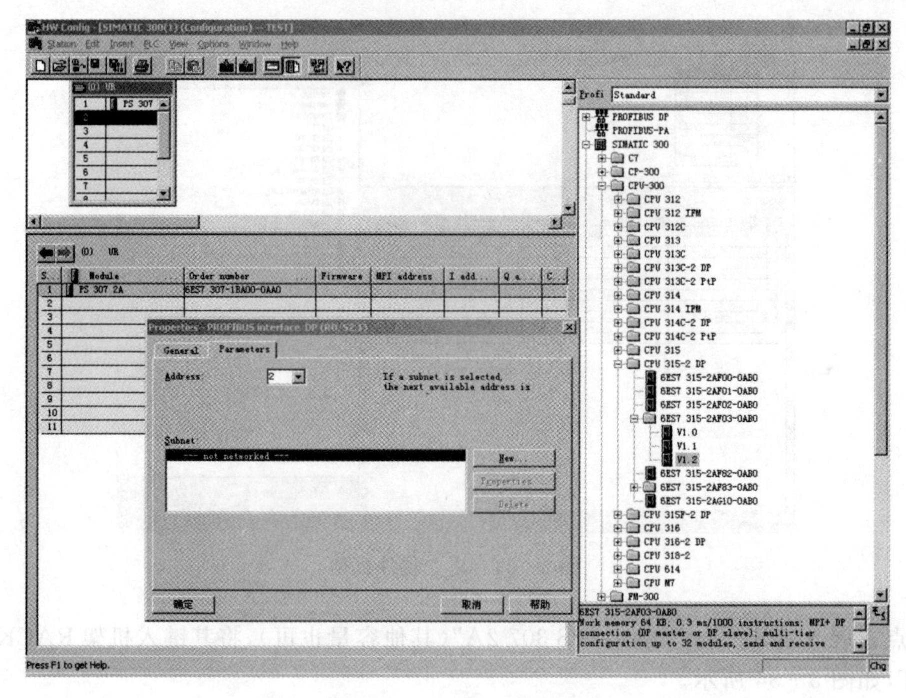

图 5-35　加入 CPU 模块

(8) 点击 PROFIBUS-DP 的窗口中的“SUBNET”旁的“NEW”按钮,生成一个 PROFIBUS NET 的窗口。点击 NETWORK SETTING 页面,这时可以在这里设置 PROFIBUS 参数,包括速率、协议类型等,如图 5-36 所示。

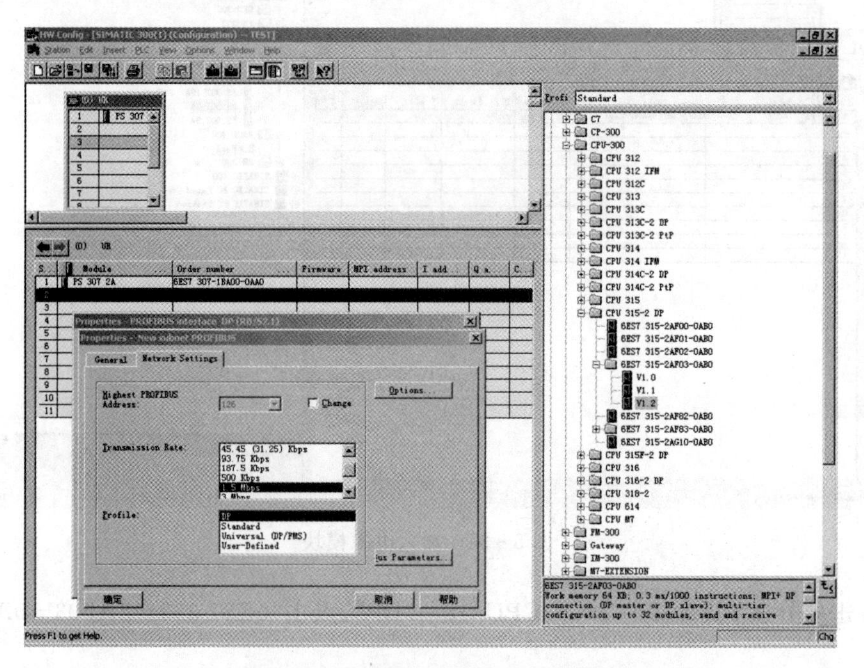

图 5-36　设置 PROFIBUS 网络参数

(9)点击确定,即可生成一个 PROFIBUS - DP 网络,如图 5 - 37 所示。

图 5 - 37　建立 PROFIBUS 网络

(10)增加 ET200M。在右栏中点击展开 PROFIBUS DP—>ET200M,选中 IM153—1(注意,这里选的是 6ES7 153—1AA03 - 0XB0),将其键入 PROFIBUS(1):DP master system (1)上,立即弹出 IM153 - 1 通信卡设置界面,如图 5 - 38 所示,确认 DP 地址后,点击确定,即完成对 ET200M 的增加。

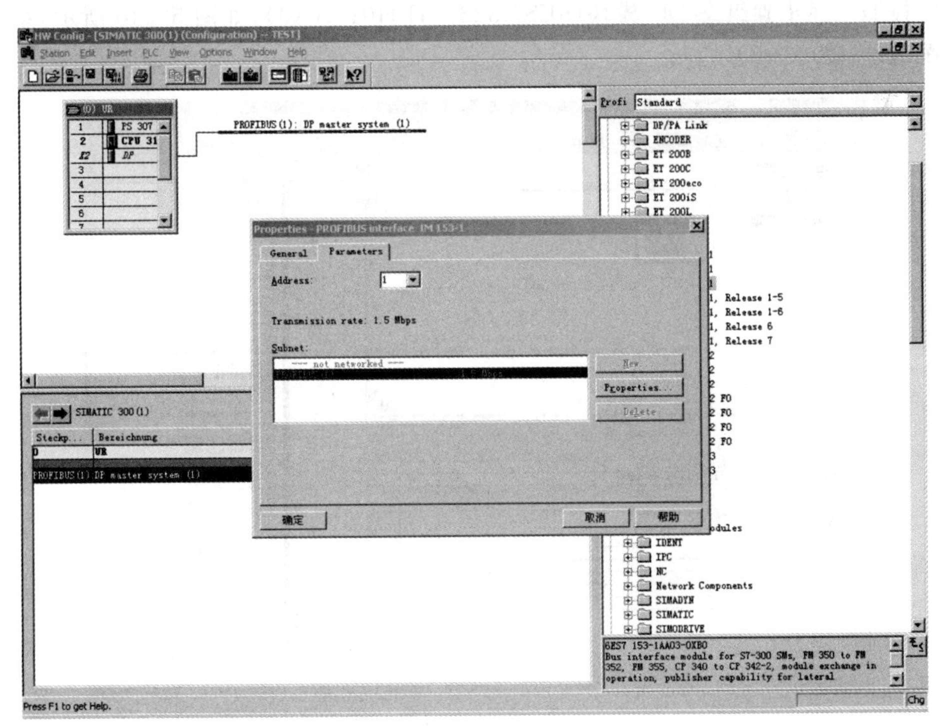

图 5 - 38　增加 ET200M

(11)增加 SM321 模块。在右栏中点开 IM153－1—＞DI300,选中 SM321 DI16＊DC24V 模块,将其键入左下方的第 4 槽,如图 5-39 所示,一个 DI 模块组态完成,系统将自动为模块的通道分配 I/O 地址(此处为 I0.0～I1.7)。

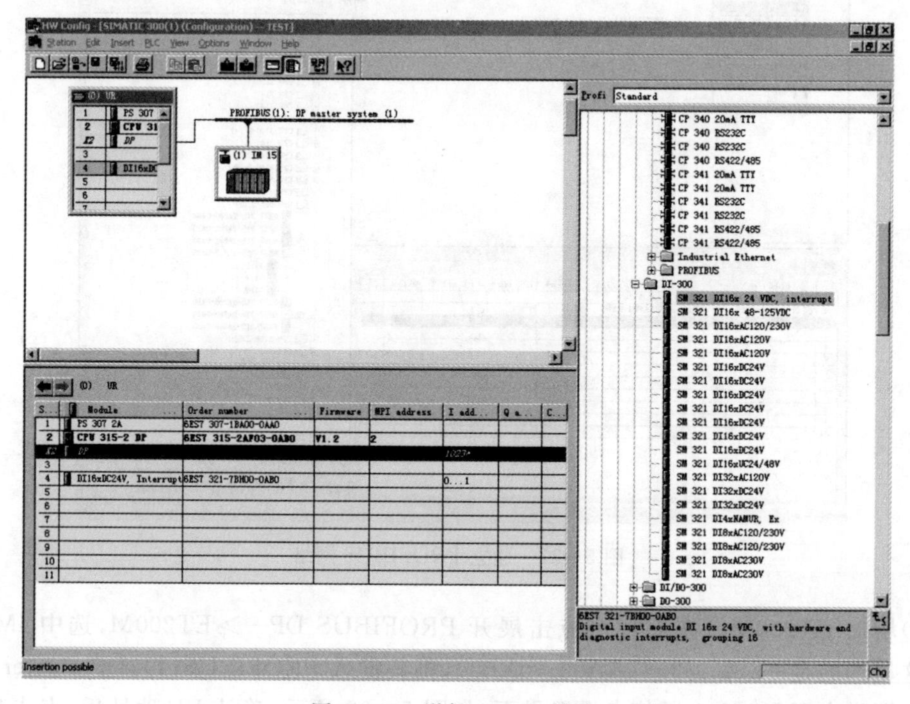

图 5-39　增加 SM321 模块

(12)按照上述步骤组态 DO 模块(6ES7 322－1BH010AA0),如图 5-40 所示,系统同样将为分配地址(Q0.0～Q1.7)。

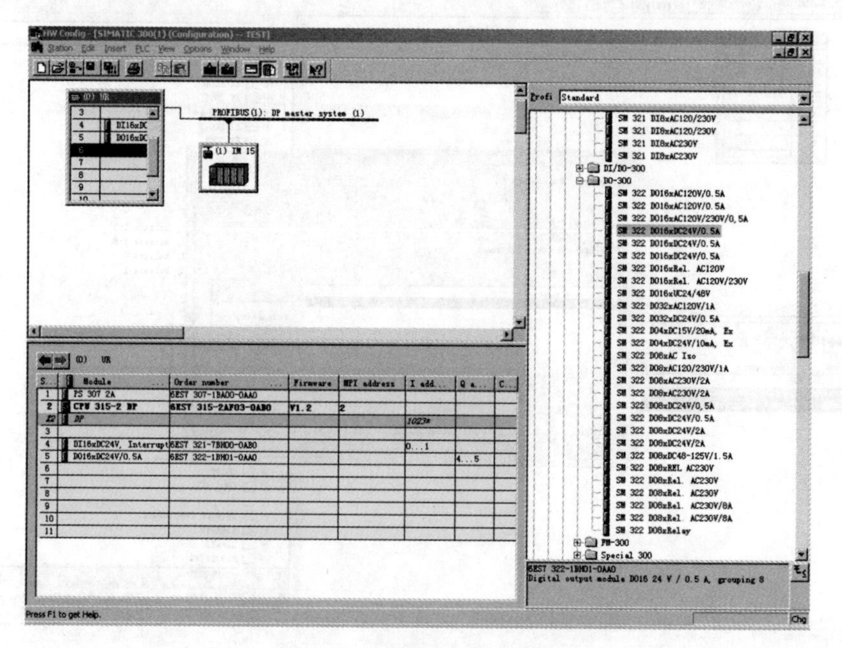

图 5-40　增加 SM322 模块

(13)按照上述方法组态 AI 模拟量模块(6ES7 331 7KF01 - 0AB0),然后在图 5 - 41 左上方的“UR”框中双击该模块,弹出该模块属性对话框,在 Measuring 栏中,为每一个通道定义信号类型,将 0—1 通道定义为两线制、4～20mA,2—3 通道为内部补偿 K 型热电偶信号(TI - C,Type K)。最后点击 OK,完成 AI 模块组态,系统将为每个通道分配地址,此处第 1 通道为 PIW256、PIW258。

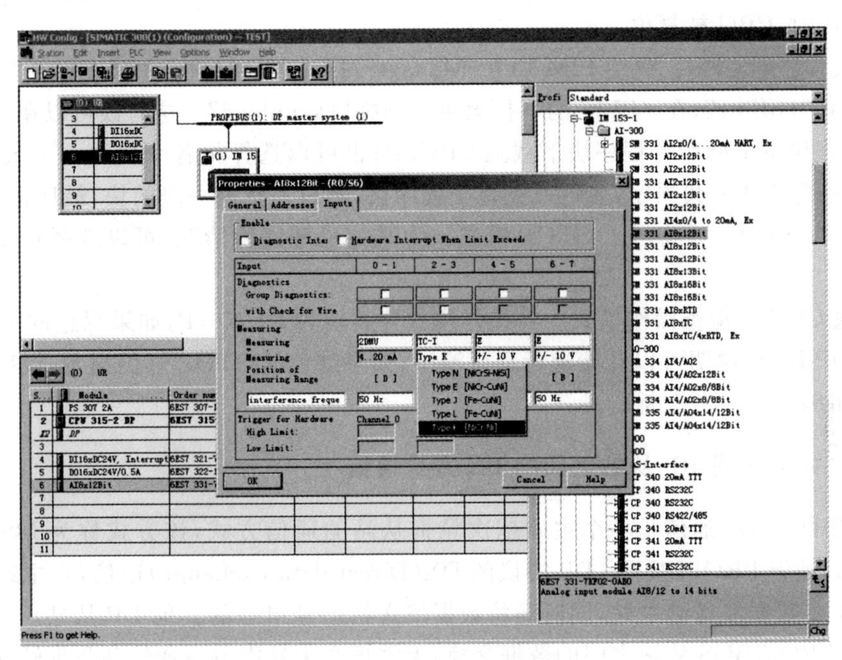

图 5 - 41　增加 AI 模拟量模块

(14)在“Edit”下点击“save and complice”,存盘并编译硬件组态,就完成了硬件组态工作。然后检查组态,点击 STATION/Consistency check,如果弹出 NO ERROR 窗口,如图 5 - 42 所示,则表示没有错误产生。

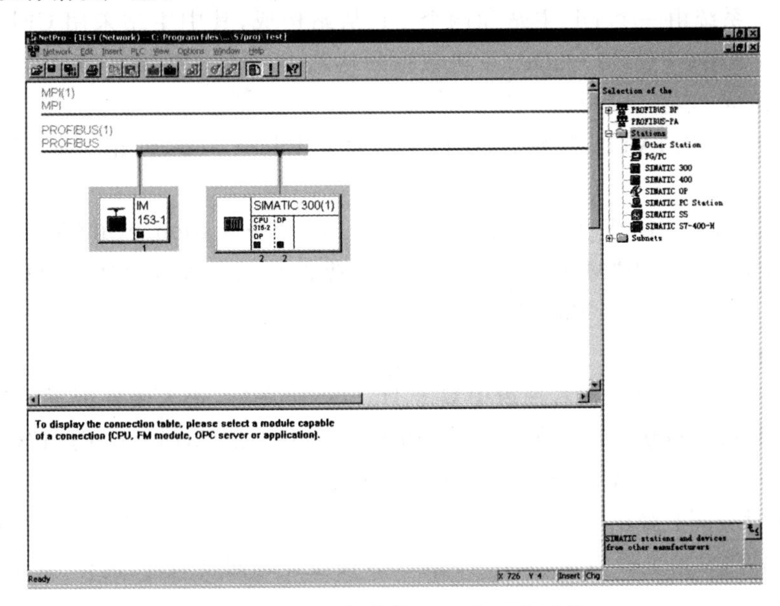

图 5 - 42　组态成的 PROFIBUS 网络

(15) 下载程序到 CPU：

① 建立在线连接。按下 PLC 上的开关 PS307，CPU 上的 DC5V 指示灯亮；然后将 PLC 的操作模式开关转到 STOP 位置。

② 复位 CPU。将操作模式开关转到 MRES 位置，最少保持 3 秒，直至红色的 STOP 灯开始慢闪；放开操作模式开关，并且最多在 3s 之内将操作模式开关再次转到 MRES 位置，当 STOP 灯快闪时，CPU 被复位。

③ 下载程序到 CPU。启动 SIMATIC Manager，打开项目窗口，如 TEST，在"View"的下拉菜单中选择"Offline"；在 "PLC"的下拉菜单中选择"Download"。这时候可以在弹出的界面中选择将编程设备中的所有程序块下载到 CPU 中；也可以选择将各个块逐一下载到 PLC 的 CPU 中，但是要注意下载顺序，应该首先是子程序块，然后是更高一级的块，最后是 OB1，如果下载块的顺序不对，CPU 将进入 STOP 模式。为避免出现这种情况，可以选择将全部程序都下载到 CPU 中。

④ 接通 CPU 并检查操作模式。将操作模式开关转为 RUN－P，如果绿色的 RUN 灯亮，红色的 STOP 灯灭，说明可以开始进行程序测试；如果红色的 STOP 灯仍亮着，说明有错误出现，需要使用编程软件来诊断错误。

5.3.7 如何实现 DP 从站之间的 DX 方式通信

PROFIBUS-DP 通信是一个主站依次轮询从站的通信方式，该方式称为 MS(Master-Slave)模式。基于 PROFIBUS-DP 协议的 DX(Direct data exchange)通信，在主站轮询从站时，从站除了将数据发送给主站，同时还将数据发送给已经组态的其他 DP 从站。通过 DX 方式可以实现 PROFIBUS 从站之间的数据交换，无需再在主站中编写通信和数据转移程序。系统中至少需要一台 PROFIBUS－1 类主站和两台 PROFIBUS 智能从站（如 S7-300 站、S7-400 站、带有 CPU 的 ET200S 站或 ET200X 等）才能够实现 DX 模式的数据交换。下面以由一个主站和两个从站所构成的 PROFIBUS 系统为例，介绍实现 DX 通信的过程。

1. 系统组态

PROFIBUS 系统由一个 DP 主站和两个 DP 从站构成，其中主站采用 CPU314C-2DP。接收数据的从站采用 CPU315-2DP；发送数据的从站由一个 CPU315-2DP，一个 8DI/8DO ×DC24V 模块组成。

新建项目：打开 SIMATIC 管理器，执行菜单命令 File→New，创建一个 S7 项目，并命名为"PROFIBUS_DX"。

点击项目名"PROFIBUS_DX"，执行菜单命令 Insert→Station→SIMATIC 300 Station，分别插入一个主站（命名为"Master"）、一个接收数据的从站（命名为"Rec_Slave"）和一个发送数据的从站（命名为"Send_Slave"），如图 5-43 所示。

2. 组态发送数据的从站

点击从站头 Send_Slave，在右视窗中双击 Hardware 图标，进入硬件配置窗口。打开硬件目录，按硬件安装次序依次插入机架 Rail、电源 PS307 5A、CPU315-2DP(6ES7 315－2AGl0－0AB0)、8DI/8DO×DC24V(6ES7 323－Lbh0l－0AA0)等。

插入 CPU 时会同时弹出 PROFIBUS 接口组态窗口。如图 5-44 所示，点击 New 按钮新建 PROFIBUS 网络，将站地址设为 3。点击 Properties 按钮组态网络属性，选择 Network Setting 选项卡进行网络参数设置，波特率设为 1.5Mbit/s，行规设为 DP。最后点击 OK 按钮确认。

选中新建立的 PROFIBUS 网络，然后点击 Properties 按钮进入 DP 属性对话框，选择 Operating Mode 选项卡，激活 DP Slave 操作模式。

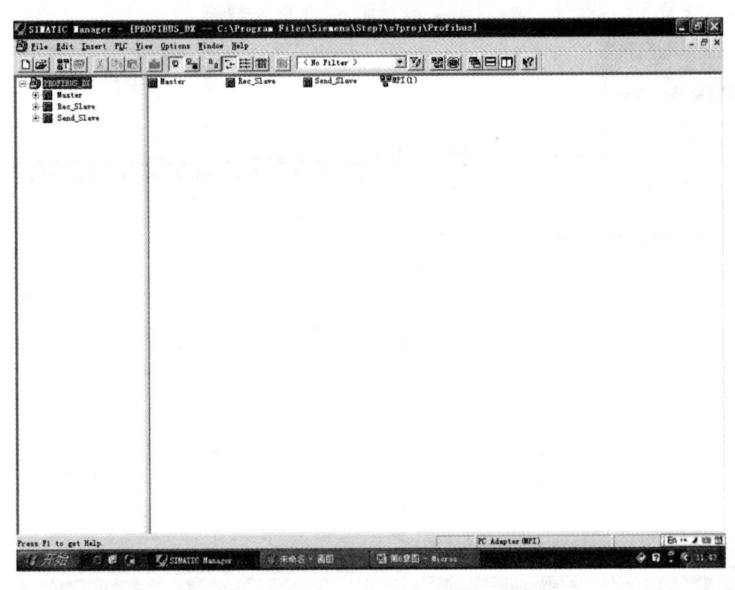

图 5 - 43　建立一个主站和两个从站

在 DP 属性设置对话框中，选择 Configuration 选项卡，打开 I/O 通信接口区属性设置窗口，点击 New 按钮新建数据交换映射区，选择 Input 和 Output 区，设定地址和通信字节长度，数据一致性设置为 ALL。

本例在发送数据的从站（3 号从站）中以 MS 模式建立了两个数据区：IB100～IB107、QBl00～QBl07，每个数据区的长度均为 8 个字节，如图 5 - 45 所示。

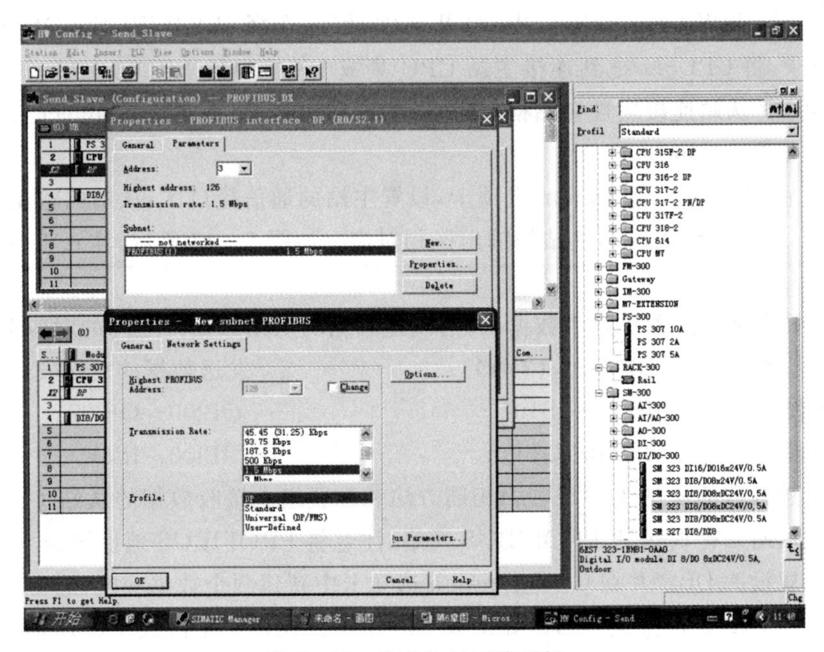

图 5 - 44　设置从站网络属性

最后点击编译按钮,对组态数据编译保存。

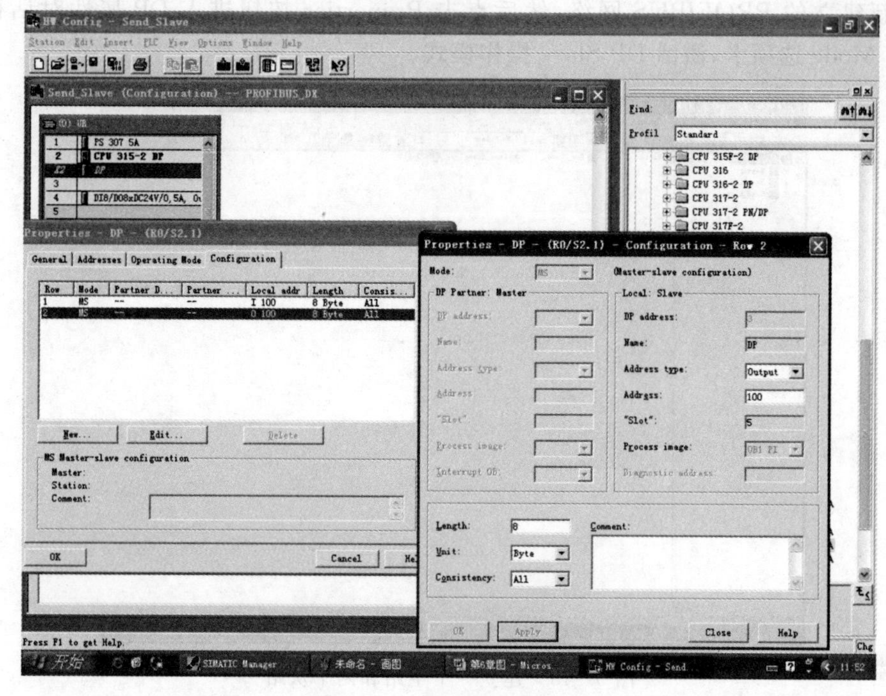

图 5-45　建立数据交换区

按照上述方法组态主站:CPU 选用 CPU314C-2DP,将 PROFIBUS 地址设为 2,波特率设为 1.5Mbit/s,行规设为 DP。在 DP 属性设置对话框中,切换到 Operating Mode 选项卡,选择 DP Master 操作模式。

3. 连接从站

在硬件组态(HW Config)窗口中,打开硬件目录,选择 PROFIBUS-DP→Configured Stations 子目录,将 CPU31x 拖到连接主站 CPU 集成 DP 接口的 PROFIBUS 总线符号上,这时会同时弹出 DP 从站连接属性对话框,选择所要连接的从站后,点击 Connect 按钮确认。连接以后的系统如图 5-46 所示。

连接完成后,点击 Configuration 选项卡,设置主站的通信接口区:从站的输出区与主站的输入区相对应,从站的输入区同主站的输出区相对应。如图 5-47 所示,注意将数据通信的一致性设置为 ALL。

本例在 DP 主站中配置了两个数据区,与发送数据的从站数据区之间的对应关系如下:

	DP 主站(2 号)	发送数据的从站(3 号)
MS 模式	IB100～IB107	QB100～QB107
MS 模式	QB100～QB107	IB100～IB107

按照与发送数据的从站(3 号从站)相同方法和配置组态接收数据的从站(4 号从站)。

在插入该从站 CW 时创建 PROFIBUS 网络,注意将 PROFIBUS 地址设为 4,波特率设为 1.5Mbit/s,行规设为 DP。并在 Configuration 选项卡中新建两个数据交换区,分别设置为 MS(主一从)模式和 DX(直接交换)模式,如图 5-48 所示。设定 DX 模式下的通信交换区时,需要设定发送数据从站的站地址，本例为 3。

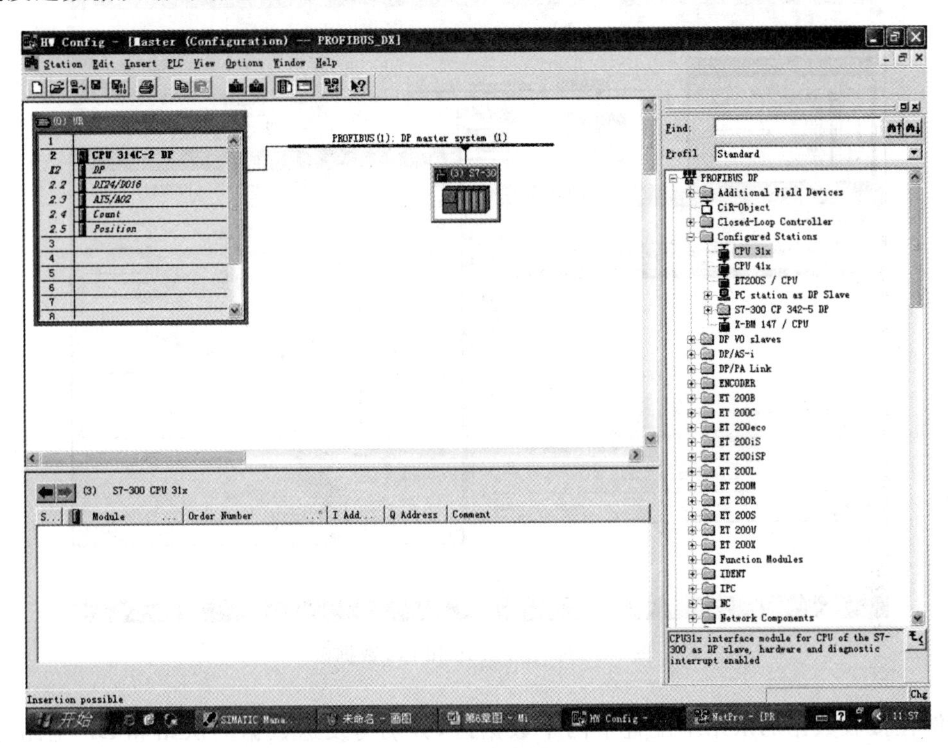

图 5 - 46　发送数据从站

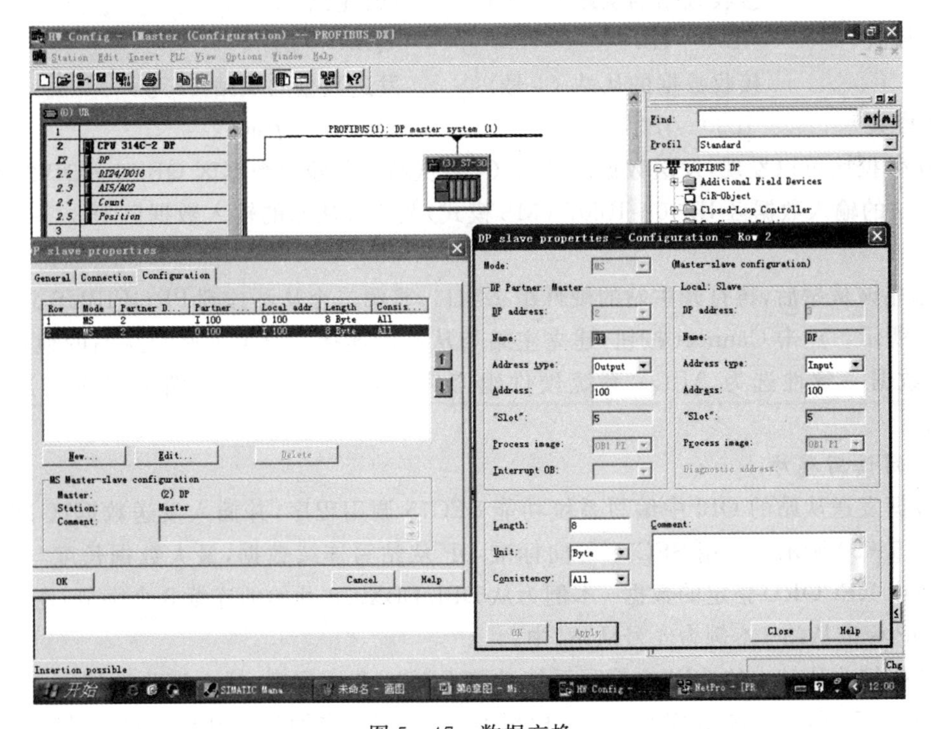

图 5 - 47　数据交换

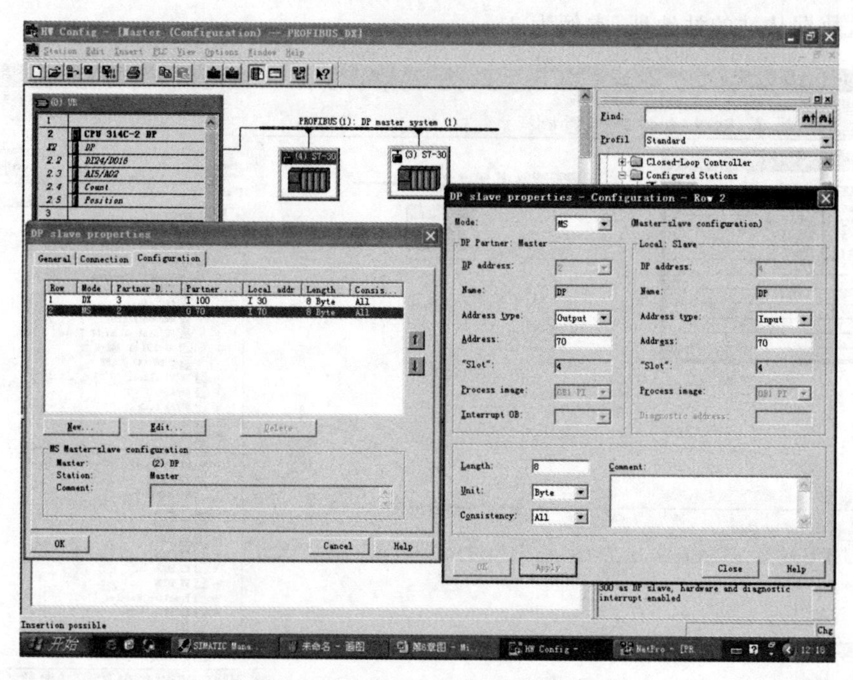

图 5－48　建立 MS 和 DX 数据区

本例在接收数据的从站中配置了两个数据区，分别与发送数据的从站和 DP 主站建立以下的数据交换关系：

	接收数据的从站（4 号）	DP 主站（2 号）
MS 模式	IB70～IB77	QB70～QB77
	接收数据的从站（4 号）	发送数据的从站（3 号）
DX 模式	IB30～IB37	QBl00～QBl07

对比数据区可以发现：发送数据的从站（4 号从站），其输出数据区 QBl00～QBl07 同时对应 DP 主站的输入数据区 IBl00～IBl07（MS 模式）及 3 号从站的输入数据区 IB30～IB37（DX 模式）。

组态完该从站后，再打开主站的硬件组态窗口，将第二个从站挂到 PROFIBUS 总线上，如图 5－49 所示。点击 Connect 按钮，建立主站与从站的连接。设定主站与从站的地址对应关系，并将数据一致性选为 ALL。系统硬件组态完成后，分别将各个站的组态信息下载到 PLC 中。

4. 编写读写程序

在数据发送从站的 OBl 中编写系统功能 SFC15 调用程序，并插入发送数据区 DBl，接收程序如图 5－50 所示。调用 SFC15 可向标准 DP 从站写连续数据，最大数据长度与 CPU 有关。可将由 RECORD 指定的数据（木例为从 DBl. DBX0. 0 开始的连续 8 个字节）连续传送到寻址的 DP 标准从站（本例为 4 号从站）中。

在数据接收从站中的 OBl 中编写系统功能 SFCl4 调用程序，插入接收数据区 DB2，发送程序如图 5－51 所示。调用 SFCl4 可读取标准 DP 从站（本例为 3 号从站）的连续数据，最大数据长度与 CPU 有关，如果数据传送中没有出现错误，则直接将读到的数据写入由 RECORD

指定的目的数据区(本例为从 DB2. DBX0. 0 开始的连续 8 个字节)中。目的数据区的长度应与在 STEP7 中所配置的长度一致。

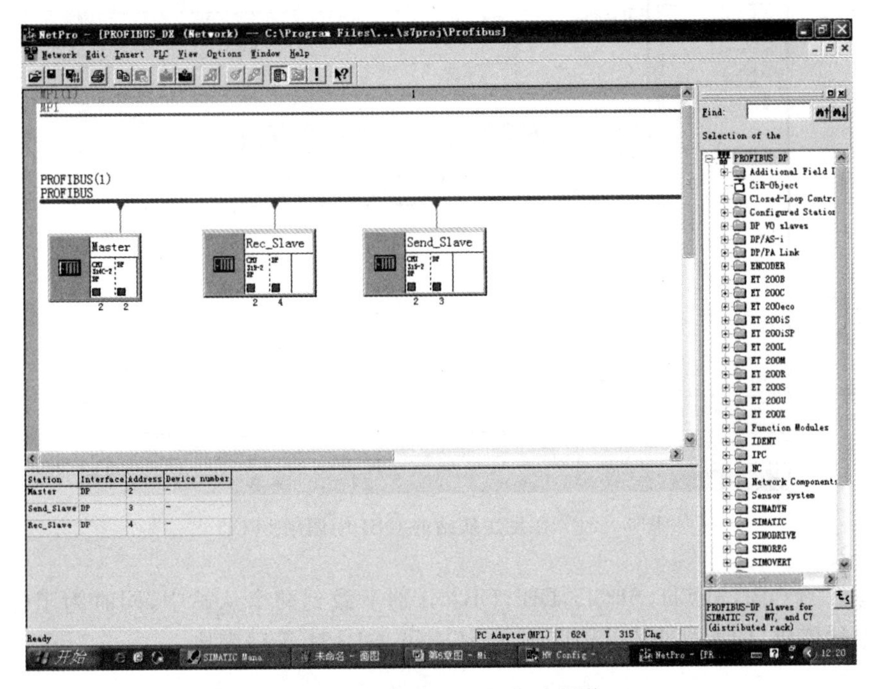

图 5 - 49　PROFIBUS 组态网络

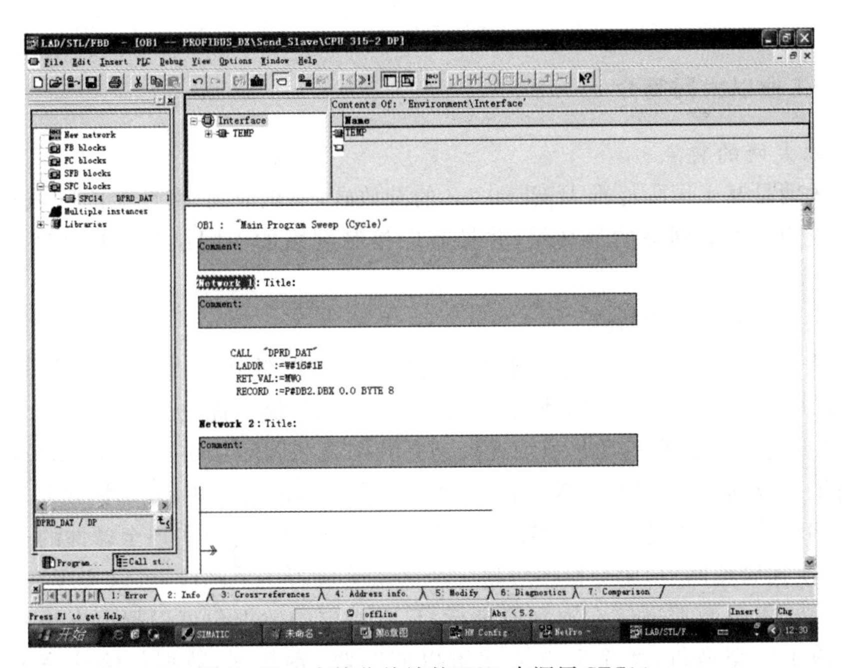

图 5 - 50　在接收从站的 OB1 中调用 SFC14

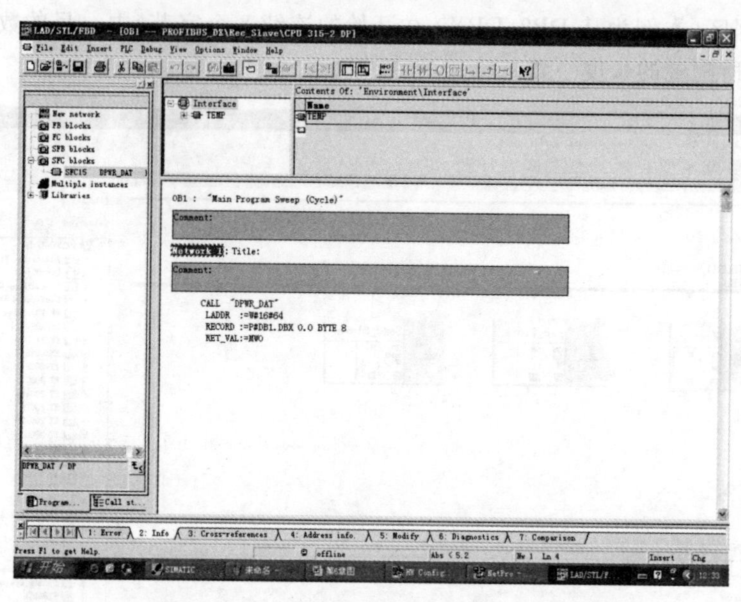

图 5－51　在发送从站的 OB1 中调用 SFCl5

将编写好的 OBl,SFCl4,SFCl5,DBl,DB2 分别下载到两个从站中,同时为了保证从站掉电不导致主站停机,向主站下载 OB1,OB82,OB86,OB122 等程序块。

5.4　工业以太网技术

5.4.1　工业以太网简介

1. 工业以太网的特点

工业以太网是基于国际标准 IEEE802.3 的开放式、多供应商、高性能的区域和单元网络,已经广泛地应用于控制网络的最高层,并且有向控制网络的中间层和底层（现场层）发展的趋势。

工业以太网主要有下述特点。

(1) 10M/l00M bit/s 自适应传输速率,最多 1024 个网络节点,网络最大范围为 150km。

(2) 可以用于恶劣的工业现场环境,用标准导轨安装,抗干扰、抗辐射性能力强。

(3) 可以通过以太网将自动化系统连接到办公网络和国际互联网（Internet),用户可以在办公室访问生产数据,实现管理—控制网络的一体化。不需要专用的软件,可以用 IE 浏览器访问控制终端的数据。通过广域网(例如 ISDN 或 Internet),可以实现全球性的远程通信。

(4)在交换式局域网中,用交换模块将一个网络分成若干个网段,可以实现在不同的网 段中的并行通信。本地数据通信在本网段进行,只有指定的数据包可以超出本地网段的范 围。如果使用全双工的交换机,两个节点之间可以同时收、发数据,数据传输速率增加到 200M bit/s。采用交换技术和全双工模式,可以完全消除冲突。

(5) 冗余系统中重要的自动化组件（例如 CPU、网络和 CP 通信模块等)可以有备件。如果出现子系统故障或网络断线,交换模块将通信切换到冗余的后备系统或后备网络,以保证系统的正常运行。

(6)工业以太网发生故障后，可以迅速发现故障，实现故障的定位和诊断。网络发生故障时（例如断线或交换机故障），网络的重构时间小于 0.3s。

2. 工业以太网的构成

典型的工业以太网由以下网络器件组成。

(1) 网络组件：包括 FC 快速连接插座、SCALANCE 交换机、电气交换模块（ESM）、光纤交换模块（OSM）、光纤电气转换模块（MC TP11）、中继器和 PN/PD 链接器。无线网络的接入点和 IWLAN/PB 链接器用于将工业以太网无线耦合到 DP 网络。

(2) 通信介质：可以采用 TP 电缆、快速连接双绞线、工业双绞线 ITP、光纤和无线通信。

(3) 用于 PC 的工业以太网网卡：

1) CP1612PCI 以太网卡和 CP1512PCMCIA 以太网卡提供 RJ－45 接口，与配套的软件包一起支持以下的通信服务：传输协议 ISO 和 TCP/IP、PG/OP 通信、S7 通信、S5 兼容通信（SEND/RECEIVE），支持 OPC 通信。

2) CP1515 是符合 IEEE802.11b 的无线通信网卡，应用于 RLM（无线链路模块）和可移动计算机。

3) CP1613 是带微处理器的 PCI 以太网卡，使用 AUI/ITP 接口或 RJ－45 接口，可以将 PG/PC 连接到以太网网络。用 CP1613 可以实现时钟的网络同步。与有关的软件一起，CP1613 支持以下的通信服务：ISO 和 TCP/IP 通信协议、PG/OP 通信、S7 通信、S5 兼容通信和 TF 协议，支持 OPC 通信。

由于集成了微处理器，CP1613 有恒定的数据吞吐量，支持“即插即用”和自适应（10Mbps 或 100Mbps）功能。支持运行大型的网络配置，可以用于冗余通信，支持 OPC 通信。

(4) S7－400PLC 的工业以太网通信处理器。S7－400PLC 工业以太网通信处理器有下列特点：

① 通过 UDP 连接或群播功能可以向多用户发送数据；

② CP443－1 和 CP443－1 IT 可以用网络时间协议（NTP）提供时钟同步；

③ 可以选择 KeepAlive 功能；

④ 使用 TCP/IP 的 WAP 功能，通过电话网络（例如 ISDN），CP 可以实现远距离编程和对设备进行远程调试；

⑤ 可以实现 OP 通信的多路转换，最多连接 16 个 OP；

⑥ 使用集成在 STEP7 中的 NCM，提供范围广泛的诊断功能，包括显示 CP 的操作状态，实现通用诊断和统计功能，提供连接诊断和 LAN 控制器统计及诊断缓冲区。

1) CP343－1/CP443－1 通信处理器。CP343－1/CP443－1 是分别用于 S7－300 和 S7－400 的全双工以太网通信处理器，通信速率为 10Mbps 或 100Mbps。CP343－1 的 15 针 D 形插座用于连接工业以太网，允许 AUI 和双绞线接口之间的自动转换。RJ－45 插座用于工业以太网的快速连接，可以使用电话线通过 ISDN 连接互联网。CP443－1 有 ITP，RJ－45 和 AUI 接口。

CP343－1/CP443－1 在工业以太网上独立处理数据通信，有自己的处理器。S7－300/400PLC 通过该通信模块可以与编程器、计算机、人机界面装置和其他 S7 和 S5 PLC 进行通信。

通信服务包括用 ISO 和 TCP/IP 传输协议建立多种协议格式、PG/OP 通信、S7 通信、S5 兼容通信和对网络上所有的 S7 站进行远程编程。通过 S7 路由，可以在多个网络间进行 PG/OP 通信，通过 ISO 传输连接的简单而优化的数据通信接口，最多传输 8KB 的数据。

可以使用下列接口：ISO 传输，带 RFCl006 的（例如 CP1430TCP）或不带 RFCl006 的 TCP 传输，UDP 可以作为模块的传输协议。S5 兼容通信用于 S7 和 S5，S7－300/400 与计算机之间的通信。S7 通信功能用于与 S7－300（只限服务器），S7－400（服务器和客户机），HMI 和 PC 机（用 SOFTNET S7 或 S7－1613）通信。

可以用嵌入 STEP7 的 NCM S7 工业以太网软件对 CP 进行配置。模块的配置数据存放在 CPU 中，CPU 启动时自动地将配置参数传送到 CP 模块。连接在网络上的 S7 PLC 可以通过网络进行远程配置和编程。

2）CP343－1 IT/CP443－1 IT 通信处理器。CP343－1IT/CP443－1 IT 通信处理器分别用于 S7－300 和 S7－400，除了具有 CP343－1/CP443－1 的特性和功能外，CP343－1 IT/CP443－1 IT 可以实现高优先级的生产通信和 IT 通信，它有以下 IT 功能。

① Web 服务器：可以下载 HTML 网页，并用标准测览器访问过程信息（有口令保护）。

② 标准的 Web 网页：用于监视 S7－300/400，这些网页可以用 HTML 工具和标准编辑器来生成，并用标准 PC 工具 FTP 传送到模块中。

③ E－mail：通过 FC 调用和 IT 通信路径，在用户程序中用 E－mail 在本地和世界范围内发送事件驱动信息。

3)CP444 通信处理器。CP444 将 S7－400 连接到工业以太网，根据 MAP3.0（制造自动化协议）标准提供 MMS（制造业信息规范）服务，包括环境管理（启动、停止和紧急退出），VMD（设备监控）和变量存取服务。可以减轻 CPU 的通信负担，实现深层的连接。

（5）带 PROFINET 接□的 CPU：CPU315－2PN/DP，CPU317－2PN/DP，CPU319－3PN/DP，CPU414－3PN，CPU416－3PN 和 CPU416F－3PN。

3. 以太网的地址

（1）MAC 地址。在 OSI（开放系统互连）7 层网络协议参考模型中，第 2 层（数据链路层）由 MAC（Media Access Control，媒体访问控制）子层和 LLC（逻辑链路控制）子层组成。

MAC 地址也叫物理地址、硬件地址或链路地址。MAC 地址是识别 LAN（局域网）节点的标识，即以太网接口设备的物理地址。它通常由设备生产厂家写入 EEPROM 或闪存芯片，在传输数据时，用 MAC 地址标识发送和接收数据的主机的地址。在网络底层的物理传输过程中，通过 MAC 地址来识别主机。MAC 地址是 48 位二进制数，通常分为 6 段（6B），一般用十六进制数表示，例如 00－05－BA－CE－07－0C。其中的前 6 位十六进制数是网络硬件制造商的编号，它由 IEEE（国际电气与电子工程师协会）分配，后 6 位十六进制数代表该制造商制造的某个网络产品（例如网卡）的系列号，MAC 地址，具有全球唯一性。如果使用 ISO 协议，必须输入模块的 MAC 地址。

（2）IP 地址。为了使信息能在以太网上准确快捷地传送到目的地，连接到以太网的每台计算机必须拥有一个唯一的地址。为每台计算机指定的地址称为 IP 地址。

IP 地址由 32 位二进制数（4B）组成，是 Internet（网际）协议地址，每个 Internet 包必须有 IP 地址，Internet 服务提供商向有关组织申请一组 IP 地址，一般是动态分配给其用户，用户也可以根据接入方式向 ISP 申请一个 IP 地址。

IP 地址通常用十进制数表示，用小数点分隔，例如 192.168.0.117。同一个 IP 地址可以使用具有不同 MAC 地址的网卡，更换网卡后可以使用原来的 IP 地址。

(3)子网掩码。子网掩码(Subnet Mask)是一个 32 位地址，用于将网络划分为一些小的子网。IP 地址由子网地址和子网内的节点地址组成，子网掩码用于将这两个地址分开。由子网掩码确定的两个 IP 地址段分别用于寻址子网 IP 和节点 IP。二进制的子网掩码的高位应是连续的 1，低位应是连续的 0。以子网掩码 255.255.255.0 为例，其高 24 位二进制数为 1，表示 IP 地址中的网络标识（类似于长途电话的地区号)为 24 位；低 8 位二进制数为 0，表示子网内节点的标识（类似于长途电话的电话号)为 8 位。IP 地址和子网掩码进行“与”逻辑运算，得到子网地址。IP 地址和子网掩码取反后的 0.0.0.255 进行“与”逻辑运算，得到节点地址。

5.4.2　工业以太网的通信服务

1. S5 兼容的通信服务

以太网的 TCP/IP，ISO 传输，ISO-on-TCP 可以传送 8KB 数据，UDP 可以传送 2KB 数据。它们与 PROFIBUS 的 FDL 统称为 S5 兼容的通信服务，它们的组态和编程的方法基本相同。它们是基于连接的通信协议，在正式收发数据之前，必须与对方建立可靠的连接。

(1)TCW/IP 服务。TCP/IP 的中文译名为传输控制协议/网际协议，TCP/IP 是互联网的基础协议。下面是 TCP/IP 服务的通信过程的简单描述：

1)主机 A 向主机 B 发送连接请求数据包。

2)主机 B 向主机 A 发送同意连接和要求同步的数据包。

3)主机 A 再发送一个数据包确认主机 B 要求的同步。

经过上述“对话”之后，主机 A 才向主机 B 正式发送数据。TCP 协议能为应用程序提供可靠的通信连接，使一台计算机发出的字节流无差错地发往网络上的其他计算机，对可靠性要求高的数据通信系统应使用 TCP 协议传输数据。

(2)ISO 传输服务。ISO 传输对应于 ISO 参考模型的第 4 层（传输层)，它将数据分段，可以传送大量的数据。ISO 传输服务保证数据传输及数据的完整性的方法与 TCP/IP 服务的基本上相同。

(3)ISO-on-TCP 服务。ISO-on-TCP 主要用于可靠的网际数据传输，符合 TCP/IP 标准，并根据 ISO 参考模型的第 4 层，扩展了 RFC l006 协议。可改变长度的数据传输是通过 RFC l006 实现的。RFC l006 将 ISO 第 4 层的服务映射到 TCP。由于自动重发和附加的块校验机制（CRC 校验)，传输可靠性极高。通信伙伴将确认数据的接收。

(4) UDP 服务。UDP 是 User Datagram Protocol(用户数据报协议)的简称，UDP 提供无需确认的简单的跨网络数据传输通信服务，UDP 没有数据确认报文，不检测数据传输的正确性，用于不需要保证数据块被正确传输的场合。UDP 属于 OSI 模型的第 4 层，必需的可靠性措施由应用层提供，可以将最大 2KB 的连续数据块从一个以太网节点传送到另一个以太网节点。UDP 适用于一次只传送少量数据、对可靠性要求不高的应用环境。

由于报文头短、没有传输应答和超时监控，UDP 比 TCP 更适合于对传输时间要求较高的应用。通过 UDP 连接，可以实现广播和多点传送。空闲（Free)的 UDP 连接用发送的数据的前 6 个字节来定义接收站的端口地址和 IP 地址。

使用 TCP，ISO-on-TCP 和 UDP 的通信必须设置 IP 地址，可以不设置 MAC 地址。

ISO 传输必须设置 MAC 地址。

2. IT 通信服务

SIMATIC 通信网络通过工业以太网将 IT(信息技术)功能集成到控制系统中。SIMATIC 设备支持下述 IT 服务:

使用 FTP(File Transfer Protocol,文件传输协议)可实现 PLC 之间、PLC 与 PC 之间的高效文件传输。IT-CP/Adv—CP(CP443-1 Advanced 和 CP343-1 Advanced)既可以作 FTP 服务器,也可以作 FTP 客户机。

IT-CP/Adv-CP 通过 SMTP(简单邮件传输协议)服务发送电子邮件(可以带附件),但是不能接收电子邮件。

SNMP(简单网络管理协议)是以太网的一种开放的标准化网络管理协议。网络管理设备可以在工业环境中对网络进行规划、控制和监视,可以确保网络的正常运行。

用户可以用有 IT 功能的 CP 提供的 HTML(超文本标记语言)页面,通过 HTTP(超文本传输协议)和 Web 测览器,查询重要的系统数据。

3. OPC 通信服务

OLE 是 Object Linking and Embedding(对象链接与嵌入)的缩写,是微软为 Windows 操作系统、应用程序之间的数据交换开发的技术。OPC(OLE for Process Control,用于过程控制的 OLE)是嵌入式过程控制标准,是用于服务器/客户机链接的开放的接口标准和技术规范。不同的供应商的硬件有不同的标准和协议,OPC 作为一种工业标准,提供了工业环境中信息交换的统一标准软件接口,这样数据用户不用为不同厂家的数据源开发驱动程序或服务程序。

OPC 是一种开放式系统接口标准,用于在自动化和 PLC 应用、现场设备和基于 PC 的应用程序(例如 HMI 或办公室应用程序)之间,进行简单的标准化数据交换。通过 OPC,可以在 PC 上监控、调用和处理 PLC 的数据和事件。

服务器在通信过程中是被动的,它总是等待客户机发起数据访问。OPC 将数据源提供的数据以标准方式传输到客户机应用程序。OPC 允许 Windows 应用程序访问过程数据,从而能够轻松地连接不同制造商生产的设备和应用程序。OPC 提供了开放的、与供应商无关的接口,容易使用的客户机/服务器组态,在控制设备(例如 PLC)现场设备和基于 PC 的应用程序(例如 HMI 或办公应用程序)之间提供标准化的数据交换。

OPC 服务器为连接 OPC 客户机应用程序提供接口。客户机应用程序执行对数据源(例如 PLC 中的存储器)的访问。多个 OPC 客户机可以同时访问同一个 OPC 服务器。

SIMATIC NET OPC 服务器支持 PROFINET IO,PROFINET CBA,PROFIBUS-DP,S7 通信、开放的 IE/S5 兼容的通信和 SNMP。SNMP OPC 服务器软件为所有 SNMP 设备提供了诊断和参数分配功能。所有的信息均可以集成到 OPC 兼容的系统(例如 WinCC)中。

5.4.3 如何用普通网卡实现计算机与 S7-400PLC 的通信

普通网卡可以用 ISO 或 TCP/IP 协议与有以太网接口的 PLC 通信。如果使用 TCP/IP 协议,首先需要用 MPI 或 DP 接口将 IP 地址下载到 CPU。即使 CPU 中原来没有以太网的组态信息,也可以实现 ISO 通信。某些低档的 CPU 没有这一功能。

1. 硬件连接

实验电脑(笔记本)有一个有线网卡和一个无线网卡,用一条交叉连接的 RJ-45 电缆连接 PLC 的以太网 CP 和计算机的普通网卡,也可以用两条直通连接的 RJ-45 电缆和交换机连接它们。

2. 设置 IP 地址

打开计算机的控制面板,双击其中的“网络连接”图标。在“网络连接”对话框(见图 5-52)中,用鼠标右键单击“本地连接”图标,执行出现的快捷菜单中的“属性”命令,打开“本地连接属性”对话框。选中“此连接使用下列项目”列表框中的“Internet 协议 (TCP/IP)”,单击“属性”按钮,打开“Internet 协议 (TCP/IP)属性”对话框。用单选框选中“使用下面的 IP 地址”,采用 PLC 以太网接口默认的子网网段地址 192.168.0,计算机的 IP 地址的最后一个字节只要不与其他站点 冲突就可以了。单击“子网掩码”文本框,出现默认的子网掩码 255.255.255.0。

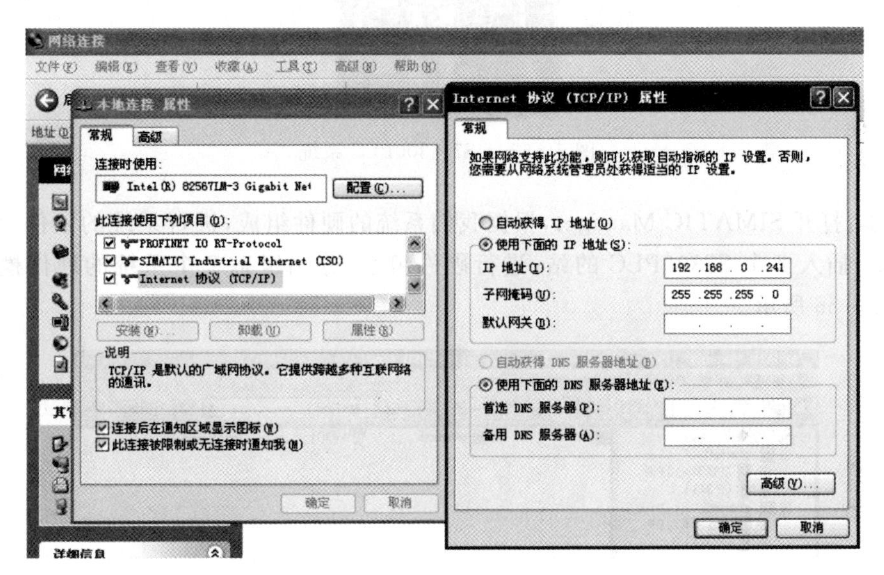

图 5-52　IP 地址设置

3. 设置 PG/PC 接口

在 SIMATIC 管理器中,执行菜单命令“选项”→“设置 PG/PC 接口”,用出现的对话框中间的选择框,选中使用 TCP/IP(Auto)的计算机网卡。单击“确定”按钮,出现显示“访问路径已更改”的对话框。单击“确定”按钮,退出“设置 PG/PC 接口”对话框后,TCP/IP 协议才会生效。

4. 验证 TCP/IP 通信

用 MPI 接口或使用 ISO 协议的普通网卡将 IP 地址下载到 CPU 模块后,就可以进行 TCP/IP 通信了。单击 HW Config 工具栏上的下载按钮,在出现的“选择目标模块”对话框中,单击“确定”按钮,出现“选择节点地址”对话框,列出了组态的目标站点的 IP 地址和 MAC 地址。

单击对话框中的“显示”按钮,经过几秒钟后,在“可访问的节点”列表中将会出现 CP 模块的 IP 地址、MAC 地址和模块的型号。单击“可访问的节点”中的地址,它将出现在上面的表格中。单击“确定”按钮，开始下载硬件组态信息。如果已经下载了 CP 的 IP 地址，就不用执行这一操作。

5.4.4　如何实现 PLC 之间的以太网通信

首先搭建一套测试设备，设备的结构图有：2 套 S7 - 300 系统由 PS307 电源，CPU314C - 2DP，CPU314C - 2PTP，CP343 - 1，CP343 - 1 IT，PC，CP5611，STEP7 组成，PLC 系统如图 5 - 53 所示。

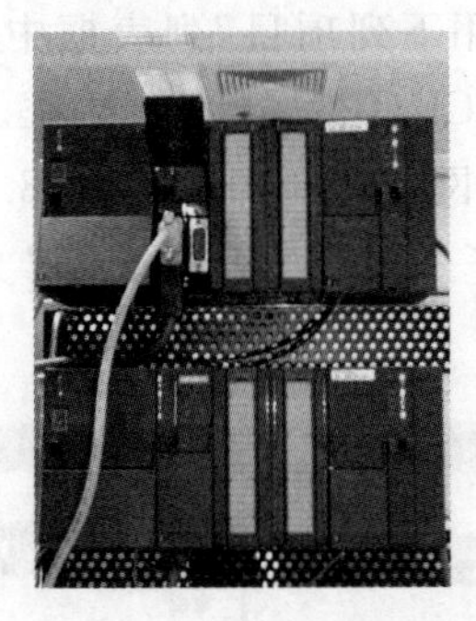

图 5 - 53　S7 - 300PLC 系统

第一步：打开 SIMATIC Manager，根据我们系统的硬件组成，进行系统的硬件组态，如图 5 - 54 所示，插入 2 个 S7300PLC 的站，进行硬件组态：分别组态 2 个系统的硬件模块，如图 5 - 55、图 5 - 56 所示。

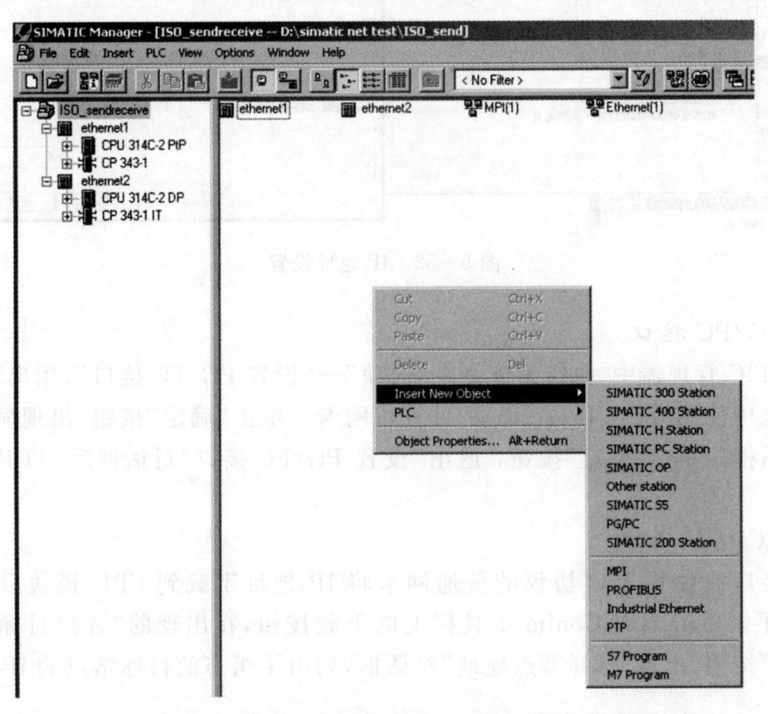

图 5 - 54　插入 2 个 S7300PLC 站

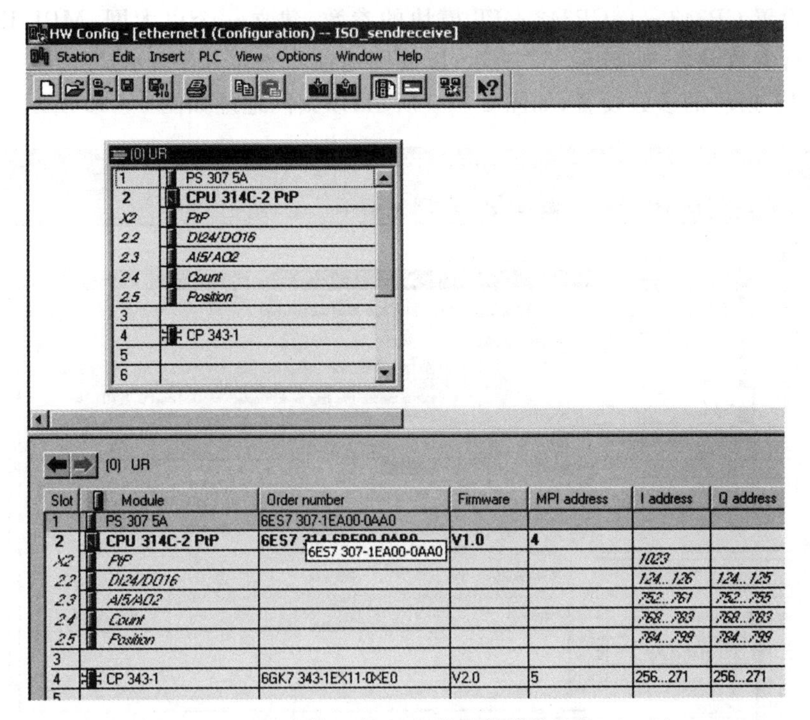

图 5－55　组态第 1 个 PLC 的硬件模块(CP343－1)

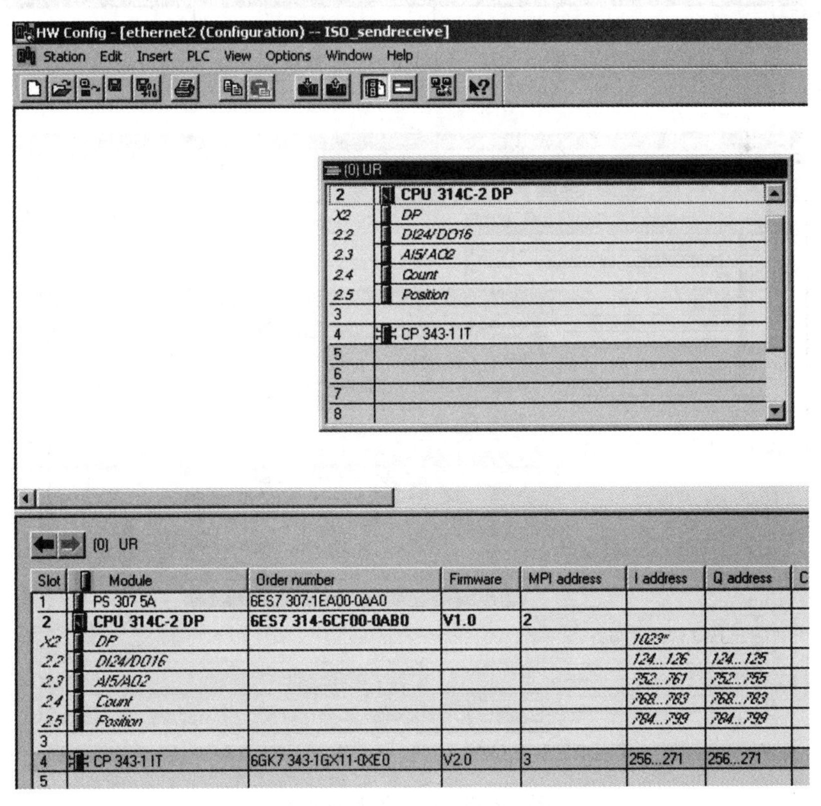

图 5－56　组态第 2 个 PLC 的硬件模块(CP343－1 IT)

第二步：设置 CP343－1，CP343－IT 模块的参数，建立一个以太网，MPI，IP 地址：打开 CP343－1 进行参数设置，如图 5－57 所示；以太网地址如图 5－58 所示。

CP343－IT 模块的参数设置，如图 5－59 所示；以太网地址如图 5－60 所示。

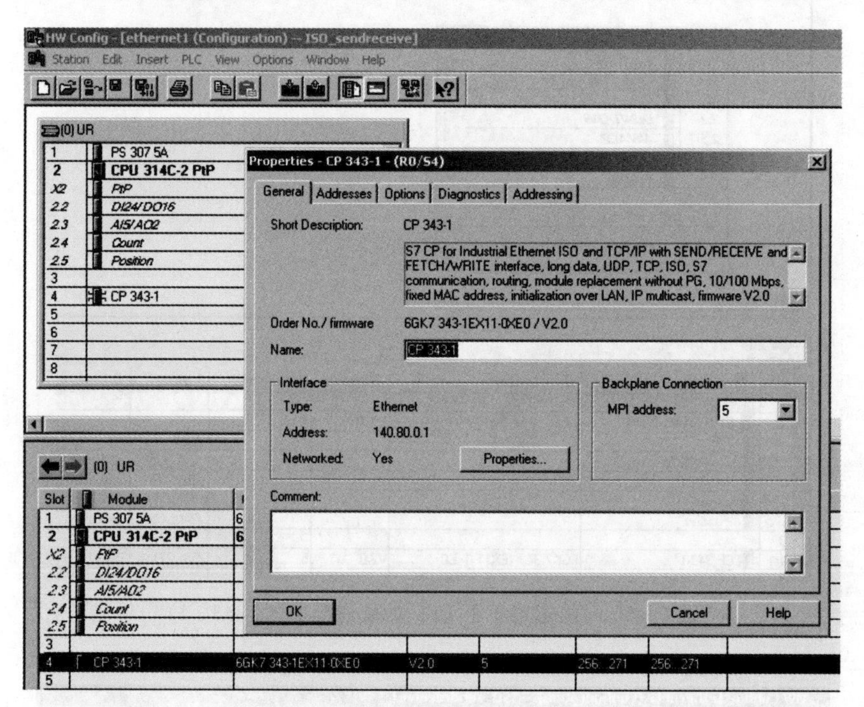

图 5－57　CP343－1 参数设置

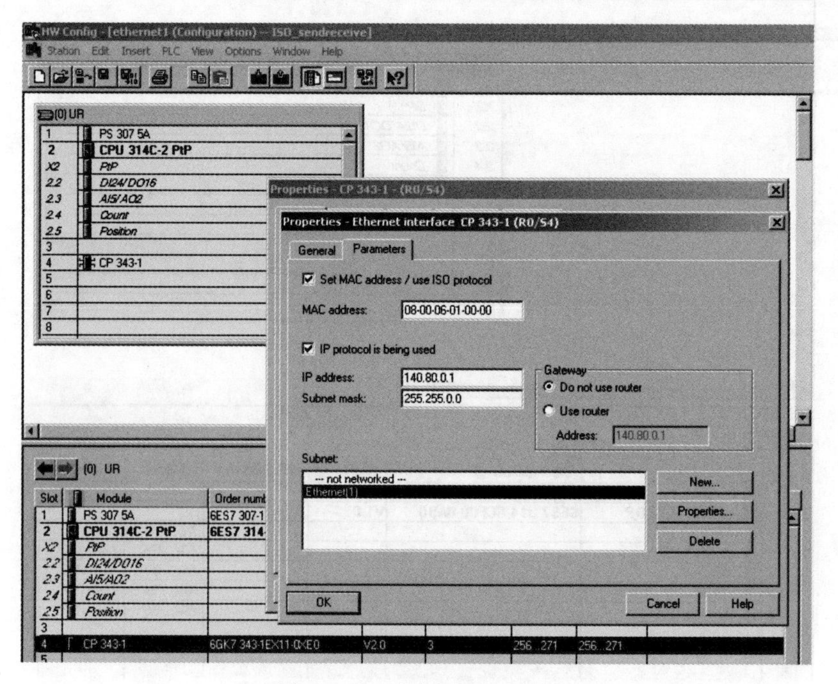

图 5－58　以太网地址设置

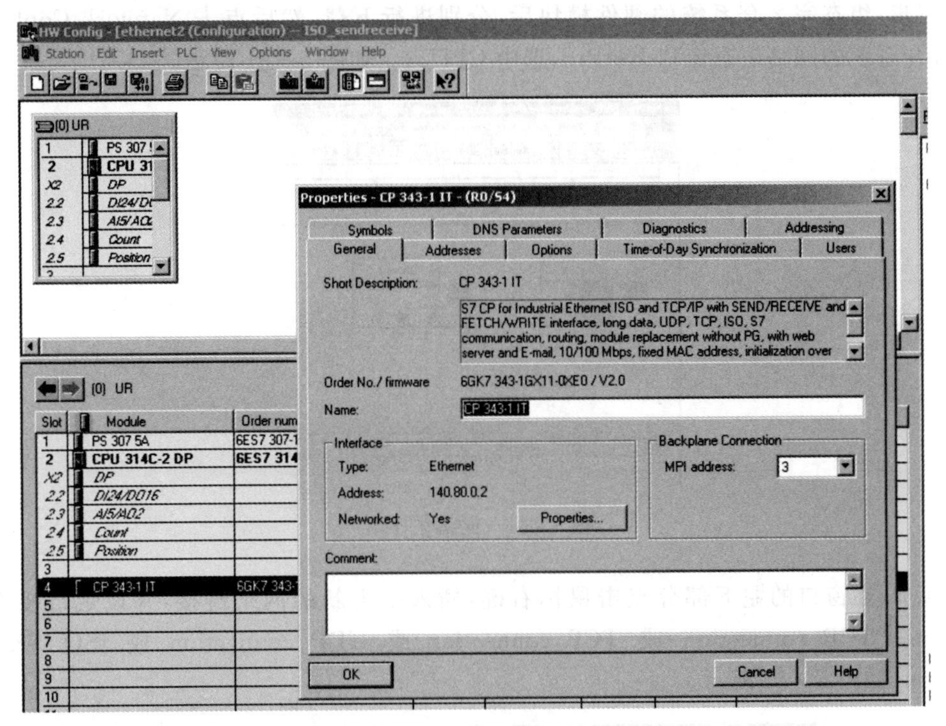

图 5－59　CP343－IT 模块的参数设置

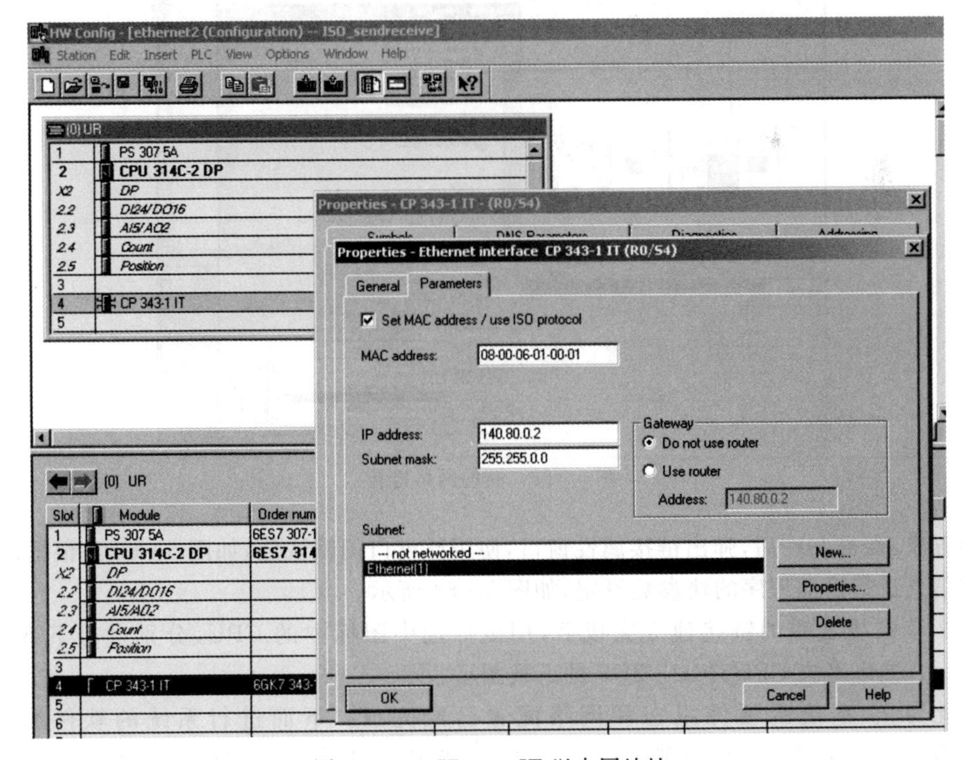

图 5－60　CP343－IT 以太网地址

第三步：组态完2套系统的硬件模块后，分别进行下载，然后点击 Network Configration 按钮，打开系统的网络组态窗口 NetPro，选中 CPU314，如图5-61所示。

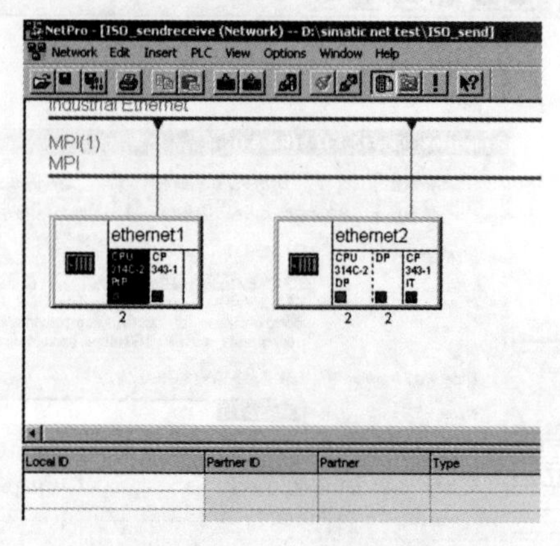

图5-61　网络拓扑图

第四步：在窗口的左下部分点击鼠标右键，插入一个新的网络链接，并设定链接类型为 ISO - on - TCP connection 或 TCP connection 或 UDP connection 或 ISO Transport connection，如图5-62所示。

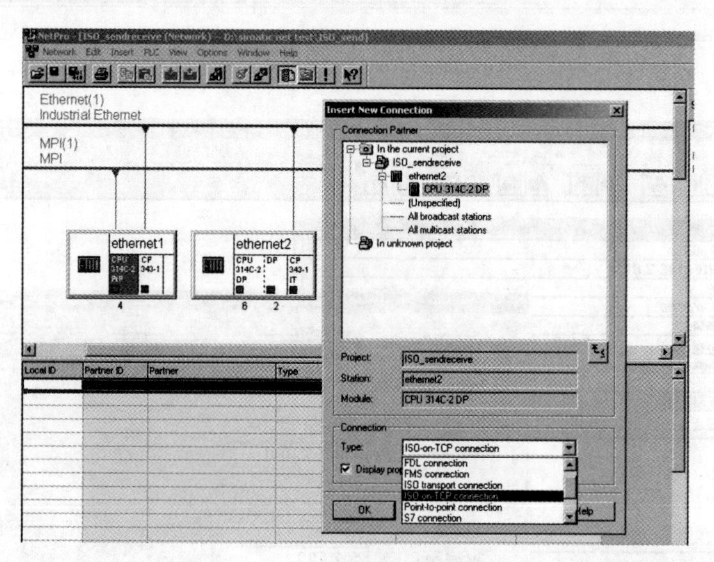

图5-62　新的网络链接

第五步：点击 OK 后，弹出链接属性窗口，使用该窗口的默认值，如图5-63并根据该对话框右侧信息进行后面程序的块参数设定，如图5-64所示。

当2套系统之间的链接建立完成后，用鼠标选中图标中的 CPU，分别进行下载，如图5-65所示；这里略去 CPU314C-2DP 的下载图示。

到此为止，系统的硬件组态和网络配置已经完成。下面进行系统的软件编制，在 SIMATIC Manager 界面中，分别在 CPU314C-2PTP，CPU314C-2DP 中插入 OB35 定时中断程序块和数据块 DB1，DB2，并在两个 OB35 中调用 FC5(AG_Send)和 FC6(AG_Recv)程序块，如图5－66所示。

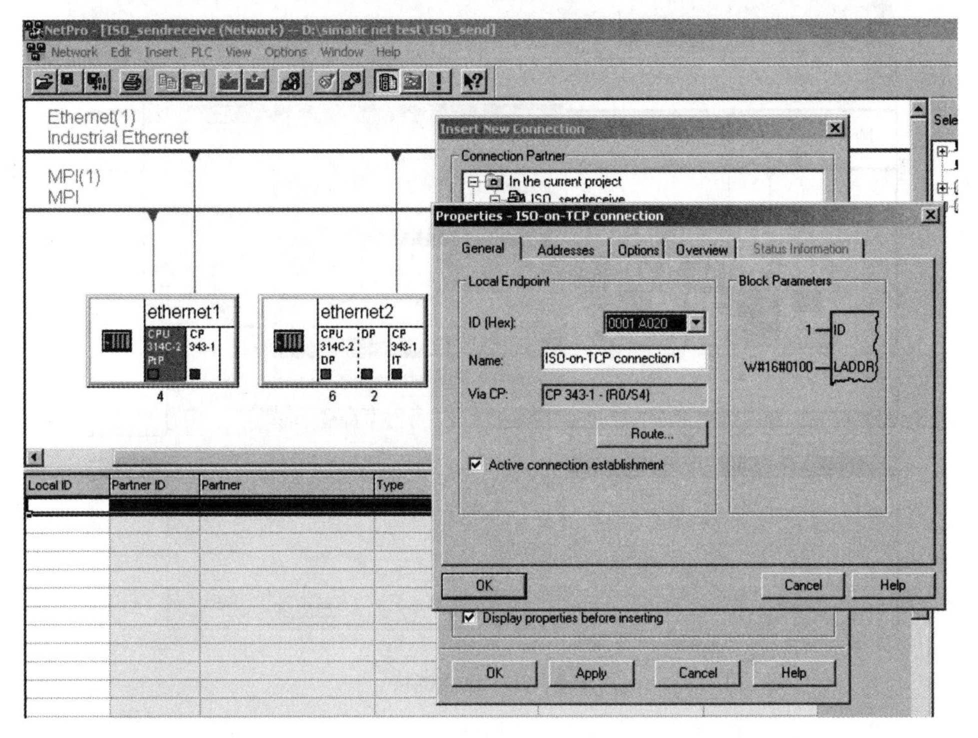

图 5－63　链接属性设置

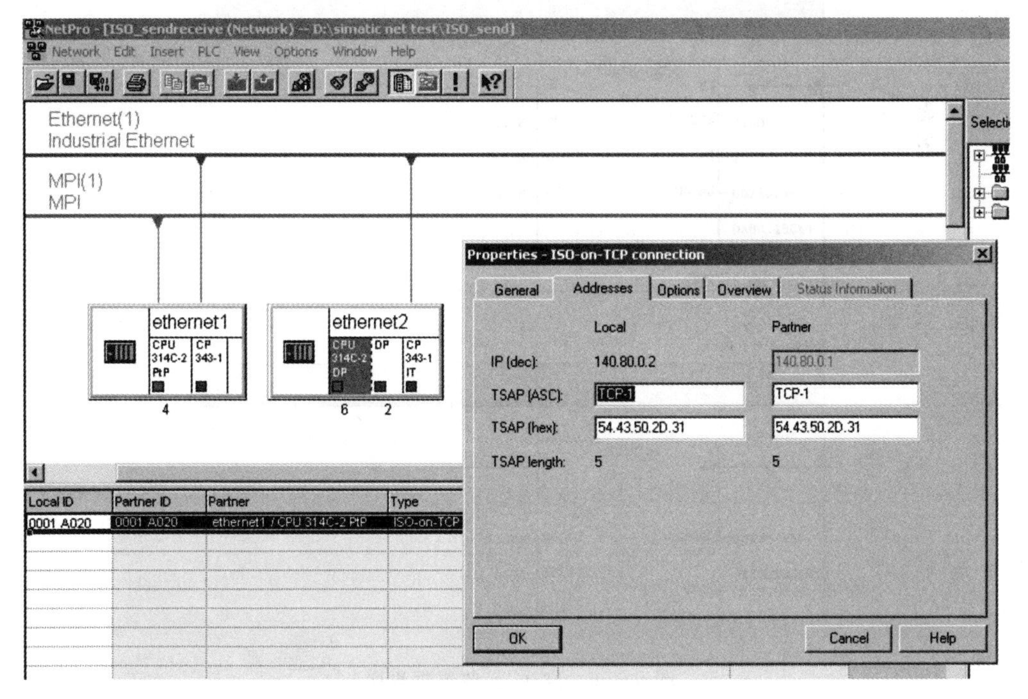

图 5－64　块参数设定

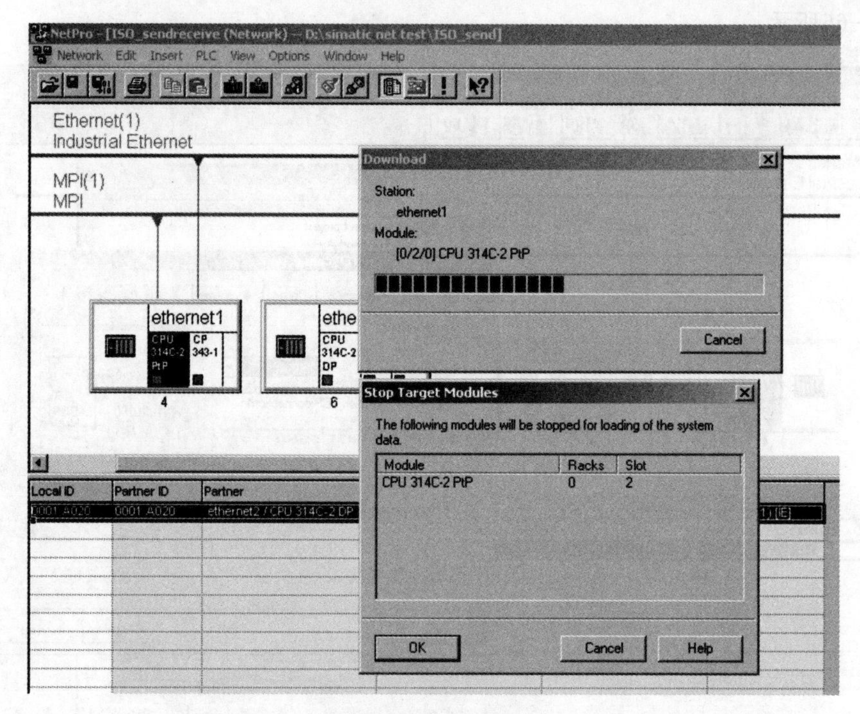

图 5－65　建立链接

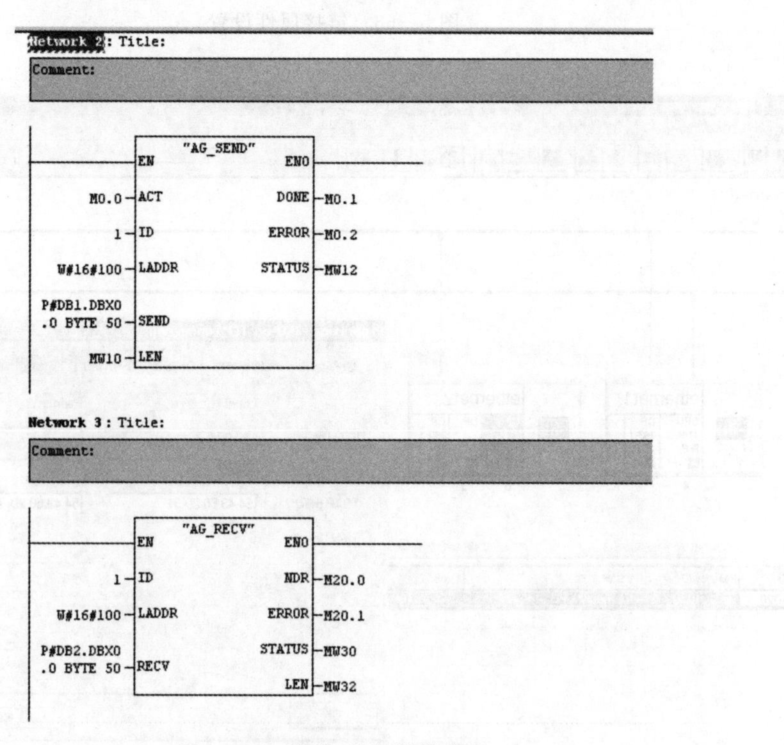

图 5－66　发送、接收数据程序

创建 DB1,DB2 数据块，如图 5－67 所示。

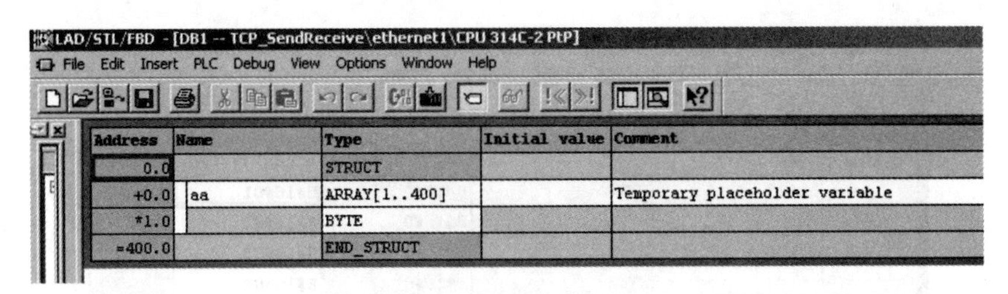

图 5－67 创建 DB1 数据块

二套控制程序编制完成，分别下载到 CPU 当中，将 CPU 状态切换至运行状态，就可以实现 S7－300PLC 之间的以太网通信了。

图 5－68～图 6－70 所示界面说明了将 CPU314C－2DP 的 DB1 中的数据发送到 CPU314C－2PTP 的 DB2 中的监视情况。

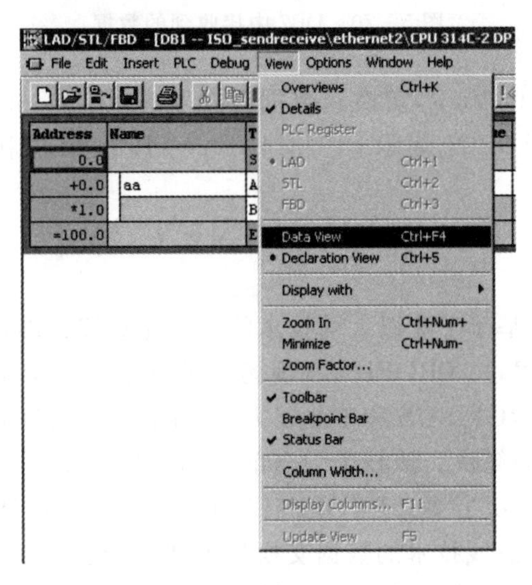

图 5－68 选择 Data View

LAD/STL/FBD - [@DB1 -- ISO_sendreceive\ethernet2\CPU 314C-2 DP ONLINE]

File Edit Insert PLC Debug View Options Window Help

Address	Name	Type	Initial value	Actual value	Comm
0.0	aa[1]	BYTE	B#16#0	B#16#01	Temp
1.0	aa[2]	BYTE	B#16#0	B#16#02	
2.0	aa[3]	BYTE	B#16#0	B#16#03	
3.0	aa[4]	BYTE	B#16#0	B#16#04	
4.0	aa[5]	BYTE	B#16#0	B#16#05	
5.0	aa[6]	BYTE	B#16#0	B#16#06	
6.0	aa[7]	BYTE	B#16#0	B#16#07	
7.0	aa[8]	BYTE	B#16#0	B#16#08	
8.0	aa[9]	BYTE	B#16#0	B#16#09	
9.0	aa[10]	BYTE	B#16#0	B#16#10	
10.0	aa[11]	BYTE	B#16#0	B#16#11	
11.0	aa[12]	BYTE	B#16#0	B#16#00	

图 5－69 DB1 中发送出去的数据

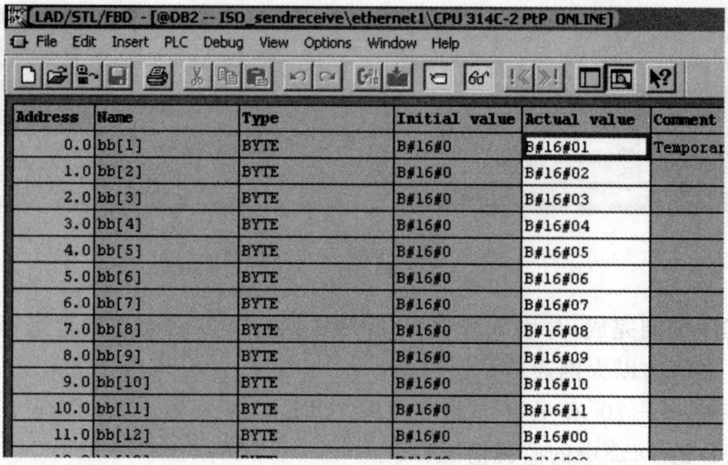

LAD/STL/FBD - [@DB2 -- ISO_sendreceive\ethernet1\CPU 314C-2 PtP ONLINE]

File Edit Insert PLC Debug View Options Window Help

Address	Name	Type	Initial value	Actual value	Comment
0.0	bb[1]	BYTE	B#16#0	B#16#01	Temporar
1.0	bb[2]	BYTE	B#16#0	B#16#02	
2.0	bb[3]	BYTE	B#16#0	B#16#03	
3.0	bb[4]	BYTE	B#16#0	B#16#04	
4.0	bb[5]	BYTE	B#16#0	B#16#05	
5.0	bb[6]	BYTE	B#16#0	B#16#06	
6.0	bb[7]	BYTE	B#16#0	B#16#07	
7.0	bb[8]	BYTE	B#16#0	B#16#08	
8.0	bb[9]	BYTE	B#16#0	B#16#09	
9.0	bb[10]	BYTE	B#16#0	B#16#10	
10.0	bb[11]	BYTE	B#16#0	B#16#11	
11.0	bb[12]	BYTE	B#16#0	B#16#00	

图 5 - 70　DB2 中接收到的数据

图 5 - 68 表示选择 Data View，切换到数据监视状态；图 5 - 69 表示 CPU314C - 2DP 的 DB1 中发送出去的数据；图 5 - 70 表示 CPU314C - 2PTP 的 DB2 中接收到的数据。

5.5　PROFINET 简介

PROFINET 是新一代基于工业以太网技术的自动化总线标准，兼容工业以太网和现有的现场总线(PROFlBUS)技术，由 PROFIBUS 现场总线国际组织(PI)推出。

PROFINET 明确了 PROFlBUS 和工业以太网之间数据交换的格式，使跨厂商、跨平台的系统通信问题得到了彻底的解决。该技术为当前的用户提供了一套完整、高性能、可伸缩的、升级至工业以太网平台的解决方案。PROFINET 技术基于开放、智能的分布式自动化设备，将成熟的 PROFIBUS 现场总线技术的数据交换技术和基于工业以太网的通信技术整合到一起，定义了一个满足 IT 标准的统一的通信模型。

PROFINET 提供了一种全新的工程方法，即基于组件对象模型(Component Object Model，COM)的分布式自动化技术；PROFINET 规范以开放性和一致性为主导，以微软公司的 OLE/COMA/DCOM 为技术核心，最大程度地实现了开放性和可扩展性，向下兼容传统工控系统，使分散的智能设备组成的自动化系统模块化。PROFINET 指定了 PROFlBUS 与国际 IT 标准之间的开放和透明的通信；提供了一个独立于制造商，包括设备层和系统层的完整系统模型，保证了 PROFIBUS 和 PROFINET 之间的透明通信。

5.5.1　PROFINET 技术

1. PROFINET 的通信机制

PROFINET 的基础是组件技术，在 PROFINET 中，每个设备都被看做是一个具有组件对象模型(COM)接口的自动化设备，同类设备都具有相同的 COM 接口，系统通过调用 COM 接口来实现设备功能。组件模型使不同的制造商能遵循同一原则，它们创建的组件能在一个系统中混合应用，并能极大地减少编程的工作量。同类设备具有相同的内置组件，对外提供相同的 COM 接口，使不同厂家的设备具有良好的互换性和互操作性。COM 对象之间通过

DCOM 连接协议进行互联和通信。传统的 PROFIBUS 设备通过代理设备（Proxy）与 PROFINET 中的 COM 对象进行通信。COM 对象之间的调用是通过 OLE（Object Linking and Embedding，对象链接与嵌入）自动化接口实现的。

PROFINET 用标准以太网作为连接介质，使用标准的 TCP/UDP/IP 和应用层的 RPC/DCOM 来完成节点之间的通信和网络寻址。

PROFIBUS 网段可以通过代理设备连接到 PROFlNET，PROFIBUS 设备和协议可以原封不动地在 PROFINET 中使用。

2. PROFlNET 的技术特点

PROFINET 的开放性基于以下的技术：微软公司的 COM/DCOM 标准、OLE、ActiveX 和。PROFINET 定义了一个运行对象模型，每个 PROFINET 都必须遵循这个模型。该模型给出了设备中包含的对象和外部都能通过 OLE 进行访问的接口和访问的方法，对独立的对象之间的联系也进行了描述。

在运行对象模型中，提供了一个或多个 IP 网络之间的网络连接，一个物理设备可以包含一个或多个逻辑设备，一个逻辑设备代表一个软件程序或由软硬件结合体组成的固件包，它在分布式自动化系统中对应于执行器、传感器和控制器等。

在应用程序中将可以使用的功能组织成固定功能，可以下载到物理设备中。软件的编制严格独立于操作系统，PROFINET 的内核经过改写后可以下载到各种控制器和系统中，并不要求一定是 Windows 操作系统。

组件技术不仅实现了现场数据的集成，也为企业管理人员通过公用数据网络访问过程数据提供了方便。在 PROFINET 中使用了 IT 技术，支持从办公室到工业现场的信息集成，PROFINET 为企业的制造执行系统 MES 提供了一个开放式的平台。

从图 5-71 可以看出，PROFINET 技术的核心是代理服务器，它负责将所有的 PROFIBUS 网段、以太网设备和 PLC、变频器、现场设备等集成到 PROFINET 中，代理设备完成的是 COM 对象中的交互，它将挂接的设备抽象为 COM 服务器，设备之间的交互变为 COM 服务器之间的相互调用。只要设备能够提供符合 PROFINET 标准的 COM 服务器，该设备就可以在 PROFINET 网络中正常进行。

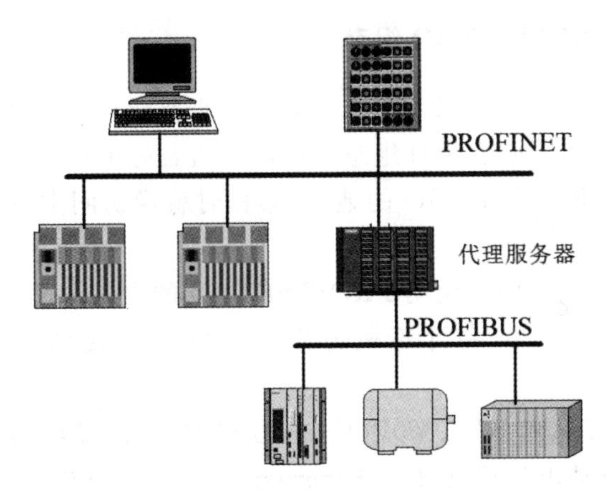

图 5-71　PROFINET 系统结构图

3. PROFINET 的实时性

为了保证通信的实时性，需要对信号的传输时间进行计算。不同的现场应用对通信系统的实时性要求不同，根据响应时间的不同，PROFINET 支持 3 种通信方式。

(1) TCP/IP 标准通信。PROFINET 基于工业以太网技术，使用 TCP/IP 和 IT 标准。TCP/IP 的响应时间大概为 100ms，对于工厂控制级是足够的。

(2) 实时 (RT) 通信。对于传感器和执行器设备之间的数据交换，系统对响应时间的要求更为严格，大概需要 5～10ms 的响应时间。目前，可以使用现场总线技术达到这个响应时间，如 PROFIBUS－DP。

PROFINET 提供了一个优化的、基于以太网第 2 层的实时通信通道，通过该实时通道，极大地减少了数据的处理时间，因此，PROFINET 获得了等同、甚至超过传统现场总线系统的实时性能。

(3) 等时同步实时 (IRT) 通信。运动控制对通信实时性的要求最高。伺服运行控制对通信网络提出了极高的要求，在 100 个节点下，其响应时间要小于 1ms，抖动误差要小于 1μs，以此来保证及时、确定的响应。

PROFI NET 使用等时同步实时 (Isochronous Real－Time，IRT) 技术来满足上述响应时间。为了保证高质量的等时通信，所有的网络节点必须很好地实现同步。这样才能保证数据在精确相等的时间间隔内被传输，网络上的所有站点必须通过精确的时钟同步以实现等时同步实时。通过有规律的同步数据，其通信循环同步的精度可以达到微秒级。该同步过程精确地记录其所控制的系统的所有时间参数，因此能够在每个循环的开始时间实现非常精确的时间同步。

4. PROFI NET 的主要应用

PROFINET 主要有两种应用方式：PROFINET IO 和 PROFINET CBA。

PROFINET IO 适合模块化分布式的应用，与 PROFIBUS－DP 方式类似，PROFIBUS－DP 分为主站和从站，而 PROFINET IO 有 IO 控制器和 IO 设备。

PROFINET CBA 适合分布式智能站之间通信的应用。把大的控制系统分成不同功能、分布式、智能的小控制系统，生成功能组件，利用 IMAP 工具软件，连接各个组件之间的通信。

5.5.2 如何进行 PROFINET IO 组态

使用 PROFINET IO 就像在 PROFIBUS 中使用非智能从站一样，不用编写任何通信程序，只需要根据实际的硬件连接，在硬件组态编辑器中组态好 PROFINET 网络系统即可。组态时系统自动统一分配 PROFINET IO 的地址，编程时就像访问中央机架中的 IO 一样访问 PROFINET IO。

现在通过图 5－72 所示的例子说明 PROFINET IO 的组态步骤。图中，CPU317－2PN/DP 的集成 PN 口、ET200S PN 和计算机分别通过网线连接到工业网络管理型交换机 SCALANCE X400 上。

新建一个项目，插入一个 S7－300PLC 站，在硬件组态编辑器中，插入机架、电源和 CPU317－2PN/DP，在自动出现的“属性－Ethernet 接口 PN－IO”对话框的“参数”选项卡中，新建一个名为“Ethernet(1)”的以太网，并将 CP 连接到网上，设置 IP 地址为 192.168.0.1，子网掩码为 255.255.255.0。这样 PROFINET IO 控制器就组态好了。

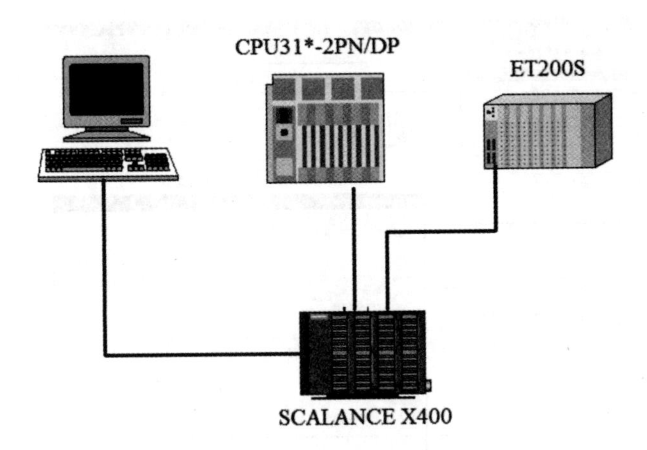

图 5-72　PROFINET IO 组态示意图

现在介绍组态 ET200S PN。

在硬件组态编辑器的硬件目录 PROFINET IO/IO/ET200S 下选择 IM151-3PN，将其拖放到以太网上，如图 5-73 所示，在"对象属性"对话框中设置 IP 地址为 192.168.0.2。选中刚生成的 IM151-3 PN 站，将刚才拖放的子文件夹 lM151-3PN/PM 中的电源模块 PM-E DC24-48V/AC24..230V 插入下面表格窗口的 1 号槽，子文件夹 IM151—3 PN/DI 中的数字量输入模块 4DI DC24 V HF 插入 2 号槽，子文件夹 IM151-3PN/DO 中的数字量输出模块 4DO DC24V/2A ST 插入 3 号槽，如图 5-74 所示。

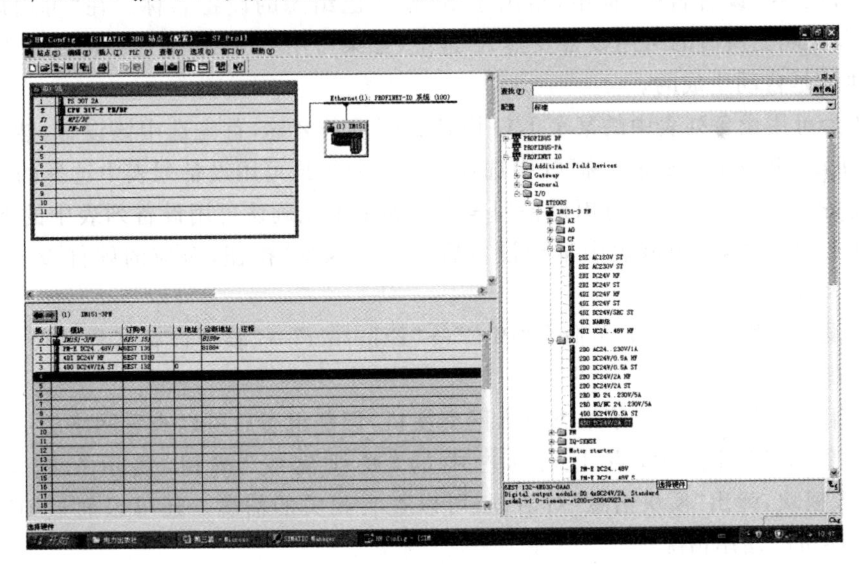

图 5-73　组态 IM151-3PN

工业以太网交换机用来连接网络中的各个站。在硬件组态编辑器硬件目录 PROFINET IO→Network Coomponents 中选择 X204 系列以太网交换机，将其拖放到以太网上，如图 5-74所示，在"对象属性"对话框中设置 IP 地址为 192.168.0.3。

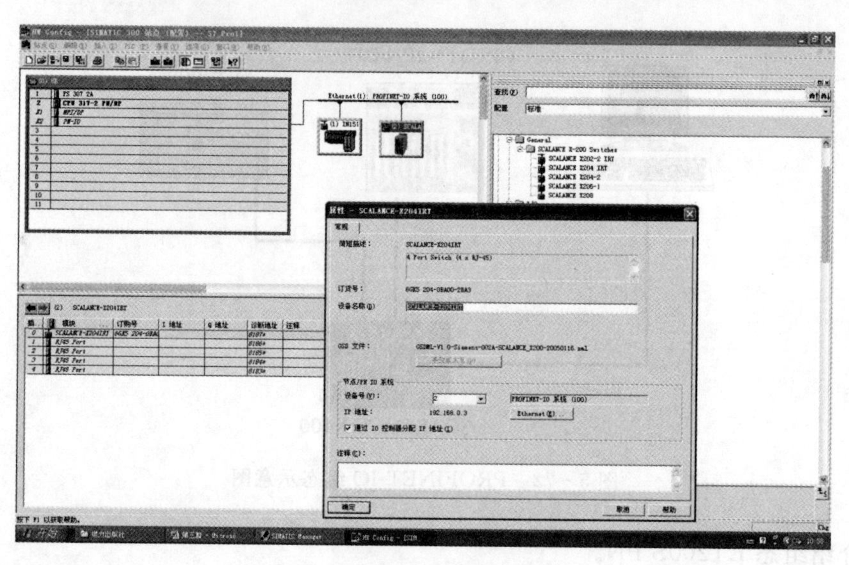

图5-74　选择以太网交换机

PN-IO网络组态完毕，单击硬件组态编辑器工具栏中的“下载”按钮，将硬件组态进行下载。然后，需要给I/O设备分配设备名称。注意：此时要确保“PG/PC接口”设置为TCP/IP接口网卡。

在硬件组态编辑器中通过菜单命令“PLC”→“Ethernet”→“分配设备名称”打开“分配设备名称”对话框，在“设备名称”框中，给出了STEP7已组态的设备名称。在“可用设备”列表中，列出了以太网上所有的可用设备及其IP地址（如果可用）、MAC地址和在线获得的设备类型，MAC地址是自动生成的。

如果要为可用设备列表中的某个I/O设备分配设备名称，首先选中该设备，然后单击“分配名称”按钮，STEP7将“设备名称”框中选择的名称分配给可用设备列表中选择的I/O设备。已分配的设备名称将会显示在可用设备列表中。如果不能确认可用设备列表中的MAC地址对应的硬件I/O设备，选中该表中某台设备后，点击“闪烁”按钮，对应的硬件设备上的LED指示灯将会闪烁。

分配完设备名称后，通过菜单命令“PLC”→“Ethernet”→“验证设备名称”，可以确认分配的设备名称是否正确。

在硬件组态编辑器中可以不组态以太网交换机，但是组态后可以查看网络的运行情况。

在硬件组态编辑器中，点击工具栏中的“在线离线”按钮，显示在线窗口，双击SCALANCE模块，弹出“模块信息”对话框，可以查看相关的信息。还可以通过IE浏览器查看以太网交换机的使用情况。

第6章　S7－400PLC工业组态软件的工程应用

1996年，西门子公司推出了HMI/SCADA软件——视窗控制中心SIMATIC WinCC（Windows Control Center），它是西门子在自动化领域中的先进技术与Microsoft相结合的产物，性能全面、技术先进、系统开放。WinCC除了支持西门子的自动化系统外，可与A－B，Modicon、GE等公司的系统连接，通过OPC方式，WinCC还可以与更多的第三方控制器进行通信。目前，已推出WinCC V7.0版本。

WinCC采用标准的Microsoft SQL Server 2000数据库进行生产数据的归档，同时具有Web测览器功能，管理人员在办公室就可以看到生产流程的动态画面，从而更好地调度指挥生产。

作为SIMATIC全集成自动化系统的重要组成部分，WinCC确保与SIMATIC S5，S7和505系列的PLC连接的方便和通信的高效；WinCC与STEP7编程软件的紧密结合缩短了项目开发的周期。此外，WinCC还有对SIMATIC PLC进行系统诊断的选项，给硬件维护提供了方便。

WinCC集成了SCADA、组态、脚本语言和OPC等先进技术，为用户提供了Windows操作系统环境下使用各种通用软件的功能，继承了西门子公司的全集成自动化（TIA）产品的先进技术和无缝集成的特点。

WinCC运行于个人计算机环境，可以与多种自动化设备及控制软件集成，具有丰富的设置项目、可视窗口和菜单选项，使用方式灵活，功能齐全。用户在其友好的界面下进行组态、编程和数据管理，可形成所需的操作画面、监视画面、控制画面、报警画面、实时趋势曲线、历史趋势曲线和打印报表等。它为操作者提供了图文并茂、形象直观的操作环境，不仅缩短了软件没汁周期，而且提高了工作效率。

6.1　组态软件概述

6.1.1　组态软件的产生及发展

在组态软件出现之前，大部分用户是通过第三方软件（如VB，VC，DELPHI，PB甚至C等）编写人机交互界面（Human Machine Interface，HMI），这样做存在着开发周期长、工作量大、维护困难、容易叫错、扩展性差等缺点。

世界上第一款组态软件InTouch在20世纪80年代中期由美国的Wonderware公司开发。20世纪80年代末，国外组态软件进入中国市场；90年代中后期，国产组态软件“亚控组态王”在市面出现了。刚开始人们对组态软件处于不认识、不了解阶段，也不采用组态软件。此外，早期进口的组态软件价格偏高，客观上制约了组态软件的推广。

随着经济的发展，人们对组态软件的观念有了重大改变，逐渐认识到组态软件的重要性，组态软件的市场需求增加；一些组态软件的生产商加大了推广力度，价格也做了一定的调整，加上微软 Windows 操作系统的推出为组态软件提供了一个方便的操作平台，使组态软件在国内获得认可，并开始广泛应用；现在组态软件已经成为工业过程控制中必不可少的组成部分之一。

组态软件类似于“自动化应用软件生成器”，根据其提供的各种软件模块可以积木式搭建人机监控界面，这样不仅提高了自动化系统的开发速度，也保证了自动化技术应用的成熟性和可靠性。组态软件的主要特点表现为实时多任务、面向对象操作、在线组态配置、开放接口连接、功能丰富多样、操作方便灵活以及运行高效可靠等。数据采集和控制输出、数据处理和算法实现、图形显示和人机对话、数据储存和数据查询、数据通信和数据校正等任务在系统调度机制的管理下可有条不紊地进行。

6.1.2 组态软件的定义

组态软件是一种面向工业自动化的通用数据采集和监控软件，即 SCADA（Supervisory Control and Data Acquisition）软件，亦称人机界面软件，在国内通常称为“组态软件”。

“组态（Configuration）”是指用户通过类似“搭积木”的方式完成自已所需要的软件功能，通常不需要编写计算机程序，即通过“组态”的方式就可以实现各种功能。有时也称此“组态”过程为“二次开发”，组态软件就称为“二次开发平台”。

“监控（Supervisory Control）”，即监视和控制，指通过计算机对自动化设备或过程进行监视、控制和管理。组态软件能够实现对自动化过程的监视和控制，能从自动化过程中采集各种信息，并将信息以图形化等更易于理解的方式进行显示，将重要的信息以各种手段传送给相关人员，对信息执行必要的分析、处理和存储，发出控制指令等。

组态软件提供了丰富的适用于工业自动化监控的功能，根据工程的需要进行选择、配置建立需要的监控系统。组态软件广泛应用于机械、钢铁、汽车、包装、矿山、水泥、造纸、水处理、环保监测、石油化工、电力、纺织、冶金、智能建筑、交通、食品、智能楼宇等领域。组态软件既可以完成对小型自动化设备的集中监控，也能由互相联网的多台计算机完成复杂的大型分布式监控，还可以和工厂的管理信息系统有机整合起来，实现工厂的综合自动化和信息化。

组态软件从总体结构上看一般都是由系统开发环境（或称组态环境）与系统运行环境两大部分组成。系统开发环境和系统运行环境之间的联系纽带是实时数据库，三者之间的关系如图 6-1 所示。

图 6-1 组态环境、运行环境和实时数据库的关系示意图

6.1.3 组态软件的功能

作为通用的监控软件，所有的组态软件都能提供对工业自动化系统进行监视、控制、管理和集成等一系列的功能，同时也为用户实现这些功能的组态过程提供了丰富和易于使用的手段和工具。利用组态软件，可以完成的常见功能有下述几种。

(1) 可以读写不同类型的 PLC、仪表、智能模块和板卡,采集工业现场的各种信号,从而对工业现场进行监视和控制。

(2) 可以以图形和动画等直观形象的方式呈现工业现场信息,以方便对控制流程的监视也可以直接对控制系统发出指令、设置参数干预工业现场的控制流程。

(3) 可以将控制系统中的紧急工况 (如报警等)通过软件界面、电子邮件、手机短信、即时消息软件、声音和计算机自动语音等多种手段及时通知给相关人员,使之及时掌控自动化系统的运行状况。

(4) 可以对工业现场的数据进行逻辑运算和数字运算等处理,并将结果返回给控制系统。

(5) 可以对从控制系统得到的以及自身产生的数据进行记录存储。在系统发生事故和故障的时候,利用记录的运行工况数据和历史数据,可以对系统故障原因等进行分析定位,责任追查等。通过对数据的质量统计分析,还可以提高自动化系统的运行效率,提升产品质量。

(6)可以将工程运行的状况、实时数据、历史数据、警告和外部数据库中的数据以及统计运算结果制作成报表,供运行和管理人员参考。

(7)可以提供多种手段让用户编写自己需要的特定功能,并与组态软件集成为一个整体运行。大部分组态软件提供通过 C 脚本、VBS 脚本等来完成此功能。

(8) 可以为其他应用软件提供数据,也可以接收数据,从而将不同的系统关联整合在一起。

(9) 多个组态软件之间可以互相联系,提供客户端和服务器架构,通过网络实现分布式监控,从而实现复杂的大系统监控。

(10) 可以将控制系统中的实时信息送入管理信息系统,也可以接收来自管理系统的管理数据,根据需要干预生产现场或过程。

(11) 可以对工程的运行实现安全级别、用户级别的管理设置。

(12) 可以开发面向国际市场的,能适应多种语言界面的监控系统,实现工程在不同语言之间的自由灵活切换,是机电自动化和系统工程服务走向国际市场的有利武器。

(13) 可以通过因特网发布监控系统的数据,实现远程监控。

6.1.4　组态软件的特点

组态软件是数据采集与过程控制的专用软件,是自动控制系统监控层一级的软件平台和开发环境,能以灵活多样的组态方式提供良好的用户开发界面,其预设的各种软件模块可以很容易地实现和完成监控层的各项功能,并能同时支持各种硬件厂家的计算机和 I/O 产品,与工控计算机和网络系统结合,可向控制层和管理层提供软、硬件的全部接口,进行系统集成。概括起来,组态软件有如下特点。

(1)功能强大。组态软件提供丰富的编辑和作图工具,提供大量的工业设备图符、仪表图符以及趋势图、历史曲线、数据分析图等;提供十分友好的图形化用户界面(Graphics User lnterface,GUI),包括一整套 Windows 风格的窗口、菜单、按钮、信息区、工具栏、滚动条等;画面丰富多彩,为设备的正常运行、操作人员的集中监控提供了极大的方便;具有强大的通信功能和良好的开放性,组态软件向下可以与数据采集硬件通信,向上可与管理网络互联。

(2)简单易学。使用组态软件不需要掌握太多的编程语言技术,甚至不需要编程技术,根据工程实际情况,利用其提供的底层设备(PLC、智能仪表、智能模块、板卡、变频器等)的 I/O

驱动、开放式的数据库和界面制作工具，就能完成一个具有动画效果、实时数据处理、历史数据和曲线并存、具有多媒体功能和网络功能的复杂工程。

(3)扩展性好。组态软件开发的应用程序，当现场条件（包括硬件设备、系统结构等)或用户需求发生改变时，不需要太多的修改就可以万便地完成软件的更新和升级。

(4)实时多任务。组态软件开发的项目中，数据采集与输出、数据处理与算法实现、图形显示及人机对话、实时数据的存储、检索管理、实时通信等多个任务可以在同一台计算机上同时运行。组态控制技术是计算机控制技术发展的结果，采用组态控制技术的计算机控制系统最大的特点是从硬件到软件开发都具有组态性，因此极大地提高了系统的可靠性和开发速率，降低了开发难度，而且其可视化图形化的管理功能方便了生产管理与维护。

作为西门了全集成自动化的重要组成部分，WinCC 组态软件具有下述性能特点。

(1) 创新软件技术的使用。WnCC 是基于最新发展的软件技术，与 Microsoft 的密切合作保证了用户获得不断创新的技术。

(2) 包括所有 SCADA 功能在内的客户机/服务器系统。即使最基本的 WinCC 系统仍能提供生成复杂可视化任务的组件和函数，生成画面、脚本、报警、趋势和报表的编辑器由最基本的 WinCC 系统组件建立。

(3) 可灵活裁剪，由简单任务扩展到复杂任务。WinCC 是一个模块化的自动化组件，既可以灵活地进行扩展，从简单的工程到复杂的多用户应用，又可以应用到工业和机械制造工艺的多服务器分布式系统中。

(4) 众多的选件和附件扩展了基本功能。已开发的、应用范围广泛的、不同的 WinCC 选件和附件，均基于开放式编程接口，覆盖了不同工业分支的需求。

(5) 使用 Microsoft SQL Server2000 作为其组态数据和归档数据的存储数据库，可以使用 ODBC，DAO，OLE－DB，WinCC OLE－DB 和 ADO 方便地访问归档数据。

(6) 强大的标准接口(如 OLE，ActiveX 和 OPC)。WinCC 提供了 OLE，DDE，ActiveX，OPC 服务器和客户机等接口或控件，可以很方便地与其他应用程序交互数据。

(7) 使用方便的脚本语言。WinCC 可编写 ANSI－C 和 VBS 程序。

(8) 开放 API 编程接口可以访问 WinCC 的模块。所有的 WinCC 模块都有一个开放的 C 编程接口，这意味着可以在用户程序中集成 WinCC 的部分功能。

(9) 具有向导的简易(在线)组态。WinCC 提供了大量的向导来简化组态工作。在调试阶段还可进行在线修改。

(l0) 可选择语言的组态软件和在线语言切换。WinCC 软件是基于多语言设计的。这意味着可以在英语、德语、法语和中文等语言之间进行选择，也可以在系统运行时选择所需要的语言。

(11) 提供所有主要 PLC 系统的通信通道。作为标准，WinCC 支持所有连接 SIMATIC S5/S7/505 控制器的通信通道，还包括 PROFIBUS－DP，DDE 和 OPC 等非特定控制器的通信通道。此外，更广泛的通信通道可以由选件和附件提供。

(12) 与基于 PC 的控制器 SIMATIC WinAC 紧密连接，软 PLC/插槽式 PLC 和操作、监控系统在一台 PC 机上相结合无疑是一个面向未来的概念。在此前提下，WinCC 和 WinAC 实现了西门子公司基于 PC 的强大的自动化解决方案。

(13) 全集成自动化 TIA(Totally Integrated Automation)的部件。WinCC 是工程控制的

窗口，是 TIA 的核心部件。TIA 确保了组态、编程、数据存储和通信万面的一致性。

(14) SIMATIC PCS7 过程控制系统中的 SCADA 部件，如 SIMATIC PCS7 是 TIA 中的过程控制系统；PCS7 是结合了基于控制器的制造业自动化优点和基于 PC 的过程工业自动化优点的过程处埋系统。基于控制器的 PCS7 对过程可视化使用标准的 SIMATIC 部件。

(15) 集成到 MES 和 ERP 中。标准接口使 SIMATIC WinCC 成为在全公司范围 IT 环境下的一个完整部件。将自动控制过程扩展到工厂监控级，为公司管理 MES 和 ERP 提供管理数据。

6.1.5　WinCC 的安装

WinCC 是运行在 PC 兼容计算机上，基于 Windows 操作系统的组态软件，其安装有一定的硬件和软件要求。安装 WinCC V7.0 的推荐配置见表 6-1。。

表 6-1　安装 WinCC V7.0 的推荐配置

硬件	推荐配置
CPU	客户机：奔 3，800MHz 服务器：奔 4：1400MHz 集中口归档服务器：奔 4，2.5GHz
主存储器 RAM	客户机：512M 服务器：1G 集中归档服务器：≥1G
硬盘空间	用于安装 WinCC-客户机：700M/服务器：1G 用户使用 WinCC-客户机：1.5G/服务器：10G 集中归档服务器：80G
虚拟内存	1.5 倍速工作内存
显卡	32M
颜色	真彩色
分辨率	1024×768

WinCC V7.0 的安装步骤：

1. 安装 WinCC 软件

建议注意以下注意事项

(1)安装时请退出杀毒软件的使用。

(2)最好将光盘上的文件复制到硬盘分区的根目录下再安装。

(3)该目录的名称不用中文，否则会出现"找不到 SSF 文件"的错误。

(4)生成的应用项目的路径和名称也建议不用中文，否则在 WINCC 中不能运行。

(5)操作系统最好是 WINDOWS 专业完整版的 XP SP2 或以上版本。

2. Wincc V7.0 安装过程

(1)在 Windows XP Professional 下消息队列服务安装：

①开始→控制面板→添加/删除程序。

添加/删除 Windows 组件→Windows 组件向导对话框，如图 6-2 所示。

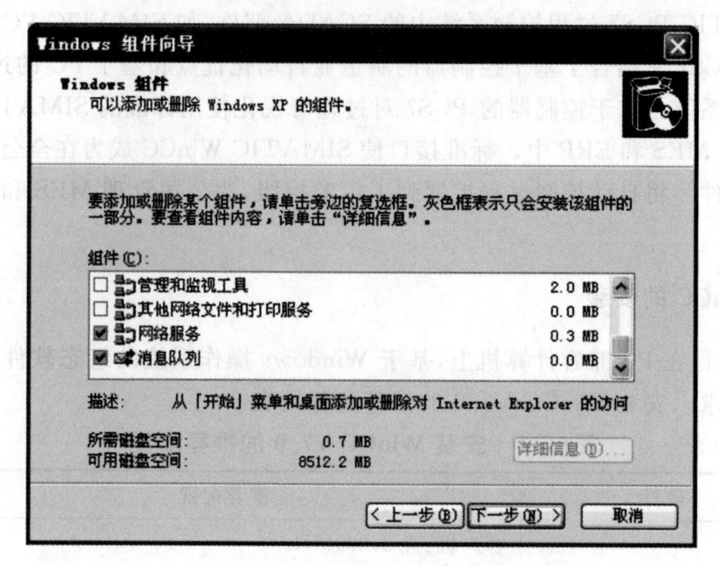

图 6-2　Windows 组件向导

③在图 6-2 中，选择"消息队列" →详细信息。

④"消息队列"对话框中→选择"安装" →确定。

⑤下一步→向导完成。

(2)SQL Server 2000 安装：

①将光盘 SQL 解压到指定的盘和目录(事先将 SQL Server 2000 下载到指定盘)。

②安装映像文件→选择 SQL。

③打开映像文件→安装 SQL Server 2000。

(3)安装 Wincc V7.0：

①运行 Start. exe，点击"SIMATIC WINCC"，如图 6-3 所示。

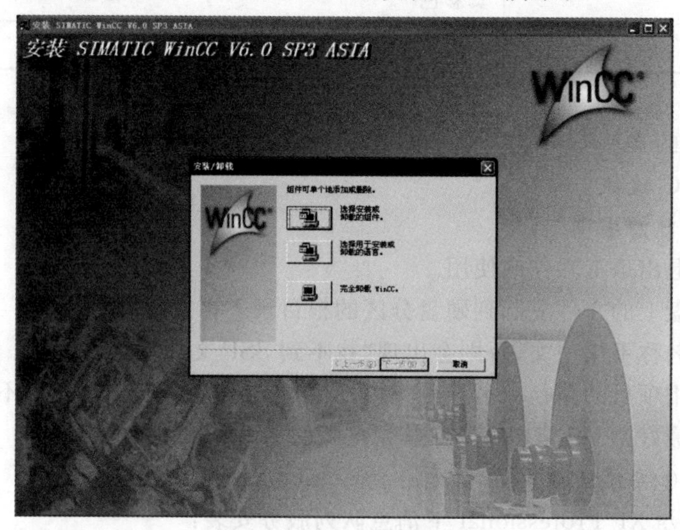

图 6-3　安装 WinCC

②选择接受本许可证协议的条款。

③在“序列号”栏里输入“demo”；选择安装路径；选择附加的 WINCC 语言；选择典型安装。

6.2　建立项目

创建 WinCC 项目的过程主要包括：启动 WinCC、创建项目、选择并安装 PLC 或驱动程序、定义变量、创建并编辑过程画面、设置 WinCC 运行系统属性、激活 WinCC 运行系统中的画面、使用模拟器测试过程画面等。

6.2.1　在 WinCC Explorer 中创建项目

1. *启动 WinCC*

点击 Windows 任务栏中的“开始”，通过“SIMATIC”启动 WinCC，操作顺序为：“SIMATIC”→“WinCC” →“Windows control center ”，如图 6-4 所示。

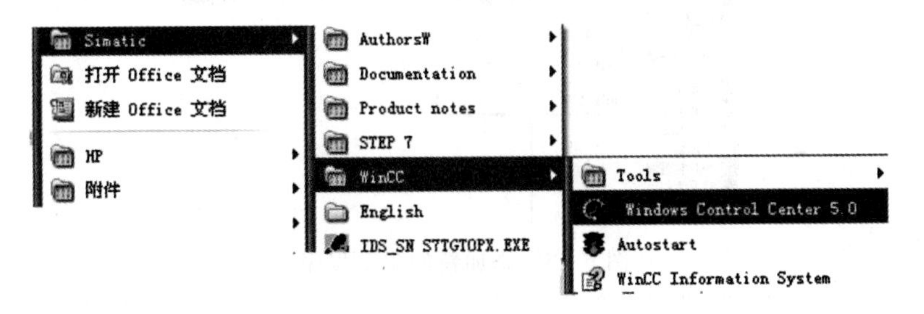

图 6-4　启动 WinCC

2. *创建新项目*

打开 WinCC 的对话框，此对话框提供 3 个选项：①创建“单用户项目(默认设置)”；②创建“单用户项目”；③创建“多客户机项目”。

例如要创建一个名为“start”的项目，选择“单用户项目”，按“确定”键，输入项目名称“start”。

如果项目已经存在，选择“打开”对话框，搜索扩展名为“. mcp”的文件，下次启动 WinCC 时，系统自动打开上次建立的项目，图 6-5 所示为 WinCC 资源管理器窗口显示的内容。

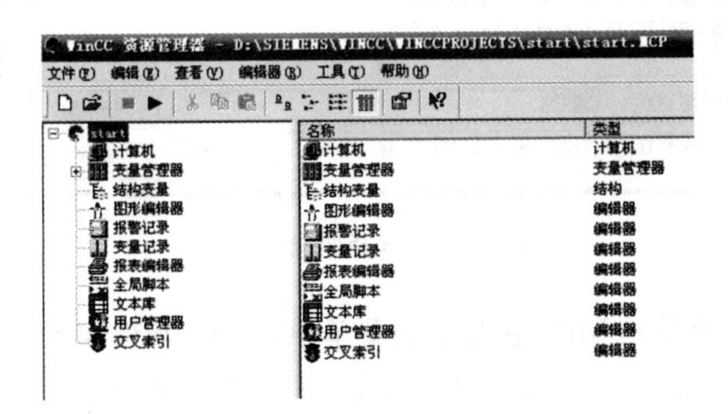

图 6-5　WinCC 资源管理器

图中左边浏览器窗口显示了 WinCC 资源管理器的体系结构，从根目录一直到单个项目。右边数据窗口显示所选对象的内容，在 WinCC 资源管理器浏览器窗口中，点击“计算机”图标，在数据窗口中即可看到一个带有计算机名称(NetBIOS 名称)的服务器，用鼠标右键点击此计算机，弹出“属性”菜单，在随后出现的对话框中，设置 WinCC 运行系统的属性，例如：启动程序、使用语言以及取消激活等等。

3. 创建外部变量

对于外部变量，变量管理器需要建立 WinCC 与自动化系统(AS)的连接，即确定通信驱动程序，通过专门的驱动程序来控制。WinCC 有针对西门子自动化系统 SIMATIC S5/S7/505 的专用通道以及与制造商无关的通道，例如 PROFIBUS－DP 和 OPC 等。

用鼠标右键点击 WinCC 资源管理器浏览器窗口中的“变量管理器”，添加 PLC 驱动程序，在弹出的菜单中，点击“添加新的驱动程序”，如图 6－6 所示。

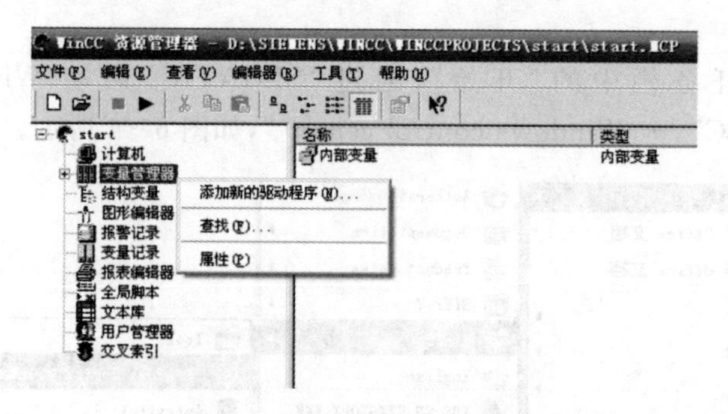

图 6－6　添加新的驱动程序

在“添加新的驱动程序”对话框中，选择所需要的驱动程序(例如 SIMATIC S7 Protocol Suite)，点击“打开”按钮进行确定，所选的驱动程序就出现在变量管理器下。如图 6－7 所示。

单击显示程序前方的＋图标，将显示所有可用的通道单元。

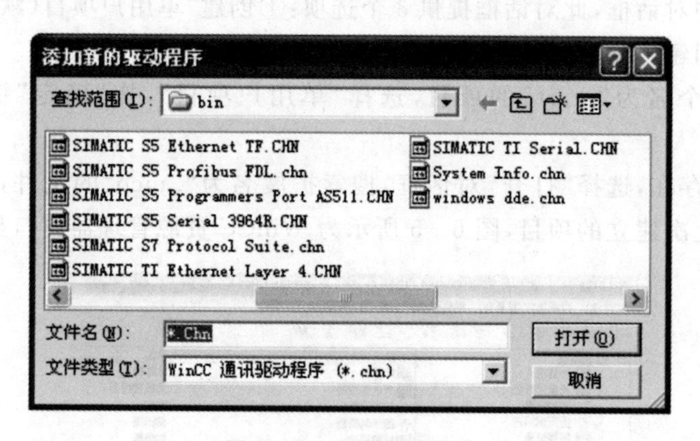

图 6－7　选择驱动程序

用鼠标右键单击通道单元 MPI，在弹出的菜单中，点击“新建驱动程序连接”，在随后显示的“连接属性”对话框中，输入名称(如 SPS)，点击“确定”按钮即可，如图 6－8 所示。

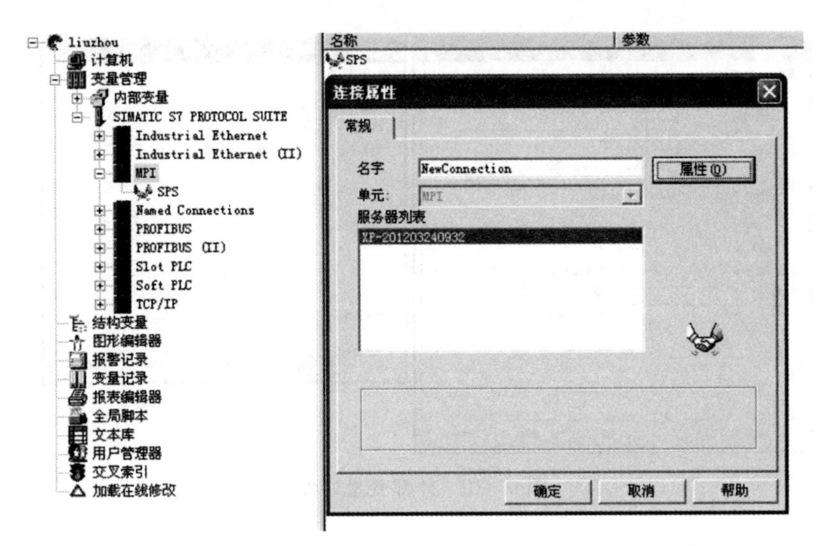

图 6 - 8　创建新连接

现在以 MPI 通信方式为例介绍外部变量的建立，打开图 6 - 8 所示的"连接参数"对话框，输入控制器的站地址、机架号、插槽号等，注意 S7 - 400PLC 的插槽号为 2，其他根据相应的配置输入正确的参数，如图 6 - 9 所示。

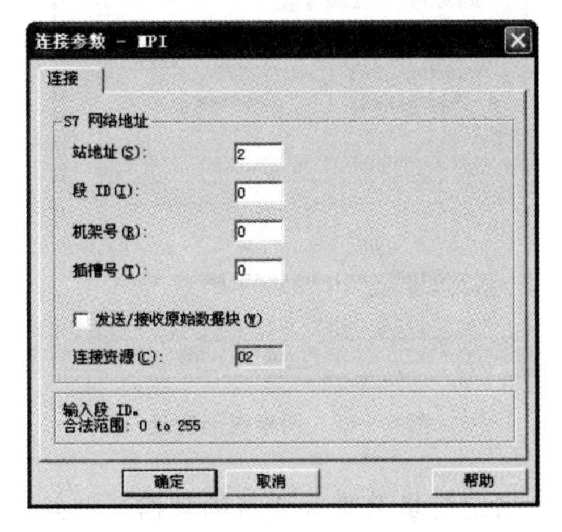

图 6 - 9　参数设置

右键单击"SPS"，选择"新建变量"(这里变量名为"Newtag_1")，打开图 6 - 10 所示的"变量属性"对话框，选择数据类型为"有符号 16 位数"，单击"选择"按钮，打开"地址属性"对话框，在此设置 S7 PLC 中变量对应的地址，此处该变量对应 S7 PLC 中数据块 DB1 的 DBW0。

4. 创建内部变量

用鼠标右键点击"内部变量"，在弹出的菜单中，点击"新建变量"，在"变量属性"对话框中，将变量命名为"Newtag_1"，从数据类型列表中，选择"无符号的 16 位数"，然后点击"确定"即可。

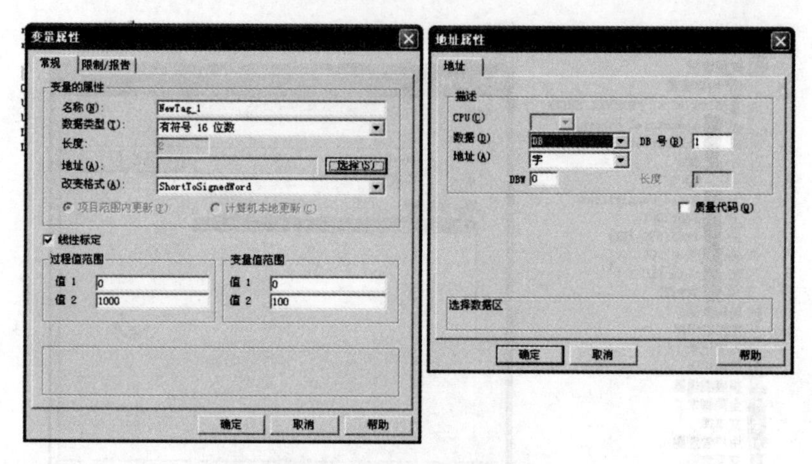

图 6-10　外部变量属性

在“限制/报告”对话框中，选择“上限”和“下限”复选框，激活相应上限和下限的文本框，输入对应的数值，如图 6-11 所示。

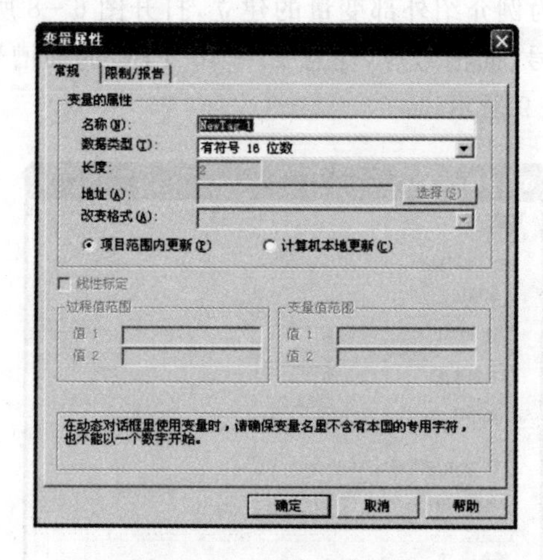

图 6-11　创建内部变量

对于内部变量，除了可以指定变量名称和变量的数据类型外，还可以确定变量更新的类型。如果设置了“计算机本地更新”，则在多用户系统中的变量的改变仅对本地计算机生效；

如果在 WinCC 客户机中未创建客户机项目，则更新的设置类型仅与多用户系统相关。在服务器上创建的内部变量始终对整个项目更新，在 WinCC 客户机上创建的内部变量始终对本地计算机更新。

6.2.2　组态画面元件的操作

1. 基本操作

在图 6-8 中，右击 SPS，选择“连接属性”，按图 6-9 所示方法，将插槽号设置为“2”，站地址默认为“2”，在 SPS 中建立 3 个外部变量，START (对应 PLC 的 M0.0)，STOP (对应 PLC 的 M0.1)，OUT (对应 PLC 的 Q0.0)，如图 6-12 所示。

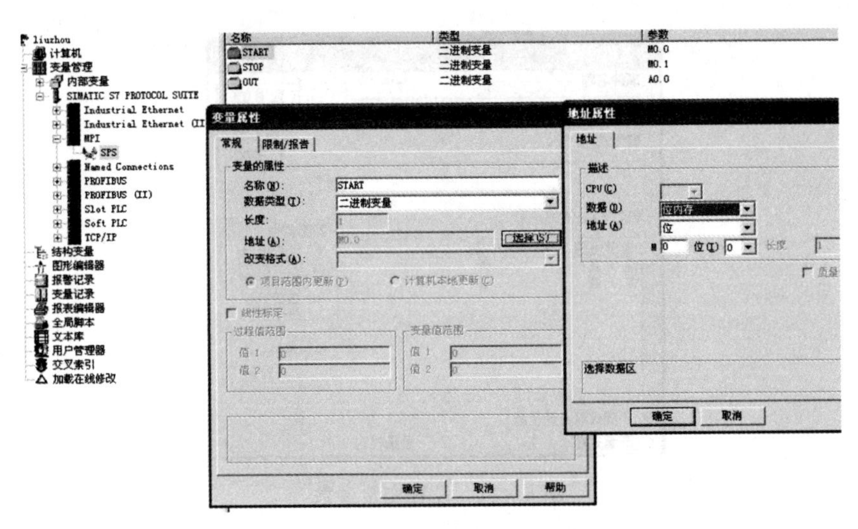

图 6 - 12　建立 3 个基本变量

在 WinCC 资源管理器中，右击“图形编辑器”，选择“新建画面”，将画面“重命名”为“TEST”，双击“TEST”，在图形右边的“标准”组件中，选择“圆”，拖至画面中，

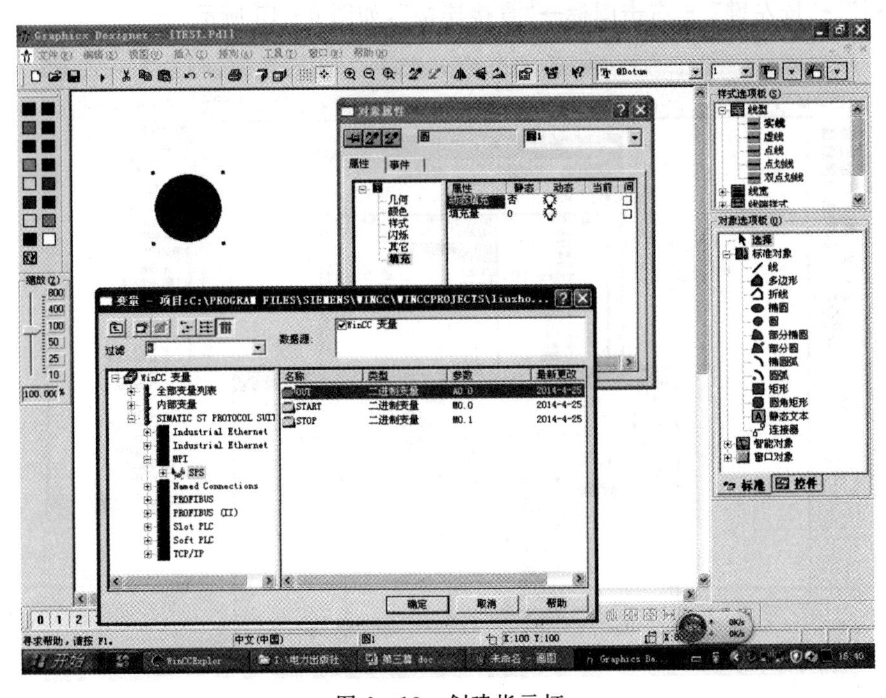

图 6 - 13　创建指示灯

双击图 6 - 13 中的“圆”，选择“对象属性”→“填充”→“动态填充”→右击“动态填充”的小灯泡→选择“变量”→ 选择“OUT”变量。

右击“动态填充”的小灯泡→选择“动态对话框”→表达式选择“OUT”，数据类型选择“布尔型”，如图 6 - 14 所示。

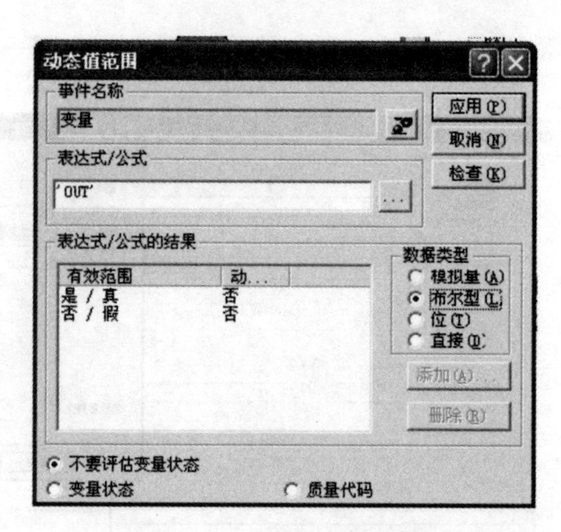

图 6-14　设置变量参数

选中“颜色”→“背景颜色”选择红色，填充颜色选择绿色，保存设置。

2. 按钮组态

在图形右边的“标准”组件中，选择“按钮”，拖至画面中，右击“按钮”，选择“属性”→“事件”→“鼠标”→“按左键”→ 右击图标→“直接连接”，如图 6-15 所示。

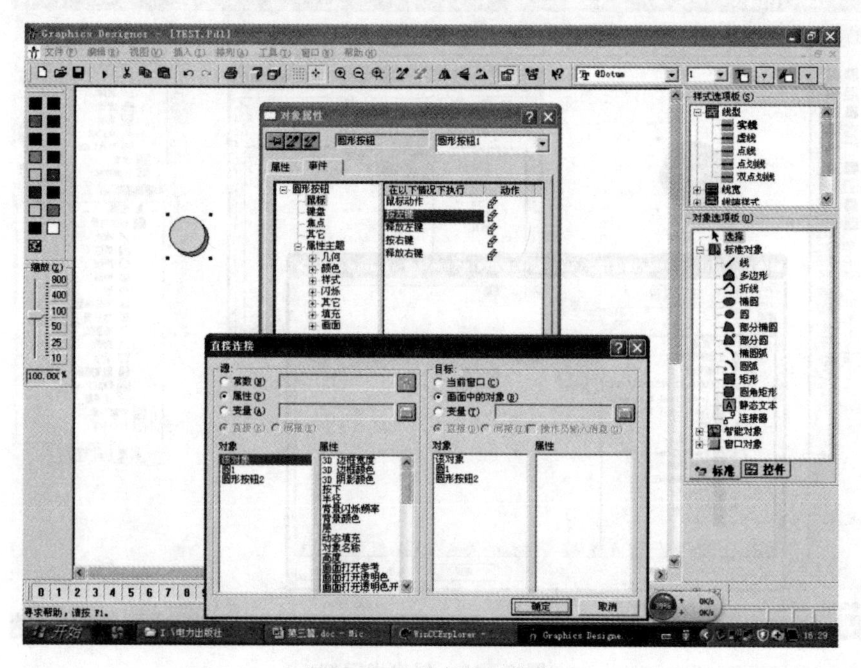

图 6-15　组态按钮参数

在“直接连接”中，常数设置为 1，变量选择“START”，采用同样方法，选择图 6-15 中的“释放左键”，常数设置为“0”，变量选择“START”即可。

组态停止按钮时，“按左键”→在“直接连接”中，常数设置为 0，变量选择“STOP”，按右键→在“直接连接”中，常数设置为 1，变量选择“STOP”→ 确定。

3. 用按钮切换画面

在新建画面中选择“按钮”并命名，右击“属性”→在“对象属性”中选择“事件” →选择“鼠标”→“按左键”→“C 动作” →“标准函数”→“GRAPHICS”→“OPENPICTURE” →双击→选择要切换的画面(如 TEST 画面)→确定即可，如图 6－16 所示。

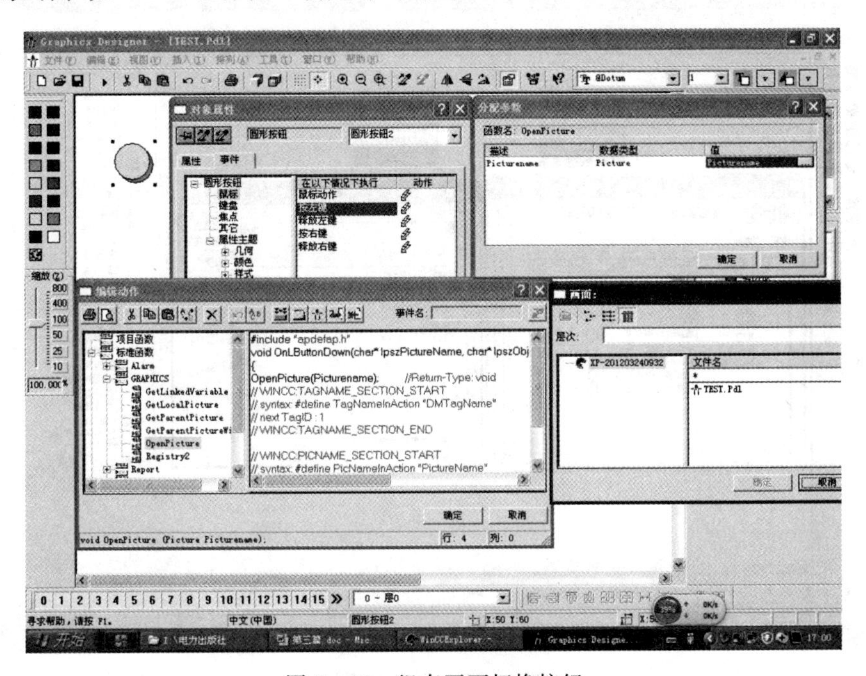

图 6－16　组态画面切换按钮

4. 组态 I/O 域，由华氏温度输入摄氏温度输出

在画面编辑区插入两个静态文本“华氏温度”和“摄氏温度”以及两个 I/O 域，这些组件均在“对象选项板”→“标准”中选择，如图 6－17 所示。

图 6－17　组态 I/O 域

设置图 6－17 中左边的 I/O 域类型为输入，右边的 I/O 域类型为输出，右键单击右边的 I/O 域属性，打开属性对话框，选择“输入/输出→输出值”，右键单击小灯泡图标，选择“组态对话框”并打开，触发器选择“标准周期 2 s”(演示触发器的使用，周期可根据实际选择)，表达式/

公式为(“Tag3”－32) * 5/9，Tag3 为左边 I/O 域连接的变量，数据类型选择“直接”，如图 6-18所示。

单击应用完成组态，激活项目即可观测到动态效果。

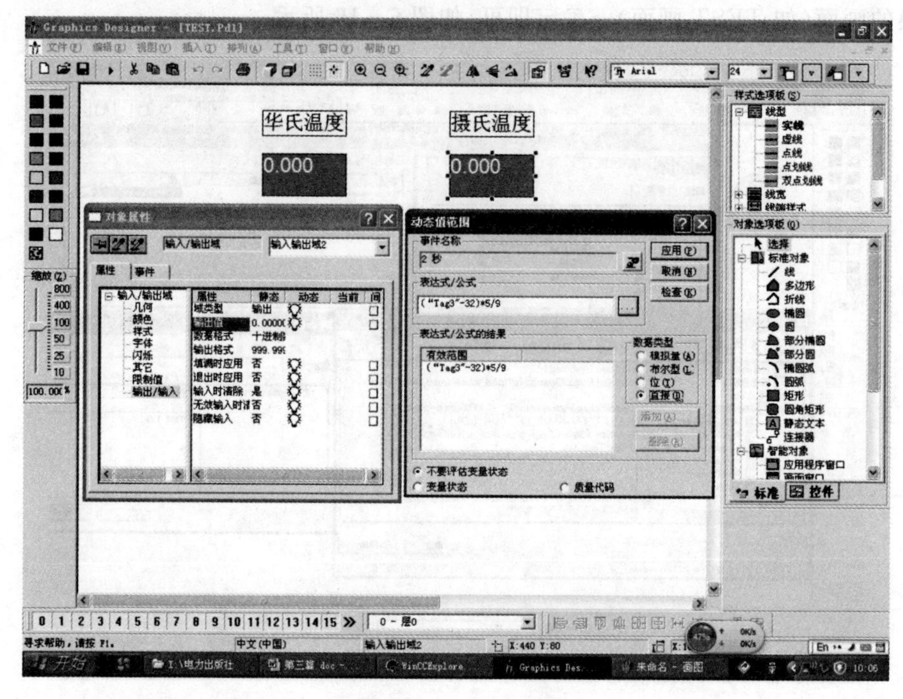

图 6-18　组态对话框

6.2.3　创建过程画面

现在以监控水位为例，说明过程画面的组态方法。

1. 创建水罐

在图形编辑器的的菜单栏中单击“查看”→“库”，对象库将以它自己的工具栏和对象文件夹的形式出现，双击“全局库”，再双击右边子窗口的“PlantElement”文件夹，双击“Tanks”文件夹，单击图形编辑器库中的 图标，预览查看可用的罐，单击“Tank4”，按住鼠标左键，将罐拖到文件窗口中，用罐周围的黑框调整罐的大小，如图 6-19 所示。

2. 创建水管

选择“全局库”→“PlantElemebt” →“Pipes－Smart Object”命令，插入所需的管道到画面中。

3. 创建阀门

选择“全局库”→“PlantElemebt” →“Valves－ Smart Object”命令，插入所需的管道到画面中。

使用“复制”“粘贴”命令来复制一个对象，不必每次从库中获得对象。

4. 创建静态文本

在对象选项板中，选择“标准对象” →“静态文本”命令，对象定位在文本窗口的左上角，按住鼠标左键拖动，以达到期望的大小为止。

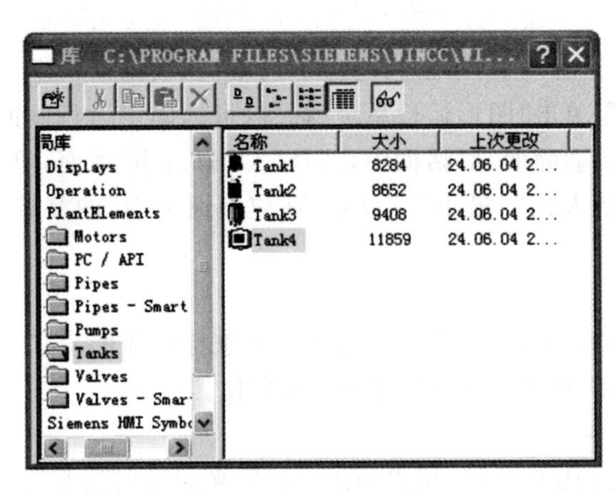

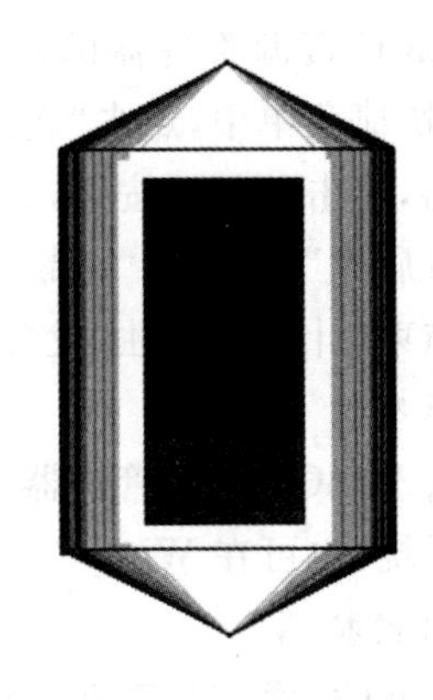

图 6－19　创建水罐

输入标题“水位监控”，在工具栏中单击字号大小列表框，选择所需要的字号大小，这里选择“20”。单击文本并拖动，直至达到期望大小。

5. 显示动态水位

右击水罐，在弹出的菜单中，单击“属性”选项，弹出“对象属性”画面，在该画面中，单击左边子窗口上“自定义 1”选项，在右边子窗口中，右击“Process”旁边的灯泡，在弹出的菜单中，选择“变量”，在弹出的“变量项目”画面中，单击“TankLevel”(按 6.2.1 节所述方法事先建立内部变量 TankLevel)，并确定，使变量 TankLevel 为动态，灯泡变为绿色，右击“当前”，选择 500 ms，如图 6－20 所示。

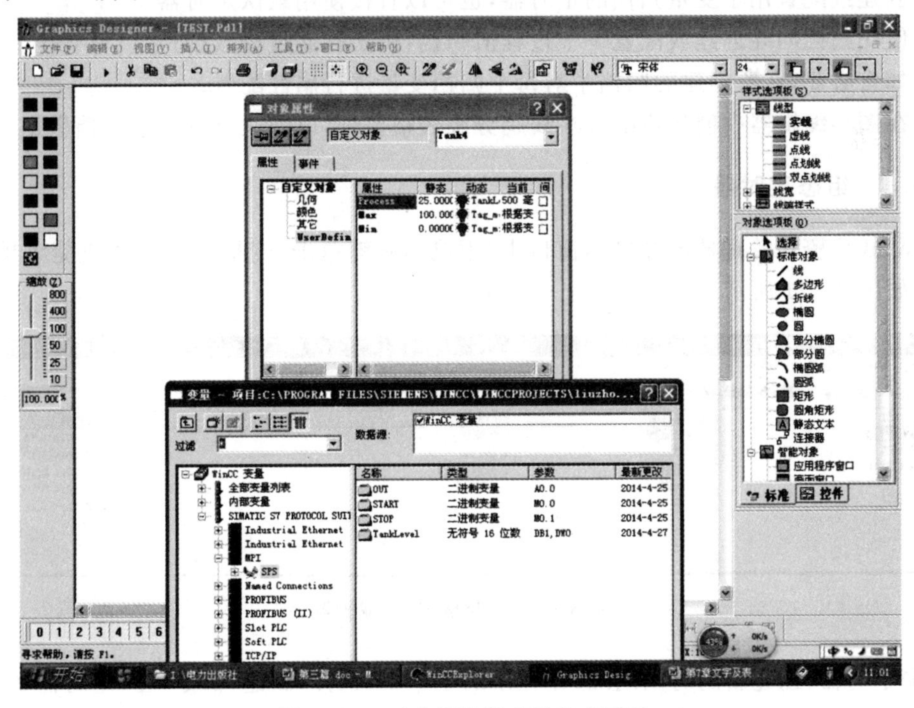

图 6－20　对象属性及变量动态画面

6. 设置运行系统属性

在 WinCC 资源管理器的左边子窗口中，单击“计算机”选项，在数据窗口中，点击计算机的名称，在快捷菜单中，点击“属性”，单击“图形运行系统”标签，可以确定运行画面的外观、设置起始画面，单击“浏览”按钮，在“启动画面”对话框中，选择“TEST. pdl”画面，单击“确定”按钮，在“窗口属性”下，激活“标题”“最大化”“最小化”以及“适应画面大小”的复选框，单击“确定”按钮，结束“计算机属性”设置。

7. 激活项目

可点击 WinCC 资源管理器菜单栏中的“文件”→“激活”，复选标记随即显示，以显示所激活的运行系统，也可在 WinCC 资源管理器的工具栏中点击▶按钮。

8. 使用模拟器

如果 WinCC 没有与正在工作的 PLC 连接，可以使用模拟器来测试相关项目。

选择 Windows 任务栏“开始”菜单→“SIMATIC”→“WinCC”→“Tool”→“Simulator”命令，在“WinCC 模拟器对话框”中，选择要模拟的变量，选择“编辑”→“新建变量”，在“项目变量”对话框中，选择内部变量“TankLevel”，单击“确定”，在“属性”面板中，单击“模拟器的类型“Inc”，输入起始值“0”、终止值“100”，标记“激活”复选框，在变量面板中，将显示带修改值的变量。

6.3 组态变量记录

WinCC 项目中组态变量记录包括以下步骤：

(1)创建或配置用于变量归档的定时器，也可以直接使用默认定时器；

(2)使用归档向导创建或配置一个过程值归档，用于存储过程数据；

(3)如有必要，在所创建的归档中对每个归档变量进行属性配置；

(4)在图形编辑器中创建或配置在线趋势或表格控件，以便运行时观察归档数据。

6.3.1 组态定时器

在 WinCC 资源管理器的浏览器窗口中，用鼠标右键单击“变量记录”，从快捷菜单中点击“打开”，如图 6－21 所示。

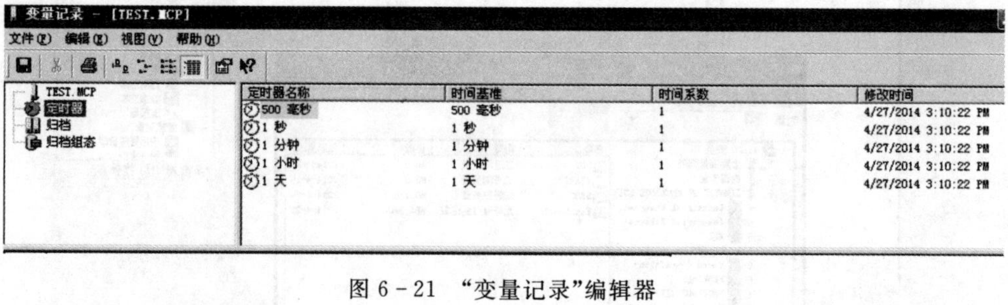

图 6－21 “变量记录”编辑器

右击定时器，创建新的时间间隔，在弹出的菜单中，选择“新建”命令，在“定时器属性”对话框中，输入“Weekly”作为名称，在基准列表中，选择“1d”，输入“7”作为基数，单击“确定”，此时界面如图 6 - 22 所示。

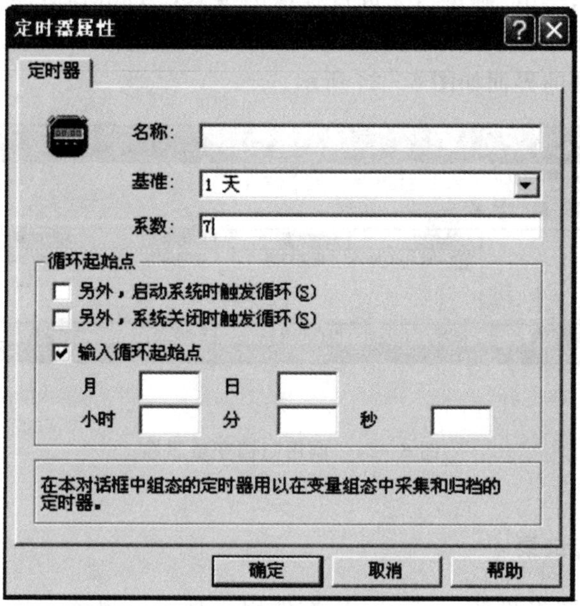

图 6 - 22　定时器属性

6.3.2　创建过程值归档

在变量记录编辑器中，使用归档向导来创建归档，并选择要归档的变量。

在变量记录编辑器浏览窗口中用鼠标右键点击“归档向导”，在快捷菜单中，选择“归档向导”选项；在随后打开的第一个对话框中，点击“下一步”，图 6 - 23 为“创建归档：步骤 1”的对话框，默认归档名称“ProcessValueArchive”，选择归档类型“过程值归档”。

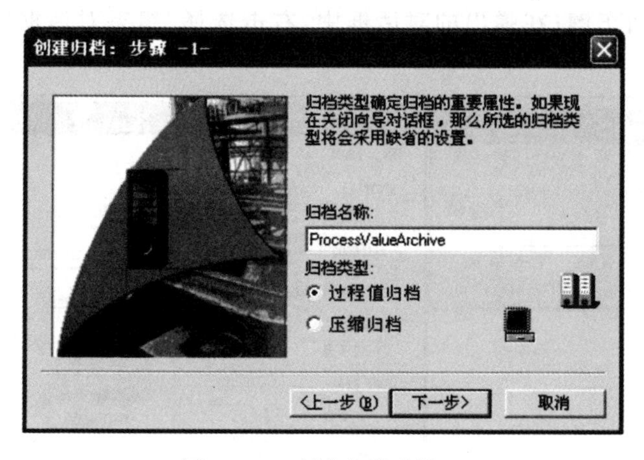

图 6 - 23　创建归档步骤一

点击“下一步”，进入“创建归档：步骤 2”的对话框，点击“选择”按钮，并在“变量选择”对话框中选择“TankLevel”变量，点击“确定”对输入进行确认，点击“应用”按钮，推出归档向导。

在变量记录画面的表格窗口中，单击鼠标右键，在弹出的菜单中，单击“属性”选项，改变归档变量的名称为“TankLevel_Arch”，选择“参数”标签，在“周期”范围栏内输入下列数值：采集=1 秒，归档=1 * 1 秒；单击“确定”，完成过程值的组态，“TankLevel”变量将每秒采集 1 次，并作为“TankLevel_Arch”归档，单击保存图标▣，关闭变量记录编辑器。

调用归档变量属性的界面如图 6-24 所示。

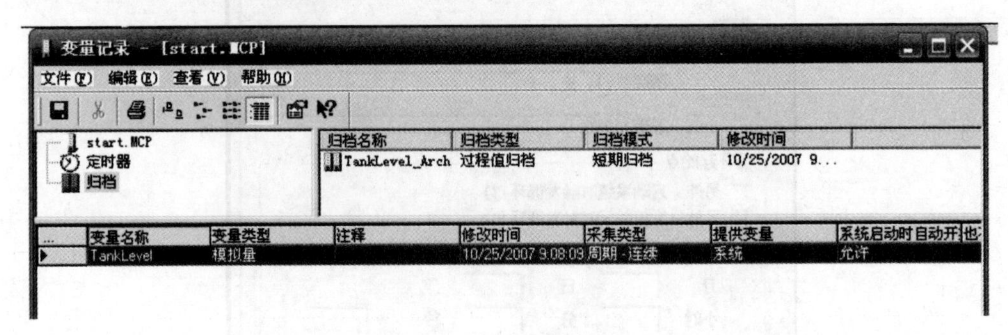

图 6-24　调用归档变量属性

6.3.3　输出变量记录

WinCC 的图形系统提供两个 ActiveX 控件用于显示过程值归档：WinCC Online Table Control 以表格的形式显示已归档的过程变量的历史值和当前值；WinCC Online Trend Control 以趋势的形式显示。

1. *创建趋势窗口*

趋势窗口是以图形的形式显示过程变量的，在 WinCC 资源管理器的图形编辑器中，创建并打开一个新的画面“TagLogging.pdl”。

在对象选项板中，选择“控件”标签，再选择“WinCC Online Trend Control”控件，用鼠标将其拖到文件窗口，调到期望的大小；通过键盘选择文件窗口中的“WinCC Online Trend Control”控件，并按回车键；在弹出的对话框中，右击选择“组态对话框”。出现的画面如图 6-25所示。

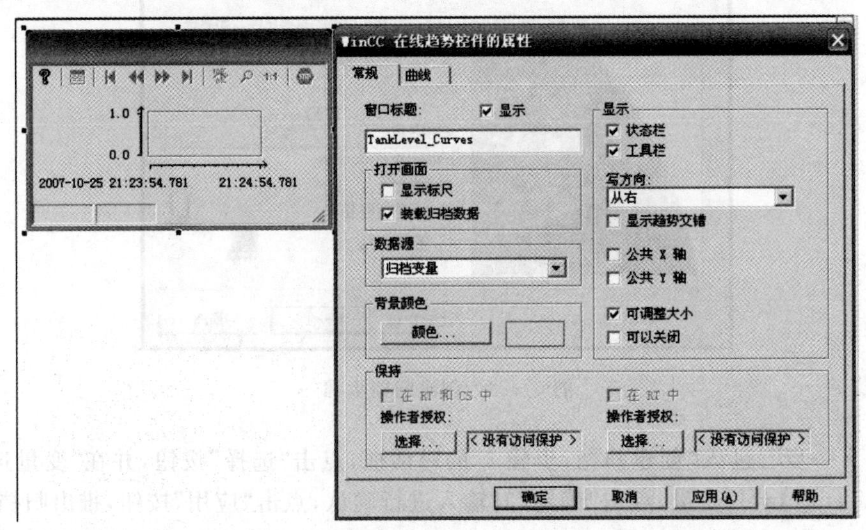

图 6-25　WinCC 在线趋势控件的常规属性

在组态对话框的“常规”面板中，输入“TankLevel_Table”作为趋势窗口的标题，单击“曲线”标签，出现的曲线属性如图 6－26 所示，输入“TankLevel”作为曲线的名称。单击“选择”按钮，在弹出的“选择归档/变量”窗口中，单击“TankLevel”变量，单击“确定”按钮。

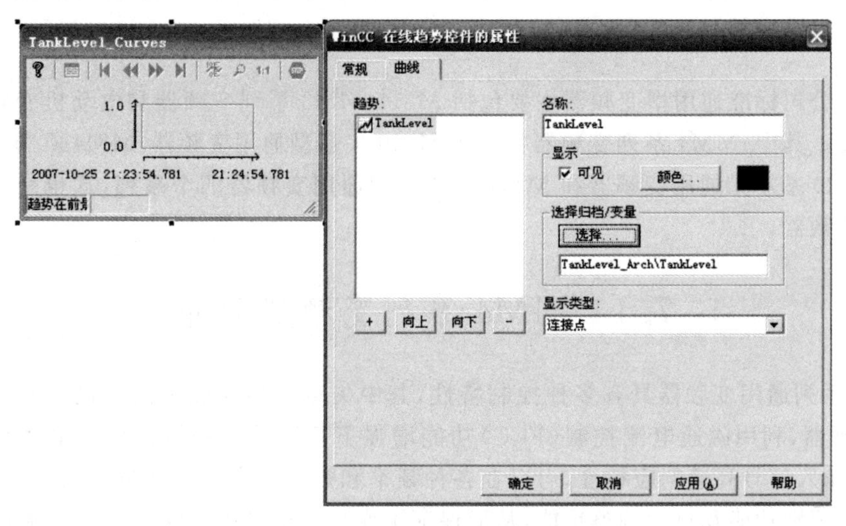

图 6－26　WinCC 在线趋势控件的曲线属性

2. 创建表格窗口

WinCC 也可以用表格的形式显示已归档的过程变量的历史值与当前值。

在对象选项板中，选择“控件”标签，再选择“WinCC Online Table Control”控件，用鼠标将其拖到文件窗口，调到期望的大小，右击文件窗口中的“WinCC Online Table Control”控件，在弹出的对话框中，选择“组态对话框“，出现的界面如图 6－27 所示。

在组态对话框的“常规”面板中，输入“TankLevel_Table”作为表格窗口的标题，激活“列”标签，输入“TankLevel”作为“列”的名称，在弹出的“选择归档/变量”窗口中，单击“TankLevel”变量，单击“确定”按钮，单击保存图标，保存“Taglogging. pdl”画面，使其最小化。

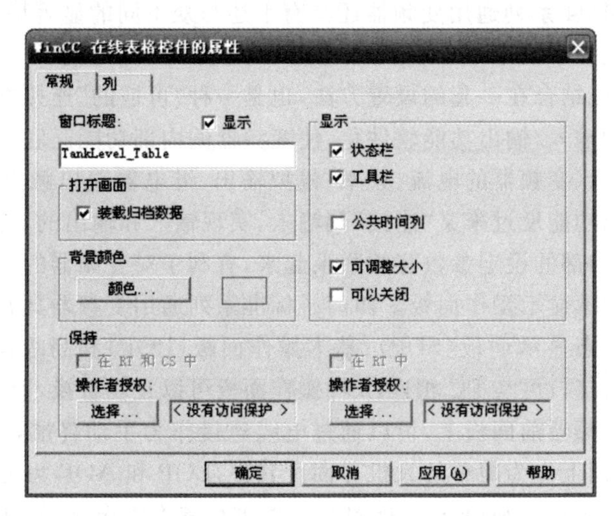

图 6－27　WinCC 在线表格控件的常规属性

第 7 章　S7－400PLC 与变频器的工程应用

西门子公司标准通用型变频器主要包括 MM4,MM3 系列变频器和电动机变频器一体化装置三大类。其中,MM4 系列变频器包括 MM440 矢量型通用变频器、MM430 节能型通用变频器、MM420 基本型通用变频器和 MM410 紧凑型通用变频器四个系列,这也是目前应用较为广泛的变频器。

7.1　MM4 系列变频器简介

MM4 系列通用变频器具有多种控制特性,其中矢量控制功能采用了最新软件及高性能 32 位微处理器,利用磁通电流控制(FCC)功能增强了系统动态响应特性和电动机的控制特性,具有对输入信号高速响应特性,可以在各种频率和负载状态下优化电动机的端电压,具有电动机参数识别功能及自动调整功能,从而保证了变频器在瞬变负载下具有对跳闸、失速的抗扰性,并且在提供足够负载转矩的情况下保证电动机的热效应最小;转差补偿功能可以在负载变化时维持电动机的速度恒定;利用快速电流限制(FCL)功能实现了无跳闸运行;“捕捉再启动”功能可以在电源短时断电的情况下,自动搜寻电动机的速度并再启动;多点 U/f 控制特性曲线,可以用于驱动同步电动机和磁阻电动机;具有参数化 PI 控制器功能,可用于一般的过程控制。加速/减速斜坡特性具有可编程的平滑功能,如起始和结束段带平滑圆弧或起始和结束段不带平滑圆弧。采用直流制动器或复合制动方法实现快速制动,能保证电动机的减速停车时间最短,并具有快速电流限制功能。带有集成 EMC(电磁兼容性)滤波器和制动斩波器,还有一个制动断路器。可由 IT(中性点不接地)电源供电。MM4 系列通用变频器可以用于简单的位置控制,具有良好的信号阶跃响应、跟随特性和控制精度。通过外部控制器也可对双轴同步系统进行控制。

除上述特性外,MM4 系列通用变频器还具有下述与众不同的显著特点。

(1)采用内部功能互联技术 BiCo。内部功能互联技术 BiCo 也称为自由交换技术 BiCo,是一种将输入和输出功能结合在一起的设置方法,也是一种“可逆的”连接方式。通过对 BiCo 功能的设置,使变频器的输入/输出功能软件化,使变频器的内部功能互联,从而在输入(数字、模拟、串行通信等)和输出(变频器的电流、频率、模拟输出、继电器输出触点等)之间建立一种布尔代数关系式,使输出功能反过来又“连接”到输入,实现输入和输出的自由交换,这样,就将模拟输出参数与变频器内部的设定参数互相联系起来,有利于对变频器的参数进行远程监控。

(2)具有可选的文本显示操作面板。西门子标准系列通用变频器具有 3 种 LCD 文本显示操作面板可供选择:状态显示面板(SDP)、基本操作面板(BOP)和高级操作面板(AOP)。内置 RS－232/RS－485 接口可与 PC 相连,3 种操作面板可以互相替换,而且与变频器插接非常方便,可方便地插在变频器前面板上,可以通过电缆连接作为手动终端,也可以利用安装组合件安装在控制柜的柜门上作为简单的人机界面。其中,BOP 和 AOP 为可选件,SDP 是标准配置,在标准供货方式时预置。利用 SDP 能对变频器进行基本操作,但不具有参数设定功能,对于多数情况下的一般用途，利用 SDP 和制造厂的默认参数设置值就能满足要求。基本操作面板（BOP）用于对单台变频器进行参数调试，利用 BOP 可以更改变频器的各个参数，BOP 具有 5 位数字显示功能，可以显示参数的序号和数值、报警和故障信息，以及该参数的设定值和实际值，但 BOP 不能存储参数信息。高级操作面板（AOP）可以上载/下载变频器的多组参数值，可通过计算机编程，最多可以存储 10 组参数设定值，存储的各组数据可以直接或通过 USS 通信协议装入其他的 MM4 通用变频器中，还可以用几种语言相互切换显示说明文本，通过 USS 通信协议连接后，可组态、调试和控制连接在一个网络上的 31 台变频器。当 AOP 连接到 MM4 通用变频器网络上时，给每台变频器指定一个唯一的 RS－485 USS 地址，地址范围为 0～30，并有两种操作方式：一种是 AOP 的主站操作方式，允许 AOP 访问网络上的每一台变频器，包括对全部控制方式/参数数值的访问；另一种是对网络上所有变频器的广播方式，可同时设定为启动/停止。

（3）丰富的控制和调试软件。西门子标准系列通用变频器具有多种可选的控制和调试软件，如 SIMOVIS 调试软件、Starter 控制和调试软件以及 Drive Monitor 软件等。其中，SIMOVIS 调试软件基于 Windows 95/NT 操作系统，可用于控制西门子标准系列通用变频器；可通过 PC 访问串行总线上的一个或多个变频器；通过存储于 PC 中的参数控制和调试变频器、上传/下载变频器的参数设定；可离线修改存储于 PC 中的参数；可通过 PROFIBUS－DP 总线与各种自动化设备相连，并集成于 S7 管理器中。Starter 控制和调试软件是用于西门子变频器的调试运行向导的启动软件，运行在 Windows NT/2000 操作系统，它可以进行对变频器参数表的读出、修改、存储、输入和打印等操作。Drive Monitor 软件具有与 Starter 控制和调试软件类似的功能，适用于 Windows 95/98 操作系统。

（4）参数结构友好。MM4 系列通用变频器的显著特点是具有对用户友好的新型参数结构，安装和调试方便。新型的结构参数组（一组设定参数的数值）是将一些通用参数分离出来，组成“快速调试”参数组，在“快速启动指南”中附有用于编程的程序流程图，用户只需根据它设定 12 个参数就可以完成大多数应用对象的设定。若需要更多的设定参数，可以访问“扩展的”参数组，在“扩展的”参数方式下，所有的参数都分离出来放入逻辑参数组，通过软件“过滤器”在很短的时间内就可以选定这些参数。可编程的数字输入/输出（I/O）在“扩展方式”下有 16 个参数设定值，在“专用方式”下参数设定值超过 100 个，用户可以根据需要的数字输入/输出和模拟输入/输出灵活地编程，可以设定模拟输入/输出的偏移量和数值范围、与数字设定值相加等。

（5）结构新颖。MM4 系列通用变频器在结构上具有连接、安装简便易行的特点，其输入、输出端子配有彩色标志，控制电缆连接端子采用彩色编码快速释放端子，接线方便，并且耐振动性能高；电源输入线和电动机输出线的排列方法使电缆的拆卸和连接很方便，使用十字型或一字型螺钉旋具都可以把电缆固定在电缆钳中；具有两个独立的接地端子，分别用于电源进线的接地线和电动机电缆的接地线的连接；还有一个电缆屏蔽板供用户选用，便于带屏蔽的电动机电缆和控制电缆的连接。它具有可拆卸的“Y”形接线电容器。MM4 系列通用变频器采用了钢制底板以及经专门淬火的耐油塑料制成的外壳，能够在恶劣环境条件下使用，由于采用了光隔离和差动控制输入，其对共模干扰具有足够的抗扰性。

（6）复合制动技术。复合制动是在斜坡曲线停车中采用的一种软件调制技术，不需要额外的制动电阻，是通过控制向电动机绕组中提供的直流电实现的，制动过程的能量消耗在电动机中相当于再生制动，具有线性制动、可控、制动转矩大、制动效率高（可达50%以上）等优点，复合制动在小功率电机制动的场合最为有效。

7.1.1 MM440 矢量型标准变频器

MM440 矢量型标准变频器应用高性能的矢量控制技术，采用微处理器控制，并采用具有现代先进技术水平的绝缘栅双极型晶体管（IGBT）作为功率输出器件，因此，MM440 变频器具有很高的运行可靠性和功能的多样性。由于脉冲宽度调制的开关频率是可选的，因而降低了电动机的运行噪声。全面而完善的保护功能为变频器和电动机提供了良好的保护。MM440 变频器是适用于三相电动机速度控制和转矩控制的变频器系列，功率范围涵盖 120W～200kW 或 250kW 的多种型号可供用户选用。

当 MM440 变频器使用默认的工厂设置参数时，可方便地用于传动控制系统。由于具有全面而完善的控制功能，在设置相关参数以后，也适用于需要多种功能的电动机控制系统。MM440 变频器既可用于单机驱动系统，也可集成到自动化系统中。

MM440 变频器的电路分两大部分：一部分是完成电能转换（整流、逆变）的主电路；另一部分是处理信息的收集、变换和传输的控制电路。该变频器的电路图如图 7-1 所示。

1. 主电路

主电路是由电源输入单相或三相恒压恒频的正弦交流电压，经整流电路转换成恒定的直流电压，供给逆变电路。逆变电路在微处理器的控制下，将恒定的直流电压逆变成电压和频率均可调的三相交流电供给电动机负载。由图 7-1 可知，MM440 变频器直流环节是通过电容进行滤波的，因此属于电压型交－直－交变频器。

2. 控制电路

控制电路由 CPU、模拟输入、模拟输出、数字输入、输出继电器触头、操作板等组成，控制电路接线端子如图 7-2 所示。

在图 7-2 中，端子 1,2 是变频器为用户提供的 10V 直流稳压电源。当采用模拟电压信号输入方式输入给定频率时，为了提高交流变频调速系统的控制精度，必须配备一个高精度的直流稳压电源作为模拟电压输入的直流电源。MM440 变频器 1,2 端为用户提供了一个高精度的直流电源。

模拟输入 3,4 和 10,11 端为用户提供了两对模拟电压给定输入端作为频率给定信号，经变频器内模/数转换器将模拟量转换成数字量，传输给 CPU 来控制系统。

数字输入 5,6,7,8,16,17 端为用户提供了 6 个完全可编程的数字输入端，数字输入信号经光耦隔离输入 CPU，对电动机进行正反转、正反向点动、固定频率设定值控制等。

输入 9,28 端是 24V 直流电源端，用户为变频器的控制电路提供 24V 直流电源。输出 12,13 和 26,27 端为两对模拟输出端；输出 18,19,20,21,22,23,24,25 端为输出继电器的触头；输入 14,15 端为电动机过热保护输入端；输入 29,30 端为 RS-485（USS－协议）端。

上述接线端子的端子号、标识符及功能归纳起来见表 7-1。

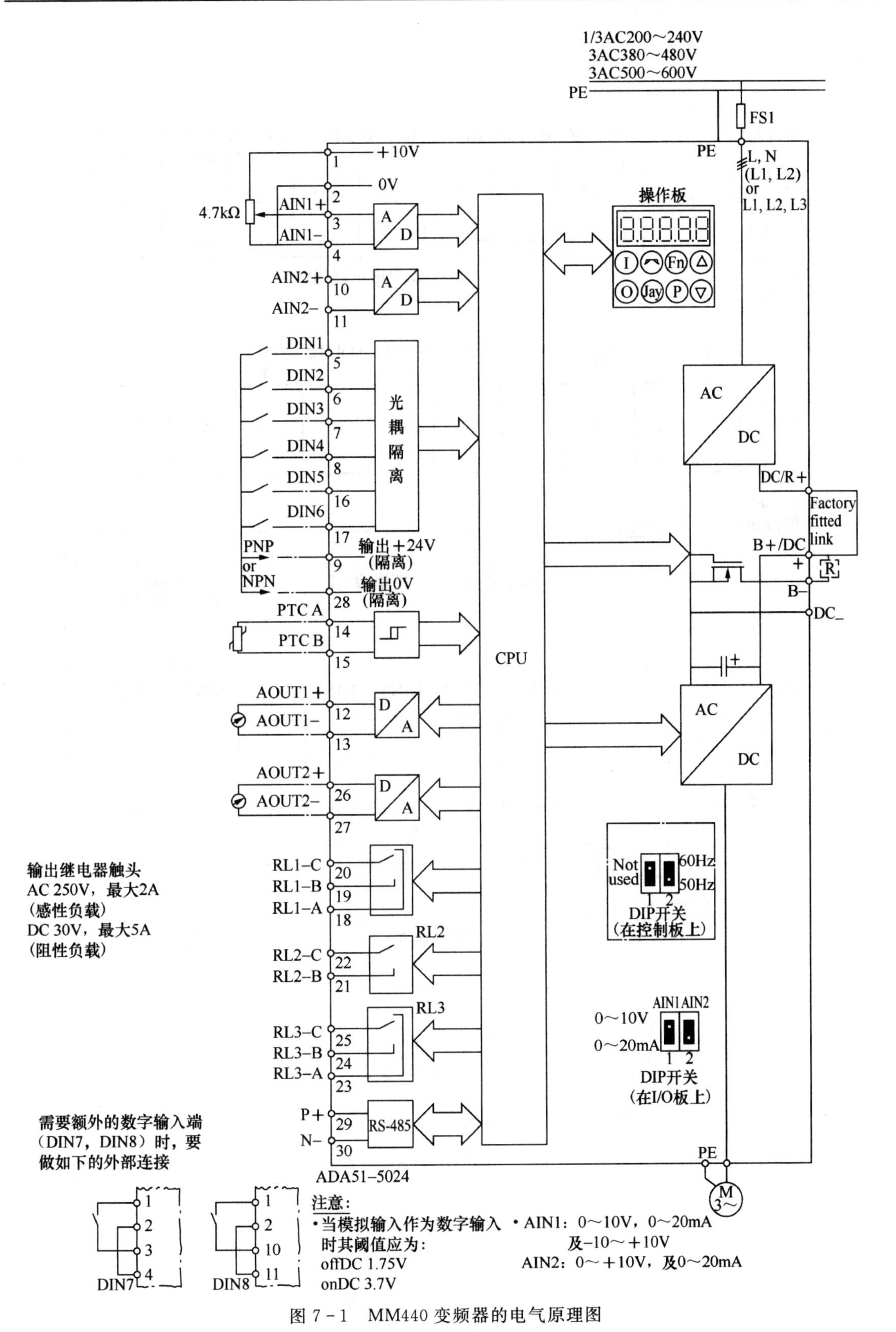

图 7－1　MM440 变频器的电气原理图

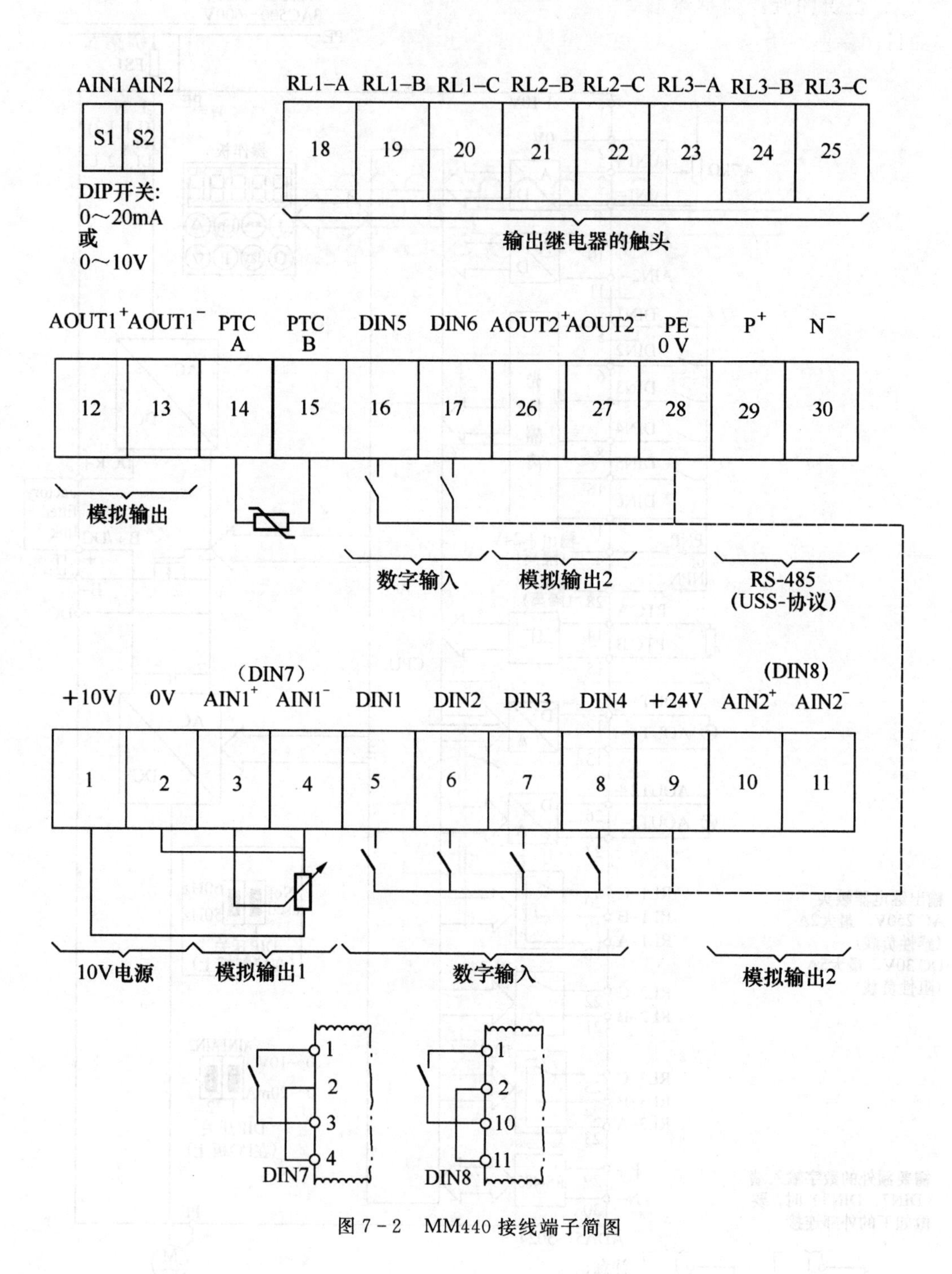

图 7-2 MM440 接线端子简图

表 7 - 1　控制端子号、标识符及功能

端子号	标识符	功　能
1	—	输出＋10V
2	—	输出 0V
3	AIN1＋	模拟输入 1(＋)
4	AIN1－	模拟输入 1(－)
5	DIN1	数字输入 1
6	DIN2	数字输入 2
7	DIN3	数字输入 3
8	DIN4	数字输入 4
9	—	带电位隔离的输出＋24V/最大 100mA
10	AIN2＋	模拟输入 2(＋)
11	AIN2－	模拟输入 2(－)
12	AOUT1＋	模拟输出 1＋
13	AOUT1－	模拟输出 1－
14	PTCA	连接温度传感器 PTC/KTY84
15	PTCB	连接温度传感器 PTC/KTY84
16	DIN5	数字输入 5
17	DIN6	数字输入 6
18	DOUT1/NC	数字输出 1/NC 常闭触头
19	DOUT1/NO	数字输出 1/NO 常开触头
20	DOUT1/COM	数字输出 1/切换触头
21	DOUT2/NO	数字输出 2/NO 常开触头
22	DOUT2/COM	数字输出 2/切换触头
23	DOUT3/NC	数字输出 3/NC 常闭触头
24	DOUT3/NO	数字输出 3/NO 常开触头
25	DOUT3/COM	数字输出 3/切换触头
26	AOUT2＋	模拟输出 2＋
27	AOUT2－	模拟输出 2－
28	—	带电位隔离的输出 0V/最大 100mA
29	P＋	RS - 485 串口
30	P－	RS - 485 串口

3. 常用的参数

常用的参数见表 7-2。

表 7-2　MM440 变频器的常用参数

参数号	参数名称	默认值	用户访问级
r0000	驱动装置只读参数的显示值	—	1
P0003	用户的参数访问级	1	1
P0004	参数过滤器	0	1
P0010	调试用的参数过滤器	0	1
P0014	存储方式	0	3
P0199	设备的系统序号	0	2

4. 快速调试参数

快速调试参数见表 7-3。

表 7-3　MM440 变频器的快速调试参

参数号	参数名称	默认值	用户访问级
P0100	适用于欧洲/北美地区	0	1
P3900	“快速调试”结束	0	1

5. 变频器参数(P0004=2)

变频器参数见表 7-4。

表 7-4　变频器参数

参数号	参数名称	默认值	用户访问级
r0018	硬件的版本	—	1
r0026	CO:直流回路电压实际值	—	2
r0037	CO:变频器温度(℃)	—	3
r0039	CO:能量消耗计量表(kWh)	—	2
P0040	能量消耗计量表清零	0	2
r0070	CO:直流回路电压实际值	—	3
r0200	功率组合件的实际标号	—	3
P0201	功率组合件的标号	0	3
R0203	变频器的实际型号	—	3
r0204	功率组合件的特征	—	3
P0205	变频器的应用领域	0	3
r0206	变频器的额定功率	—	2

续 表

参数号	参数名称	默认值	用户访问级
r0207	变频器的额定电流	—	2
r0208	变频器的额定电压	—	2
r0209	变频器的最大电流	—	2
P0210	电源电压	230	3
r0231	电缆的最大长度	—	3
P0290	变频器的过载保护	2	3
P0292	变频器的过载报警信号	15	3
P1800	脉宽调制频率	4	2
r1801	CO:脉宽调制的开关频率实际值	—	3
P1802	调制方式	0	3
P1820	输出相序反向	0	2
P1911	自动测定(识别)的相数	3	2
r1925	自动测定的 IGBT 通态电压	—	2
r1926	自动测定的门控单元死区	—	2

7.1.2　MM440 变频器的可选件

西门子公司为用户提供了 MM440 变频器各种独立的和各种附属的选件,用户可根据实际情况选择。

1. 各种独立的可选件

(1)基本操作板(BOP)。基本操作板 BOP 用于设定各种参数的数值,数值的大小和单位用 5 位数字显示。一个 BOP 可供几台变频器共用,它可以直接安装在变频器上,也可以利用一个安装组合件安装在控制柜的柜门上。基本操作板 BOP 如图 7-3 所示。

(2)高级操作板(AOP)。高级操作板 AOP 可以读出变频器参数设定值,也可以将参数设定值写入变频器。AOP 最多可以储存 10 组参数设定值,还可以用几种语言相互切换显示说明文本。一个 AOP 通过 USS 协议最多可以控制 31 台变频器,它可以直接插装在变频器上,也可以利用安装组合件安装在控制柜的柜门上。高级操作板 AOP 如图 7-4 所示。

(3)PROFIBUS 模块。PROFIBUS 的控制操作速率可达 12Mb/s,AOP 和 BOP 可以插在 PROFIBUS 模板上提供操作显示,PROFIBUS 模板可以用外接的 24V 电源供电,这样,当电源从变频器上卸掉时,总线仍然是激活的。PROFIBUS 模板利用一个 9 针的 SUB—D 型插接器进行连接(9 针插接器作为附件使用)。

(4)PC 至变频器的连接件。如果 PC 已经安装了相应的软件(例如 Drive Monitor),就可以从 PC 直接控制变频器。带隔离的 RS—232 适配器板可实现与 PC 的点对点控制。连接件还包括一个 SUB—D 插接器和一条 RS—232 标准电缆(长度为 3m)。

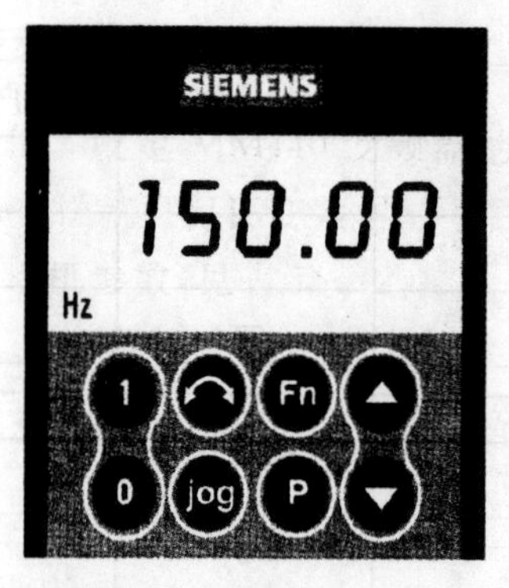

图 7-3　基本操作板 BOP

图 7-4　高级操作板 AOP

(5)PC 至 AOP 的连接件。PC 至 AOP 的连接件用于 PC 与 AOP 的连接，由此可以进行变频器的离线编程和参数设定。连接件包括一个 AOP 的桌面安装组合附件，一条 RS－232 标准电缆(长度为 3m，带 SUB－D 型插接器)和一个通用电源。

(6)柜门上安装 BOP/AOP 的组合件。适用于单台变频器的控制，此组合件用于控制柜的柜门上安装 BOP/AOP；还有一个电缆匹配板，用于同用户电缆的连接，它的端子接线不用螺钉。

(7)柜门上安装 AOP 的组合件。适用于多台变频器的控制，此组合件用于在控制柜的柜门上安装 AOP。利用 RS-485 USS 协议，AOP 可实现与若干台变频器的通信。组合件不包括从 AOP 到变频器的 RS-485 端口和到 24V 用户端子板的四针连接电缆。

(8)调试工具“Starter”和“Drive Monitor”软件。Starter 软件是作为西门子 MICROMaster 变频器的调试运行向导的启动软件，运行在 Windows NT/2000，XP 操作系统环境，它可以对参数表进行读出、更替、存储、输入和打印等操作。Drive Monitor 软件具有类似的功能，适用于 Windows XP 操作系统环境。

7.2　MM440 变频器的安装与调试

7.2.1　MM440 变频器的电气安装

1. 电动机与电源的连接

(1)电源和电动机端子的接线和拆卸。在拆下前盖以后，可以拆卸和连接 MM440 变频器与电源和电动机的接线端子，当变频器的前盖已经打开并露出接线端子时，电源和电动机端子的接线方法如图 7-5 所示。

在变频器与电动机和电源线连接时必须注意以下几点：

1)变频器必须接地。

2)在变频器与电源线连接或更换变频器的电源线之前，应完成电源线的绝缘测试。

3)确信电动机与电源电压的匹配是正确的。

4)不允许把 MM440 变频器连接到电压更高的电源上。

5)连接同步电动机或并联连接几台电动机时，变频器必须在 V/f 控制特性下(P1300＝0、

2 或 3)运行。

6)电源电缆和电动机电缆与变频器相应的接线端子连接好以后，在接通电源时必须确保变频器的前盖已经盖好。

7)确信供电电源与变频器之间已经正确接入与其额定电流相应的断路器、熔断器。

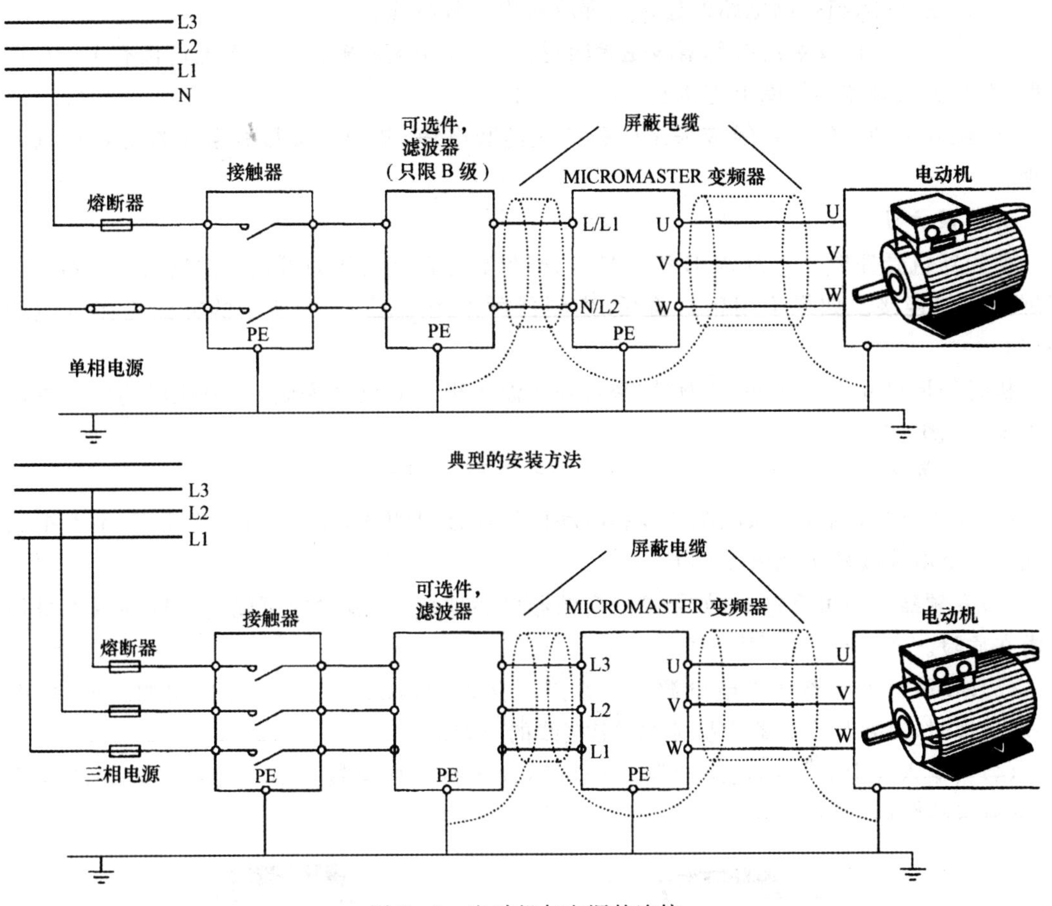

图 7－5 电动机与电源的连接

(2)制动单元的接线。以外形尺寸为 GX 型的变频器为例，在变频器的顶部附有拆卸和连接直流回路接线的窗口，这些接线端子可以连接外部的制动单元，连接导线的最大截面积是 $50mm^2$。

2. EMC 的设计

变频器通常在具有很强电磁干扰的工业环境下运行。如果安装质量良好，就可以确保安全和无故障地运行，因此，对 MM440 必须进行电磁兼容性的设计。

(1)确保机柜内的所有设备都已用短而粗的接地电缆可靠地连接到公共的星形接地点或公共的接地母线。

(2)确保与变频器连接的任何控制设备(例如 PLC)像变频器一样，用短而粗的接地电缆连接到同一个接地网或星形接地点，可靠接地。

(3)把电动机返回的接地线直接连接到控制该电动机的变频器的接地端子(PE 端)上。

(4)接触器的触头最好是扁平的,因为它们在高频时阻抗较低。

(5)截断电缆的端头时应尽可能整齐,保证未经屏蔽的线段尽可能短。

(6)控制电缆的布线应尽可能远离供电电源线,使用单独的走线槽,在必须与电源线交叉时相互应采取90°直角交叉。

(7)无论何时,与控制电路的连接线都应采用屏蔽电缆。

(8)确保机柜内安装的接触器应是带阻尼的,即在交流接触器的线圈上连接有R-C阻尼电路;在直流接触器的线圈上连接有续流二极管。

(9)接到电动机的连接线应采用屏蔽的或铠装电缆,并用电缆接线卡子将屏蔽层的两端接地。

3. 屏蔽方法

变频器机壳外形尺寸为A,B和C型时,密封盖组合件是作为可选件供货的。该组合件便于屏蔽层的连接。如果不用密封盖板,变频器可以用如图7-6所示的方法连接电缆的屏蔽层。

机壳外形尺寸为D,E和F型时,密封盖在设备出厂时已经安装好,屏蔽层的安装方法与A,B和C型时相同。

4. 电气安装注意事项

(1)变频器的控制电缆、电源电缆和电动机的连接电缆的走线必须相互隔离,不要把它们放在同一个电缆线槽中或电缆架上。

(2)变频器必须可靠接地,如果不把变频器可靠地接地,装置内可能会出现导致人身伤害的潜在危险。

(3)MM440变频器在供电电源的中性点不接地的情况下是不允许使用的。电源(中性点)不接地时,需要从变频器中拆掉“Y”形接线的电容器。

(4)当输入线中有一相接地短路时仍可继续运行。如果输出有一相接地,MM440将跳闸,并显示故障码F0001。

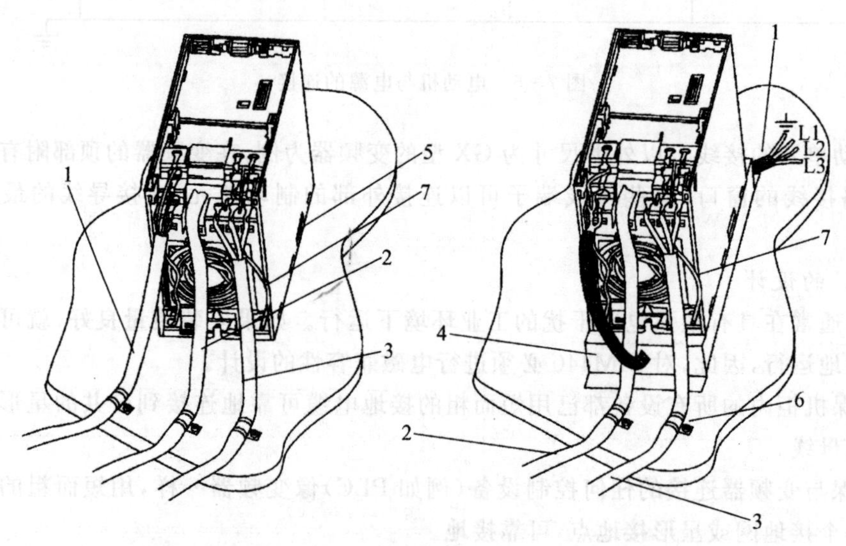

图7-6 变频器的布线

1—输入电源线; 2—控制电缆; 3—电动机电缆; 4—背板式滤波器;
5—金属底板; 6—固定电动机电缆的卡子; 7—屏蔽电缆

7.2.2　MM440 变频器的调试

1. 使用出厂默认设置直接投入使用

MM440 变频器在出厂时带有状态显示板器(SDP),SDP 上有两个 LED,用于显示变频器的工作状态。在简单的场合,使用出厂默认使用设置,不需要任何调整和设置就可以直接投入使用。但是要注意,变频器的默认设置(与型号和容量有关)是按四级电动机的以下数据进行配置的:

(1)电动机的额定功率,P0307。

(2)电动机的额定电压,P0304。

(3)电动机的额定电流,P0305。

(4)电动机的额定频率,P0310。

建议采用西门子的标准电动机,而且必须满足以下条件:

(1)由数字输入端控制(ON/OFF 命令),见表 7-5。

表 7-5　数字输入的默认设置

数字输入	端　子	参　数	功　能	激　活
命令信号源	—	P0700=2	端子板	是
数字输入 1	5	P0701=1	ON/OFF1	是
数字输入 2	6	P0702=12	反转	是
数字输入 3	7	P0703=9	故障确认	是
数字输入 4	8	P0704=15	固定频率设定值(直接方式)	否
数字输入 5	16	P0705=15	固定频率设定值(直接方式)	否
数字输入 6	17	P0706=15	固定频率设定值(直接方式)	否
数字输入 7	经由 ADC1	P0707=0	禁止数字输入	否
数字输入 8	经由 ADC2	P0708=0	禁止数字输入	否

(2)通过模拟输入 1 输入设定值,P1000=2。

(3)感应电动机,P0300=1。

(4)电动机冷却方式为自冷,P0335=0。

(5)电动机的过载系数,P0640=150%。

(6)最小频率,P1080=0Hz。

(7)最大频率,P1082=50Hz。

(8)斜坡上升时间,P1120=10s。

(9)斜坡下降时间,P1121=10s。

(10)线性的 V/f 特性,P1300=0。

调试 MM440 变频器时,必须先完成以下工作:

(1)电源频率 50/60Hz 的切换。

(2)快速调试。

(3)电动机数据的自动检测。

(4)计算电动机/控制数据。

(5)串行通信。

(6)工程应用的调试。

2. 快速调试

如果需要对复杂的应用对象进行设置，且变频器还没有进行适当的参数设置，在采用闭环矢量控制和 V/f 控制的情况下必须进行快速调试，同时执行电动机技术数据的自动检测子程序。可以使用基本操作面板(BOP)或调试软件 STARTER DriveMonitor 进行快速调试。快速调试的简单步骤见表 7－6。

表 7－6 快速调试的简单步骤

参数	说明
P0010 1＝快速调试	开始快速调试。在电动机投入运行之前，P0010 必须回到“0”。如果调试结束后选定 P3900＝1，则 P0010 的回“0”操作是自动进行的
P0100 0＝kW/50Hz 1＝hp/60Hz 2＝kW/60Hz	选择工作地区是欧洲/北美。 用 DIP 开关 2 设定为 0 或 1，或把参数 P0100 设定为 2
P0304 10～2000V	电动机的额定电压 根据铭牌输入的电动机额定电压(V)
P0305 0～2 倍变频器额定电流	电动机的额定电流 根据铭牌输入的电动机额定电流(A)
P0307 0～2000kW	电动机的额定功率 根据铭牌输入的电动机额定功率，如果 P0100＝1，功率单位应是 hp
P0310 12～650Hz	电动机的额定频率 根据铭牌输入的电动机额定频率(Hz)
P0311 0～40000 r/min	电动机的额定转速 根据铭牌输入的电动机额定转速(r/min)
P0700 选择命令源	选择命令源： [on(接通)/off(断开)/reverse(反转)] 1＝基本操作面板 BOP 2＝模拟端子，数字输入(默认设置)
P1000	选择频率设定值源： 1＝用 BOP 给定频率 2 模拟设定值(默认设置)
P1080	电动机的最小频率。本参数设置电动机的最小频率(0～650Hz)，达到这一频率时，电动机的运行速度将与频率的设定值无关，这里设置的值对电动机的正转和反转都是有效的
P1082	电动机的最大频率。本参数设置电动机的最大频率(0～650Hz)，达到这一频率时，电动机的运行速度将与频率的设定值无关，这里设置的值对电动机的正转和反转都是有效的

续表

P1120	斜坡上升时间。电动机从静止停车加速到最大电动机频率所需的时间，0～650s
P1121	斜坡下降时间。电动机从其最大频率减速到静止停车所需的时间，0～650s
P3900	结束快速调试： 0＝结束快速调试，不进行电动机计算或复位为工厂默认设置值 1＝结束快速调试，进行电动机计算或复位为工厂默认设置值(推荐的方式) 2＝结束快速调试，进行电动机计算和 I/O 复位 3＝结束快速调试，进行电动机计算，但不进行 I/O 复位

在进行快速调试之前，必须修改或输入以下技术数据：

(1)输入电源电压的频率。

(2)输入电动机的额定铭牌数据。

(3)命令/设定值信号源。

(4)最小/最大频率或斜坡上升/斜坡下降时间。

(5)闭环控制方式。

(6)电动机技术数据的自动检测。

3. 电动机数据的自动检测

为了实现变频器与电动机的最佳匹配，应该计算等效电路的数据和电动机的磁化特性。MM440 变频器具有检测电动机技术数据的功能。

设定参数 P1910＝1，自动检测电动机的数据和变频器的特性，并改写以下参数的数值：

(1)P0350：定子电阻。

(2)P0354：转子电阻。

(3)P0356：定子漏抗。

(4)P0358：转子漏抗。

(5)P0360：主电抗。

(6)P1825：IGBT 的通态电压。

(7)P1828：触发控制单元连锁时间补偿(门控死区)。

电动机的磁化特性是通过运行电动机数据自动检测程序得到的。如果要求电动机一变频器系统在弱磁区运行，特别是要求采用矢量控制的情况下，就必须得到磁化特性，有了磁化特性，变频器可以更精确地计算在弱磁区里产生磁通的电流，并由此得到精度更高的转矩计算值。

设定参数 P1910＝3，自动检测饱和曲线，并改写以下参数的数值：

(1)P0362～P0365：磁化曲线的磁通 1～4。

(2)P0366～P0369：磁化曲线的磁化电流 1～4。

电动机的铭牌数据是进行技术参数自动检测的原始数据，因此在确定上述数据时必须输入正确和协调一致的铭牌数据。

4. 电动机数据/控制数据的计算

内部的电动机数据/控制数据是利用参数 P0340 进行计算的，或者间接地利用参数 P1910

进行计算的。如等值电路图的数据或转动惯量的数值已知时，就可以利用参数 P0340 的功能计算内部的电动机数据/控制数据。

(1)P0340=0：不进行计算。

(2)P0340=1：全部参数化(计算所有的电动机/控制数据)。

(3)P0340=2：计算等值电路图的数据。

(4)P0340=3：计算 V/f 控制和矢量控制的数据。

(5)P0340=4：只计算控制器的设置值。

5. PID 参数自动整定

PID 参数自动整定是系统参数自动辨识和控制器 PID 参数自动整定相结合的一种自适应控制技术。参数 P2350 用于 PID 参数自动整定。

(1)P2350=0：禁止 PID 参数自动整定。

(2)P2350=1：标准的 Ziegler Nichols(ZN)参数整定，属于对阶跃信号 1/4 阻尼的响应特性。

(3)P2350=2：按照这种参数整定 PID 时，对阶跃信号的响应有一些超调，但其响应速度比 P2350 选择 1 时要快一些。

(4)P2350=3：按照这种参数整定 PID 时，对阶跃信号的响应有微小的超调或没有超调，但其响应速度不如 P2350 选择 2 时快。

(5)P2350=4：按照这种参数整定 PID 时，只改变 P 和 I 的数值，属于对阶跃信号 1/4 阻尼的响应特性。

6. 用基本操作板(BOP)进行调试

利用基本操作面板(BOP)可以更改变频器的各个参数。为了用 BOP 设置参数，用户首先必须将状态显示屏(SDP)从变频器上拆卸下来，然后装上基本操作板(BOP)。

BOP 具有 5 位数字的 7 段显示，用于显示参数的序号和数值、报警和故障信息，以及该参数的设定值和实际值。BOP 不能储存参数的信息。

表 7-7 表示采用基本操作板(BOP)操作时变频器的工厂默认设置值。

表 7-7　用 BOP 操作时的默认设置值

参　数	说　明	默认值，欧洲(或北美)地区
P0100	运行方式，欧洲/北美	50Hz，kW(60Hz，hp)
P0307	功率(电动机额定值)	量纲[kW(hp)]取决于 P0100 的设定值
P0310	电动机的额定频率	50Hz(60Hz)
P0311	电动机的额定速度	1395(1680)r/min(取决于变量)
P1082	最大电动机频率	50Hz(60Hz)

在默认设置时，用 BOP 控制电动机的功能是被禁止的。如果要用 BOP 进行控制，参数 P0700 应设置为 1，参数 P1000 也应设置为 I。

当变频器加上电源时，也可以把 BOP 装到变频器上，或从变频器上将 BOP 拆卸下来。

如果 BOP 已经设置为 I/O 控制(P0700=1)，在拆卸 BOP 时，变频器驱动装置将自动停车。

7.2.3　MM440 的开关量运行

MM440 变频器有 6 个数字输入端口，用户可根据需要设置每个端口的功能。从 P0701～P0706 为数字输入 1 功能至数字输入 6 功能，每一个数字输入功能设置参数值范围均从 0～99，工厂默认值为 1，现在给列出其中几个参数值，并说明其含义。

(1)参数值为 1：ON 接通正转，OFFl 停车。

(2)参数值为 2：ON 接通反转，OFFl 停车。

(3)参数值为 3：OFF2(停车命令 2)，按惯性自由停车。

(4)参数值为 4：OFF3(停车命令 3)，按斜坡函数曲线快速降速。

(5)参数值为 9：故障确认。

(6)参数值为 10：正向点动。

(7)参数值为 11：反向点动。

(8)参数值为 17：固定频率设定值。

(9)参数值为 25：直流注入制动。

MM440 变频器数字输入控制端口开关量运行接线如图 7－7 所示。在图 7－7 中 SBl～SB4 为带自锁按钮，分别控制数字输入 5～8 端口。端口 5 设置为正转控制，其功能由 P0701 的参数值设置。端口 6 设为反转控制，其功能由 P0702 的参数值设置。端口 7 设为正向点动控制，其功能由 P0703 的参数值设置。端口 8 设为反向点动控制，其功能由 P0704 的参数值设置。频率和时间各参数在变频器的前操作面板上直接设置。

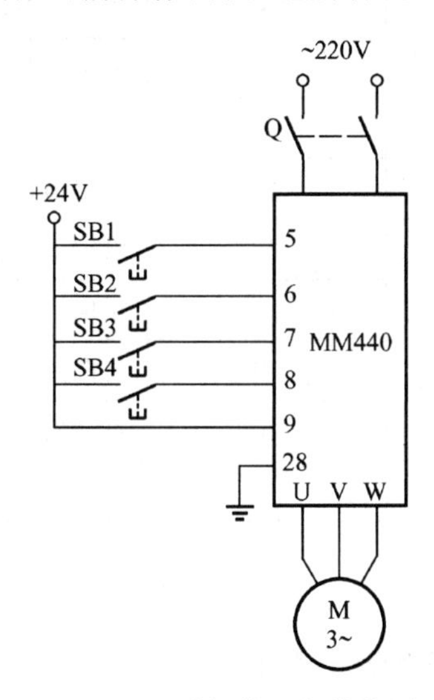

图 7－7　开关操作运行接线图

系统操作步骤：

(1)连接好电路，检查线路正确后合上变频器电源空气开关 Q。

(2)恢复变频器工厂默认值。按下 P 键，变频器开始复位到工厂默认值。

(3)设置电动机参数，然后设 P0010＝0，变频器当前处于准备状态，可正常运行。

(4)设置数字输入控制端口开关操作运行参数，见表 7－8。

表 7-8　开关量运行参数设定表

参数号	出厂值	设置值	说　明
P0003	1	1	设用户访问级为标准级
P0004	0	7	命令和数字 I/O
P0700	2	2	命令源选择"由端子排输入"
P0003	1	2	设用户访问级为扩展级
P0004	O	7	命令和数字 I/O
* P0701	1	1	ON 接通正转,OFF 停止
* P0702	1	2	ON 接通反转,OFF 停止
* P0703	9	10	正向点动
* P0704	15	11	反向点动
P0003	1	1	设用户访问级为标准级
P0004	0	10	设定值通道和斜坡函数发生器
P1000	2	1	由键盘(电动电位计)输入设定值
* P1080	0	0	电动机运行的最低频率(Hz)
* P1082	50	50	电动机运行的最高频率(Hz)
* P1120	10	5	斜坡上升时间(s)
* P1121	10	5	斜坡下降时间(s)
P0003	1	2	设用户访问级为扩展级
P0004	0	10	设定值通道和斜坡函数发生器
* P1040	5	20	设定键盘控制的频率值
* P1058	5	10	正向点动频率为(Hz)
* P1059	5	10	反向点动频率(Hz)
* P1060	10	5	点动斜坡上升时间(s)
* P1061	10	5	点动斜坡下降时间(s)

注:带"*"的参数可以根据用户的需要改变。

(5)数字输入控制端口开关操作运行控制:

1)电动机正向运行。当按下按钮 SB1 时,变频器数字输入端口 5 为"ON",电动机按 P1120 所设置的 5s 斜坡上升时间正向启动,经 5s 后稳定运行在 560r/min 的转速上。此转速与 Pl040 所设置的 20Hz 频率对应。松开按钮 SB1,数字输入端口 5 为"OFF",电动机按 P1121 所设置的 5s 斜坡下降时间停车,经 5s 后电动机停止运行。

2)电动机反向运行。如果要使电动机反转,则按下按钮 SB2,变频器数字输入端口"6"为"ON",电动机按 P1120 所设置的 5s 斜坡上升时间反向启动,经 5s 后反向运行在 560r/min 的转速上。此转速与 P1040 所设置的 20Hz 频率对应。松开带锁按钮 SB2,数字输入端口 6 为

“OFF”，电动机按 P1121 所设置的 5s 斜坡下降时间停车，经 5s 后电动机停止运行。

3）电动机正向点动运行。当按下正向点动按钮 SB3 时，变频器数字输入端口 7 为“ON”，电动机按 P1060 所设置的 5s 点动斜坡上升时间正向点动运行，经 5s 后正向稳定运行在 280r/min 的转速上。此转速与 P1058 所设置的 10Hz 频率对应。当松开按钮 SB3 时，数字输入端口 7 为“OFF”，电动机按 P1061 所设置的 5s 点动斜坡下降时间停车。

4）电动机反向点动运行。当按下反向点动按钮 SB4 时，变频器数字输入端口 8 为“ON”，电动机按 P1060 所设置的 5s 点动斜坡上升时间反向点动运行，经 5s 后反向稳定运行在 280r/min 的转速上，此转速与 P1058 所设置的 10Hz 频率对应。当松开按钮 SB4 时，数字输入端口 8 为“OFF”，电动机按 P1061 所设置的 5s 点动斜坡下降时间停车。

7.2.4　MM440 模拟量运行

MM440 变频器可以通过 6 个数字输入端口对电动机进行正反转运行、正反转点动运行方向控制，可通过基本操作板 BOP 或高级操作板 AOP 来设置正反向转速的大小；也可以由数字输入端口控制电动机的正反转方向，由模拟输入端控制电动机转速的大小。MM440 变频器为用户提供了两对模拟输入端口，即端口 3，4 和端口 10，11，如图 7-8 所示。

在图 7-8 中，通过设置 P0701 的参数值，使数字输入 5 端口具有正转控制功能；通过设置 P0702 的参数值，使数字输入 6 端口具有反转控制功能；模拟输入 3，4 端口外接电位器，通过 3 端口输入大小可调的模拟电压信号，控制电动机转速的大小，即由数字输入端控制电动机转速的方向，由模拟输入端控制转速的大小。

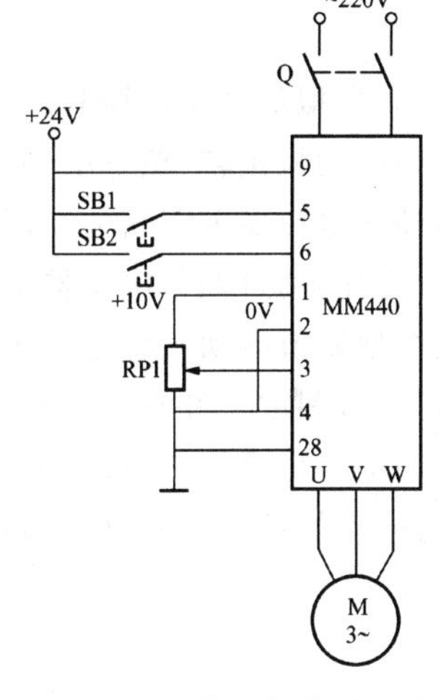

图 7-8　模拟信号操作时的接线

由图 7-8 可知，MM440 变频器的 1，2 输出端为转速调节电位器 RP1 提供＋10V 直流稳压电源。为了确保交流调速系统的控制精度，MM440 变频器通过 1，2 输出端为用户的给定单元提供了一个高精度的直流稳压电源。

系统操作步骤：

（1）连接电路，检查接线正确后合上变频器电源空气开关 Q。

（2）恢复变频器工厂默认值。按下 P 键，变频器开始复位到工厂默认值。

（3）设置电动机参数。设 P0010＝0，变频器当前处于准备状态，可正常运行。

（4）设置模拟信号操作控制参数。模拟信号操作控制参数见表 7-9。

表 7-9　模拟信号操作控制参数

参数号	出厂值	设置值	说　明
P0003	1	1	设用户访问级为标准级
P0004	0	7	命令和数字 I/O
P0700	2	2	命令源选择“由端子排输入”

续表

参数号	出厂值	设置值	说　明
P0003	1	2	设用户访问级为扩展级
P0004	0	7	命令和数字 I/O
* P0701	1	1	ON 接通正转，OFF 停止
* P0702	1	2	ON 接通反转，OFF 停止
P0003	1	1	设用户访问级为标准级
P0004	0	10	设定值通道和斜坡函数发生器
P1000	2	2	频率设定值选择为"模拟输入"
* P1080	0	0	电动机运行的最低频率(Hz)
* P1082	50	50	电动机运行的最高频率(Hz)
* P1120	10	5	斜坡上升时间(s)
* P1121	10	5	斜坡下降时间(s)

注：带"*"的参数可以根据用户的需要改变。

(5)模拟信号操作控制。

1)电动机正转：按下电动机正转按钮 SB1，数字输入端口 5 为"ON"，电动机正转运行，转速由外接电位器 RP1 来控制，模拟电压信号从 0V～+10V 变化，对应变频器的频率从 0～50Hz 变化，通过调节电位器 RP1 改变 MM440 变频器 3 端口模拟输入电压信号的大小，可平滑无级地调节电动机转速的大小。当松开按钮 SB1 时，电动机停止。通过 P1120 和 P1121 参数，可设置斜坡上升时间和斜坡下降时间。

2)电动机反转：当按下电动机反转按扭 SB2 时，数字输入端口 6 为"ON"，电动机反转运行，与电动机正转相同，反转转速的大小仍由外接电位器 RP1 来调节。当放开按钮 SB2 时，电动机停止。

7.3　啤酒生产线中的应用

啤酒生产中，酒瓶的传送要求平稳、匀速，并且能根据该道工序每批酒瓶的处理周期调节送瓶速度。以前，生产线采用机械减速，操作繁琐，维护频繁，瓶子的破损率较高。现采用西门子 MM440 变频器控制，用速度传感变送器采集该道工序处理的速率。该信号送至变频器与设定值比较，经计算后，输出给控制电动机，以调整供瓶的速率。

啤酒厂水处理工艺中供水流量动态范围比较大，要求在生产中始终保持罐内水位恒定范围，进水管处于全开状态，水位完全由水泵抽水调节，MM440 依据设定水位及水位变送器反馈的水位模拟量，经 PID 运算输出调节量，以控制水泵电动机转速，达到恒定水位的目的。

1. 系统配置

啤酒厂酒瓶传送生产线包括 MM440 变频器 4 台，三相异步电动机 4 台，速度传感变送器 4 个；啤酒厂水处理工艺设备有：4kW 的 MM440 变频器 1 台，同步电动机及水泵总共 1 台，水位变送器 1 个。

2. 变频器的主要调节参数

酒瓶传送生产线和水处理工艺控制电路采用 PID 调节方式，所有参数须由现场调试确定，因此设定值输入采用可调的模拟信号从“模拟 1”由电位器给定，反馈信号“模拟 2”由变送器送出 0—10V 信号。酒瓶传送生产线 PID 调节参数设定见表 7 - 10，啤酒厂水处理工艺的 PID 调节参数设定见表 7 - 11。

表 7 - 10　生产线 PID 调节参数

参数号	设定值	说　明
P0700	2	由端子排输入
P1000	2	模拟输入
P0753,P0756&57&58&59&60&61		均采用出厂设置
P0003	3	用户访问参数级别
P0004	22	显示 PID 有关参数
P0731	52.A	速度已达到最大值
P0733	53.5	实际频率大于/等于设定值
P2155	10Hz	门限频率
P2200	1	使用 PID 调节
P2253	755.0	PID 设定值信号源
P2264	755.1	PID 反馈信号源
P2274	根据实际定	微分时间
P2280	根据实际定	比例增益
P2285	根据实际定	积分时间

表 7 - 11　水处理工艺的 PID 调节参数

参数号	设定值	说　明
P0700	2	由端子排输入
P1000	2	模拟输入
P0753,P0756&57&58&59&60&61	默认值	均采用出厂设置
P0003	3	用户访问参数级别
P2200	1	使能 PID 调节
P2253	755.0	PID 设定值信号源
P2264	755.1	PID 反馈信号源
P2274	根据实际定	微分时间
P2280	根据实际定	比例增益
P2285	根据实际定	积分时间

3. 系统控制图

酒瓶传送生产线系统的传送控制如图 7-9 所示。速度变送器将监测到的传送带速度信号送给变频器，变频器输出控制信号，调节电动机的旋转速度，以达到调整供瓶速率的目的。

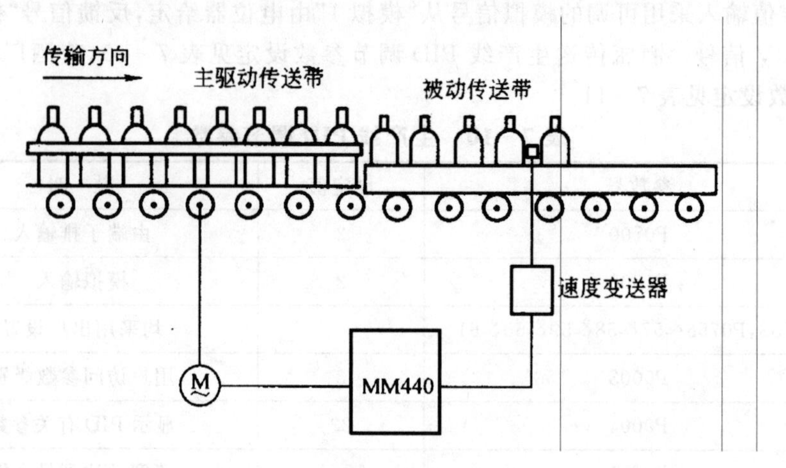

图 7-9 生产线系统传送控制图

啤酒水处理工艺系统传送控制图如图 7-10 所示，水位变送器将检测的水位送至 MM440 变频器，经 PID 运算输出调节量，以控制水泵电动机转速，达到恒定水位的目的。

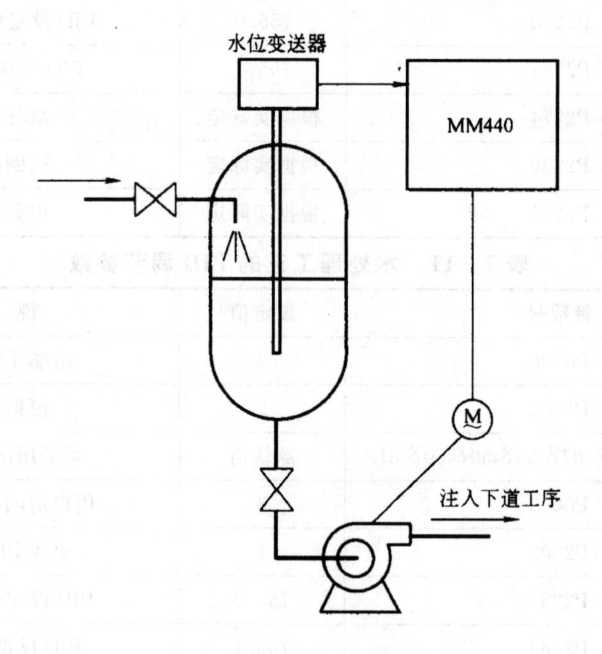

图 7-10 啤酒水处理工艺系统传送控制图

系统控制程序：

```
    A    I48.1            //自动
A (
```

```
O    I52.0               //上导盘上升
O    I52.1               //上导盘下降
O    I52.2               //上导盘轴向进入
O    I52.3               //上导盘轴向拉出
)
=  L   0.0
A  L   0.0
AN     I12.3             //上导盘横向锁紧压力下限
=      M17.1             //上导盘横向松开
A  L   0.0
A   I12.3                //上导盘横向锁紧压力下限
A  Q28.4                 //上导盘随动
AN    I12.3              //上导盘横向锁紧压力下限
= A   Q28.4              //上导盘随动
A     I12.1              //上导盘纵向锁紧压力下限
A     I52.0              //上导盘上升
AN    Q21.2              //上导盘垂直调整反转一向上
=      Q21.1             //上导盘垂直调整正转一向下
AL   0.0
A  I12.3                 //上导盘纵向锁紧压力下限
A   Q28.4                //上导盘随动
A     I12.1              //上导盘横向锁紧压力下限
A     I52.1              //上导盘下降
AN    Q21.1              //上导盘垂直调整正转一向下
=      Q21.2             //上导盘垂直调整反转一向上
A  L  0.0
A     I12.3              //上导盘纵向锁紧压力下限
A     Q28.4              //上导盘随动
A      I12.1             //上导盘横向锁紧压力下限
A   I52.2                //上导盘轴向进入
AN    Q21.4              //上导盘轴向调整反转一拉出
AN     I9.0              //上导盘轴向调整右极限
=      Q21.3             //上导盘轴向调整正转一进入
A   L   0.0
A     I12.3              //上导盘纵向锁紧压力下限
A      Q28.4             //上导盘随动
A      I12.1             //上导盘横向锁紧压力下限
A      I52.3             //上导盘轴向拉出
AN      Q21.3            //上导盘轴向调整正转一进入
AN      I8.7             //上导盘轴向调整左极限
=       Q21.4            //上导盘轴向调整反转一拉出
A   L   0.0
A      I12.1             //上导盘横向锁紧压力下限
```

```
AN    T    6
=          Q28.4                    //上导盘随动
```

在啤酒厂使用变频器后，提高了生产效率，减轻了劳动强度，降低了瓶子破损率，而且节省了电能，使操作工摆脱了手工操作的紧张劳作，保证整个流水线开机后不间断地连续运行，中央控制室可方便、灵活地利用变频器完成对现场的调控和监视。

7.4 风机系统中的应用

7.4.1 系统概况

通常工业锅炉上的鼓风、引风机、给水泵都是电机以定速运转，再通过改变风机入口的挡板开度来调节风量，以及通过改变水泵出口管路上的调节阀开度来调节给水量。而风机和水泵的最大特点是负载转矩与转速的平方成正比，轴功率与转速的立方成正比。因此，如将电机的定速运转，改为根据需要的流量来调节电机的转速就可节约大量的电能。本系统就是利用变频器对风机的运行速度进行调速控制，从而达到节能的效果。

调速系统的工作原理：锅炉燃烧时，负荷发生变化。为保证炉堂负压，烟气含氧量及相应气温、气压的相对稳定，需要及时调整引风机的吸风量。根据压力变送器的实时反馈，调节变频器的运行频率，可以实时的调整引风机的吸风量。根据条件，控制系统主要由压力变送器、变频器、控制器（PID 调节器）、引风机组成，形成压力闭环回路，自动控制引风机的转速，使炉膛保持稳定的微负压。

PID 控制是闭环控制中的一种常见形式。反馈信号取自拖动系统的输出端，当输出量偏离所要求的给定值时，反馈信号成比例变化。在输入端，给定信号与反馈信号相比较，存在一个偏差值。对该偏差值，经过 P，I，D 调节，变频器通过改变输出频率，迅速、准确地消除拖动系统的偏差，回复到给定值，振荡和误差都比较小。

1. 设计要求

某锅炉风机系统有引风机一台，采用变频调速，整个系统由变频器和压力变送器配合，实现炉膛保持稳定的微负压。其具体控制要求为。

(1)按设计要求鼓风机恒速运行，引风机由变频器调频驱动，实现炉膛负压的调节。

(2)当炉膛负压高于上限压力时，变频器调高输出频率，加速引风机运行速度，迫使炉膛压力下调；当炉膛负压低于下限压力时，变频器调低输出频率，减小引风机运行速度，使炉膛压力上升。

(3)参考指针式压力表的实际压力，炉膛压力目标值通过调节变频器操作面板上的（▲▼)键来设定；PID 反馈信号由压力变送器检测。

(4)通过变频器的 PID 调节功能，配合压力变送器检测的反馈信号，使炉膛负压保持恒定。

2. 开环控制模式

系统开环控制框图与电路分别如图 7－11 所示。

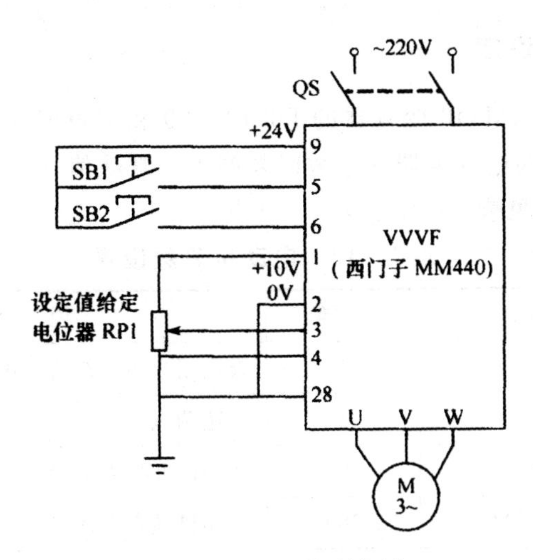

图 7－11　开环控制框图

3. 闭环系统模式

系统闭环控制框图与电路分别如图 7－12、图 7－13 所示。

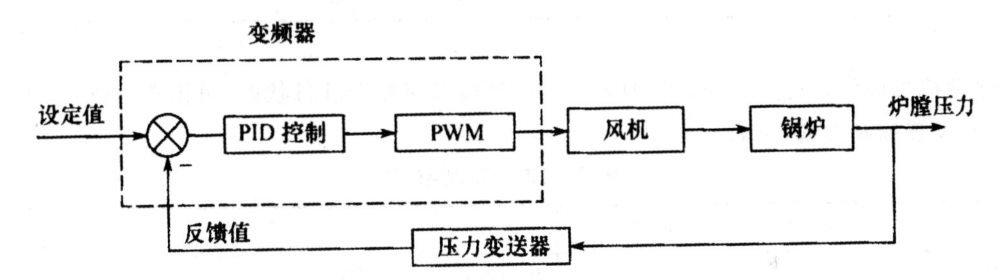

图 7－12　风机闭环控制原理图

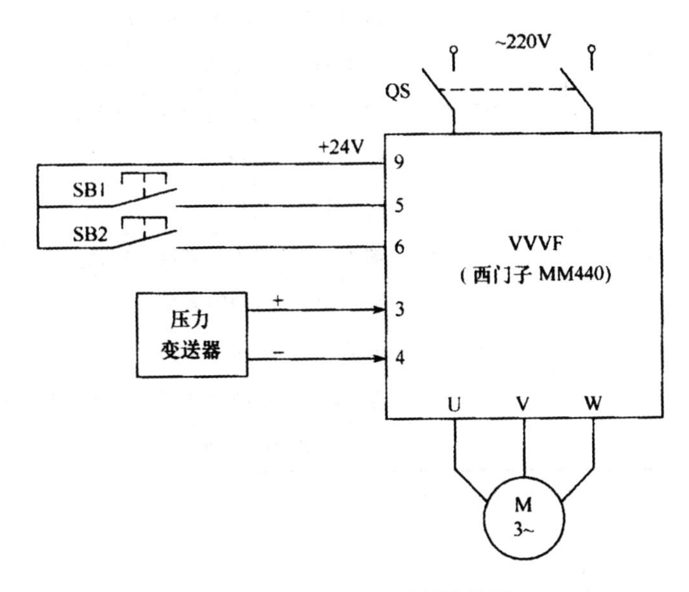

图 7－13　风机闭环控制接线图

7.4.2 变频器参数设定

(1)参数复位。设定 MM440 变频器的 P0010＝30 和 P0970＝1,按下 P 键,开始复位,复位过程大约 3s,这样就可保证变频器的参数回复到工厂默认值。

(2)设置电动机参数,见表 7－12。

表 7－12 电动机参数设置

参数号	出厂值	设置值	说　明
P0003	1	1	设定用户访问级为标准级
P0010	0	1	快速调试
P0100	0	0	功率以 kW 表示,频率为 50Hz
P0304	230	380	电动机额定电压(V)
P0305	3.25	1.05	电动机额定电流(A)
P0307	0.75	0.37	电动机额定功率(kW)
P0310	50	50	电动机额定频率(Hz)
P0311	0	1400	电动机额定转速(r/min)

电动机参数设定完成后,设 P0010＝ 0,变频器当前处于准备状态,可正常运行。

(3)设置控制参数,见表 7－13。

表 7－13 控制参数

参数号	出厂值	设置值	说　明
P0003	1	2	用户访问级为扩展级
P0004	0	0	参数过滤显示全部参数
P0700	2	2	由端子排输入(选择命令源)
* P0701	1	1	端子 DIN1 功能为 ON 接通正转/OFF 停车
* P0702	12	25	端子 DIN2 功能为直流注入制动
* P0703	9	0	端子 DIN3 禁用
* P0704	0	0	端子 DIN4 禁用
P0725	1	1	端子 DUN 输入为高电子有效
P1000	2	1	频率设定由 BOP(▲▼)设置
* P1080	0	20	电动机运行的最低频率(下限频率)(Hz)
* P1085	50	50	电动机运行的最高频率(上限频率)(Hz)
* P2200	0	1	PID 控制功能有效

注:表中,标“ * ”号的参数可根据用户的需要改变,以下同。

(4)设置目标参数,见表 7－14。

表 7－14　目标参数

参数号	出厂值	设置值	说　明
P0003	1	3	用户访问级为专家级
P0004	0	0	参数过滤显示全部参数
P2253	0	2250	已激活的 PID 设定值(PID 设定值信号源)
* P2240	10	60	由面板 BOP(▲▼)设定的目标值(%)
* P2254	0	0	无 PID 微调信号源
* P2255	100	100	PID 设定值的增益系数
* P2256	100	0	PID 微调信号增益系数
* P2257	1	1	PID 设定值斜坡上升时间
* P2258	1	1	PID 设定值的斜坡下降时间
* P2261	0	0	PID 设定值无滤波

当 P2232＝0 允许反向时，可以用面板 BOP 键盘上的（▲▼）键设定 P2240 值为负值。

(5)设置反馈参数，见表 7－15。

表 7－15　反馈参数表

参数号	出厂值	设置值	说　明
P0003	1	3	用户访问级为专家级
P0004	0	0	参数过滤显示全部参数
P2264	755.0	755.0	PID 反馈信号由 AIN＋(即模拟输入 1)设定
* P2265	0	0	PID 反馈信号无滤波
* P2267	100	100	PID 反馈信号的上限值(%)
* P2268	0	0	PID 反馈信号的下限值(%)
* P2269	100	100	PID 反馈信号的增益(%)
* P2270	0	0	不用 PID 反馈器的数学模型
* P2271	0	0	PID 传感器的反馈形式为正常

(6)设置 PID 参数，见表 7－16。

表 7－16　PID 参数

参数号	出厂值	设置值	说　明
P0003	1	3	用户访问级为专家级
P0004	0	0	参数过滤显示全部参数
* P2280	3	25	PID 比例增益系数
* P2285	0	5	PID 积分时间
* P2291	100	100	PID 输出上限(%)
* P2292	0	0	PID 输出下限(%)
* P2293	1	1	PID 限幅的斜坡上升/下降时间(s)

参数设定完毕后，按下述步骤进行变频器调试：

1）按下带锁按钮 SBl 时，变频器数字输入端 DIN1 为“ON”，变频器启动电动机。当反馈的压力信号发生改变时，将会引起电动机速度发生变化。

若反馈的信号小于目标值（即 P2240 的值），变频器将驱动电动机升速；电动机速度上升又会引起反馈的信号变大。当反馈的信号大于目标值时，变频器又将驱动电动机降速，从而又使反馈的电流信号变小；当反馈的信号小于目标值时，变频器又将驱动电动机升速。如此反复，能使变频器达到一种动态平衡状态，变频器将驱动电动机以一个动态稳定的速度运行。

2）如果需要，则目标设定值（P2240 值）可直接通过按操作面板上的（▲▼）键来改变。当设置 P2231＝1 时，由（▲▼）键改变了的目标设定值将被保存在内存中。

3）放开带锁按钮 SBl，数字输入端 DIN1 为“OFF”，电动机停止运行。

4）按下带锁按钮 SB2 时，电动机直流制动，此功能用于启动前的电机运行准备，防止启动时电动机处于低速反转状态而出现的短暂反接制动运行情况。

7.5 电梯控制系统的运用

电梯行业是一个特殊的行业，主要部分由土建、机械和电气等组成，机械部分有导轨、轿厢、对重、钢丝绳以及其他部分，电气部分由主控制板、变频器、曳引机等部分组成。在电梯运行中，主控制板的指令控制变频器，由变频器驱动曳引机带动轿厢运行。变频器作为电梯的系统核心部件，对电梯的安全运行至关重要。

在典型的升降系统的轿厢控制中，要与配重相结合，系统表现为很大的惯性，所以传动装置必须有很大的启动力矩。MM440 变频器可以在电动机从静止到平滑启动期间，提供 200％ 的 3s 过载能力。MM440 的矢量控制和可编程的 S 曲线功能（升速和降速方式），使轿厢在任何情况下都能平稳地运行且保证乘客的舒适感，特别在轿厢突然停止和突然启动时。MM440 变频器内置了制动单元，用户只需选择制动电阻就可以实现再生发电制动，因此可以节约系统成本。

7.5.1 系统配置

本系统采用 1 台 MM440 7.5kW 400V 变频器，电动机为 7.5kW400V 三相带制动器电动机。控制器采用 SIMATIC S7－313PLC，系统配置如图 7－14 所示。

图 7－14 中，1 台 MM440 用于控制 3 层楼的小型提升系统，外接制动电阻用于提高电动机的制动性能。采用两个固定频率，50Hz 对应 lm/s 速度，6Hz 时的速度用于减速停车。斜坡积分时间设定为 3s，其中含有 0.7s 的平滑积分时司。

变频器控制是由数字量输入完成，2 个输入 Dinl 和 Din2 用于选择运行方向；Din3 和 Din4 用于选择两段运行速度；Din5 用于 DC 直流注入制动控制。一个继电器输出用于控制电动机的制动器，其余的用于提升机的故障报警。

电动机制动器打开后，电梯沿着井道方向加速到 50Hz，在井道中用一些接近开关与 PLC 相连接，它们提供平层信号和减速停车，当电梯达到第一个接近开关时，电动机开始减速且以低速 6Hz 爬行，当电梯达到第二个接近开关时，电动机停车且电动机制动器动作。

本系统采用 S7－313PLC 系统来处理接近开关信号、按钮信号以及电梯的控制开关和楼层显示等。

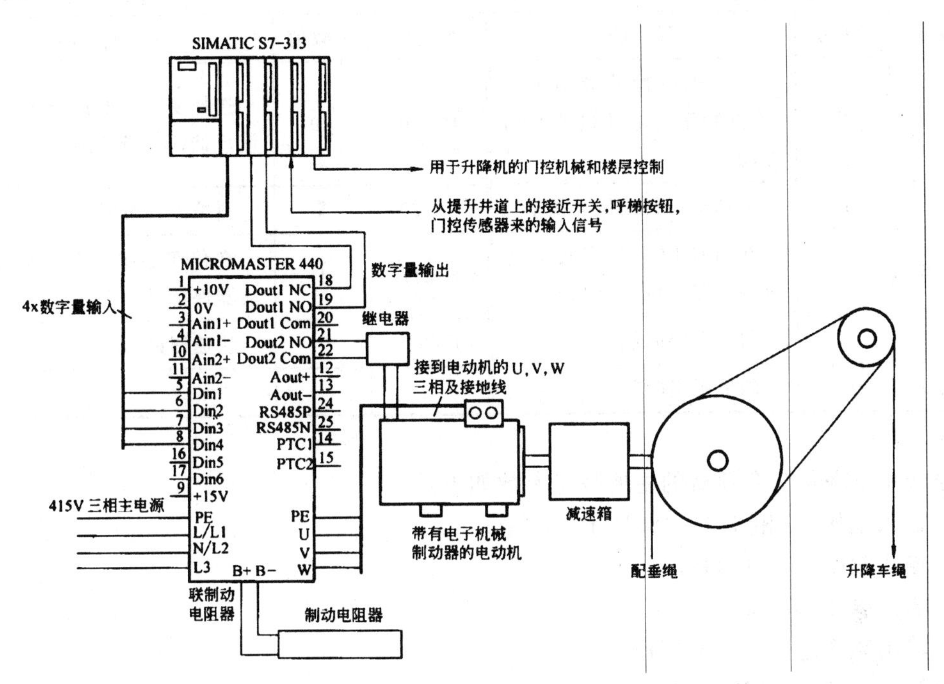

图 7 - 14　电梯控制系统原理图

7.5.2　参数设置

电动机和变频器主要参数设定见表 7 - 17。

表 7 - 17　变频器主要参数

参数号	参数值	说　明	参数号	参数值	说　明
P0100	0	欧洲/北美设定选择	P131	0.7	斜坡平滑时间
P0300	1	电动机类型的选择	P1132	0.7	斜坡平滑时间
P0304	400	电动机额定电压设定	P1133	0.7	斜坡平滑时间
P0305	15.3	电动机额定电流设定	P1215	1	电动机制动器使能
P0307	7.5	电动机额定功率设定	P0701	16	Din1 选择固定频率 1 运行
P0308	0.82	电动机额定功率因素设定	P0702	16	Din2 选择固定频率 2 运行
P0309	0.9	电动机效率设定	P1001	50	固定频率 1Din1,50Hz
P0310	50	电动机额定频率设定	P1002	6	固定频率 2 Din2,6Hz
P0311	1455	电动机额定转速设定	P0705	25	通过 Din5 控制直流制动使能
P0700	2	变频器通过数字输入控制起停	P0731	52.3	变频器故障指示
P1000	3	变频器频率设定值来源于固定频率	P0732	52.C	电动机制动器动作

续表

参数号	参数值	说明	参数号	参数值	说明
P1080	2	电动机运行的最小频率(在此频率时电动机的制动器动作)	P1300	20	选择变频器的运行方式为无速度反馈的矢量控制
P1082	50	电动机运行的最大频率	P1120	3	斜坡上升时间
P1216	0.5	在启动前小频率时电动机制动器释放延时0.5s	P1217	1	在停车前最小频率时电机,制动器保持延时1s
P1121	3	斜坡下降时间	P3900	3	快速测试
P1130	0.7	斜坡平滑时间			

系统中MM440变频器的主要技术参数如下：

1)输入电压:三相380～480V±10%；

2)输入频率:47～63Hz；

3)输出电压:0～380V；

4)输出频率范围:0～650Hz；

5)输出功率:7.5kW

6)过载倍数2倍3s,1.5倍60s；

7)工作温度:-10～50℃；

8)保护等级:IP20；

9)控制方式:U/f,FCC,SVC,VC,TVC；

10)串行接口:RS232,RS485；

11) 电磁兼容性:EN55011A级,EN55011 B级。

通过调节变频器的调制频率,可以使电梯静音运行。S曲线设定保证电梯平滑操作,提高乘坐舒适感。由于变频器采用了高性能的矢量控制,轿厢可以快速平稳地运行。MM440的高力矩输出和过载能力保证电梯可靠、无跳闸运行,电梯采用变频器控制,减少了电梯的机械维护量。

系统控制如下：

具体的下位机实现程序：

Network1:读H1压力PA仪表的数据

CALL"DPRD DAT"

LADDER:= W # 16 # 100　　　// LADDER为要读出数据的模块输入映像区的起始地址,必须用十六进制

RET_VAL:= MW80　　　// SFC的返回值,返回值在存储字MW80中。执行时出现错误则返回故障代码

RECORD:= P # DB10. DBX 0.0 BYTE 5　// RECORD中存放读取的用户数据的目的数据区,只能用BYTE数据类型。本条指令的含义是将读入的PA仪表数据放在DB10. DBX 0.0开始的5个字节中

Network2:将压力值转换成液位值

L DB10. DBD0

```
L  2.222220e + 003
* R
T  DB11.DBD0
NOP  0
```

Network3:读液位传感器的 4～20mA 模拟仪表的数据,并将读入的数据放在 DB1.DBX2.0 开始的 2 个字节中。

```
L“H2”
T     DB1.DBW2
NOP  0
Network4:读 P1 仪表的压力值
L“P1”
T  DB1.DBW6
NOP  0
Network5:传送 16 进制数据 80 到 DB10.DBB54(阀门定位器的低位,使其有一定的开度)
L  B # 16# 80
T  DB10.DBB54
NOP  0
Network6:向阀门定位器 PQD260 写入数据
CALL“DPWR_DAT
LADDER:= W # 16 # 104
RECORD:= P # DB10.DBX50.0 BYTE 5
RET_VAL:= MW 98
NOP  0
```

Network7:设置一个布尔型变量停止变频器(MM440 变频器的 PZD 任务报文的第一个字是变频器的控制字。控制字的最低位设为 0,则停止变频器。其第十位必须为 1,如果为 0,控制字将被弃置不用,变频器像它从前一样的控制方式继续工作)。

```
  AN  DB2.DBX2.0
  JNB  001
  L  W # 16 # 47E
  T  DB10.DBW55
001:NOP  0
  Network8:启动变频器
  A  DB2.DBX2.0
  JNB  _002
  L  W # 16 #47F
  T  DB10.DBW55
  _002:NOP  0
  Network9:将连续数据写入标准从站(变频器)
  CALL“DPWR_DAT”
  LADDER:= W # 16 # 100     // LADDER 为要写入数据的模块输出映像去的起始地址,用 16 进制数
  RECORD:= P # DB10.DBX55.0 BYTE 4     // RECORD 中存放要写出的用户数据的源地址。只能用 BYTE 数据类型
```

RET_VAL:= MW102　　　　//SFC 的返回值,返回值在存储字 MW102 中。执行时出现错误则返回故障代码

Network10:实现压力的 PID 控制

PID 运算设定值的输入用变量 SP_INT(内部设定值)输入。

过程变量的输入有两种方式:

① 用 PV_IN(过程输入变量)输入浮点格式的过程变量,此时开关量 PVPER_ON(外围设备过程变量 ON)应为 0 状态。

② 用 PV_PER(外围设备过程)输入外围设备(I/O)格式的过程变量,即用模拟量输入模块输出的数字值作为 PID 控制的过程变量,此时开关量 PVPER_ON 应为 1 状态。

PID 控制器的设置:

将压力 PID 控制器的参数全部放在 DB4 中。如定义 SP_INT 的地址为 DB4.DBD6。

```
AN   I   30.6
=        L  20.2
BLD   103
AN   I   30.6
=    L   20.7
BLD   103
//定义一个常闭触点 I30.6
CALL"CONT_C",DB4
PVPER_ON:= L20.2          //PVPER_ON 为 1,使用外部设备输入过程变量,即反馈值。
D_SEL:=   L20.7           //利用一个常闭触点使微分作用有效。
PV_PER:= DB1.DBW6         //外部设备输入的过程变量,该压力变量存储在 DB1.DBW6 中。
GAIN:=                    // 比例增益输入,用于设置控制器的增益,通过上位机在 WinCC 中设置,该值也放在 DB4
TI:=                      //积分时间输入,通过上位机在 WinCC 中设置,该值也放在 DB4。
TD:=                      //微分时间输入,通过上位机在 WinCC 中设置,该值也放在 DB4。
I_ITLVAL:=                //积分操作的初始值,默认为 0.0
LMN_PER:=   DB10.DBW57    // I/O 格式的 PID 控制器的输出值。该值存放在 DB10.DBW57 中,用来改变变频器的输出,从而改变水泵的转速,使水泵出口的压力达到给定值的要求。
```

Network11:实现阀门开度的 PID 控制。通过比较给定值与水箱液位的实际高度来调节阀门定位器,控制阀门开度。阀门开度 PID 控制器的参数全部放在 DB3 中。

```
AN   I 30.5
=    L 20.2
BLD  103
AN   I 30.5
=  L  20.7
BLD  103
CALL"CONT_C",DB3
PVPER_ON:= L20.2
D_SEL:= L20.7
PV_PER:= DB1.DBW2
LMN:= DB10.DBD50
```

第 8 章　S7－400PLC 工业控制系统的工程应用

8.1　污水处理控制系统的应用

8.1.1　系统概述

针对某污水处理厂设计了一套基于 PLC 的污水处理控制系统，该系统完成对污水处理设备的自动控制、动态工艺流程的监视、工艺参数的监视和设定，以及报警提示和故障诊断等功能，是一个实用性强、自动化程度高的一体化控制系统。

污水处理工艺流程图如图 8－1 所示。污水通过进水管后流经粗、细机械格栅去除污水中较大的悬浮杂物，随后进入旋流沉砂池，经过吸砂泵的提升进入砂水分离器，分离出来的污水进入配水井(砂粒定期清运)，之后经厌氧区、缺氧区和好氧区等生物处理设备进入泥沙分离区，出水达标后排放至目的地，分离出的污泥一部分经回流污泥泵进入配水井，另一部分经过污泥浓缩进入储泥池。

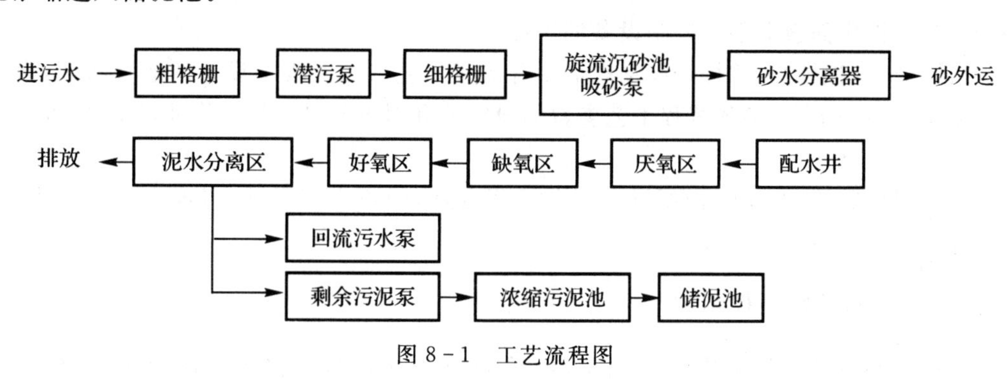

图 8－1　工艺流程图

8.1.2　系统总体方案

1. 控制系统构成

本污水处理厂控制系统采用上、下位机的主从式结构，3 个 PLC 站，PLC1，PLC2 和 PLC3，作为下位机连接污水处理设备，完成现场数据的实时采集和分散控制、状态判别等。中心控制操作站(包括 1 台工程师站和 1 台操作员站)作为上位机，以 WINCC7.0 组态软件为核心，设计监控界面，实现状态显示、参数设置、故障记录、报警提示、数据存储与报表统计等功能。各控制子站和中控站的主机通过以太网进行通信和信息交换。系统构成如图 8－2 所示。

2. 主要过程控制

该系统完成的过程控制主要包括三部分：机械处理控制、生物处理控制、污泥脱水控制，由 3 个 PLC 站分别完成。各处理过程控制的主要设备如下：机械处理过程，包括粗、细格栅，潜污提升泵、吸砂泵、砂水分离器等，由 PLC1 控制；生物处理过程，包括回流泵、潜水搅拌机、水下推进器、层流器、鼓风机等，由 PLC2 控制；污泥脱水过程，包括回流污泥泵、剩余污泥泵、浓缩机等，由 PLC3 控制。

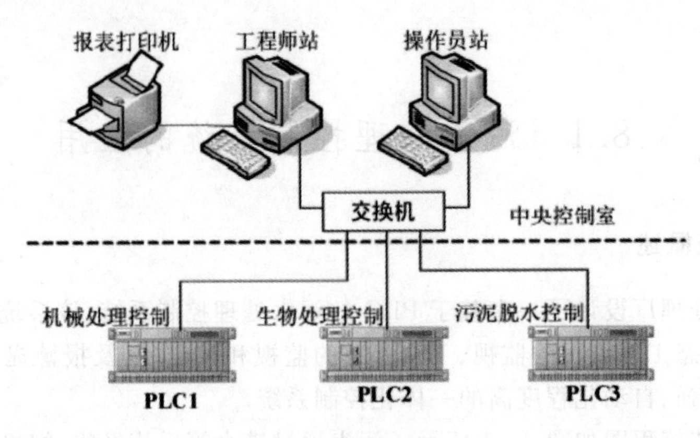

图 8－2　控制系统图

3. 系统的控制方式

系统包括 3 种控制方式：

(1)就地手动控制：通常在设备检修时将转换开关拨到手动控制方式，此时，操作人员可在各现场设备的操作面板上手动控制设备的启停。

(2)计算机远程控制：监控系统动态显示各流程工艺参数及现场设备的运行状况，自动进行故障诊断和报警提示，将各流程工艺参数的设定值和对电气设备的操作通过 PLC 发送至现场设备。

(3)自动控制：按照 PLC 程序以及工艺流程参数，脱离人工干预，实现全自动过程控制。自动启停设备、调节控制参数的大小。

8.1.3　控制系统硬件组成

该系统的硬件主要包括中央控制室、PLC 站和现场设备及仪表 3 部分，下面分别进行介绍。

1. 中央控制室

中央控制室由 1 台工程师站和 1 台操作员站作为监控站，通过工业以太网交换机与 PLC 相连，监控站使用工控机，配置西门子的以太网卡 CP1612，以 WinCC 7.0 组态软件为开发平台组态的控制系统显示画面。

2. PLC 站

PLC 选用西门子公司的 S7－400 系列，该系列 PLC 硬件配置灵活，软件编程方便。CPU 选用 CPU315－2DP，它具有大型的程序存储容量，集成了 PROFIBUS－DP 总线的端口，利用这个端口实现与 ET200M 以及现场仪表通信。整个控制系统采用基于 TCP /IP 协议的工业以太网实现上、下位机的通信，从而实现整个污水处理厂的一体化控制。

根据工艺的需要和控制要求，本系统设置 3 个 PLC 柜，模拟量输入 SM331 模块 12 块，模拟量输出 SM332 模块 2 块，数字量输入 SM321 模块 28 块，数字量输出 SM322 模块 15

块。模拟量输入为 DC24V，输出为继电器型。图 8 - 3 所示为部分硬件组态界面。

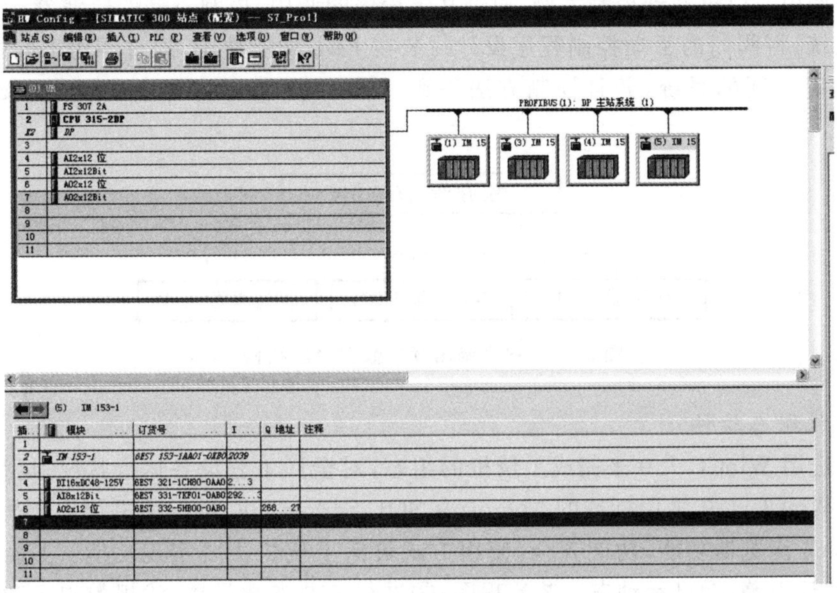

图 8 - 3　部分硬件组态界面

3. 现场仪表

现场设备上的一次仪表都是标准的常规仪表，其输出信号为标准的 4～20mA 或 0～5V 模拟电信号。模拟信号经 ADAM 模块转换滤波后变成工程量进行计算。

8.1.4　控制系统软件设计

1. PLC 控制软件

PLC 控制软件是利用 STEP7 V5.4 平台开发的，完成地址、站址的分配以及用户程序的设计开发。软件采用模块化编程结构，根据所控制设备的实际情况，把整个污水处理流程分为若干个分流程，每个分流程对应一个功能或功能块。将各种控制功能和各站点间的通信数据分别编写在不同的子程序中，主控程序通过组织块调用各功能。程序设计流程图如图 8 - 4 所示。

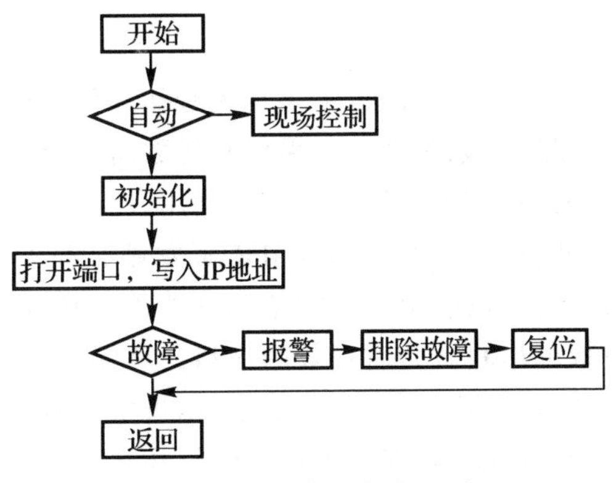

图 8 - 4　程序控制流程图

PLC 程序采用模块化结构，在 PLC 编程中采用子程序调用的形式，这样程序可读性强，以供主程序调用。以过滤器控制为例，通过其子程序的调用，控制不同的过滤器。系统共有 3 个过滤器系统，将阀门的手动控制程序设计封装在 FB1 功能块中，通过调用不同的背景数据块来实现控制不同的系统，并且控制方法一致。图 8-5 所示为程序调用背景数据分层结构图。

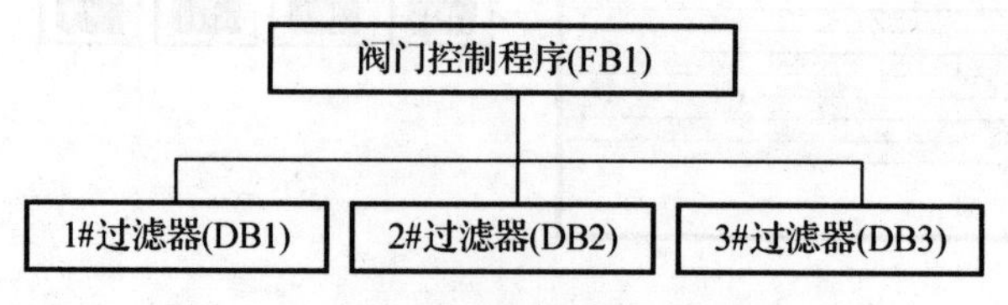

图 8-5 程序调用背景数据分层结构图

2. 上位机组态软件

本系统选用 WinCC 7.0 来完成上位机的组态，对全厂工艺设备运行状况、运行参数进行集中监控。WinCC 7.0 采用标准的 Microsoft SQL Server2000 数据库进行生产数据的归档，同时具有 Web 浏览器功能，功能齐全，使用方式灵活上位机主要实现功能：①显示流量、压力、液位及液位报警；②显示动态工艺流程图；③进行工艺参数设置；④报警提示和故障诊断；⑤显示实时趋势和历史趋势曲线；⑥存储数据；⑦打印各种报表。整套监控系统设有多幅实时监控画面，包括工艺画面、报警画面、报表画面、事件画面和操作记录等。其中工艺画面可显示整个系统的工艺流程，设备的运行状态通过指示灯表示，传感器的瞬时值依据仪表的实际安装位置被分别标注到工艺总图中，其实时数据和历史数据被做成相应的子画面，可在工艺总图中直接点击按钮进入。

根据污水处理的工艺要求，以西门子 PLC 为控制核心，用工控机配以 WinCC 组态软件实现远程监控，整个系统结构简单、控制功能完善，安装调试方便，满足了污水处理厂自动化控制的需要。在生产过程中减轻了劳动量，增加其保障力、可靠性、安全性并降低生产成本，还可以减少对环境的污染，提高企业经济效益。

8.2 碱回收蒸发控制系统中的应用

8.2.1 系统概述

目前，国内外造纸工业采用的制浆方法，主要是硫酸盐法和烧碱法(统称碱法)。碱法制浆的造纸企业每天都要产生大量的制浆黑液。如果任其排放将严重污染环境，所以，必须对黑液进行处理，并同时对黑液中的固形物进行回收和综合利用。

黑液蒸发的主要设备是蒸发器，蒸发器串联组成蒸发站。在本蒸发工段的主要控制目标是稳定浓黑液的浓度和降低蒸汽消耗，由于影响浓黑液浓度的因素主要是进效稀黑液的浓度和流量。在蒸发器中，前一效的出料就是后一效的进料。从保持前一效的物料平衡看，蒸发罐内的液位应力求平稳不变；从保持后一效的负荷稳定看，进效的流量应力求平稳。在这种情况下，需要兼顾液位和流量两个被控变量，液位平稳以保持物料平衡，流量平稳以保持负载稳定。

烧碱蒸发工艺是将来料淡碱经 4 级蒸发器通过加热蒸汽逐级加热蒸发的过程；首先淡碱

由淡碱贮罐根据Ⅰ效蒸发器的液位经加料泵泵入Ⅰ效蒸发器蒸发浓缩，再根据液位进入Ⅱ效蒸发器蒸发浓缩，然后再根据液位进入Ⅲ效蒸发器蒸发浓缩，最后根据液位进入Ⅳ效蒸发器蒸发浓缩并出料。其工艺流程图如图 8－6 所示。

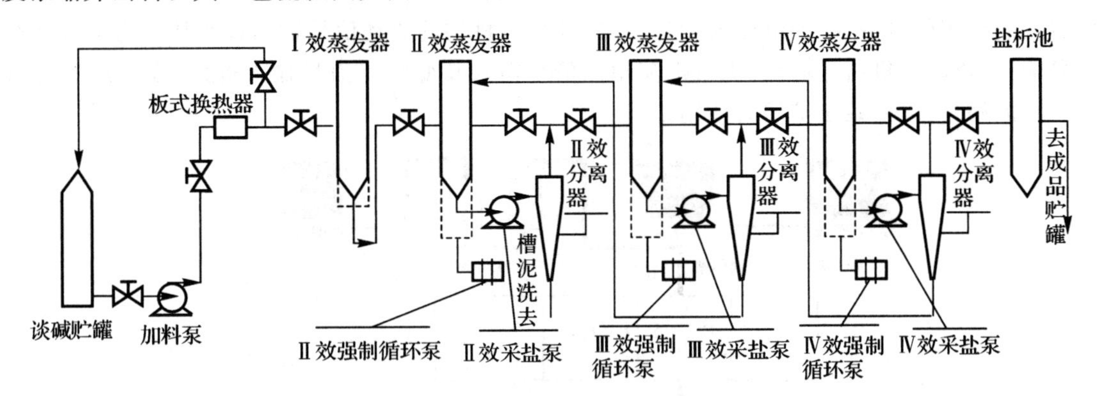

图 8－6 碱蒸发工艺流程图

Ⅰ，Ⅱ，Ⅲ，Ⅳ效蒸发器进料依据蒸发器液位，既可由 PLC 根据工艺设置自动控制进料，也可由操作员根据上位机画面手动控制进料。其中自动控制具体为：

(1)当Ⅰ效蒸发器液位低于下限时，对应进料阀开，回流阀关(回流阀是在不进料时，蒸发器为提高产品质量而设置的烧碱自循环用阀)；高于上限时，进料阀关，回流阀开；液位处于上下限之间时维持。

(2)当Ⅱ效蒸发器液位低于下限时，对应进料阀开，循环阀关；高于上限时，进料阀关，循环阀开；液位处于上下限之间时维持。

(3)Ⅲ，Ⅳ效蒸发器进料情况同上。

烧碱蒸发工艺中影响产品质量的核心是出料控制。而出料控制的关键是烧碱浓度控制，为保证最后出产烧碱浓度达到最佳工艺要求，本工艺只采取Ⅳ效蒸发器出料，且出料时必须同时满足下列要求：

(1)Ⅳ效蒸发器液位不低于下限；

(2)Ⅳ效蒸发器不在进料中，一旦开始进料，则出料停止；

(3)Ⅳ效蒸发器内汽相温度和液相温度之差符合设定值。为保证蒸发效果，给Ⅱ，Ⅲ，Ⅳ效蒸发器各配置一台强制循环泵，正常生产时一直开启，为解决Ⅱ，Ⅲ，Ⅳ效蒸发器内部结盐问题，还各配置一台采盐泵，进行定期采盐。

8.2.2 控制系统组成

1. 系统拓扑结构

本系统采用西门子 S7－400 系列 PLC 作为控制系统，共用 12 块 AI 模块(其中 4 块 RTD 模块)，2 块 DI 模块，2 块 DO 模块。编程软件采用西门子 STEP7 V5.4，上位机监控软件采用西门子 WinCC 7.0。为提高可靠性，上位采用两台工控机作为操作站，在任意一台机上均可监控操作。系统扩展采用主站、从站扩展方式，同时采用远程 I/O 模块 ET200M，中央处理器选用 CPU315－2DP，上位机与下位 PLC 之间通过通信处理器 CP343 以太网方式通信。系统将采集得到的数据先进行处理，再根据不同的要求进行显示与自动控制输出，任何时候都可以人工操作计算机画面输出。

图 8-7 中 PLC 控制系统采用 S7-400 2DP 主站加 3 个 ET200M 从站的系统结构，其中 1＃从站为蒸发工段的两线制仪表信号输入(如温度、液位等传感器信号)；2＃从站为蒸发工段的四线制仪表信号输入(如电磁流量计信号)及执行机构的驱动信号输出；3＃从站为电机状态信号输入、驱动电机信号输出、电机电流检测信号输入及变频器信号输入输出，模块配置时留有一定的裕量，以便系统扩展时使用。

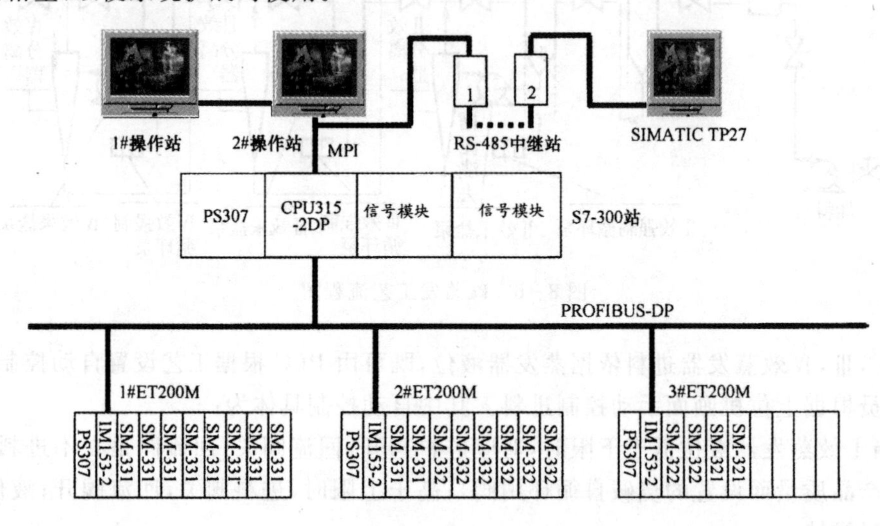

图 8-7　控制系统的拓扑结构图

STEP 7 是 SIEMENS SIMATIC 工业软件中的一种，它是用于对 SIMATIC PLC 进行组态和编程的软件包，利用 STEP 7 可以方便地进行编程和硬件组态，图 8-8 所示为系统的一个组态界面。

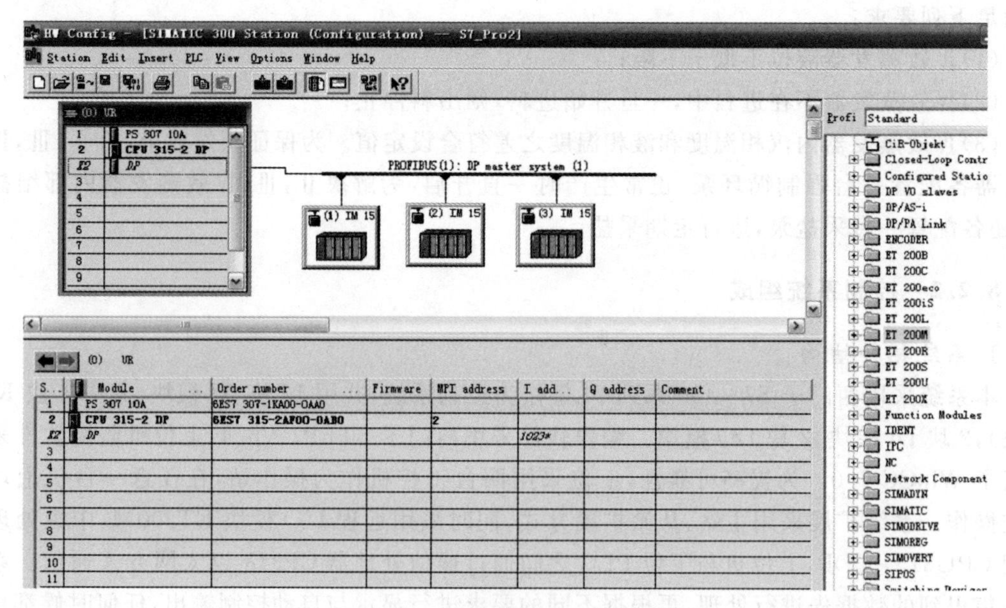

图 8-8　系统的组态界面

2. 系统控制量分析

整个蒸发工段控制系统的控制信号主要有开关量输入信号(切断阀、泵的状态反馈等)、开关量输出信号(切断阀、泵的控制等)、模拟量输入信号(如温度、压力、液位等)、模拟量输出信号(调节阀的控制等)。整个蒸发工段控制系统需要控制与检测的变量有:66 个模拟量输入(AI)、23 个模拟量输出(AO)、10 个数字量输入(DI)和 19 个数字量输出(DO)。表 8-1 给出了部分测控点控制量及其上下限数值。

表 8-1　部分控制量数据类型及上下限

点　名	汉字说明	数据类型	数据单位	模件类型	模件号	量程下限	量程上限
TI_1000	1#稀黑液槽温度	REAL	℃	SM331	1	0	150.00
LI_1000	1#稀黑液槽液位	REAL	m	SM331	1	0	13.00
TI_1001	2#稀黑液槽温度	REAL	℃	SM331	1	0	150.00
LI_1001	2#稀黑液槽液位	REAL	m	SM331	1	0	13.00
HV_1012	半浓黑液进 IV 效调节	REAL	%	SM332	11	0	100.00
FV_1012	进 IV 效黑液流量调节	REAL	%	SM332	11	0	100.00
LIV_1012	IV 效蒸发器液位调节	REAL	%	SM332	11	0	100.00

8.2.3　PLC 控制程序设计

下位机 PLC 控制系统主要完成工艺流程控制以及协调现场各仪表之间的逻辑关系,将现场各设备的运行状态通过通信网络传输到上位计算机,并接收上位计算机的控制指令,是自动化管理系统的关键设备。PLC 控制系统由 PLC 控制器、现场仪表和控制设备组成,PLC 控制器通过采集现场仪表的实时数据和控制设备的现状信息,实现设备的开/停以及进料阀、回流阀(循环阀)、出料阀的开启和关闭等多种控制。下位机 PLC 控制系统具有手动/自动两种控制方式,自动时由 PLC 根据工艺设定自动控制进料阀、回流阀(循环阀)、出料阀的开启和关闭;手动时,由操作员根据上位计算机画面手动点动鼠标将控制指令传给下位机 PLC 控制系统,由 PLC 控制进料阀、回流阀(循环阀)、出料阀的开启和关闭。所以在 PLC 的控制程序中应有手动自动方式,选择系统是采用手动方式还是自动方式。

1. 黑液浓度一蒸汽压力串级控制程序

由于多效蒸发器具有热容量大,滞后时间长等特点,利用常规的单回路 PID 控制很难达到理想的效果。这里设立双闭环串级控制系统,如图 8-9 所示。

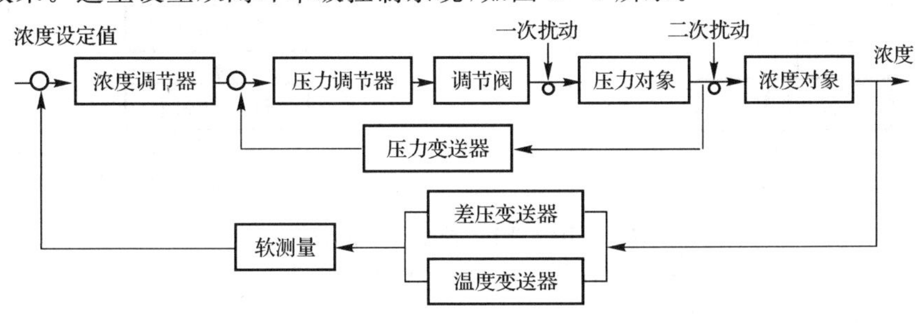

图 8-9　双闭环串级控制系统

系统中黑液浓度为主参数，进效蒸汽压力为副参数。内环为蒸汽压力控制回路，在系统中起粗调作用，外环为黑液浓度控制回路，起细调作用。但黑液的浓度很难在线直接测量，由于在一定温度下，黑夜浓度与其密度（相对密度）成线性关系，所以通常用密度或相对密度来表示黑液浓度，其数值用波美度（Be）来表示。根据黑液波美度与相对密度与温度的关系，可以采用软测量技术来换算出黑液波美度，实现对黑液浓度的在线检测。相对密度是指在参考温度15℃下，黑液浓度与水的密度的相对比值，实际中相对密度可通过密度计来测定，并换算成波美度来表示，但这种方法只能用于离线测定，不能进行在线测量，这里提出一种在线精确测量方法。

通用有：

$$B_e(15)=144.3\,\frac{d(T)-1}{d(t)}+0.052(T-15) \tag{8-1}$$

式中，$B_e(15)$ 表示温度为15℃时黑液的波美度，d 为黑液的相对密度，T 为黑液温度。由于在线直接测量密度（相对密度）难度很大，也采用间接测量方法。则有

$$\Delta p=\rho g\Delta H \tag{8-2}$$

式中，Δp 为压强差，kPa；ρ 为黑液密度，g/cm^3；g 为重力加速度，9.8 N/kg；ΔH 设为 1.0 m，根据上述条件，可以推导出：

$$B_e(15)=0.052T-\frac{1414.14}{\Delta p}+143.52 \tag{8-3}$$

因此，只要在线得到被测黑液的温度和压差，就可以换算出黑液的波美度。

2. PLC 程序的设计

图 8-10 所示为系统处于自动控制时各个蒸发器加料过程的软件程序流程图。

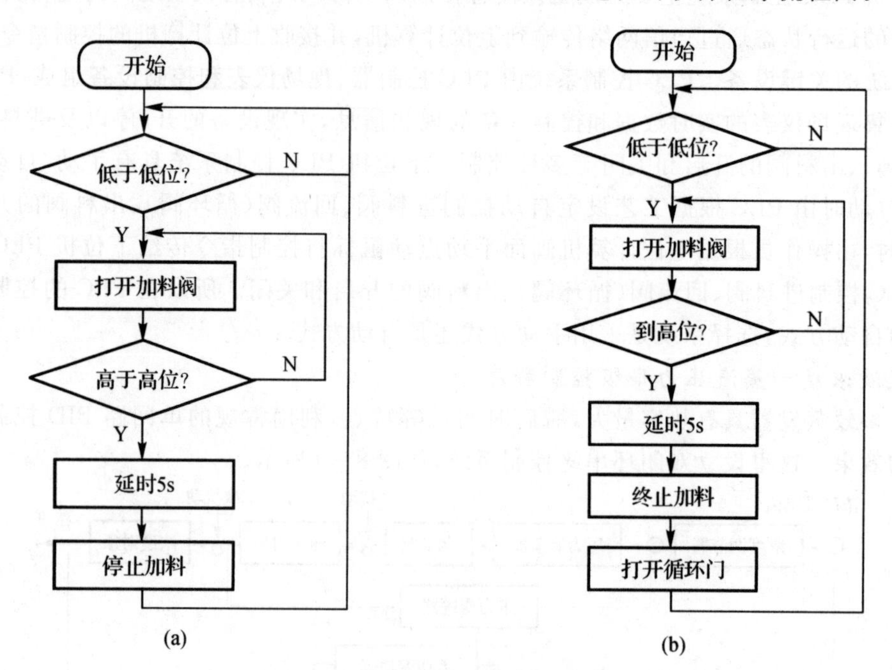

图 8-10　PLC 控制程序流程图

(a) Ⅰ效蒸发器加料流程图；(b) Ⅱ，Ⅲ，Ⅳ 效蒸发器加料流程图

3. 系统功能特点

上位机控制系统主要实现远程监测和管理功能，利用工控组态软件 WinCC 建立画面，具体工艺流程动态显示、实时数据获取及显示、历史数据存储与打印、故障报警等功能，实现对整个烧碱蒸发工艺集中监测和控制。可以为操作人员提供实时数据，并为其他应用程序提供参数，实现生产过程的监视和控制。

画面设置包括：工艺流程图（含液位棒图）、趋势图等。在工艺 流 程图上应有：连续显示各蒸发器内的液位等；显示各蒸发器进料或回流（循环）状态；显示出料或不出料的状态；显示温度、压力、流量以及电流；显示机泵开停状态；显示报警状态；其余检测点放在适当位置。

在趋势图上：显示所有蒸汽压力曲线；显示所有蒸发器烧碱液相温度曲线；显示Ⅳ效蒸发器汽相温度、液相温度、温差曲线。通过工艺流程图和趋势图，操作人员可以准确了解各个蒸发器的液位、温度、压力、流量等参数及各个阀门的动作情况。通过趋势图上的温差曲线可以掌握更加合理的出料时间。

PROFIBUS 技术是近几年来迅速发展起来的一种工业数据总线，是通信技术、计算机技术、控制技术发展的结合点，是过程控制的发展方向，它实现了从“分散控制”到“现场控制”，从“点到点”的数据传输到“总线”方式的数据传输，以及信息资源的共享，用这种技术设计的碱回收蒸发控制系统，具有可靠性高、实用性强和灵活性好等特点，自动化水平高，大大降低了人员的劳动强度，提高了产品质量，完全满足烧碱蒸发的要求，其性价比高、控制性能好，经多年的实际运行证明，系统性能稳定，运行可靠，报警及时，这种控制技术适用于大多数造纸厂，具有较大的推广价值。

8.3　料车卷扬调速系统中的应用

8.3.1　系统概述

在冶金高炉炼铁生产线上，一般将把准备好的炉料从地面的贮矿槽运送到炉顶的生产机械称为高炉上料设备。它主要包括料车坑、料车、斜桥、上料机。料车的机械传动系统如图 8 - 11 所示。

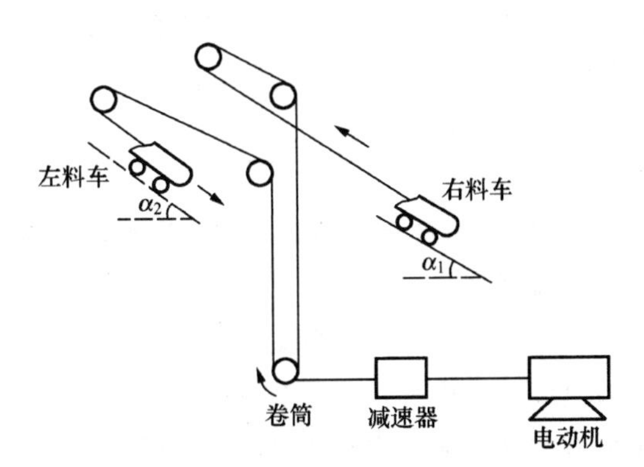

图 8 - 11　料车机械传动系统示意图

在工作过程中，两个料车交替上料，当装满炉料的料车上升时，空料车下行，空车重量相当于一个平衡锤，平衡了重料车的车箱自重。这样，上行或下行时，两个料车由一个卷扬机拖动，不但节省了拖动电机的功率，而且当电机运转时总有一个重料车上行，没有空行程。这样使拖动电机总是处于电动状态运行，避免了电动机处于发电运行状态所带来的一些问题。

料车卷扬机是料车上料机的拖动设备，其结构如图 8-12 所示。根据料车的工作过程，卷扬机主要有以下工作特点。

(1)能够频繁启动、制动、停车、反向运行，转速平稳，过渡时间短。

(2)能按照一定的速度曲线运行。

(3)调速范围广，一般调速范围为 0.5～3.5m/s，目前料车最大线速度可达 3.8m/s。

(4)系统工作可靠。料车在进入曲线轨迹段和离开料坑时不能有高速冲击，终点位置能准确停车。

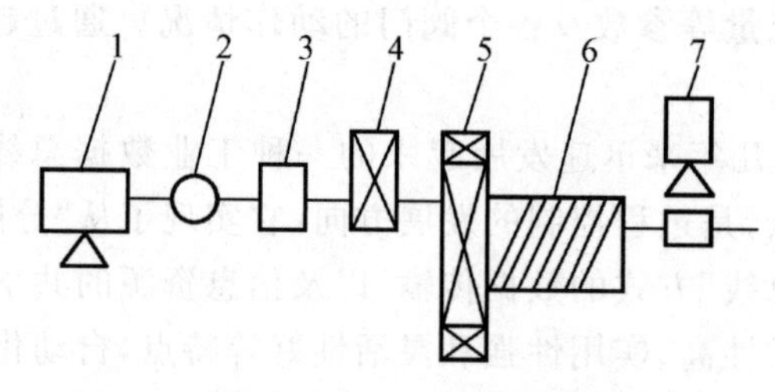

图 8-12　料车卷扬机示意图

1—电动机；2—联轴节；3—抱闸；4—减速机；5—卷筒齿轮传动机构；6—卷筒；7—断电器

某钢铁厂 100m^3高炉，电动机容量 37kW，转速 740r/min，卷筒直径 500mm，总减速比 15.75，最大钢绳速度 1.5m/s、料车全行程时间 40s 和钢绳全行程 51m 等。

料车运行分析：料车在斜桥上的运行分为启动、加速、稳定运行、减速、倾翻和制动共 6 个阶段，在整个过程中包括一次加速、两次减速。

8.3.2　变频器及主要设备的选择

1. 交流电动机的选用

炼铁高炉主卷扬机变频调速拖动系统在选择交流异步电动机时，需要考虑以下问题：应注意低频时有效转矩必须满足的要求；电动机必须有足够大的启动转矩来确保重载启动。针对本系统 100m^3的高炉，选用 Y280S-8 的三相交流感应电动机，其额定功率为 37kW，额定电流为 78.2A，额定电压为 380V，额定转速为 740r/min，效率为 91%，功率因数为 0.79。

2. 变频器的选择

(1)变频器的容量。高炉卷扬系统具有恒转矩特性，重载启动时，变频器的容量应按运行过程中可能出现的最大工作电流来选择，即

$$I_N > I_{Mmax} \qquad (8-4)$$

式中，I_N为变频器的额定电流；I_{Mmax}为电动机的最大工作电流。

变频器的过载能力通常为变频器额定电流的 1.5 倍，这只对电动机的启动或制动过程才有意义，不能作为变频器选型时的最大电流。因此，所选择的变频器容量应比变频器说明书中的“配用电动机容量”大一挡至二挡；且应具有无反馈矢量控制功能，使电动机在整个调速范围内，具有真正的恒转矩，满足负载特性要求。

本系统选用西门子 MM440，额定功率 55kW，额定电流 110A 的变频器。该变频器采用高性能的矢量控制技术，具有超强的过载能力，能提供持续 3s 的 200％过载能力，同时提供低速高转矩输出和良好的动态特性。

（2）制动单元。从上料卷扬运行速度曲线可以看出，料车在减速或定位停车时，应选择相应的制动单元及制动电阻，使变频器直流回路的泵升电压 U_D 保持在允许范围内。

（3）控制与保护。料车卷扬系统是钢铁生产中的重要环节，拖动控制系统应保证绝对安全可靠。同时，高炉炼铁生产现场环境较为恶劣，所以，系统还应具有必要的故障检测和诊断功能。

3. PLC 的选择

可编程序控制器选用西门子 S7－400，这种型号的 PLC 具有通用性应用、高性能、模块化设计的性能特征，具备紧凑设计模块。由于使用了 MMC 存储数据和程序，系统免维护。电源模块为 PS－307 2A，插入 1 号槽。CPU 为 CPU315－2DP（保留 PROFIBUS－DP 接口，为今后组成网络作准备），型号 6ES7 315－1AF03－0AB0，插入 2 号槽。数字输入模块选 SM321 DI16×DC24V，型号 6ES7 321－1BH02－0AA0 两块，一块插入 4 号槽内，地址范围为 I0.0～I0.7 及 I1.0～I1.7；另一块插入 5 号槽内，地址范围为 I4.0～I4.7 及 I5.0～I5.7。数字输出模块选 SM322 DO16×DC24V/0.5A，6ES7 322－1BH01－0AA0 型一块，插入 6 号槽内，地址范围为 Q8.0～Q8.7 及 Q9.0～Q9.7。

8.3.3　变频调速系统设计

1. 基本工作原理

根据料车运行速度要求，电动机在高速、中速、低速段的速度曲线采用变频器设定的固定频率，按速度切换主令控制器发出的信号由 PLC 控制转速的切换。变频调速系统电路原理图如图 8－13 所示。根据料车运行速度，可画出变频器频率曲线，如图 8－14 所示。图中 *OA* 为重料车启动加速段，加速时间为 3s；*AB* 为料车高速运行段，$f_1=50$Hz 为高速运行对应的变频器频率，电动机转速为 740r/min，钢绳速度 1.5m/s；*BC* 为料车的第一次减速段，由主令控制器发出第一次减速信号给 PLC，由 PLC 控制变频器 MM440，使频率从 50Hz 下降到 20Hz，电动机转速从 740r/min 下降到 296r/min，钢绳速度从 1.5m/s 下降到 0.6m/s，减速时间为 1.8s；*CD* 为料车中速运行段，频率为 $f_2=20$Hz；*DE* 为料车第二次减速段，由主令控制器发出第二次减速信号给 PLC。由 PLC 控制 MM440，使频率从 20Hz 下降到 6Hz，电动机转速从 296r/min 下降到 88.8r/min，钢绳速度从 0.6m/s 下降到 0.18m/s；*EF* 为料车低速运行段，频率为 6Hz；*FG* 为料车制动停车段，当料车运行至高炉顶时，限位开关发出停车命令，由 PLC 控制 MM440 完成停车。左右料车运行速度曲线一致。

2. 变频器参数设置

按图 8－13 所示接线，合上电源，开始设置变频器 MM440 的参数，设置 P0010＝30，P0970＝1，然后按下 P 键，使变频器恢复到出厂默认值。变频器各项参数设置见表 8－2。

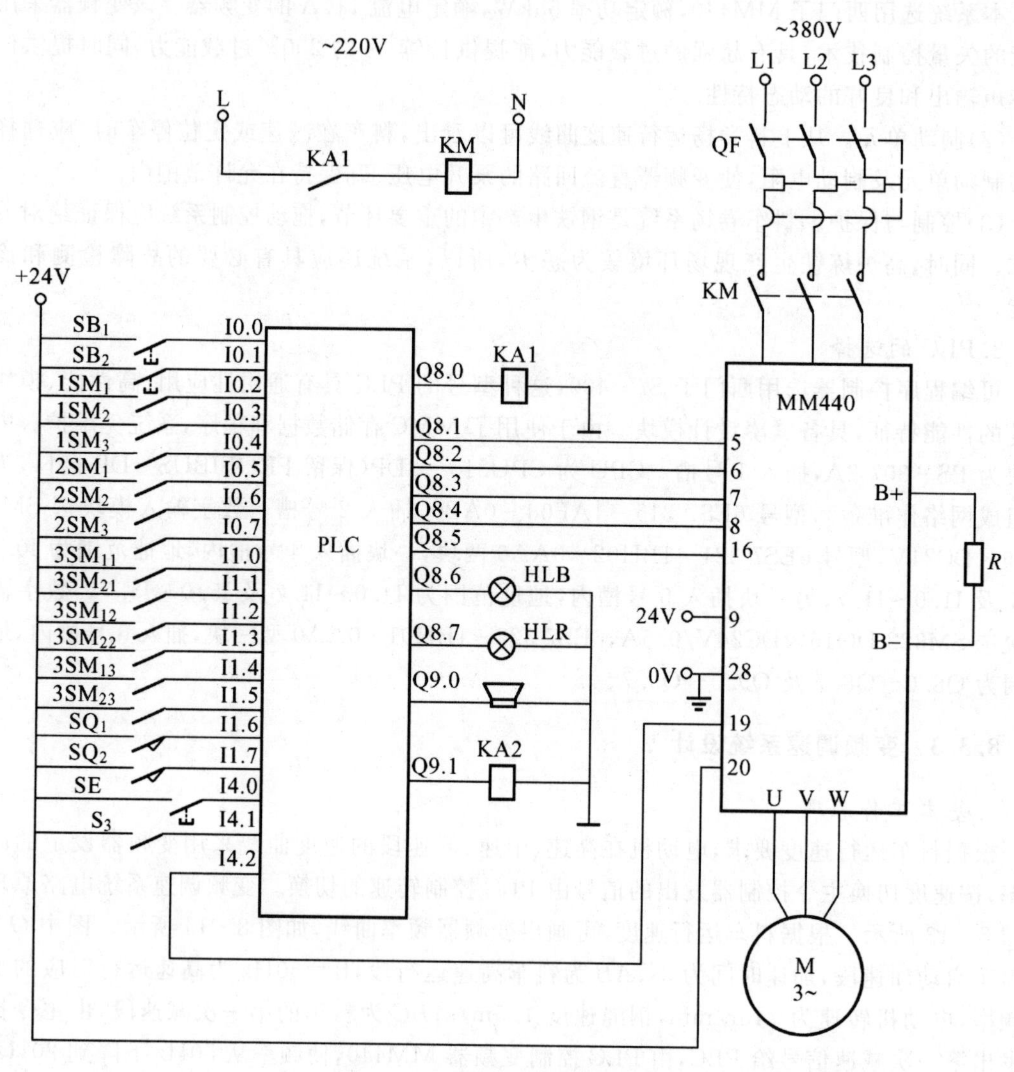

图 8-13 变频调速系统原理图

表 8-2 MM440 参数设置表

参数号	设置值	说 明
P0100	0	功率以 kW 表示，频率为 50Hz
P0300	1	电动机类型选择(异步电动机)
P0304	380	电动机额定电压(V)
P0305	78.2	电动机额定电流(A)
P0307	37	电动机额定功率(kW)
P0309	91	电动机额定效率(%)
P0310	50	电动机额定频率(Hz)
P0311	740	电动机额定转速(r/min)

续表

参数号	设置值	说　明
P0700	2	命令源选择“由端子排输入”
P0701	1	ON 接通正转，OFF 停止
P0702	2	ON 接通反转，OFF 停止
P0703	17	选择固定频率(Hz)
P0704	17	选择固定频率(Hz)
P0705	17	选择固定频率(Hz)
P0731	52.3	变频器故障
P1000	3	选择固定频率设定值
P1001	50	设置固定频率 $f_1=50$Hz
P1002	20	设置固定频率 $f_2=20$Hz
P1004	6	设置固定频率 $f_3=6$Hz
P1080	0	电动机运行的最低频率(Hz)
P1082	50	电动机运行的最高频率(Hz)
P1120	3	斜坡上升时间(s)
P1121	3	斜坡下降时间(s)
P1300	20	变频器为无速度反馈的矢量控制

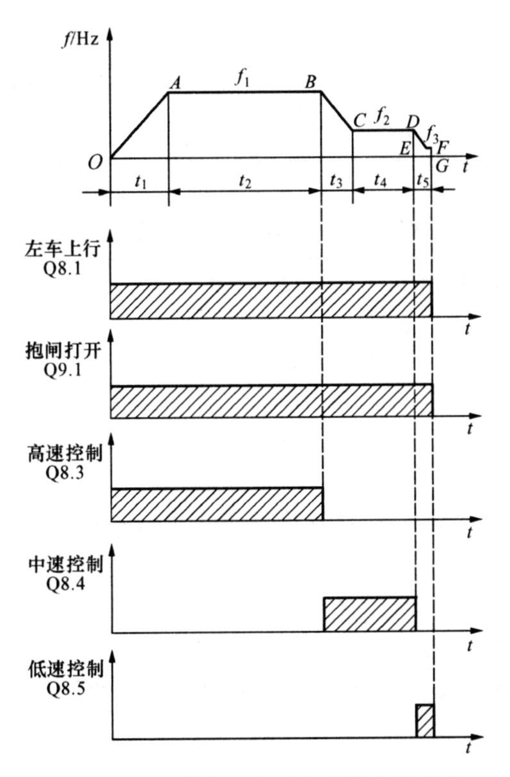

图 8 - 14　左料车上行时变频器频率曲线

3. S7-400PLC 程序设计

S7-400PLC 的 I/O 分配表见表 8-3，数字输出对应 MM440 变频器的高、中、低 3 种运行频率，见表 8-4。

表 8-3　S7-400 PLC I/O 地址分配表

输入设备	输入地址	输入设备	输入地址
主接触器合闸按钮 SB_1	I0.0	右车限位开关 SQ_2	I1.7
主接触器分闸按钮 SB_2	I0.1	急停开关 SE	I4.0
1SM 左车上行触头 $1SM_1$	I0.2	松绳保护开关 S_3	I4.1
1SM 右车上行触头 $1SM_2$	I0.3	变频器故障保护输出 19、20	I4.2
1SM 手动停车触头 $1SM_3$	I0.4	变频器合闸继电器 KA_1	Q8.0
2SM 手动操作触头 $2SM_1$	I0.5	左料车上行(5 端口)	Q8.11
2SM 自动操作触头 $2SM_2$	I0.6	左料车上行(6 端口)	Q8.2
2SM 停车触头 $2SM_3$	I0.7	高速动行(7 端口)	Q8.3
3SM 左车快速上行触头 $3SM_{11}$	I1.0	中速动行(8 端口)	Q8.4
3SM 右车快速上行触头 $3SM_{21}$	I1.1	低速动行(16 端口)	Q8.5
3SM 左车中速上行触头 $3SM_{12}$	I1.2	工作电源指示 HB	Q8.6
3SM 右车中速上行触头 $3SM_{22}$	I1.3	故障灯光指示 HR	Q8.7
3SM 左车慢速上行触头 $3SM_{13}$	I1.4	故障音响报警 Hz	Q9.0
3SM 右车慢速上行触头 $3SM_{23}$	I1.5	报闸继电器 KA_2	Q9.1
左车限位开关 SQ_1	I1.6		

表 8-4　MM440 运行频率表

固定频率	Q8.5 对应 16 端口	Q8.4 对应 8 端口	Q8.3 对应 7 端口	MM440 频率参数	MM440 频率(Hz)
高 f_1	0	0	1	P1001	50
中 f_2	0	1	0	P1002	20
低 f_3	1	0	0	P1004	6

利用西门子 STEP 7 软件编写 PLC 梯形图程序进行速度控制，梯形图如图 8-15 所示。采用 PLC 变频调速系统提高了系统运行的平稳性、工作的可靠性，操作与维护也很方便，同时节约了大量电能。由于系统在设置参数 P1300 时采用的是无速度反馈的矢量控制方式对电动机的速度进行控制，可以得到大的转矩，改善瞬态响应特性，具有良好的速度稳定性，而且在低频时可以提高电动机的转矩。这种高炉主卷扬调速系统将会给企业带来更大的效益。

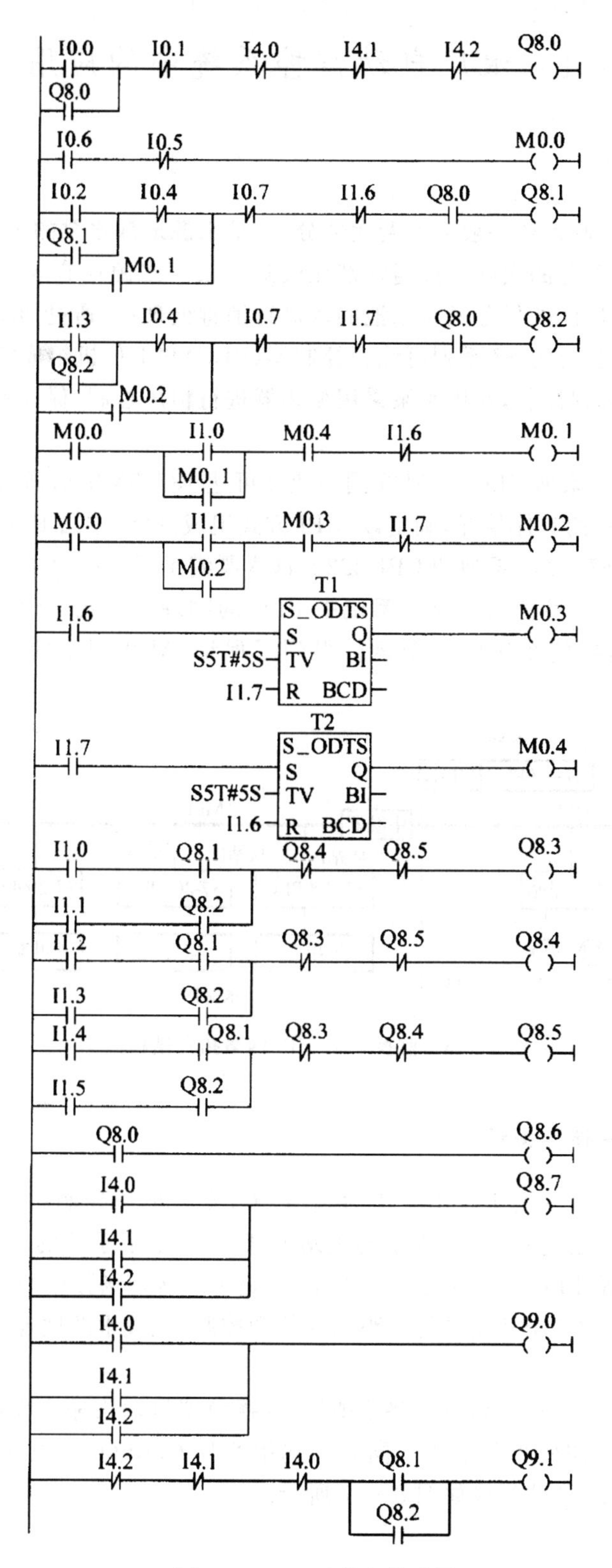

图 8-15　PLC 程序梯形图

8.4 水厂自动监控系统中的应用

8.4.1 系统概述

自来水厂的自动控制系统一般分为两大部分，一是水源地深水泵的工作控制；一是水厂区变频恒压供水控制，两部分的实际距离通常都比较远。某厂水源地有 3 台深井泵对水厂区的蓄水池进行供水；而水厂区的任务是对水池的水进行消毒处理后，通过加压泵向管路进行恒压供水，选用 SIEMENS 公司的 S7 系列可编程控制器(PLC)和上位机组成实时数据采集和监控系统。对深水泵进行远程控制，对供水泵采用变频器进行恒压控制，保证整个水厂的工作电机安全，可靠地运行。

SIEMENS 公司 S7 系列 PLC 的 MPI 网络速度可达 187.5Mbps；通过一级中继器传输距离可达 1km。根据水厂的具体情况，确定以 MPI 方式组成网络，主站 PLC 为 S7-300 系列的 CPU312IFM；从站为 S7-200 系列的 CPU222。这样既满足了系统要求，又节省了成本，这种分布式监控系统具有较高性能价格比。系统中 PLC 的物理层采用 RS485 接口，网络延伸选用带防雷保护的中继器，使系统的安全运行得到了保证，MPI 网络的拓扑结构如图 8-16 所示。

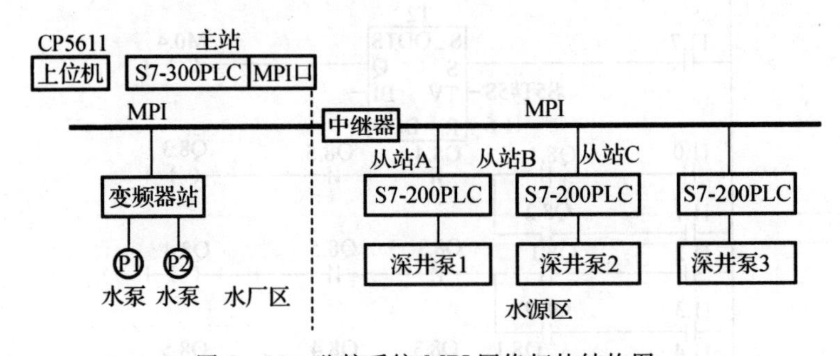

图 8-16 监控系统 MPI 网络拓扑结构图

8.4.2 控制系统硬件设计

监控系统由位于水厂区的上位 PC 机、主站 PLC、变频恒压控制站和水源地的 3 个从站 PLC 组成。上位 PC 机通过 CP5611 网卡与主站 PLC 完成整个系统的现场数据检测、数据处理及计算等工作。主站 PLC 完成两方面的工作，一是水厂区现场数据的采集及变频恒压供水的控制；二是与水源地的 3 个从站进行远距离通信和控制，完成水源地现场数据的采集与深井泵的控制。

根据现场实际情况，数据回路有 7 路模拟量，选择模拟量输入输出模块 SM334，该模块包括 4 路模拟量输入和 2 路模拟量输出。同时另选用 2 片 CD4066 模拟开关进行扩展，构成 8 路模拟量输入。主站 PLC 的组成如图 8-17 所示。

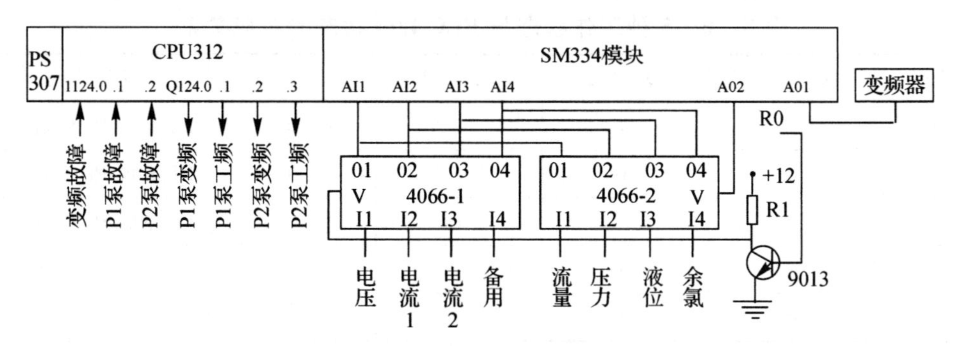

图 8 - 17　主站 PLC 控制电路

图 8 - 17 中，当 AO2 输出 0V 时，选通 4066 - 1 的 4 路模拟量输入；当 AO2 输出 10V 时，选通 4066－2 的 4 路模拟量。这种分时采集的方法利用 PLC 程序较易实现。实际应用中，分时操作时间间隔为 100ms，各个采集量的含义及内存地址见表 8 - 5。

表 8 - 5　模拟量数据内存地址分配表

控制量	AI 地址	内存	AO2 输出/V	含　义
电压	PIW256	MW0	0	变频器控制柜电源电压
电流 1	PIW258	MW2	0	1＃水泵工作电流
电流 2	PIW260	MW4	0	2＃水泵工作电流
备用	PIW262	MW6	0	备用
流量	PIW256	MW10	10	供水流量
压力	PIW258	MW12	10	供水母管压力
液位	PIW260	MW14	10	蓄水池液位
余氯	PIW262	MW16	10	蓄水池水中余氯含量

图 8 - 17 中的变频器选用 SIEMENS 公司 MM 系列产品，该变频器有专用接口模块，较易与主站组网。监控系统中，水泵 P1 和 P2 共有 5 种工作状态，各状态之间的转换条件如图 8 - 18 所示。

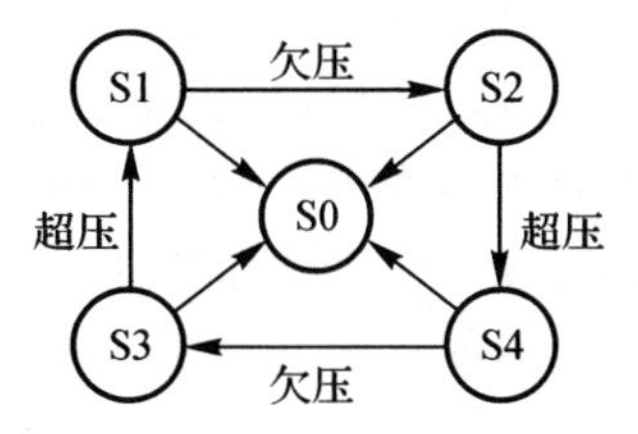

图 8 - 18　水泵工作状态的转换

5 种工作状态对应 PLC 的输入输出状态见表 8 - 6(表中 Q124.0～3 为 P1 和 P2 对应的输出端地址)，编程时，欠压加泵和超压减泵用定时器控制，具体定时时间根据实际情况确定。

表 8-6　5种工作状态与 PLC I/O 状态的对应关系

状态	Q124.0	Q124.1	Q124.2	Q124.3	功能说明
S1	1	0	0	0	P1 变频 P2 停机
S2	0	1	1	0	P1 工频 P2 变频
S3	0	0	1	0	P1 停机 P2 变频
S4	1	0	0	1	P1 变频 P2 工频
S0	0	0	0	0	系统停机

3 个从站 PLC 都采用 S7-200PLC，控制电路相同，分别控制三 3 深水泵的运行及现场数据采集，如图 8-19 所示。图中 Q0.0 控制深井泵的运行，I0.0 为深井泵过载信号输入端，Q0.1 为故障报警输出端，深井的水管压力、深井泵电压和电流 3 路模拟信号的现场采集通过 4 路模拟量输入模块 EM231 实现。

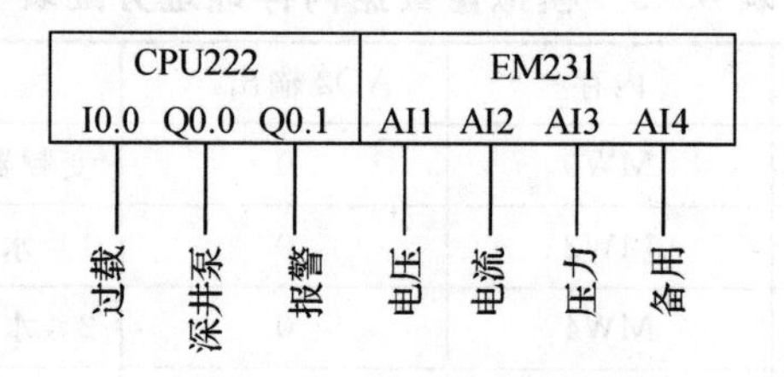

图 8-19　PLC 从站的控制电路

8.4.3　系统通信原理及 PLC 程序编制

本系统按纯主从方式控制和管理全网，由主站随机提出通信任务，采用非周期发送请求方式传输数据。通信任务是预先在主站中输入 1 张轮询表(Polling list)，该表定义了此主站应轮流询问的从站，按 MPI 网络的通信规则，各点的地址分别为：上位机 PC 为 0；主站 PLC 为 2；从站 1 PLC 为 4；从站 2 PLC 为 6；从站 3 PLC 为 8。主站通过系统功能函数 SFC67 和 SFC68 分别对 3 个从站进行读和写操作。根据监控系统的控制工艺要求，主站 S7-400PLC 和从站 S7-200PLC 的程序流程如图 8-20 所示。

设计监控系统时，为实时观察供水泵和深井泵的运行情况，及时发现并处理系统故障，在上位机上安装了组态软件，该软件包括运行版和开发版，开发的监控画面主要有工艺流程动态画面，MPI 网络画面，每台供水泵和深水泵的局部动态画面以及报警画面。工艺控制曲线包括供水管实时压力曲线，历史曲线，通过系统变量标签、图形编辑器和报表编辑器等组态工具可设定变频器的上、下限频率，供水管的各种压力参数，也可随时调用各历史曲线，达到实时控制的目的。

多点网络控制技术是近几年来迅速发展起来的一种工业数据总线，是通信技术、计算机技术、控制技术发展的结合点，是过程控制的发展方向，它实现了从“分散控制”到“现场控制”，从“点到点”的数据传输到“总线”方式的数据传输，以及信息资源的共享，用这种技术设计的自来水厂分布式监控系统，经多年的实际运行证明，系统性能稳定，运行可靠，报警及时，且供水压力恒定。这种控制技术对于中小规模监控场合，具有较大的推广价值。

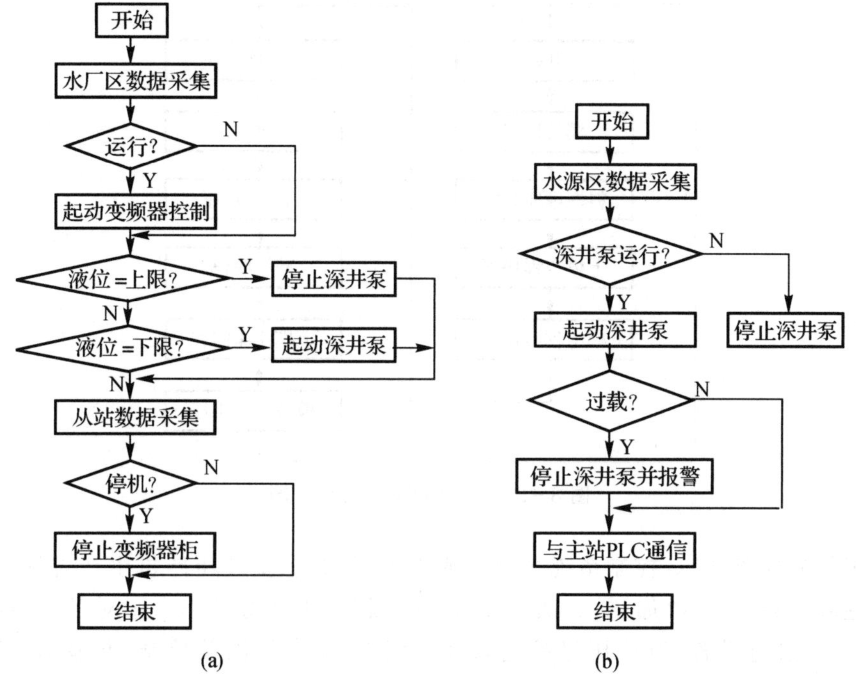

图 8 - 20　控制系统 PLC 程序流程图

(a)主站 PLC 程序流程图；　(b)从站 PLC 程序流程图

8.5　压砖机控制系统中的应用

8.5.1　系统概述

压砖机是陶瓷建材成型加工冲压的重要设备，陶瓷粉末经压砖机压制成型、再烘干、烧釉、烧成后即为日常用的瓷砖；旧式继电器一接触器控制的压砖机系统，由于其结构复杂，使用了大量的中间继电器、时间继电器，所以体积大，故障率高，通用性差且控制精度不高，现趋于淘汰。西门子 S7 系列可编程序控制器作为新一代的工业控制器，具有控制功能强、开发柔性好、接线简单、硬件安装方便、无触点免配线、抗干扰能力强、控制程序可随工艺参数灵活改变，通信功能强，可扩展性强等显著优点，目前压砖机均采用 PLC 控制。

压砖机主要由主机部分、液压传动系统、电气控制系统和辅助控制系统等部分组成。压砖机的整个动作过程直接由液压控制系统驱动执行，而液压控制系统相应的电磁阀动作由电气控制。

压制采用主缸上部加压经活塞的横梁及装在动横梁上的上模对粉料施加压力来实现，通过增压缸及压制管路给主缸上部输不同压力的压力油以达到两次或三次加压的目的，以利于砖坯成形。压砖机的工作流程主要包括：①推坯装料；②加压回程模具顶料器动作、控制顶料缸、墩料缸上升下落等工作。推料车系统运行主要完成推出成品，送入输送带并均匀布料后快退回原位，等待下一次动作，推料器动作由凸轮系统控制。

压制过程动作顺序如图 8 - 21 所示。

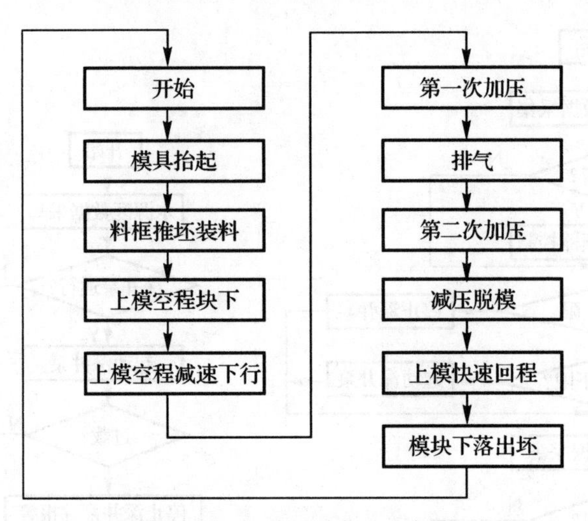

图 8－21　压砖机动作流程框图

根据工作流程图，PLC 控制系统必须完成以下要求：①实现压砖机生产过程各工步的顺序控制，如推坯、装料、一次加压、二次加压、减压、脱坯、出坯等动作。②对各工步的时间、温度、压力额定值进行设置，对冲压过程进行在线温度/压力检测及控制，并显示实时温度/压力值。

8.5.2　系统硬件组成

压砖机控制系统主要由送料系统、压制系统、翻坯系统等部分组成。其中送料系统由 SIMOVERT MASTER DRIVERS 系列交流变频器和旋转编码器组成闭环控制系统，控制送料电机。CBI 为与之配套的通信处理器。CB1 通过双口 RAM 与变频器内闭环控制电子板 CU2 接口。6SE7024 型矢量变频器配置 CB1 板后，可通过 PROFIBUS－DP 总线接口，与 PLC 之间高速传送命令与状态等信息。与送料电机同轴的光电编码器的输出脉冲信号通过 CU2 板送变频器。压制系统选用 S7－400 系列 PLC，该 PLC 同时用作 PROFIBUS 主站，CPU 选型为 CPU414－2DP，该型 CPU 数字处理能力极强，带有内部集成的 PROFIBUS－DP 接口，其组态灵活、速度快、操作简捷。同时，PLC 中还配置数块 SM422，SM421 模块，完成压砖机在网络状态下的顺序控制和闭环控制。PLC 还配置有 FM455 闭环控制模块和 SM431，SM432 模拟量模块，以实现对温度、压力的控制。翻坯系统输入输出量均为数字量，采用分布式 I/O ET200M，ET200M 通过 IM－153 接口与 PROFIBUS－DP 现场总线连接。本系统用屏蔽双绞线将主站接口模块与 ET200M 从站 DP 串联。另外，在主控室设有工程师站，配有 SIEMENS 公司 PⅢ工控机，操作面板采用 SIEMENS 公司的 PP17，监控画面采用 Wincc5.0 软件编制。在 S7－400 做硬件配置时，STEP7 为各个 I/O 模块自动分配地址。STEP7 为 PP17 模块同样自动分配 I/O 地址，其 I/O 模块地址与主站机架上的 I/O 模块地址具有相同意义。这样，在编程时无需考虑输入输出点是在主站上还是在从站上，也不必考虑数据的发送与接收。控制系统的拓扑结构图如图 8－22 所示。

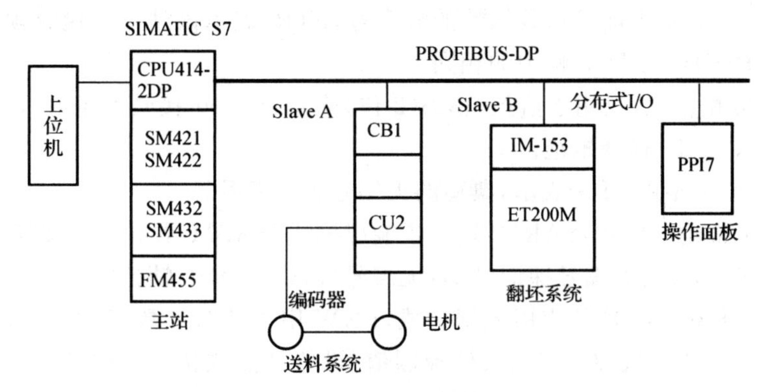

图 8-22　网络压砖机控制系统的组成

8.5.3　通信原理分析

PROFIBUS-DP 数据链路层协议媒体访问控制(MAL)部分采用受控访问的令牌总线(TOKEN BUS)和主一从方式。令牌总线与局域网 IEEE8024 协议一致，令牌在总线上的各主站之间传递，持有令牌的主站获得总线控制权，该主站依照关系表与从站或与其它主站进行通信。主从方式的数据链路协议与局域网标准不同，它符合 HDLC 中的非平衡正常响应模式(NRM)。该模式的工作特点是：总线上一个主站控制着多个从站，主站与每一个从站建立一条逻辑链路；主站发出命令，从站给出响应；从站可以连续发送多个帧，直至无信息发送、达到发送数量或被主站停止为止。本系统采用单主站的线型网络拓扑结构，采用后一种存取方式，因此只讨论数据链路中帧的传输过程、主站与从站之间的介质存取控制规约。

正常响应模式主站与从站之间 HDLC 传送帧的结构如图 8-23 所示。

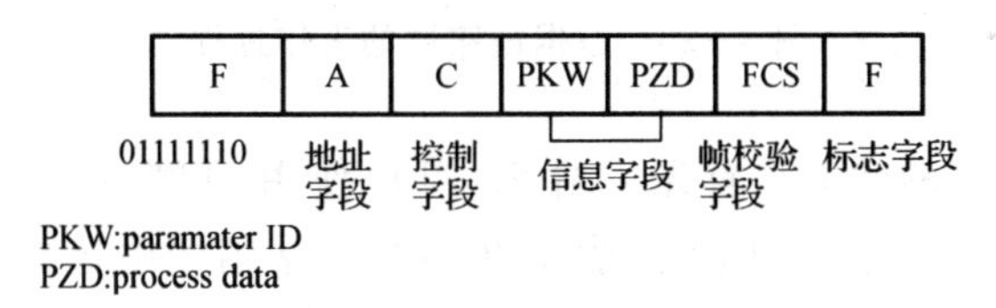

图 8-23　HDLC 传送帧的结构

其中 F 为标志字段(8 位)，A 为地址字段，从站地址，控制字段 C 作为 HDLC 帧的关键字段表示了帧的类型、编号、命令和控制信息。本系统 C 将 HDLC 的 LLC 分成 3 种类型：信息帧(I)、监控帧(S)和无编号帧(U)，如图 8-24 所示。

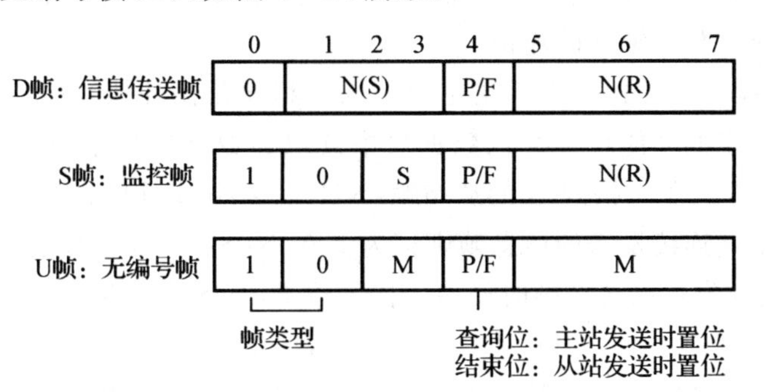

图 8-24　LLC 控制字段的 3 种结构

信息帧中 N(S)表示当前发送数据帧的顺序号，N(R)表示该站下一接收帧的序号信息帧中的探询/终止(P/F)位与 U，S 帧中的相同。

监控帧不带数据信息，只用于监控，由 S(2 位)表示；S=00 接收准备好，S=10 接收未准备好，S=01 拒绝，S=11 选择拒绝。

无编号帧 U 的类型由 M 来表示，典型的无编号帧有两种：

SNRM：置正常响应模式，SARM：置异步响应模式，SABM：置异步平衡模式。

DISC：断开连接，UP：无编号探询，UA：无编号确认，FRMR：帧拒绝。

信息字段由 PKW＋PZD 的应用数据构成，PKW 用于读写参数值，如写入控制字或读出状态字等，而 PZD 用于存放控制器的具体控制值、设置站点或状态字的参数。FCS 为帧检验字段，它对整个帧的内容进行循环冗余码(CRC)校验。

图 8-25 中 S7 PLC(主站)在获得总线控制权将与网中的 CB1＋SIMOVERT Master drives(从站 A)，ET200M(从站 B)构成纯主－从方式，主站发出命令，从站给出响应，配合主站完成对数据链路的控制。主站和从站 A 在半双工方式下非平衡正常响应模式下的通信过程具体分为 3 个阶段：数据链路的建立，数据传输和数据链路的释放，如图 8-25 所示。

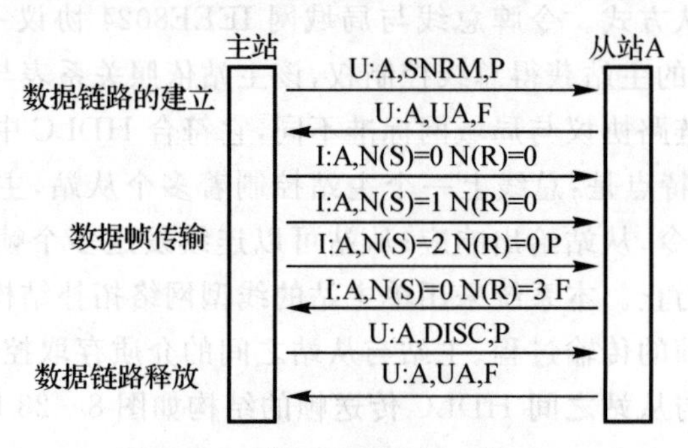

图 8-25　数据链路层的工作过程

第 1 阶段为数据链路的建立。首先主站 S7 PLC 使用 U 帧的置正常响应模式 SNRM 命令，在地址字段 A 中填入从站 A 的地址，表示在多个从站结构中选择 Slave A 为与之连接的从站，探询位 P 为 1，记为 U：A，SNRM，P。从站 A 接到 SNRM 命令后，用 U 帧的无编号确认命令 UA 作为响应主站建立数据链路的确认，记为 U：A，UA，F。终止位 F 用于从站对主站探询 P 的应答。这一过程在实际操作过程中是通过专有的 DVA S7 通信软件包来实现的，系统网络中上位机将组态好的主站 SIMATIC S7 PLC 从站 A 的地址和特性参数量传送给主站，由主站向从站分配地址和组态，若从站的特性与主站分配的特性相同，便确认自己是该从站，并开始与主站建立数据链路的连接。

第 2 阶段为数据帧的传输。由于主站中的固有程序是循环执行的，向特定的数据块 DBi 中写入指令参数，特定的功能块 FBj 从数据块中读取参数并向从站 A 发送，第一个编号为 0 的信息帧中 N(S)=0 由于未接到 A 的从站帧，N(R)=0，则此 I 帧记为 I：A，N(S)=0，N(R)=0。第 2，3 个从主站连续发送的信息帧则记为 I：A，N(S)=1，N(R)=0 与 I：A，N(S)=2，N(R)=0。如果主站在发送第 3 个帧时使用了探询位 P，而且从站也有信息帧要发送，则此 I 帧记为 I：A，N(S)=0，N(R)=3。其中 N(S)=0 表示从站 A 发送的 I 帧序号为 0；N(S)=3 表示从站 A 已正确接收序号为 2 及其以前的 I 帧。若从站只有一帧发送，则应用终止符 F 标记，此时的 I 帧为 I：A，N(S)＝0，N(R)＝3，F。

第 3 阶段为，当主站和从站 A 都没有信息帧要发送，或主站与从站 B 建立链路连接时，则释放此链路连接。此时，主站使用 U 帧释放连接命令 DISC，从站 A 用 U 帧的 UA 予以确认，至此，一次完整的数据链路中帧的传输过程完成了，这一阶段称为数据链路的释放。

PROFIBUS - DP 并未采用 ISO/OSI 的应用层，而是自行设置一用户层，该层定义了 DP 的功能、规范与扩展要求等。

8.5.4　程序设计

本系统采用 SIMATIC S7 - PLC 的配套编程软件 STEP7 完成系统参数设置、PLC 程序编制、测试、调试和文档处理。根据工艺及控制要求和结构化编程的原则，系统的控制程序主要完成以下几大功能：①压制系统的运行；②翻坯系统的运行；③网络通信；④工作方式的选择；⑤数值控制。其中数值控制主要包括模具的温度、压制次数的设定及累计、压力值的设定、各动作延时时间等。用户程序由组织块（OB）、功能块（FB，FC）和数据块（DB）构成。其中，OB 是系统操作程序与应用程序在各种条件下的接口界面，用于控制程序的运行。FB，FC 是用户子程序。DB 是用户定义的用于存取数据的存储区。它是上位机监控软件与 STEP7 程序的数据接口点。本系统中的压制次数、各动作的延时时间等均存放在 DB 中。下面着重分析压制系统的运行主程序设计：

压制系统主程序主要包括模具顶出单步、横梁单步、料车单步、一次加压、二次加压等部分。具有手动、自动等工作方式。系统输入点数（DI）为 32 点，输出点数（DO）为 24 点。用 STEP7 设计顺序控制程序时，结构化程序使用块指令来提供控制过程的逻辑状态，块调用优先级组成了程序的结构，系统程序结构如图 8 - 26 所示。

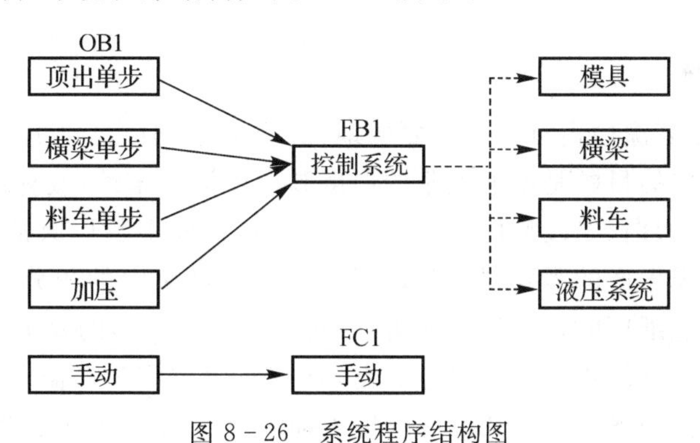

图 8 - 26　系统程序结构图

在图 8 - 26 中，程序结构由存储在组织块内的程序指令决定，基于这些指令状态，OB1 调用功能块 FB1 和 FC1，并通过 DB1 传递控制过程中所需要的具体参数。如压力值、模具温度、延时时间等，从而实现相应的动作。本系统压砖机控制主程序具有以下几个特点：① 按顺序的单步选择功能和执行功能（无论是手动还是自动），上步操作选择标志是下步选择操作的条件逻辑；本步选择标志是本步执行的条件逻辑，先选择后执行；同时下步选择后抑制上步选择，为工艺操作提供了很大的灵活性；② 从任何一步起都可以进行自动/手动的切换，进行下步选择/执行下步；③ 每步选择之间，为消除操作按键可能引起的抖动，确保每一步的可靠，上步标志建立后经一定延时（具体时间现场调试）才接通下一步，具体设计中通过定时器来实现。

本系统采用 WinCC7.0 在中文 Window2000 下，其组态界面全部汉化。工艺画面监视包括总的工艺流程动态画面和局部动态画面，动态画面给出实际的运行工况（电机、电磁阀等），并在工艺检测点通过虚拟仪表显示实时参数。WinCC 通过短期归档（记录间隔可达 500ms），环行对列，先入先出，动态刷新不同的静态画面，加上新的动态实时数据，构成了带动态显示点的工艺画面；工艺控制趋势图包括历史工艺曲线和实时工艺曲线图、模拟量棒图，通过 Wicc 的历史趋势控件来实现。通过点击虚拟仪表可得到相应的趋势图，也可在一个画面中对多条关键工艺曲线（最多 4 条）进行实时监视。故障报警信息：画面上虚拟仪表显示闪烁，报警表中记录有（包括历史记录）对故障发生的时间、工位、故障类型等。便于查询和处理，并通过历史查询获得故障前后较为详细的信息。报表功能：生产日报表，历史曲线图，历史数据等，通过 WinCC 的报表编辑器实现。工艺及控制参数：包括工艺参数和工艺曲线。利用画面编辑器，通过与 PLC 连接的外部变量来实现该功能。设定好后，经确认，下载到 PLC。工艺参数包括：温度、压力、厚度及动作时间等。

PROFIBUS - DP 只有三层结构，具有令牌总线和主－从方式的混合介质存取控制技术，这种网络的实时性远远高于其他局域网，其完善的工艺参数检测和直观丰富的人机界面为工艺操作和监督提供了极大的方便，其远程诊断功能更方便了广大用户。因而在工业现场特别是陶瓷行业获得了广泛的应用。用这种控制技术组成的陶瓷压砖机系统即所谓“网络压机”目前在已开始批量生产。实际证明，该系统自动化程度高，效果良好，是压机控制技术的一次重大变革。

8.6 造纸行业中的应用

8.6.1 系统概述

在造纸过程中，纸浆漂白占有十分重要的地位，它关系到成品纸的质量、物料和能源消耗以及环境保护等。漂白的目的是增加纸浆的白度和白度的稳定性，改善纸浆的物理化学性质。漂白的方式较多：一段漂白、二段漂白与多段连续漂白，目前多数厂家都采用三段、四段漂白。多段漂白适合于大规模生产的需要，具有节约氯耗、降低纸浆中的灰分、提高纸浆的撕裂度及耐破度等优点。由于造纸厂的环境比较恶劣，故对仪表及控制器的要求比较高。西门子 S7 系列 PLC 具有标准化、模块化和插入结构等特点，具有防尘抗震耐高温、抗干扰等性能，很适合造纸厂的工业环境。其中 S7 - 400PLC 可以提供强大的控制、网络和组态功能，采用模块化无风扇的设计，坚固耐用，而且容易扩展和具有广泛的通信能力，容易实现分布式系统结构，已经成为中、高档 DCS 中的首选产品。

本系统采用四段漂白，其工艺流程如图 8 - 27 所示。

来自洗选工段的黑浆进入氯化塔进行氯化，在氯化过程中，为了防止纸浆过漂导致降低纤维强度或欠漂而达不到预定的白度，需要对通入的氯气量进行控制。经氯化后的浆料通过洗浆机和双辊混合机进入碱化塔中，为了使碱溶性的氯化木素能进一步溶出浆料，需要在双辊混合机中通入蒸汽进行加热。其加热后进入碱处理塔的浆料温度要进行控制，以确保工艺条件的稳定。同时为了保证漂白浆质量，需要对碱处理过程中的碱液加入量进行控制。由于在碱处理过程中产生的碱性返黄，此时浆料的颜色呈黄色，白度没有提高，所以经碱处理后的浆料还要通过洗浆机和双辊混合机进入漂白塔中进行漂白，以提高纸浆的白度。在漂白过程中，为了保证纸浆在各塔中的滞留时间，进行充分的化学反应，除氯化塔为升流式不必进行浆位控制外，其余各塔需要对其浆位进行控制。

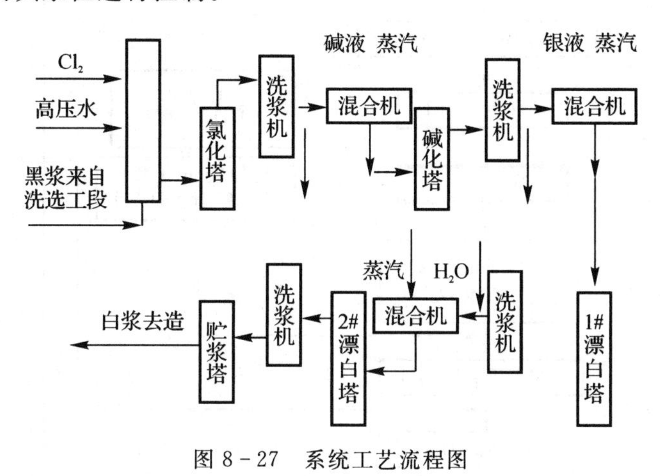

图 8－27　系统工艺流程图

8.6.2　控制对象分析

1. 系统优化控制

漂白工段需要控制的参数主要有浆的浓度、药液的流量、各塔的温度及 4 列洗浆机的浆位。系统中浆浓与药液流量的控制采用常规的 PID 及 PI 控制器即可取得很好的效果；为了保证稳定上浆，必须严格要求洗浆机的液位维持在一定高度，而洗浆机的液位控制是一个小液位控制，故系统中采用控制变频器的转速来控制洗浆机的转鼓，从而实现对洗浆机液位的精确控制。

漂白过程中碱化塔、漂白塔温度控制是保证浆料质量的一个重要环节，在实际过程中，上部温度采用蒸汽进行加热，中部温度不控制，下部温度采用加冷却水的方法控制。本文主要介绍碱化塔上部温度控制方法。

2. 被控对象数学模型

在蒸气管道压力恒定（实际工作中，指在压力变化较小条件下）及在某一稳定状态下，对系统作一次下阶跃响应，蒸气阀门从原来开度减小至某一开度，保持该开度不变，当系统重新达到平衡位置后，再把阀门位置恢复为原来值。

采用该方法，得到了该系统的数学模型为

$$G(s)=\frac{Y(s)}{U_0(s)}=\frac{0.38e^{''-90s}}{130s+1}$$

式中，U_0 为蒸气阀门开度；Y 为碱化塔上部温度。

3. 控制算法

从系统的数学模型可以看出，对象为大滞后系统，采用纯粹 PID 控制器不能达到良好的控制效果。系统中对各塔温度的控制采用多模态控制策略，STEP7 本身提供了 3 种形式的 PID 子程序，本系统采用软件提供的位置式输出 PID 函数功能块 FB41，利用该功能块，只要正确设定 FB41 的接口参数，控制效果能达到令人满意的程度。PLC 中对各塔温度的控制程序如流程图 8－28 所示。

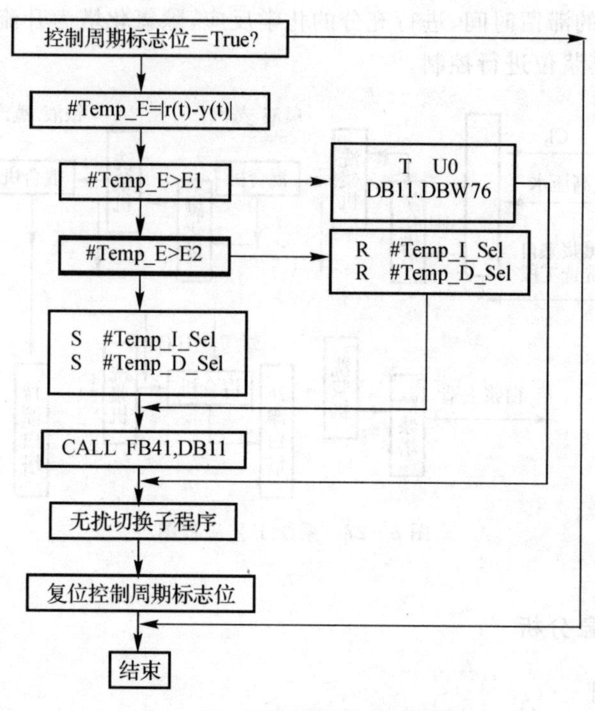

图 8－28 温度控制程序流程图

程序中对 FB41 的接口参数 I Sel(积分选择)及 D Sel(微分选择)采用临时变量动态赋值，DBl1 为 FB41 对应于碱化塔上部温度控制的背景数据块；程序块中 U_0，$E1$，$E2$ 由实际被控对象决定，如碱化塔上部温度控制 U_0 为 65％，El，$E2$ 分别为 6℃和 3℃，其值的确定可参考调试阶段开环运行时手动输出值，当对象的工作点发生变化时，其值应该重新调整。

8.6.3 系统配置

控制系统完成对系统参数的检测、报警及控制等功能；在整个漂白工艺过程中，系统需要控制与检测的变量有：95 个模拟量输入(AI)，14 个模拟量输出(AO)，60 个数字量输入(DI)和 60 个数字量输出(DO)。

下位机 PLC 系统采用的是 S7－400 主站加 4 个 ET200M 从站的系统结构。1＃ET200M 从站为漂白工段的二线制仪表信号输入，如温度、浆位等传感器信号；2＃ ET200M 从站为漂白工段的四线制仪表信号输入(如电磁流量计信号)及执行机构的驱动信号输出；3＃ET200M 从站为电机状态信号输入及驱动电机信号输出；4＃ ET200M 从站为电机电流检测信号输入及变频器信号输入输出。系统布置采用两个控制柜，主站、1＃ ET200M 从站和 2＃ET200M 从站布置在 1＃柜内，主要检测与控制浆位、温度、浓度、流量等参数，3＃ ET200M 从站和 4＃ ET200M 从站布置在 2＃柜内，主要控制各电机的启动及检测各电机的状态与电流并控制 4 台变频器。系统采用主站加从站的结构，可使系统造价降低，并且扩展灵活方便。

PLC 主要完成系统的保护、控制和数据采集等功能，其编程软件采用 STEP7 V5.1SP2。

操作员站由两台研华 610 工业控制计算机和西门子触摸屏(SIMATIC TP27)组成，触摸屏(SIMATICTP27)主要实现对制漂车间各工艺参数的检测与控制，编程软件分别采用德国西门子公司的 WinCC RC1024 版本和 PROTOOL，主要执行显示、报警、存储及打印报表等功能。

主站 S7-400 的 CPU414-2DP 本身有一个 MPI/DP 接口，可直接与 MPI 或 DP 总线相连，系统中两台计算机通过 CP56ll 卡与 MPI 网络连接，SIMATIC TP27 本身自带有 MPI/DP 接口可直接与 MPI 网相连，但由于 MPI 网传输最远距离只有 10m，故 PLC 与 SIMATIC TP27 之间需加一对 RS-485 中继器以延长传输距离，MPI 网的通信速率设为 187.5kbps；S7-400 主站与 ET－200M 从站之间采用标准的 PROFIBUS-DP 网络通信，其通信速率为 1.5Mbps。控制系统结构如图 8-29 所示：

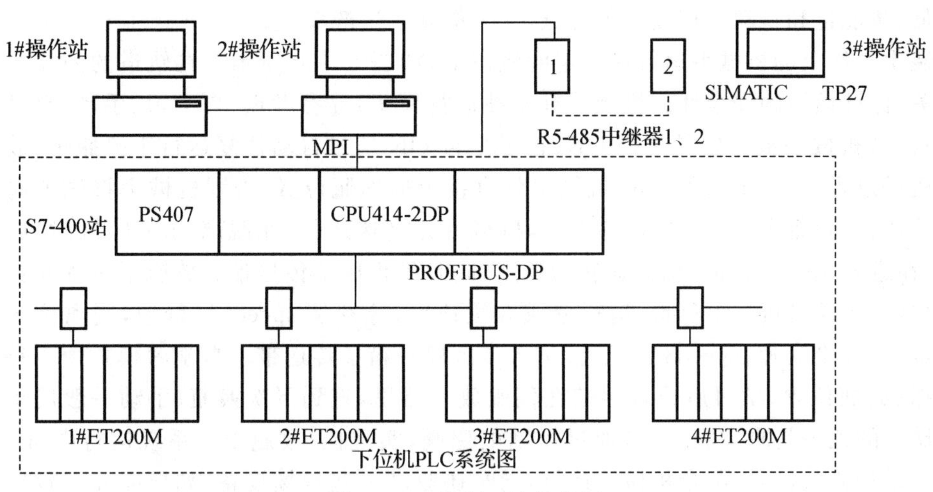

图 8-29　控制系统结构图

图中上位机在系统中实现主要有下述功能。

(1)显示。WinCC 以强大的数字、文本、图像格式为用户显示主要设备的运行状态、主要测量参数的实时值以及报警记录，提供整个生产过程的系统工艺图和历史趋势图。

(2)监控。根据生产情况要求，操作员可以直接从计算机上通过键盘、鼠标修改设定值和调整过程控制参数并控制电机的起停。

(3)报警。提供在生产过程中出现的故障，这些故障信息可以通过声音报警、画面显示等形式提醒操作人员。

(4)数据存档。将数据存储在数据文件中，创建参数的历史趋势图，供工程人员方便查询。

(5)报表。根据实际需要创建重要工艺参数的电子表格，并可以设定定时打印。

本系统的特点是：成本较低、简单易用、可靠性高、通信能力强，有很强的模拟量运算能力和数字逻辑处理功能。目前该系统运行稳定，系统中的算法有效可行，达到了令人满意的控制效果，创造了较好的经济效益。

8.7 机械手控制系统中的应用

8.7.1 系统概述

某醋厂灌装生产线要求装箱机械手每次抓住 48 瓶醋，按照一定的运动轨迹放在两个箱子里，由于该厂以前的系统老化，经常发生故障，满足不了新的生产要求。本文采用德国 SEW 公司生产的同步伺服电机、伺服放大器开发一套新的基于 PROFIBUS-DP 的装箱机械手控制系统，并配备西门子触摸屏，提供良好的人机界面。使系统具有开放性、实时性强、运行和维护成本低、智能化和自动化程度高等优点，大大提高了生产率。

灌装生产线上的机械手运行在一定的轨道上，如图 8-30 所示。在轨道的两端各有一个限位开关，保证运行的安全性。机械手有 4 种运行模式：寻参考点、自学习、手动、自动。自动运行模式中，机械手根据瓶子是否 OK、箱子是否 OK 信号自动往复运行于抓瓶子、放瓶子位置。抓瓶子过程中，如果瓶子 OK，机械手就直接走向抓瓶位置，否则机械手将先走向平衡位置然后等待，直到瓶子 OK。在此过程中，机械手先高速运行，在脱离 speed3 区时，启动箱子传送带，在进入 speedl 区时，由高速转为低速，同时停止瓶子传送带。放瓶子过程和抓瓶过程相似，但是由于此时机械手负重，运行分成 3 段速度，分别是 speedl 区低速，脱离该区启动瓶子传送带；speed2 高速；speed3 再低速，进入该区停止箱子传送带。自学习模式用于每次换瓶子学习抓、放瓶位置，学习后位置存储在伺服放大器里，直到下次换瓶；手动一般用于排除故障。机械手的抓头是真空吸盘式，通过控制电磁阀，实现抓、放瓶子。系统运行中，PLC 采集现场的一系列光电信号，配合机械手运行，同时还驱动一些现场设备，如导向斗、挡箱、箱子传送带、瓶子传送带。

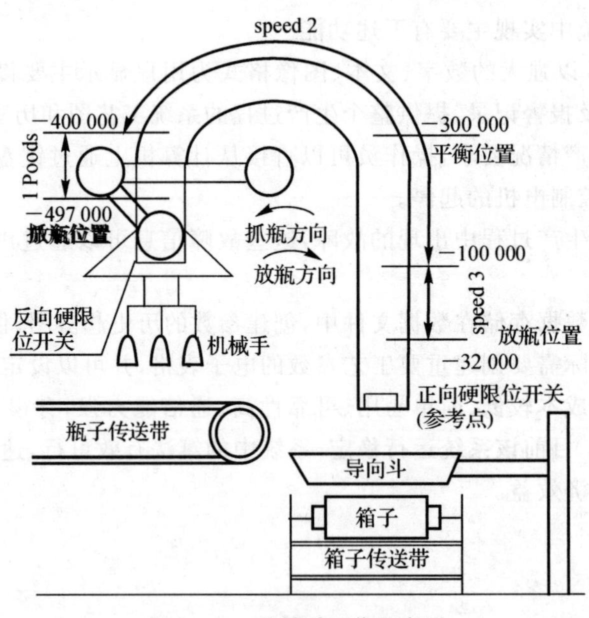

图 8-30　机械手工作示意图

8.7.2　系统硬件组成

根据灌装生产线的工艺流程和控制要求，采用了 PROFIBUS－DP 解决方案。整个系统由 DP 主站，从站及现场设备组成，如图 8－31 所示，PROFIBUS－DP 主站采用 SIMATIC S7－300 系列的 CPU315－2DP 模块。它带有 DP 通信口，具有强大的处理能力，并集成总线接口装置。从站有伺服放大器，通过总线接口 DFP11A 与总线相连；另外现场设备采用 ET－200M 现场模块，通过 IM153 接口模块与总线连接。同时还选用了西门子 TP270 触摸屏，可以显示机械手运行状态、设置参数和手动操作，是良好的人机界面。

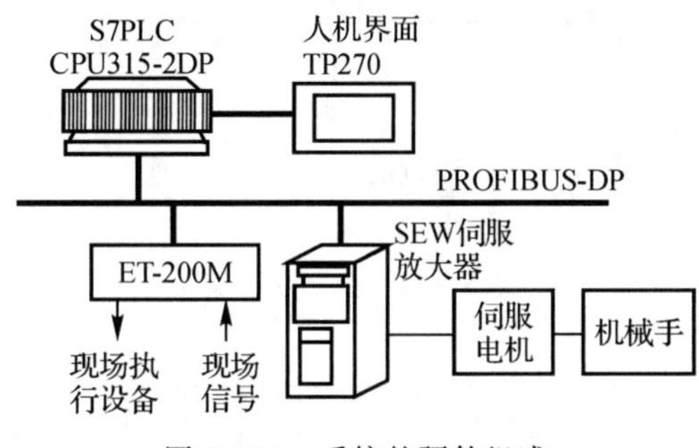

图 8－31　系统的硬件组成

8.7.3　系统的通信

SEW MOVIDRIVE MDS60A 系列伺服放大器都集成有两种标准的串口 RS－485 和 RS－232，但是这种串口通信速度相对较慢，实时性差。因此应用时增加了 PROFIBUS 接口卡。

PROFIBUS－DP 是目前最成功的现场总线之主站通过不断给 DP 从站发请求报文（含有控制和设置信息），DP 从站接受报文，解析地址并与自己的站地址进行比较，如果是发给自己的信息，则在规定的时间内发响应报文（含有状态信息等）。在此过程伺服放大器还监控通信，如果通信失败，伺服放大器将触发一个过时响应，通知主站重发信息。响应和请求报文的格式如图 8－32、图 8－33 所示。

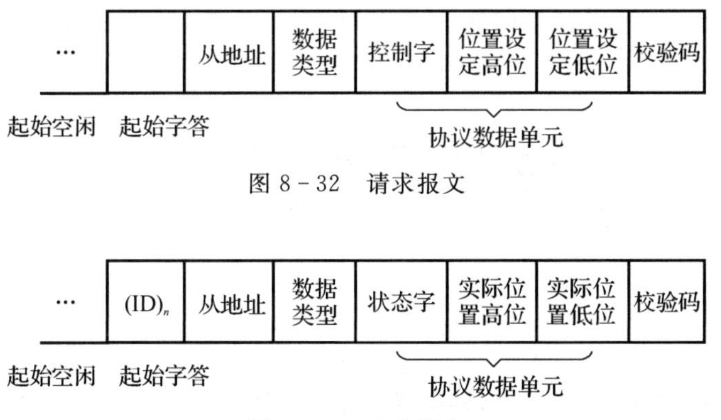

图 8－32　请求报文

图 8－33　响应报文

请求报文和响应报文的格式相似，是以不同的起始字符来区分，请求报文是十六进制

“02",响应报文是“1D”,PLC 通过不断循环地与伺服放大器交换过程数据来对伺服放大器进行控制。而协议数据单元的格式很多,由报文中的数据类型决定。考虑到本系统的特点,本文采用一个控制字加两个过程数据的结构,请求报文的数据协议由 3 个字组成,后两个字是 32 位的定位位置,控制字的定义如图 8－34 所示,其中低字节的定义是固定的,高字节是由用户定义的。

同样的响应报文的数据协议也是有 3 个字,后两个字是 32 位的实际位置,可以在人机界面上显示。状态字的定义如图 8－35 所示,其中低字节是固定的,高字节是由用户定义的。

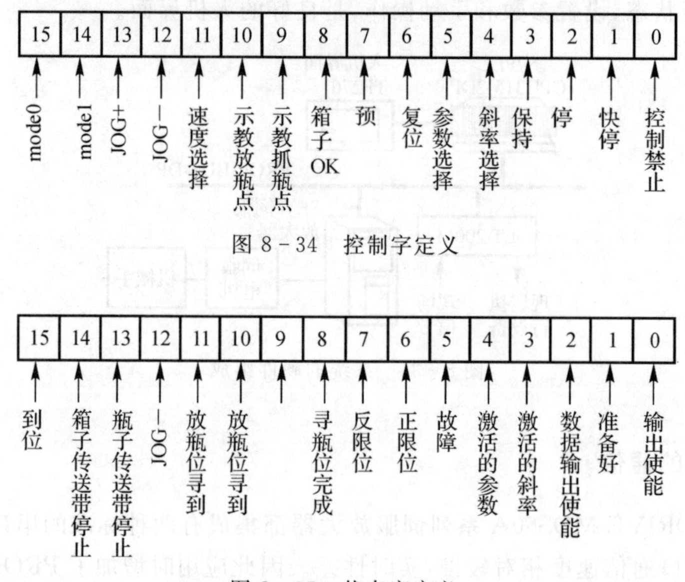

图 8－34　控制字定义

图 8－35　状态字定义

8.7.4　系统软件设计

系统的软件主要包括两部分:PLC 软件和 SEW 伺服软件。PLC 编程语言为 STEP7,该语言可以在 Windows 环境下实现以下功能:硬件配置和参数设置、编程、通信协议、测试、启动和维护、操作、诊断等。SEW 有专用的 MOVITOOLS 软件,提供设置参数、诊断、IPOS 程序编译器等功能。伺服系统构成速度、位置双闭环控制,如图 8－36 所示。

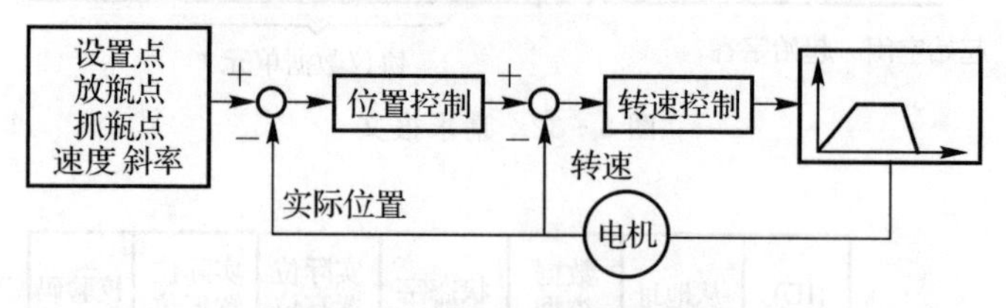

图 8－36　伺服双闭环控制系统

由于机械手运行在“n”型轨道上,各段受力不同,为了平衡受力,抓、放瓶过程分成多段速度。位置、速度调节器都是 PI 调节,为了消除抓、放瓶过程中可能出现的抖动,采用在不同的速度段引入不同的 PI 参数。每次系统开机时,机械手控制系统都会按照上一次的抓、放瓶位置进行正常运行。但当瓶子的大小、形状改变时需要重新确定抓瓶,放瓶的精确位置。自学习

模式就是在每次换瓶时学习抓瓶，放瓶的位置一次，以后系统就能自动记住学习出的

位置，直到再次换瓶子。点动中当按下“抓瓶点确认”键，程序首先判断当前位置是否在自学习区域，如在即把当前位置记下，并在触摸屏上显示成功信息；如不在则在触摸屏上显示不在区域并继续点动，等待再次确认。随后继续点动，以相似方式学习放瓶位置，学习完成自动退出自学习模式，其流程如图 8－37 所示。

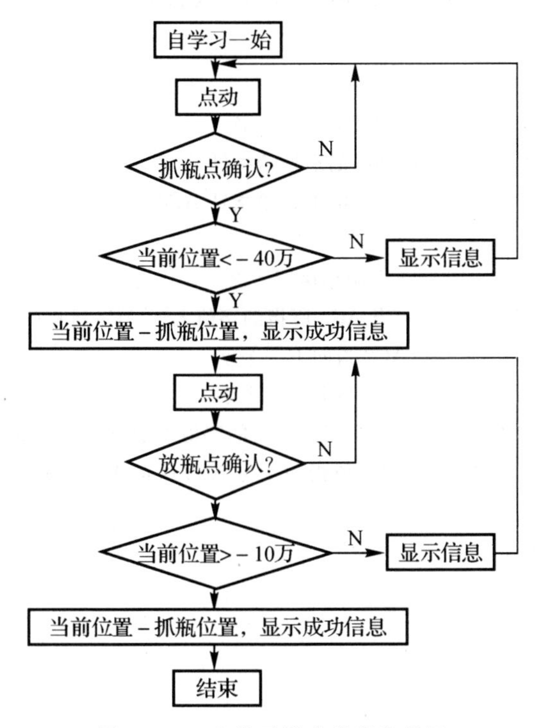

图 8－37　自学习模式程序流程图

自动模式流程图如图 8－38 所示。在自动运行模式中，机械手根据瓶子是否 OK、箱子是否 OK 信号自动往复运行于抓瓶子、放瓶子位置，不 OK 则到平衡位置等待，直到 OK。抓瓶子过程中，如果瓶子 OK，机械手就直接走向抓瓶位置，否则机械手将先走向平衡位置然后等待，直到瓶子 OK。在此过程中，机械手先变 PI 参数，高速运行，在进入 speed2 区时，启动箱子传送带，在进入 speedl 区时，由高速转为低速并变 PI 参数，同时停止瓶子传送带，当到位信号到则抓瓶。放瓶子过程分成 3 段速度，先是低速并变 PI 参数；当进入 speed2 区低速，启动瓶子传送带并变 PI 参数；speed3 区再低速，停止箱子传送带并变 PI 参数。

系统控制程序：

```
LD SM0.1                    // 首次扫描为 1
MOVB 16＃09, SMB30          // 初始化自由口通信参数
MOVB 16＃B0, SMB87          // RCV 信息控制字节
MOVB 16＃0A,SMB89           // 结束符为 16＃0A
MOVW +1, SMW90              // 空闲超时为 1ms
MOVB 100, SMB94             // 最大字符数为 100
MOVB 1,VB400                // X 轴脉冲分配移位寄存器
MOVB 1,VB500                // Y 轴脉冲分配移位寄存器
```

```
MOVB 0, VB300     // 移位寄存器的移入数据
MOVB 0, AC1       // X 轴的时序脉冲记数器
MOVB 0, AC2       // Y 轴的时序脉冲记数器
ATCH INT_0, 23    // 报文接收结束中断事件
ENI               // 允许中断
RCV VB100, 0      // 执行接收指令,接收缓冲区指向 VB100
```

排序程序:

```
FOR    VW6, +1, +4          //外循环执行 4 次
MOVD   &VB200, AC3          //VB200 的地址给指针 AC3
MOVD   &VB202, AC2          //VB202 的地址给指针 AC2
LD     SM0.0
FOR    VW5, +1, +4          //内循环执行 4 次
LDW>   *AC3, *AC2           //当 AC3 所指的字值大于 AC2 所指的字值
+D     +2, AC2              //AC2 指向下一个字
+D     +2, AC3              //AC3 指向下一个字
LDW<=  *AC3, *AC2           //当 AC3 所指的字值小于 AC2 所指的字值
RLD    *AC3, 16             //AC3 所指的字与 AC2 所指的字交换
+D     +2, AC2
+D     +2, AC3
NEXT
NEXT
```

初始化设置程序:

```
With MSComm1                    //通信参数设置
    .CommPort = 1   //通信口 COM1
    .Settings = "9600,n,8,1"    //波特率 9600bps,无奇偶校验,8 位数据位,1 位停止位
    .InputLen = 2   //一次读取 2 个字节
    .InputMode = comInputModeBinary  //二进制数据格式
    .PortOpen = True //打开通信口
End With

Private Sub MSComm1_OnComm()    //OnComm 事件
Dim av As Variant
Dim s As Variant
With MSComm1
Select Case .CommEvent
    Case comEvReceive
    av = .Input          //读接收缓冲区的数据
    s = ((Right(Hex(AscW(av)), 2) + Left(Hex(AscW(av)), 2)))   //数据处理
    Text1.Text = Val("&h" + s) / 10  //数据转化为温度值显示
    End Select
```

End With

对三相步进电机的控制，有单三拍、双三拍和单、双六拍通电方式，这里采用六拍通电方式。改变通电顺序就改变了步进电机的旋转方向，数控平台的移动方向就改变了。如何用 PLC 产生六拍时序脉冲及改变通电顺序，实现数控平台沿 X，Y 轴正确移动是 PLC 控制程序的关键。

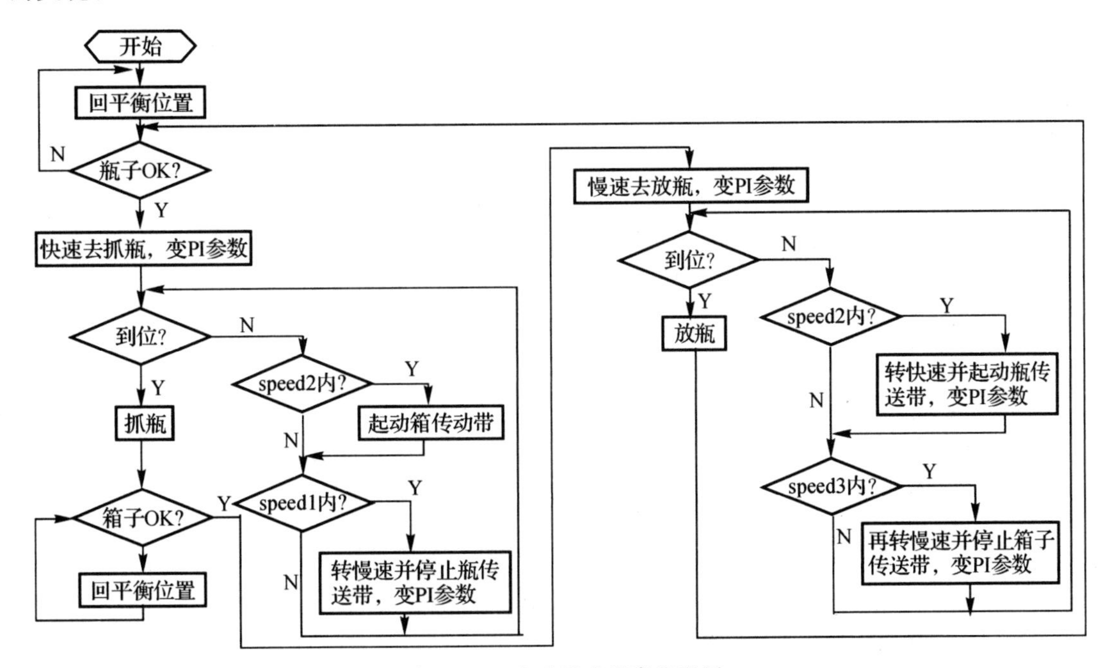

图 8－38　自动模式程序流程图

以 X 轴步进电机为例，用移位寄存器指令 SHRB V300.0，V400.0，＋7 对 VB400 移位产生六拍时序脉冲，初始化时 VB300 为 0，VB400 为 1，执行一次移位将 V300.0 位的值从 V400.0 位移入，＋7 表示 VB400 中参与移位的 7 位为 V400.0～V400.6。用 VB400 中的六位 V400.1～V400.6 产生六拍时序脉冲，每移位一次为一拍，V400.1～V400.6 前移一位，在 V400.1～V400.6 中每次总有一位为逻辑 1，其他位为逻辑 0，如第一次移位后 V400.1～V400.6 等于 100000，逻辑 1 就代表当前拍所在位置。移位 6 次为一循环，反复进行。

每一拍 X 步进电机三相的通电情况用 M1.0，Ml.1 和 M1.2 存储。M1.0，M1.1 和 M1.2 组成三相单、双六拍环形脉冲分配器，在 V400.1～V400.6 产生的六拍时序脉冲的作用下，Ml.0，Ml.1 和 M1.2 的通电顺序为：Ml.0→Ml.0，M1.1→M1.1→M1.1，M1.2→M1.2→Ml.2、M1.0。

步进电机的正反转控制用 4 个控制开关实现，Q0.3 作 X 轴正转开关，Q0.3＝1 正转，Q0.4 作 X 轴反转开关，Q0.4＝1 反转，Y 轴类似，用 Q0.5 和 Q0.6 作正、反转控制开关。

用 Q2.7，Q2.6 和 Q2.5 输出控制信号到 X 轴步进电机 XA，XB 和 XC 三相，当 Q0.3 闭合时 X 轴正转，X 步进电机的通电顺序为 A→AB→B→BC→C→CA→A，循环。即：Q2.7→Q2.7，Q2.6→Q2.6→Q2.6，Q2.5→Q2.5→Q2.5，Q2.7→Q2.7，循环。

当 Q0.4 闭合时 X 轴反转，X 步进电机的通电顺序为 B→BA→A→AC→C→CB→B，循环。即：Q2.6→Q2.6，Q2.7→Q2.7→Q2.7，Q2.5→Q2.5→Q2.5，Q2.6→Q2.6，循环。

本节介绍了一套基于 PROFIBUS－DP 现场总线的装箱机械手控制系统。选择了功能强大的 SEW 伺服放大器和伺服电机，增量式编码器(旋转变压器)，使机械手定位准确。现场执行设备和主控 PLC 通过总线通信，使系统实时性强，提高了系统可靠性。西门子触摸屏可以方便地显示系统运行状态，设置参数和操作。系统自安装以来运行良好，抓、放瓶子过程平稳无抖动，大大提高了灌装生产线的自动化水平。

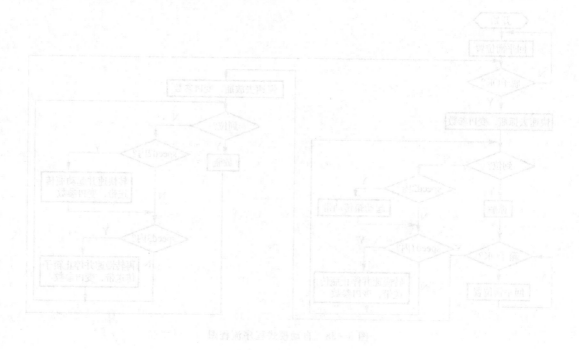

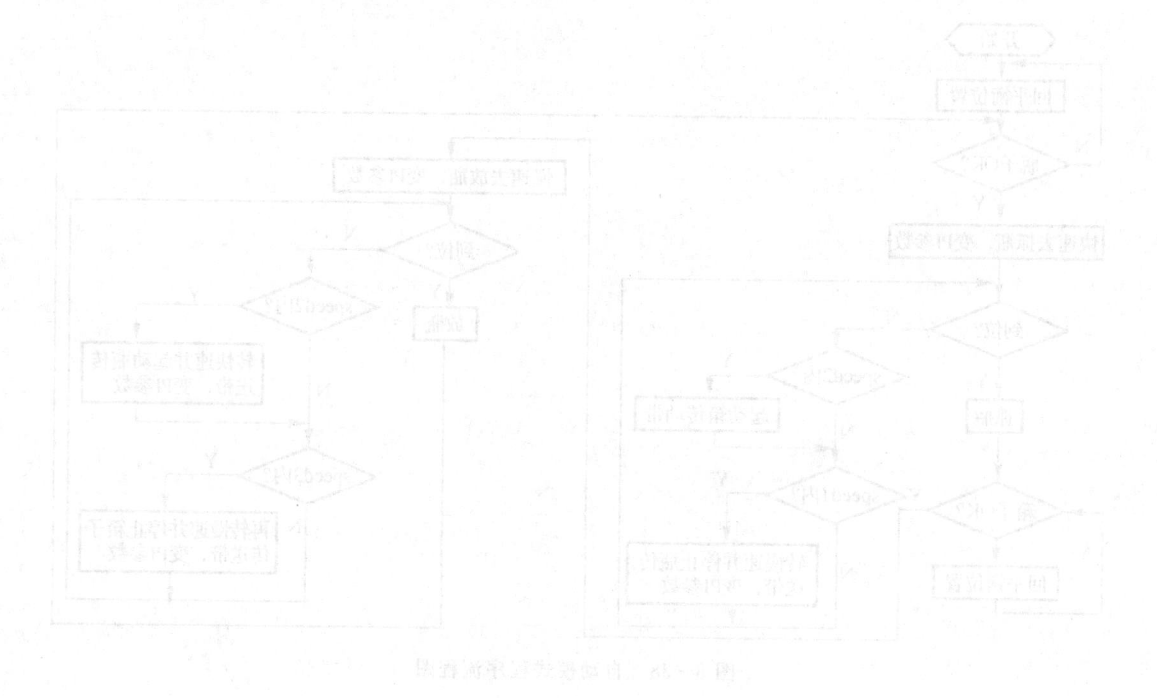

第9章 S7－400PLC典型故障分析

9.1 PLC的维护与诊断

9.1.1 PLC控制系统的维护

为了保障系统的正常运行，定期对PLC系统进行检查和维护是必不可少的，而且还必须熟悉一般故障诊断和排除方法。

1. 启动前的检查

在PLC控制系统设计完成以后，系统加电之前，建议对硬件元件和连接进行最后的检查。启动前的检查应遵循以下步骤。

(1)检查所有处理器和I/O模块，以确保它们均安装在正确的槽中，且安装牢固。

(2)检查输入电源，以确保其正确连接到供电(和变压器)线路上，且系统电源布线合理，并连到每个I/O机架上。

(3)确保连接处理器和每个I/O机架的每根I/O通信电缆是正确的，检查I/O机架地址分配情况。

(4)确保控制器模块的所有I/O导线连接正确，且安全连在端子上，此过程包括使用I/O地址分配表证实每根导线按该表的指定连至每个端子。

(5)确保输出导线存在，且正确连接在现场末端的端子上。

(6)为了尽可能安全，应当清除系统内存中以前存储的任何控制程序。如果控制程序存于EEPROM中，应暂时移走该芯片。

2. 定期检查

尽管在设计PLC控制系统时，已考虑到最大可能地减少维修工作量，但系统安装完毕投入运行后，也应考虑一些维护方面的问题。良好的维护措施，如果定期实行的话，可大大减少系统的故障率。

PLC的构成元器件以半导体器件为主体，考虑到环境的影响，随着使用时间的增长，元器件总是要老化的，因此定期检修与做好日常维护是非常必要的。预防性维护主要包括以下内容。

(1)定期清洗或更换安装于机罩内的空气过滤器。这样可确保为机罩内提供洁净的空气环流。对过滤器的维护不应推迟到定期机器维护的时候，而应该根据所在地区灰尘量定期进行。

(2)不应让灰尘和污物积在PLC元件上。为了散热，生产厂家一般不将CPU和I/O系统设计成

可防尘的。若灰尘积在散热器和电子电路上，易使散热受阻，引起电路故障，而且，若有导电尘埃落在电路板上，则会引起短路，使电路板永久损坏。

(3)定期检查 I/O 模块的连接,确保所有的塞子、插座、端子板和模块连接良好,且模块安放牢靠。当 PLC 控制系统所处的环境经常有能松动端子连接的振动时,应当常做此项检查。

(4)注意不让产生强干扰的设备靠近 PLC 控制系统。

PLC 定期检修的内容见表 9-1。

表 9-1 PLC 定期检修

序 号	检修项目	检查内容	判断标准
1	供电电源	在电源端子处测量电压波动范围是否在标准范围内	电压被动范围,85%～110%供电电压
2	外部环境	环境温度 环境温度 积尘情况	0～55℃ 35%～85%RH,不结算 不积尘
3	输入输出用电源	在输入输出端子处测电压变化是否在标准范围内	以各输入输出规格为准
4	安装状态	各单元是否可靠固定 电缆的连接器是否完全插紧 外部配线的螺钉是否松动	无松动 无松动 无异常
5	寿命元件	电池、继电器、存储器	以各元件规格为准

3. I/O 模块的更换

若需替换一个模块,用户应确认被安装的模块是同类型的。有些 I/O 系统允许带电更换模块,而有些则需切断电源。若替换后可解决问题,但在一相对较短时间后又发生故障,那么应注意检查能产生电压的感性负载,也许需要从外部抑制其电流尖峰。如果保险丝在更换后又被烧断,则有可能是模块的输出电流超限,或输出设备被短路。

4. 日常维护

PLC 除了锂电池及继电器输出触点外,基本没有其他易损元器件。存放用户程序的随机存储器(RAM)、计数器和具有保持功能的辅助继电器等均用锂电池保证供电,锂电池的寿命大约 5 年,当锂电池的电压逐渐降低达一定程度时,PLC 基本单元上的电池电压跌落指示灯会亮,提示用户注意,由锂电池所支持的程序还可保留一周左右,必须更换电池。这是日常维护的主要内容。更换锂电池的步骤为:

(1)在拆装前,应先让 PLC 通电 15s 以上,这样可使作为存储器备用电源的电容器充电,在锂电池断开后,该电容可对 PLC 做短暂供电,以保护 RAM 中的信息不丢失;

(2)断开 PLC 的交流电源;

(3)打开基本单元的电池盖板;

(4)取下旧电池,装上新电池;

(5)盖上电池盖板。

更换电池时间要尽量短,一般不允许超过 3min,如果时间过长,RAM 中的信息将消失。

9.1.2 PLC 控制系统的诊断与处理

1. 指示诊断

LED 状态指示器能提供许多关于现场设备、连接和 I/O 模块的信息。大部分输入/输出模块设有电源指示器和逻辑指示器。

对于输入模块，电源指示器显示表明输入设备处于受激励状态，模块中有信号存在。逻辑指示器显示表明输入信号已被输入电路的逻辑部分识别。如果逻辑和电源指示器不能同时显示，则表明模块不能正确地将输入信号传递给处理器。

输出模块的逻辑指示器显示时，表明模块的逻辑电路已识别出从处理器来的命令并接通。除

了逻辑指示器外，一些输出模块还有一只保险丝熔断指示器或电源指示器，或二者兼有。保险丝熔断指示器只表明输出电路中的保护性保险丝的状态；输出电源指示器显示时，表明电源已加在负载上。像输入模块的电源指示器和逻辑指示器一样，如果不能同时显示，就表明输出模块有故障了。

2. 诊断输入故障

出现输入故障时，首先检查电源指示器是否响应现场元件(如按钮、行程开关等)。如果输入器件被激励(即现场元件已动作)，而指示器不亮，则下一步就应检查输入端子的端电压是否达到正确的电压值。若电压值正确，则可替换输入模块。若逻辑指示器变暗，而且通过编程器监视，知道处理器(CPU)未扫描到输入，则输入模块可能存在故障。如果替换的模块并未解决问题且连接正确，则可能是 I/O 机架或通信电缆出了问题。

3. 诊断输出故障

出现输出故障时，首先应察看输出设备是否响应逻辑指示器。若输出触点通电，逻辑指示器变亮，输出设备不响应。那么，首先应检查保险丝或替换模块。若保险丝完好，替换模块未能解决问题，则应检查现场接线。若通过编程器监视到 PLC 的一个输出已经接通，但相应的指示器不亮，则应替换模块。

在诊断输入/输出故障时，最佳方法是区分究竟是模块自身的问题，还是现场连接上的问题。如果有电源指示器和逻辑指示器，模块故障易于发现。通常，先更换模块，或测量输入或输出端子板两端电压测量值正确，模块不响应，则应更换模块。若更换后仍无效，则可能是现场连接出问题了。输出设备截止，输出端间电压达到某一预定值，就表明现场连线有误。若输出器受激励，且 LED 指示器不亮，则应替换模块。

如果不能从 I/O 模块中查出问题，则应检查模块接插件是否接触不良或未对准。最后，检查

接插件端子有无断线，模块端子上有无虚焊点。

4. 故障信号显示程序

前面讲述了通过指示器显示来诊断系统故障，还可以通过编制一个程序来分类显示系统的故障，从而诊断出故障部位，其方法如下：

将所有的故障检测信号按层次分成组，每组各包括几种故障，如对于多工位的机加工自动线

的故障信号，可分为故障区域(单机号)，故障部件(动力头、滑台、夹具等)，故障元件 3 个

层次。当具体的故障发生时，检查信号同时分别送往区域、部件、元件 3 个显示组，这样可指示故障发生在某一区域、某部件、某元件上。

这种诊断方法，显示出具体的故障元件，使判断、查找十分方便，提高了设备的维修效率，同时也节省 PLC 的显示输出点。

9.1.3 PLC 的故障查找方法及处理

PLC 有很强的自诊断能力，当 PLC 出现自身故障或外围设备故障，都可通过 PLC 具有的诊断指示发光二极管的亮灭来查找。

1. 总体检查

根据总体检查流程图先找出故障点的大方向，再逐渐细化，以找出具体故障，如图 9-1 所示。

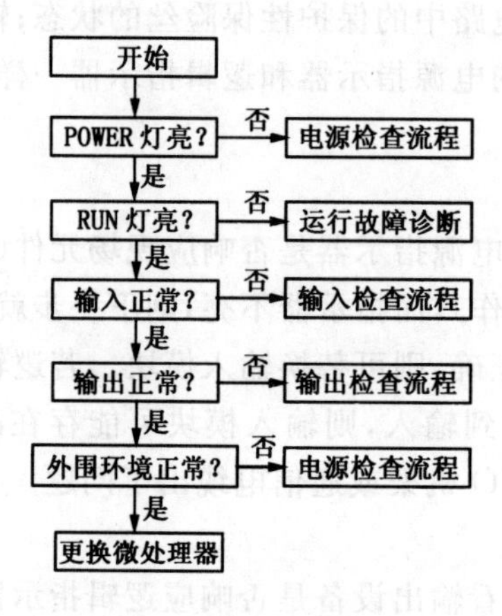

图 9-1 总体检查流程图

2. 电源故障检查

电源灯不亮需对供电系统进行检查，检查流程图如图 9-2 所示。

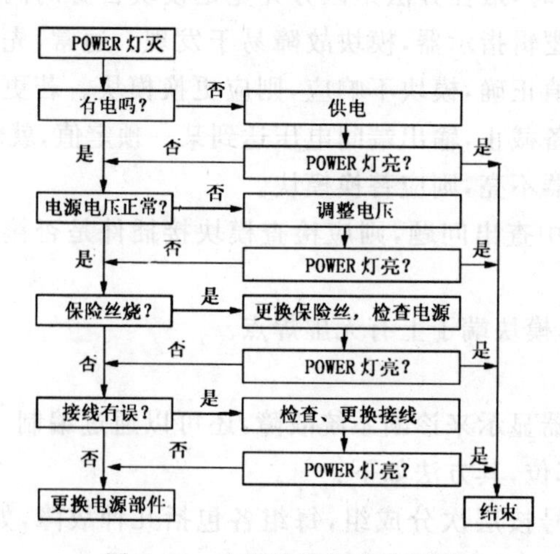

图 9-2 电源故障检查流程图

3. 运行故障检查

电源正常，运行指示灯不亮，说明系统已因某种异常而终止了正常运行，检查流程图如图 9－3 所示。

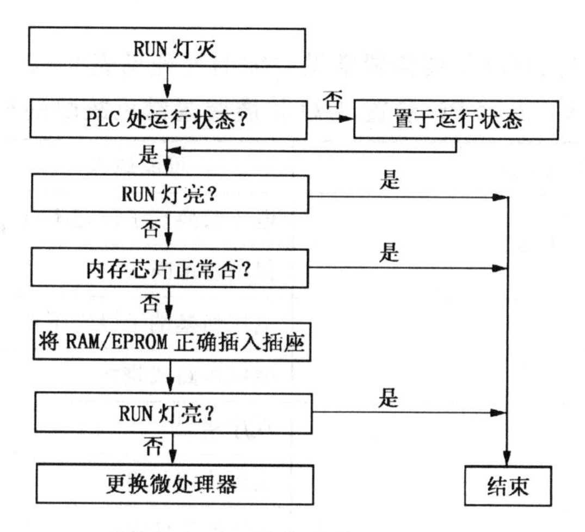

图 9－3　运行故障检查流程图

4. 输入输出故障检查

输入输出是 PLC 与外部设备进行信息交流的通道，其是否正常工作，除了和输入输出单元有关外，还与联接配线、接线端子、保险管等元件状态有关。检查流程图如图 9－4、图 9－5 所示。

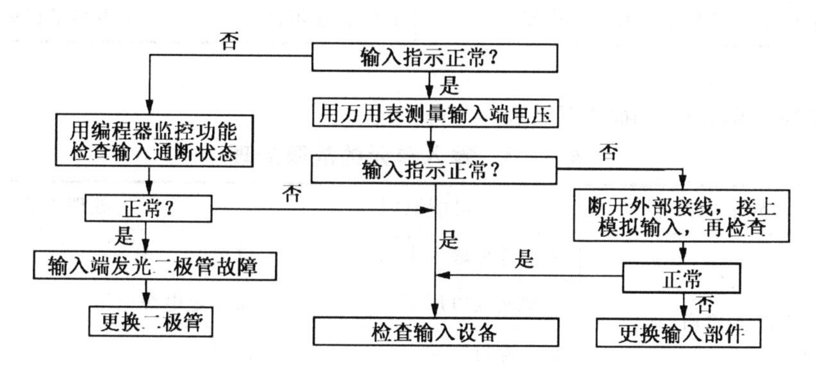

图 9－4　输入故障检查流程图

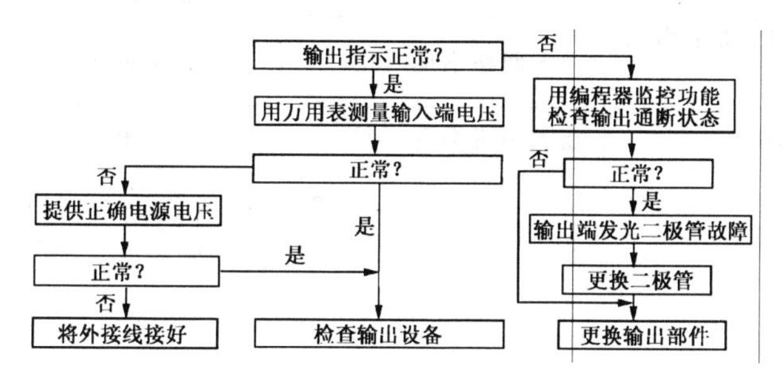

图 9－5　输出故障检查流程图

5. 对外部环境的检查

影响PLC工作的环境因素主要有温度、湿度、噪音、粉尘以及腐蚀性酸碱等，这些在上述章节中已讲述。

6. 故障的处理

(1)PLC的CPU装置、I/O扩展装置常见故障的处理见表9－2。

表9－2 CPU装置、I/O扩展装置常见故障的处理

序　号	异常现象	可能原因	处理方法
1	[POWER]LED灯不亮	电压切换端子设定不良	正确设定切换装置
		保险丝熔断	更换保险管
2	保安丝多次熔断	电压切换端子设定不良	正确设定切换装置
		线路短路或烧坏	更换电源单元
3	[RUN]LED灯不亮	程序错误	修改程序
		电源线路不良	更换CPU单元
		I/O单元号重复	修改I/O单元号
		远程I/O电源关，无终端	接通电源
4	[运转中输出]端没闭合([POWER]灯亮)	电源回路不良	更换CPU单元
5	某一编号以后的继电器不能动作	I/O总线不良	更换基板单元
6	特定编号的输出(入)不能接通	I/O总线不良	更换基板单元
7	特定单元的所有继电器不能接通	I/O总线不良	更换基板单元

(2)PLC输入单元的故障处理见表9－3。

表9－3 输入单元的故障处理

序　号	异常现象	可能原因	处理方法
1	输入全部不接通(动作指示灯也灭)	未加外部输入电源	供电
		外部输入电压低	加额定电源电压
		端子螺钉松动	拧紧
		端子板联接器接触不良	把端子板补充插入、锁紧，或更换端子板联接器
2	输入部分断开(动作指示灯也灭)	输入回路不良	更换单元
3	输入全部不关断	输入回路不良	更换单元

续 表

序　号	异常现象	可能原因	处理方法
4	特定继电器编号的输入不接通	输入器件不良	更换输入器件
		输入配线断线	检查输入配线
		端子螺钉松弛	拧紧
		端子板联接器接触不良	把端子板充分插入、锁紧，或更换端子板联接器
		外部输入接触时间短	调整输入器件
		输入回路不良	更换单元
		程序的 OUT 指令中用了输入的电器编号	修改程序
5	特定继电器编号的输入不关断	输入回路不良	更换单元
		程序的 OUT 指令中用了输入继电器编号	修改程序
6	输入不规则的 ON/OFF 动作	外部输入电压低	使外部输入电压在额定值范围
		噪音引起的误动作	抗噪音措施，安装绝绝变压器，安装尖峰抑制器，用屏蔽线配线等
		端子螺钉松动	拧紧
		端子板联接器接触不良	把端子板充分插入、锁紧。或更换端子板联接器
7	异常动作的继电器编号为 8 点单位	COM 端螺钉松动	拧紧
		端子板联接器接触不良	端子板充分插入、锁紧。或更换端子板联接器
		CPU 不良	更换 CPU 单元
8	输入动作指示灯不亮（动作正常）	LED 坏	更换单元

（3）PLC 输出单元的故障处理见表 9－4。

表 9－4　输出单元的故障处理

序　号	异常现象	可能原因	处理方法
1	输入全部不接通	未加负载电源	加电源
		负载电源电压低	使电源电压为额定值
		端子螺钉松动	拧紧
		端子板联接器接触不良	端子板补充插入、锁紧、或更换端子板联接器
		保险比熔断	更换保险管
		I/O 总线接触不良	更换单元
		输出回路不良	更换单元

续表

序　号	异常现象	可能原因	处理方法
2	输出全部不关断	输出回路不良	更换单元
3	特定继电器编号的输出不接通(动作指示灯灭)	输出装通时间短	更换单元
		程序中指令的继电器编号重复	修改程序
		输出回路不良	更换单元
4	特定继电器编号的输出不接通(动作指示灯亮)	输出器件不良	更换输出器件
		输出配线断线	检查输出线
		端子螺钉松弛	拧紧
		端子联接接触不良	端子充分插入、拧紧
		继电器输出不良	更换继电器
		输出回路不良	更换单元
5	特定继电器编号的输出不关断(动作指示灯灭)	输出继电器不良	更换继电器
		由于漏电流或死伤电压而不能关断	更换负载或加假负载电压
6	特定继电器编号的输出不关断(动作指示灯亮)	程序中 OUT 指令的继电器编号重复	修改程序
		输出回路不良	更换单元
7	输出出现不规则的 ON/OFF 现象	电源电压低	调整电压
		程序中 OUT 指令的继电器编号重复	修改程序
		干扰引起误动作	抗干扰措施：装抑制器，装绝缘变压器，用屏蔽线配线
		端子螺钉松动	拧紧
		端子联接接触不良	端子充分插入、拧紧
8	异常动作的继电器编号为 8 点单位	COM 端子螺钉松动	拧紧
		端子联接接触不良	端子充分插入、拧紧
		保险丝熔断	更换保险管
		CPU 不良	更换 CPU 单元
9	输出正常指示灯不亮	LED 杯	更换单元

9.2　S7－400 PLC 的在线诊断

PLC 的在线检测是监控 PLC 工作状态与调试 PLC 用户程序的重要方法与手段。通过 PLC 诊断，操作者可以随时了解 PLC 组成模块(硬件)的工作情况或故障信息，为排除故障提供条件。

PLC 诊断包括了 PLC 系统的"硬件诊断(Diagnostic Hardware)"与"故障寻迹(Trouble - shooting)"两方面的内容。"硬件诊断"是检查系统中各组成模块的工作状态信息;"故障寻迹"是确定具体的故障部位与故障原因。

PLC 的工作状态与故障信息均被保存在 PLC－CPU 或其他智能模块的缓冲存储器与状态表中,缓冲存储器的内容可以利用编程器读出,通过在线连接的编程器读出缓冲存储器的内容,这便是 PLC 故障诊断的实质。缓冲存储器的容量有一定的限制,当缓冲区出现信息存储溢出时,新的记录将覆盖旧的信息。

S7 - 300/400 PLC 的自诊断功能较强,当 PLC 在线时,可以利用 STEP7 软件检查 PLC 系统中全部硬件(Hardware)的工作状态与分析故障原因、确定故障的具体部位(模块 Module)。

当系统中的模块存在故障时,可以进一步通过对故障模块的诊断操作来确认故障发生的具体原因、时间等。故障可能是模块本身的不良,也可能是 PLC 用户程序结构、编程或程序执行中的问题。

9.2.1 PLC 诊断的基本步骤

为了在 PLC 诊断过程中显示所谓的"快速视图(Quick View)",首先要在项目所在的 SIMATIC 管理器(SIMATIC Manager)中设定"快速视图"显示功能。

"快速视图"显示功能的设定方法如下:

(1)打开 SIMATIC 管理器,选定"项目(Project)"后,利用主菜单"Option"→"Customize"打开用户设定页面。

(2) 在用户设定页面中选择"视图(View)"标签,打开视图设定对话框。

(3)在对话框中选择"硬件诊断时显示快速视图(Display quick view when diagnosing hardware"选项。

在进行了以上设定后,可以根据不同的 PLC 系统组成情况,分别按照如下步骤进行 PLC 的在线诊断。

1. PLC 网络系统的诊断

对于由多个站(Station)组成 PLC 网络系统,诊断可以按照如下步骤进行 (见图 9 - 6)。

(1)打开 SIMATIC 管理器,选定"项目(Project)"后,利用主菜单"View"→"Online"使 SIMATIC 管理器在线(SIMATIC Manager ONLNE)。

(2)在线后项目中的全部站(Station)的工作状态将以"诊断图"(见表 9 - 5)的形式显示,

(3)对照"诊断图",检查工作站中是否存在故障站。

(4)打开故障的站,并通过菜单"PLC" →"Diagnostic/Setting" →"Diagnostic Hardware",调用 STEP7 的硬件诊断功能(Call the function"Diagnostic Hardware")。

(5)通过 STEP7 的诊断功能,可以用"快速视图(Quick View)"或"诊断视图(Diagnostic View)",进一步确认站中出现故障的具体模块。

(6)利用"快速视图(Quick View)"或"诊断视图(Diagnostic View)"中的"模块信息显示(Module Information)"选项,可以显示出模块的工作状态与故障的原因。

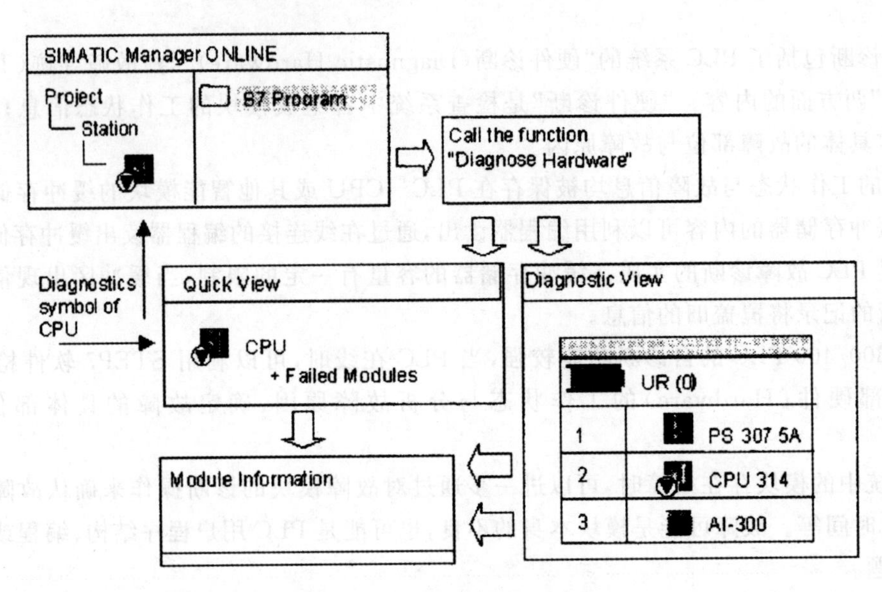

图 9-6　PLC 的硬件诊断步骤

2. 单 PLC 控制系统的诊断

如果控制系统中只有一个 CPU 模块，除可以通过上述方法通过“站”逐一进入进行诊断外，也可以通过下面的两种方法直接进入 PLC 的诊断页面。

(1)对于已经在线连接的 PLC，选定项目后，在 SIMATIC 管理器(SIMATIC Manager)中，通过菜单“PLC”→“Diagnostic/Setting”→“Diagnostic Hardware”，显示“快速视图(Quick View)”；在“快速视图”中进一步打开“Open Station Online”选项，可以显示 PLC 所有组成模块的工作状态。也可以在选定项目后，直接双击站，打开硬件组态页面，检查组成模块的工作状态。

(2)对于已经进行硬件连接，但 STEP7 尚未在线的 PLC，可以先打开所选项目的“硬件组态”表，通过菜单“Station”→“Open Online”在线打开硬件诊断视窗，可以显示 PLC 所有组成模块的工作状态。

9.2.2　PLC 诊断符号与诊断信息

1. PLC 诊断符号说明

当 STEP7 在线后，打开项目的硬件配置页面，可以显示各部件的基本状态信息。基本状态信息以"诊断图"的形式进行显示，不同的“诊断图”显示符号以及它们所代表的意义见表9-5。

表 9-5　符号说明

诊断符号	含　义	可能的原因
▪	实际组态与 STEP7 中的组态不符	模块未安装； 模块型号不符
▪	硬件故障	模块本身不良； 1 诊断中断

续表

诊断符号	含　义	可能的原因
	无法进行诊断	在线连接断开； 模块本身不支持诊断功能
	CPU 启动中	CPU 处于 STARTUP 工作状态
	CPU 停止	CPU 处于 STOP 工作状态
	CPU 停止	在 PLC 网络系统中，CPU 被其他站停止
	CPU 运行	CPU 处于 RUN 工作状态
	CPU 保持	CPU 处于 HOLD 工作状态
	CPU 运行，但存在强制信号	CPU 中的变量被强制

2. PLC 诊断信息

当 PLC 出现故障或需要检查时，在进入了 PLC 硬件诊断页面后，可以通过在“快速视图(Quick View)”中选择“模块信息 (Module Information)”选项来显示出现故障的 CPU 模块的详细信息。也可以在“诊断视图(Diagnostic View)”中通过选择模块，利用菜单命令“PLC”→“Module Information”打开 PLC 的模块，检查系统中全部模块的工作状态信息。

在 PLC 诊断中，最主要的是对 PLC－CPU 模块的检查，CPU 模块信息显示具有选项标签，通过页面的选项，除可以进行模块的基本信息(General)显示外，还可以显示以下内容。

(1)诊断缓冲存储器(Diagnostic Buffer)。诊断缓冲存储器的显示包括了事件(Events)显示、详细描述(Details on)两部分内容。在事件(Events)显示区，显示包括了日期、时间、事件的简要描述三部分，编号为“1”的事件为最近发生的事件。

在事件 (Events)显示区选择某一事件后，详细描述 (Detals)区将进一步提供发生该事件的详细信息。

如果发生的事件是由于 PLC 用户程序所引起的停机，详细描述(Details)区下部的“打开块(Open Block)”将生效。选择“打开块(Open Block)”，STEP7 的程序编辑器将打开出现错误的块，显示出错的程序网络。

(2)存储器(Memory)。在存储器选项中可以显示所选择的 CPU 模块的内部存储器状况，包括存储器容量和已经使用的空间、剩余空间等。

(3)循环扫描时间(Scan Cycle Time)。在循环扫描时间选项中可以显示所选择的 CPU 模块的最小循环扫描时间、最大循环扫描时间与现行的循环扫描时间等，这些显示可以为合理设定以上 CPU 参数提供依据。

(4)系统时间(Time System)。在系统时间选项中可以显示所选择的 CPU 模块的当前时间、日期以及运行的小时数、时间同步设定信息等。

(5)性能数据(Performance Data)。通过性能数据选项，可以查看所选择的 CPU 模块可以使用的地址空间、可以便用的系统组织块(OB)、系统功能块(SFB)与系统程序块(SFC)。

(6)通信(Communication)。通过通信选项，可以查看所选模块的通信传输速率、允许的连接个数、通信处理时间等信息。

(7)堆栈(Stacks)。该选项只有在CPU停止(STOP)或保持(HOLD)工作状态时才能使用。通过堆栈选项,可以查看所选模块的逻辑块堆栈(B Stack)、中断堆栈(I Stack)、局部变量堆栈(L Stack)以及嵌套

堆栈(Nesting Stack)的情况。

逻辑块堆栈(B Stack)列出了中断时程序正在处理的逻辑块,选中逻辑块后利用局部变量堆栈(L Stack),可以进一步查看该块的局部变量情况。

中断堆栈(I Stack)包含了中断时的数据与状态,如累加器的内容、使用的数据块与大小、状态字的内容、中断优先级、中断的逻辑块、中断后程序需要处理的逻辑块等。

嵌套堆栈(Nesting Stack)是各种带有括号的逻辑运算指令的中间运算结果存储区,通过嵌套堆栈可以查看中间结果。

9.2.3 PLC诊断注意点

1.信息的刷新(Update)

PLC的模块信息(Module Information)的显示是对模块缓冲存储器数据的读取过程,这一读取仅在显示选项切换的瞬间进行,如果不转换选项,信息无法进行自动刷新;如果需要,可以通过"Update"选项进行重新读取与刷新。

2.故障的判定

如果在PLC的程序执行过程中出现了停机,如出现下载了程序后无法启动PLC等情况,可以通过PLC的诊断来确认故障的原因。通过STEP7的在线,打开模块信息显示,编号为"1"的事件内容即为引起本次停机的原因。

引起PLC故障的原因可能是多方面的,需要时还应对本次故障前的原因进行进一步的检查。例如,当编号为"1"的事件为"STOP because programming error OB not loaded"(编程错误,OB未装载引起的停机)故障时,前面一条信息同时指出了编程错误的原因;选择"编程错误"显示行,选择"打开块(Open Block)",STEP7的程序编辑器将打开出现错误的块,显示出错的程序网络,出错的程序指令将被"加亮"显示。

3.堆栈的使用

堆栈可以用于检查用户程序的正确性。例如当执行用户程序时出现未知原因的停机故障,通过检查堆栈的内容,可以初步判定引起PLC停机的原因。

当出现PLC停机时,堆栈将提供出错的程序块、程序网络、指令等具体信息,并显示停机时已经被执行的程序块、尚未执行的程序块等万面的情况。

4.其他模块的状态显示

PLC的"诊断视图(Diagnostic View)"提供了在线的整个PLC系统中全部硬件的组态情况与工作状态信息。工作状态信息包括模块的类型、序列号、地址、工作模式等内容,需要时可以随时进行检查。

9.3 PLC系统可靠性

由于PLC是专门为工业生产环境设计的控制装置,因此一般不需要采取什么特殊措施,就可以直接在工业环境使用。但如果环境过于恶劣,电磁干扰特别强烈,或安装使用不当,保

护程序考虑不周到，则不能保证 PLC 正常、安全、可靠地运行。

PLC 控制系统的可靠性通常用平均故障时间间隔（MTBF）来衡量，它表示系统从发生故障进行修理到下一次发生故障的时间间隔的平均值。在实际中往往从以下几个方面来考虑：①对程序和数据的保护；②对工业生产环境的适应性；③故障安全原则、系统间的独立性原则与冗余及容错结构；④运行时的实时性和连续性。本节着重从硬件方面讨论 PLC 的抗干扰措施。

9.3.1　输入端的抗干扰措施

1. 防输入信号干扰的措施

输入信号的线间干扰（差模干扰）用输入模块的滤波可以使其衰减，但当输入端有感性负载时，为了防止反冲感应电势损坏模块，应在负载两端并接电容 C 和电阻 R（交流输入信号），或并接续流二极管 D（直流输入信号），如图 9－7 所示 。图中，二极管的额定电流应选为 1A，额定电压要大于电源电压的 3 倍；电容 C 取 0.1μF/600V，电阻 R 为 100Ω/0.5W，或者取电容 C 为 0.047μF/600V，电阻 R 为 22Ω/0.5W。

如果与输入信号并接的电感性负荷大，使用继电器中转效果最好。

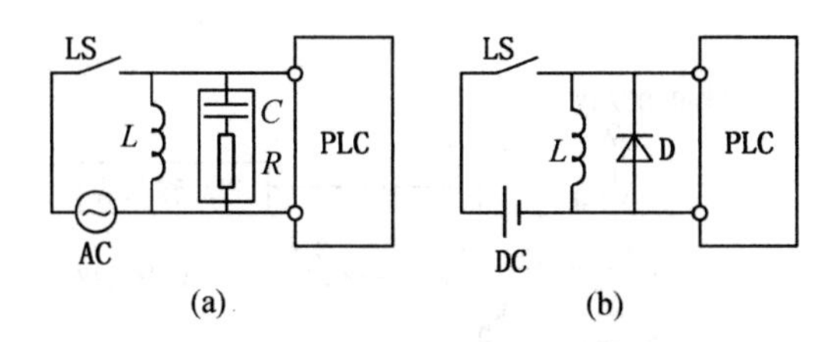

图 9－7　输入信号抗干扰措施

2. 防感应电压的措施

图 9－8 所示为感应电压产生的示意图，由图可知，感应电压的产生主要有以下 3 种途径。

（1）输入信号线间的寄生电容 C_{S1}；

（2）输入信号线与其他线间的寄生电容 C_{S2}；

（3）与其他线，特别是大电流线的电气耦合 M。

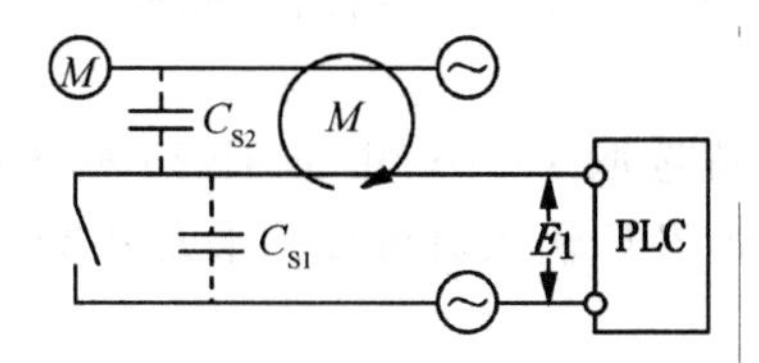

图 9－8　感应电压的产生

针对不同的产生机理，有 3 种防感应电压干扰的措施，如图 9－9 所示。

图 9－9(a)输入电压直流化。如果条件允许，在感应电压大的场合，改交流输入为直流输入；图(b) 在输入端并接浪涌吸收器；图(c) 在长距离配线和大电流的场合，感应电压大，可用继电器转换。

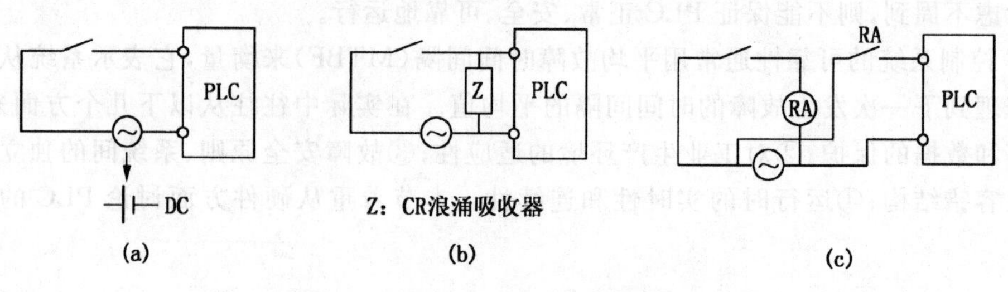

图 9－9　防输入感应电压干扰的措施

3. 光耦保护

PLC输入端最有效的保护方法是外加一级光电耦合器，一旦有高电压等侵入回路，就会击穿这一保护级光耦，维修时像更换熔断器一样更换光耦，就可及时排除故障。

增加的保护级光耦可选用4N25型，对于开关频率高的场合，可选用TIL110型。4N25型的导通延迟时间为2.8μs，关断延迟时间为4.5μs，而PLC(如FX2系列)输入电路的一次电路与二次电路用光耦隔离时，内部约有10ms的响应滞后，因此，添加一级保护光耦对于PLC的反应速度几乎没有影响。添加的保护级光耦插在IC插座上，再焊在电路板上，一旦出现故障，更换非常方便。

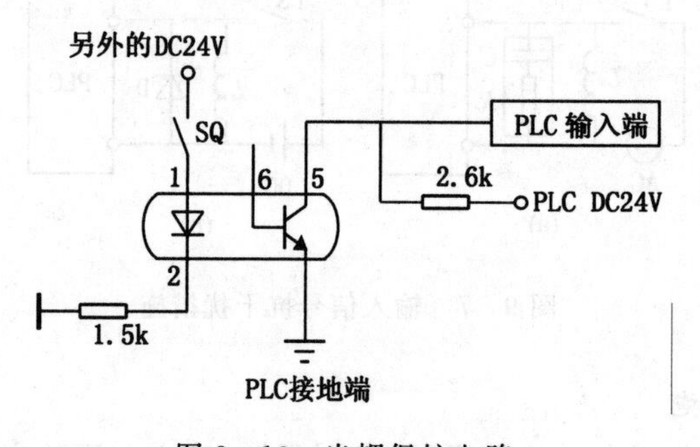

图 9－10　光耦保护电路

图9－10所示为4N25型光耦PLC输入端保护电路图，图中SQ为开关输入信号，其连接的DC24V电源采用AC220V降压整流后得到直流电源，而不用PLC本身的直流电源，这样既可以不增大PLC电源的负载，又可以使输入输出自成系统，不共地，避免了输出端对输入端可能产生的干扰。

本电路中，光耦输入端的电流选取15mA，由于4N25型光耦的电流传输比大于25％，输出端可流过大于3mA的电流，而PLC输入灵敏度一般最小为2.5mA，所以可满足PLC灵敏度的要求。

9.3.2　输出端的抗干扰措施

1. 输出信号干扰的产生

在感性负载的场合，输出信号由OFF变为ON时，会产生突变电流，从ON变成OFF时，会产生反向感应电势，另外电磁接触器等的接点会产生电弧，所有这些，都可能产生干扰。

2. 防干扰的措施

(1)在交流感性负载的场合，可在负载的两端并接*CR*浪涌吸收器，如图9－11所示。

如果电压是交流 100V 或 200V 而功率为 400VA 左右时，浪涌吸收器的 C,R 值分别为 0.47μF,47Ω。连接时，C,R 愈靠近负载，抗干扰效果愈好。

(2)在直流负载的场合，可在负载的两端并接续流二极管 D，如图 9 - 12 所示。二极管要靠近负载。二极管的反向耐压值应是负载电压的 4 倍。

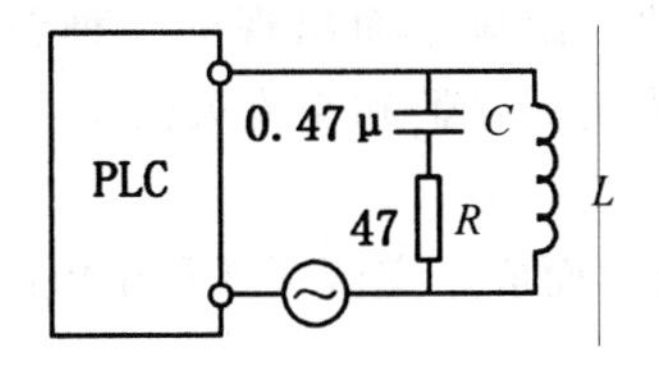

图 9 - 11　感性负载的抗干扰措施

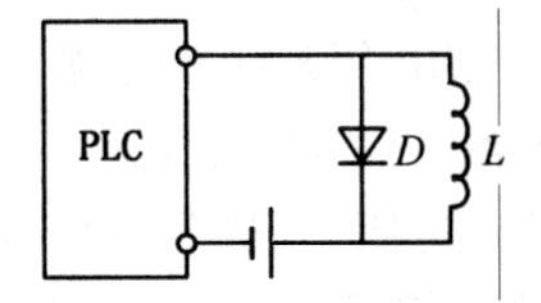

图 9 - 12　直流感性负载的抗干扰措施

续流二极管与开关二极管相比，动作有延时。如果这个延迟时间不允许，同样可用图 9 - 11所示的方法，在负载两端增加并接 CR 浪涌吸收器。

(3)在开关量输出的场合，不管是交流负载还是直流负载，可采取图 9 - 13 所示的抗干扰措施。

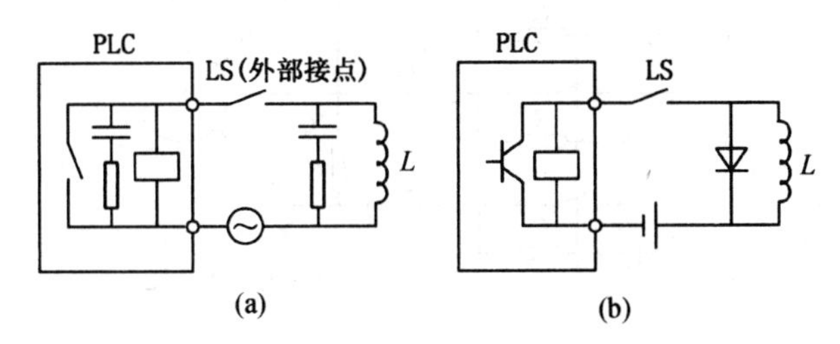

图 9 - 13　开关负载的抗干扰措施

(a)交流的场合；　(b)直流的场合

但是，当控制系统中的交流用电设备较多时，如变频器、变压器、PLC 共处于某一控制系统，系统的电磁干扰较强，上述措施无法有效抑制干扰对 PLC 及其输出电路的影响，严重时甚至会扰乱系统的正常工作程序。

当 PLC 的驱动元件主要是电磁阀和交流接触器线圈时，可在 PLC 输出端与驱动元件之间增加过零型固态继电器 AC - SSR，如图 9 - 14 所示。

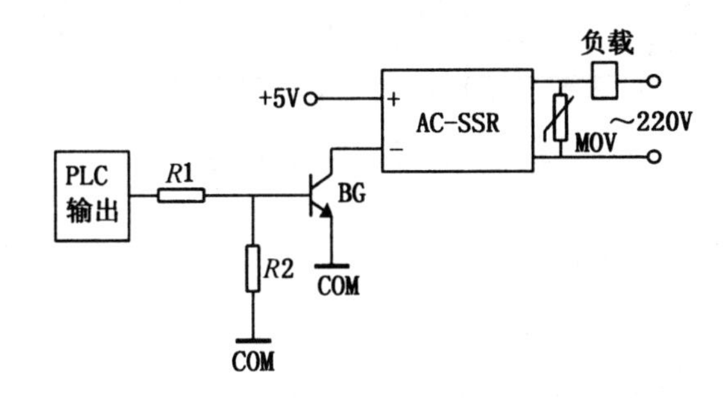

图 9 - 14　增加 SSR 的抗干扰措施

由图 9 - 14 可以看出，从 PLC 输出的控制信号经晶体管放大，去驱动 AC - SSR，AC -

SSR 的输出经负载连接 AC220V 电压。图中 MOV 为金属氧化物压敏电阻，用于保护 AC－SSR，其两端电压在其标称值电压以下时，MOV 阻值很大，当超过标称值时，阻值很小，这样在 AC220V 电压断开的瞬间，负载因电磁感应产生高电压，MOV 阻值下降，两端电压下降，就保护了 AC－SSR。

(4)应用灭弧器抗干扰。灭弧器是随着 PLC 的广泛应用而出现的一种新型实用保护电器，它专为 PLC 配用，用来吸收电弧。灭弧器分为直流灭弧器和交流灭弧器两种，交流灭弧器又分为单相灭弧器、三相灭弧器。

直流灭弧器由电阻、二极管组成，由环氧树脂密封而成。交流灭弧器由电阻、电容组成(阻容吸收器)。三相交流灭弧器由三相阻容电路组成。

对频繁启动的电动机，在接触器的主触点上安装三相灭弧器，以吸收开断电弧，消除触点火花，抵抗电弧干扰，效果较好。当存在电动机或变压器开关干扰时，可在线间采用灭弧器，如图 9－15 所示。

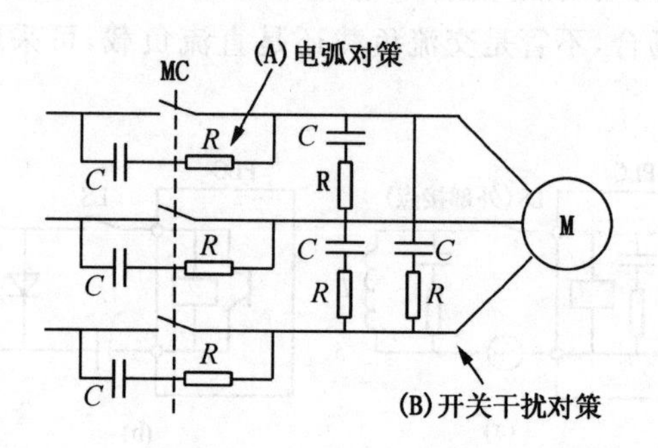

图 9－15　用灭弧器抗干扰

(5)用旁路电阻防错。当输入信号源类型为晶体管或者光电开关，当 PLC 输出元件为双向晶闸管或者晶体管，而外部负载又很小时，电路会在关断时有较大的漏电流，导致控制系统输入与输出信号的错误。为此，应在这类输入、输出端并联旁路电阻，以减小 PLC 输入电流和外部负载上的电流，如图 9－16 所示。

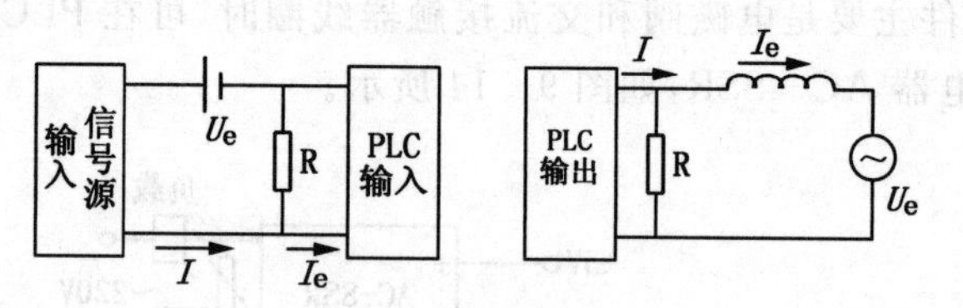

图 9－16　用旁路电阻防错

图中旁路电阻的阻值由下式决定：

$$I=\frac{R(U_e/I_e)}{R+(U_e/I_e)}\leqslant U$$

式中，I 为输入信号源或输出晶闸管最大漏电流；U 为输入信号电压或外部负载电压最大值；I_e 为输入点或外部负载的额定电流；U_e 为输入点或外部负载的额定电压。

9.3.3　电源的抗干扰措施

电源也是外部干扰侵入 PLC 的重要途径，一般情况下，PLC 应尽可能取用电压波动小、波形畸变较小的电源。PLC 的供电线路应与其他大功率用电设备或强干扰设备（如高频炉、弧焊机等）分开。在干扰较强或可靠性要求很高的场合，对 PLC 交流电源系统可采用以下两种抗干扰措施。

(1)在 PLC 电源的输入端加接隔离变压器，由隔离变压器的输出端直接向 PLC 供电，这样可抑制来自电网的干扰。隔离变压器的电压比可取 1∶1。在一次和二次绕组之间采用双屏蔽技术：一次侧采用漆包线或铜线等非导磁材料，在铁心上绕一层，注意电气上不能短路，并接到中性线；二次侧采用双绞线，双绞线能减少电源线间干扰。

(2)在 PLC 电源的输入端加接低通滤波器，可滤去来自电网的高频干扰和高次谐波。

在干扰较严重的场合，可同时使用隔离变压器和低通滤波器，通常低通滤波器先与电源相接，其输出再接隔离变压器；或者同时使用带屏蔽层的电压扼流圈和低通滤波器。

一种电源滤波电路如图 9－17 所示。

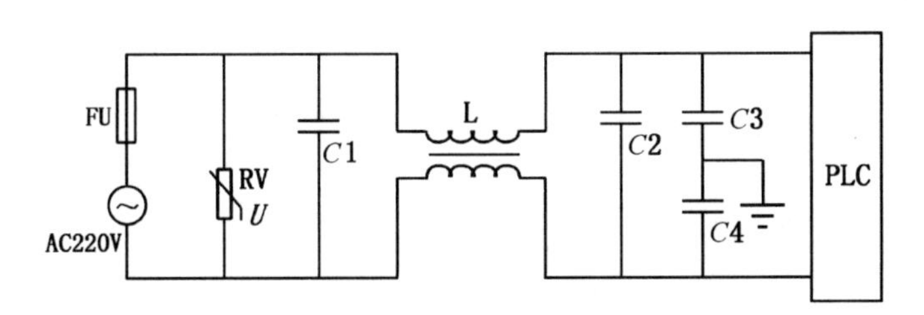

图 9－17　电源滤波电路

图中 RV 是压敏电阻[可选 471KJ，击穿电压为 $220\times\sqrt{2}\times(1.5\sim2)$V]，其击穿电压略高于电源正常工作时的最高电压，电源正常时它相当于开路。有尖峰干扰脉冲通过时，RV 被击穿，干扰电压被 RV 钳位，尖峰干扰脉冲消失后，RV 可恢复正常。如电压确实高于压敏电阻的击穿电压，压敏电阻导通，相当于电源短路，把熔丝熔断。电容 $C1$，$C2$ 和扼流圈 L 组成低通滤波器，以滤除共模干扰。$C3$，$C4$ 用来滤去差模干扰信号。$C1$，$C2$ 电容量可选 1μF，L 电感量可选 1μH，$C3$，$C4$ 电容量可选 0.001μF。

参 考 文 献

[1] 刘红平.电工与电子技术[M].成都：西南交通大学出版社，2014.
[2] 刘红平.模拟电子电路分析与实践[M].西安：西北工业大学出版社，2015.
[3] 刘红平.传感器原理与应用[M].西安：西北工业大学出版社，2015.
[4] 刘红平.单片机原理与开发技术[M].长沙：国防科技大学出版社，2011.
[5] 贺哲荣.流行 PLC 实用程序及设计[M].西安：西安电子科技大学出版社，2006.